데이터의 비밀을 풀어내는

통계해례

데이터
리터러시를
키우는
통계디딤돌!

우형록 저

통계 기초 개념에서 데이터 분석까지
눈으로 확인하는 원리학습

B (주)백산출판사

머리말 Preface

- 데이터 수가 많으면 정규분포를 따르기 힘든 이유가 무엇인가?
- 3/10과 300/1000은 통계적으로 왜 다른 수인가?
- 히스토그램과 막대도표의 차이는 무엇인가?
- Average와 Mean의 차이는 무엇인가?
- 회귀분석의 잔차와 편상관계수, 준편상관계수는 어떤 관계인가?
- 표본분포sample distribution와 표집분포sampling distribution의 차이는 무엇인가?
- 상관계수에 기반한 Cronbach's α와 공분산에 기반한 Cronbach's α의 차이는 무엇인가?
- 연구가설과 대립가설이 같은 것인가?
- 회귀분석을 이용하여 VIF를 직접 구할 수 있는가?
- '성별', '직급' 등의 변수는 통계적으로 유의미하더라도 왜 매개변수로 사용하지 않는가?

위의 내용은 필자가 통계방법론 강의를 하면서 가장 많이 받는 질문들이다. 이 같은 질문 내용을 주제별로 나누고 정리한 것이 이 책이다. 책의 핵심적인 집필 방향을 단도직입적으로 묻는다면 'SPSS의 결과물을 Excel로 풀어 쓴 통계책'이라고 할 수 있다. 여러 가지 수리적인 개념을 'Excel을 이용해 풀어 쓴다'는 집필 방향은 보다 빨리, 그리고 제대로 전달하는 방법이기 때문이다. 이에 굳이 나름의 경험적 의미를 부여하자면 다음과 같다.

"저는 구조방정식만 다루어서 회귀분석은 잘 모릅니다!"

이 말은 경영컨설턴트로 10여 년 동안 일하다 MBA학생 신분으로 학교로 돌아갔을 무렵, 평소 가졌던 회귀분석Regression Analysis에 대한 의문을 박사과정 조교 선생에게 질문했을 때 돌아온 답변이다. 개인적으로 잊혀지지 않는 사건이었다. 일견 틀린 말도 아니지만, 구조방정식structural equation model이 회귀분석을 기초해서 개발된 분석법이기에 황당했던 기억이 있다.

"별(*)이 이상해요!"

기업이나 학교에 관계없이 자주 받는 질문이 '별이 떠야 하는데 왜 안 뜨죠?', '여기서 별이 뜨면 안 되는데 왜 떴죠?'이다. 여기서 '별'이란 통계적으로 유의미한 결과가 도출되면 표시하는 *(asterisk)를 의미한다. 복잡다단한 인간사의 데이터로부터 도출된 통계분석결과를 해석하는 일은 쉽지 않다. 더구나 예상했던 바와 다르거나 반대의 결과일 때는 더욱 곤란해진다. 그래서 통계결과가 어디서 어떻게 잘못되었는지 추적하여 밝히는 능력이 진정한 연구역량일 것이다.

쉬운 예로, 평균값이 생각보다 높게 나왔다면 어떤 데이터가 비정상적으로 높은 수치인지 의심하고 찾아보는 능력은 누구나 가지고 있다. 그러나 아쉽게도 '별이 이상하게 뜨면' 대부분의 경우 기초적인 조치나 적절한 원인 파악은 시작도 못하는 경우를 자주 본다.

아이러니하게도 이러한 문제의 원인에는 고급화된 통계패키지도 한몫하고 있다. SPSS, SAS, Minitab과 같은 통계패키지가 너무 쉽게 결과를 만들어주는 것이 오히려 통계를 심도 있게 이해하는 데 걸림돌이 되는 것이다. 기업뿐 아니라 대학에서도 대다수 학습법이 통계패키지를 이용할 수 있는 '클릭하는 방법'에 치중되어 있고, 연구자들은 '별표 찾기'에만 익숙해져 있다는 느낌을 지울 수 없다.

과거의 통계 공부방식을 돌이켜보면, 연필과 지우개로 평균과 표준편차와 같은 기초통계량을 계산하는 과제를 몇 번 제출하다 보면 한 학기가 훌쩍 끝나버렸다. 솔직히, 당시에는 과제를 풀어서 제출하는 데만 집중했기 때문에 그 의미를 파악할 여유조차 없었으니 통계의 'ㅌ'자도 머리에 남지 않았던 것이 사실이다.

이러한 비효율에도 불구하고, 연필과 지우개는 난해한 통계공식에 직접 데이터를 대입하여 풀어보고 결과를 도출하는 과정에서 몸으로 익혀 통계지식을 온전히 자기 것으로 만드는 데 효과적이다. 틀린 부분을 지우개로 지우고 다시 풀고 하는 과정에서 직면했던 의문들에 대한 답을 하나씩 체득하는 것이 곧 실력으로 쌓여나간다.

인간은 의외로 비경제적인 동물이다. 지식이 아무리 많고 잘 알고 있어도, 오롯이 자기 것으로 체화하려면 직접 몸으로 하는 반복적인 경험이 필요한 경우가 많다. 의사에 비유하자면 임상경험이 무엇보다 중요하다. 의사들이 아무리 좋은 책과 우수한 교수진으로부터 잘 배우더라도 실제 환자를 많이 치료해 본 경험은 무엇과도 비교할 수 없는 값진 것이다.

그러나 지금은 과거의 연필과 지우개를 통계패키지가 대신하고 있다. 연필과 지우개로 풀면서 익힐 수 있는 통계의 속 깊은 의미와 데이터 임상경험은 사라졌다. 통계패키지는 연필과 지우개의 비효율성을 제거하고 복잡한 통계를 빠르게 계산해준다. 심지어 결과물마저도 보고서에 바로 가져다 쓸 수 있도록 편리함을 제공한다. 하지만 배웠던 예제와 데이터 구조가 조금만 달라져도 적용해야 할 통계기법을 찾을 수 없거나 오적용하고, 통계패키지에서 오류 메시지가 돌출하거나 예상하지 못한 결과에 직면하면 속수무책이 되고 만다. 고급화된 통계패키지는 사용자에게 근접하기 어려운 블랙박스로 자리매김하고 있다. 기업이나 학교에서 소위 통계를 잘한다는 사람을 만나봐도 실제로는 '통계패키지를 잘 돌리는 사람'이었고, 그들에게도 통계패키지는 역시 해독이 불가능한 블랙박스인 경우가 많았다.

우리가 최첨단의 시대에 살고 있지만 인간의 학습방법은 오감에 의존하는 고전적 방법이 여전히 유효하다. 시간이 많이 소요되고 지루한 일이지만, 소리 내어 읽거나 자주 듣거나 손으로 쓰는 방법은 지식을 몸으로 익혀 자기 것으로 만드는 지름길인 경우가 많다. 통계 학습도 연필과 지우개를 들고 손으로 직접 풀어보는 것이 가장 좋은 방법이다. 계산할 수 있는 능력을 강조하는 것이 아니다. 계산해 본 경험이 중요하다. 하지만 이 방법은 과도한 인내심을 요구하는 데다 평소 수치 다루는 작업에 거부감을 가진 사람들이라면 지레 통계 공부를 포기하

도록 만든다. 이러한 심리적 장애물을 용하게 극복하더라도 기술통계 이후부터 집중적으로 돌출하는 난해한 수리적 공식, 고수들의 불친절한 설명에 좌절하는 경우가 많다.

이 책은 연필과 지우개 대신 Excel이라는 도구를 택했다. 저자는 기업과 대학에서 연구방법론을 강의하면서 이 방법을 적극적으로 활용해 왔다. 수강생들이 통계에 좀더 쉽게 접근하는 데 도움이 된다고 믿는다. 더구나 Excel은 직장, 학교, 가정 어디에서나 사용하는 대중적인 소프트웨어이다. Excel은 계산과정을 추적하면서 통계를 배울 수 있다는 장점이 있다. 결정적으로 엑셀함수를 활용하면 원자료를 수정하면서 통계결과의 변화를 눈으로 확인할 수도 있다는 것이 가장 큰 장점이다. 데이터 임상경험을 쉽게 할 수 있다는 의미이다.

이 책에 포함된 자료는 모두 시뮬레이션이 가능하도록 엑셀수식이나 함수로만 설명되고 제작되었다. Excel에는 추가기능Add-Ins인 분석도구Analysis ToolPak에서 '데이터 분석Data Analysis' 기능이 있다. 다중회귀분석까지도 Excel에서 수행할 수 있는 우수한 기능이다. 하지만 이 책에서는 다루지 않는다. 이 기능 역시 분석결과만 제시해서 시뮬레이션이 불가능하기 때문이다. 그리고 분석결과의 신뢰도를 높이기 위해 권위 있는 통계패키지를 활용해야 하는 독자라면, 굳이 이 기능을 이용할 필요는 없다.

끝으로 이 책이 나오기까지 도와주신 모든 분들에게 감사의 마음을 전하고 싶다. 부족한 제자에게 배려와 관심을 아끼지 않으신 한정화 교수님, 문형구 교수님께 감사를 드린다. 출판을 흔쾌히 허락해 주신 백산출판사에도 진심으로 감사를 드린다. 인생의 반려자이자 학문적 동반자인 아내와 책을 준비하는 동안 아빠를 묵묵히 배려해 준 승민, 승아에게 고마움을 전한다. 많은 기도로 응원해 주신 이양순 약사님께도 좁은 지면에서나마 감사함을 표하고 싶다. 그리고 무엇보다 부족한 아들 때문에 늘 노심초사하시는 어머니 김금숙 여사에게 이 책을 헌사한다.

2024년 봄
우형록

〈이 책의 특징〉

통계를 어렵게 생각하는 독자들에게 도움이 될 수 있도록 다음과 같은 부분에 중점을 두어 집필하였다.

1. SPSS의 결과를 엑셀로 풀어 쓴다

통계소프트웨어는 사회과학 분야에서 가장 많이 사용하는 SPSS를 선택하였고, SPSS의 결과를 엑셀을 이용하여 재해석하였다. 책의 내용을 기본적이고 공통된 통계량에 집중하였으므로 SAS, Minitab과 같은 다른 통계소프트웨어를 사용하더라도 엑셀로 풀어 쓴 결과를 이해하는 데 큰 무리는 없을 것이다. 단, 독자의 편의를 위해 SPSS는 분석결과뿐만 아니라 분석절차까지 자세히 설명하였다. 필요하다면 SPSS의 최신 평가판은 http://spss.datasolution.kr/trial/trial.asp에서 무료로 다운받아 사용할 수 있다.

2. 중학 수준의 수학으로 설명한다

암호 같은 기호로 표현된 통계수식을 보면 지레 겁을 먹거나 거부반응을 보이는 사람들이 많다. 하지만 통계는 수학이라기보다 논리이다. 궁극적으로 통계의 논리는 누구나 감각으로 받아들인 인지정보를 해석하며 의사결정을 내릴 때 합리적으로 사용하는 사고법이다. 이 책을 쫓아서 통계를 실제로 엑셀로 풀어보면 통계학에서 사용하는 수학은 대부분 겨우 사칙연산과 일차방정식이다. 일반적으로 최소자승법에 대한 전통적인 설명은 편미분법이라는 고등수학을 사용해야 하지만, 이 책은 엑셀의 '해 찾기' 기능을 활용하여 직관적으로 설명하였다.

3. 쉽게 설명하는 것과 어려운 개념을 설명하지 않는 것은 다르다

자유도는 무조건 (n-1) 아니냐고 물어오는 경우가 많다. 통계와 관련하여 만연된 오해인데, '설명하려면 복잡하고 이해하기도 힘드니 그냥 그렇게 외우세요' 식의 교수법에서 나온 결과라고 판단된다. 실제로 설명을 제대로 했을 때 학생들이 더 어려워할 수도 있을 것이다. 하지만 고급통계를 배우면서 다양한 자유도 (n-2), (n-3), … 등이 등장하게 되는데 계속 찜찜함을 안고 있어야 한다. 통계책을 쉽게 쓰기 위해 설명하기 어려운 개념을 제외하는 것은 바람직하지 않다. 저자가 자주 질문 받았던 주제는 책의 흐름과 맞지 않더라도 '더 알아보기', '눈으로 확인하는 통계' 등의 별도 세션에서 다루었다. 그리고 일반서적에서 잘 다루지 않지만 기본적인 통계개념으로 설명이 가능한 표집분포, 편상관계수, r_{wg}, ICC 등도 소개한다.

4. 엑셀의 새로운 함수체계로 설명한다

엑셀 2010부터 내장된 통계함수에 많은 변동이 있었다. 예를 들어 이전에 표준편차함수는 STDEV( )가 있었지만 STDEV.S( )와 STDEV.P( )가 구별되어 제공된다. 현재 Microsoft는 사용자 혼란을 피하고자 구버전의 함수들을 동시에 지원하고 있으나 장기적으로는 역사 속으로 사라질 것으로 예상된다. 따라서 이 책에서 다루는 엑셀함수는 2013 버전에 집중하였다.

5. 어렵다고 판단되는 통계공식과 개념은 시각화한다

통계를 강의하다 보면 언어와 텍스트로는 충분하게 설명하기 곤란한 부분이 분명히 존재한다. 이런 개념은 설명을 하더라도 장황해지게 마련이다. 이런 경우에 시각적으로 파악하고 직관적으로 인식하는 것이 효율적이다. '눈으로 확인하는 통계' 세션을 포함한 모든 예제자료는 원자료를 수정, 보완하면서 통계결과를 시뮬레이션해 보거나 그래프 기능으로 변화를 확인할 수 있도록 구성하였다.

6. 확률론 및 확률분포에 대한 논의는 최소화한다

통계학에서 확률론과 확률분포는 중요한 분야이지만 통계를 분석의 도구로 이해하는 데 필요한 부분만 최소한으로 다루었다. 통계적 가설검정에 이용되는 정규분포, t분포, χ^2분포, F분포만을 다루었다. 이 책에서 다루는 엑셀의 통계함수를 이해한다면 대다수 통계서적의 부록을 차지하는 확률분포표를 누구나 직접 제작할 수 있다.

7. 영문용어와 참고도서를 최대한 상세히 밝힌다

통계용어를 번역한 한글용어는 학습에 불편을 줄 정도로 다양하다. variance는 분산 또는 변량으로, median은 중위수, 중앙값, 중간값으로 번역된다. 이를 해결하는 방법으로 영문용어를 최대한 병기하고, 하나의 국문용어만을 선정하여 사용하였다. 또한 이 책의 학문적 한계를 극복하고 연구자에게 도움을 주고자 참고문헌과 출처를 되도록 상세히 제시하였다.

미국식 경영기법과 양적 연구방법이 당분간 대세를 유지한다면 통계는 회피할 대상이 아니라 극복할 대상이다. 이 책이 초보자에게 통계에 대한 흥미와 역량을, 논문을 작성하는 연구자나 통계에 재도전하려는 독자에게는 연구방법론에 대한 자신감을 줄 수 있기를 바란다. 만일 교수자들이 교재로 활용한다면 첨부된 예제파일을 학생들과 함께 제작해 보는 시간을 갖도록 권하고 싶다. 석·박사과정 수업이라면 기초통계 부분은 학생 스스로 학습하여 발표하는 시간을 통해 공유하고, 이후 고급통계를 배우는 기반을 다지면 효과가 높을 것으로 기대한다.

PREVIEW
미리 보는 〈데이터의 비밀을 풀어내는 통계해례〉

▶ 각 챕터의 도입 부분은 해당 장의 핵심 내용을 간략히 소개함으로써 독자들의 이해를 돕고자 하였다.

08
정중앙에 위치하는 중위수

산술평균은 모든 자료의 정보를 민주적으로 반영한다. 개별 자료의 양 또는 크기를 빠뜨리지 않고 모두 고려한다는 의미이다. 이러한 민주성은 비정상적인 자료가 포함될 경우, 산술평균이 자료의 중심경향을 제대로 표현할 수 없게 만든다. 이와 달리 중위수는 개별 자료의 양 또는 크기가 아니라 위치정보만을 활용함으로써 이러한 단점을 보완할 수 있다. 이 점이 중위수가 비모수통계의 근간이 되는 이유다.

평균은 자료의 중심경향을 나타내는 방법으로 사칙연산을 활용한 높은 수준의 접근이라고 할 수 있다. 이와 달리 중심경향이라는 개념을 자료의 정중앙이라는 위치적 정보나 빈번하게 발생한 빈도수로 측정하는 통계량으로 중위수와 최빈수가 있다. 중위수median는 데이터를 크기 순서대로 정렬sorting하여 그 중앙에 있는 데이터의 값을 의미한다. 데이터의 개수가 홀수이면 중위수는 중앙에 있는 데이터의 값이고, 짝수이면 중위수는 일반적으로 가운데 있는 두 값의 평균값으로 정의된다.

앞의 예에서 (3, 4, 5, 6, 7, 8)의 중위수는 평균과 같은 5.5이다. 만약 37이 추가 자료로 포함된다면 중위수는 6이 된다.

모든 데이터의 정보를 반영하여 수리적으로 측정하는 평균과는 달리, 중위수는 모든 데이터의 정보를 고스란히 활용하지는 않는다. '크기 순서대로 정렬하여 정중앙을 선택한다'는 것은 데이터 값이 아니라 데이터의 서열order 또는 순위rank만을 활용하고 있다는 것을 알 수 있다. 앞의 예에서 데이터 37은 7번째 순위이다. 중위수는 37이라는 수치가 아니라 7이라는 순위를 활용한 것이다.

극단값에 영향을 덜 받는 이러한 특징 때문에 특별히 작거나 큰 값이 포함된 데이터의 대푯값으로 중위수가 권장된다. 일반적으로 큰 값이 포함되는 소득이나 재산에 대한 정보는 중위수를 사용하는 것이 타당하다. 기술적인 측면에서 평균과의 차별점도 중요하지만 통계를 학습하고 활용하는 데에도 중위수는 중요한 의미를 지닌다. 통계학 자체가 중위수의 특징을 활용한 비모수통계nonparametric statistics와 평균을 중심으로 전개되는 모수통계parametric statistics로 분류되기 때문이다.

모수통계에서 개발된 분석도구는 대부분 수집된 자료의 정규성을 가정하고 있다. 만약 이 가정이 충족되지 못한다면 비모수통계를 적용하기 때문에 중위수의 통계학적 위상은 생각보다 지대하다. 비모수통계에 대한 설명은 이 책의 범위를 넘어서기 때문에 생략하겠다.

🔍 알아보기 소득 가두행진income parade

네덜란드의 경제학자 얀 펜Jan Pen은 『소득분배income Distribution』라는 책에서 흥미 있는 가두행진을 제시하고 있다. 영국 국민의 소득자료를 적용하여 모든 국민이 1시간 동안 행진을 마치는 가상적인 행진으로, 행진하는 순서는 소득이 낮은 사람부터 시작해서 소득이 높은 순서대로 진행된다. 그리고 사람들의 소득을 키로 표현하였다. 결과적으로 1시간 동안 펼쳐질 가두행진은 소득이 낮은 난쟁이부터 시작하여 소득이 높은 거인으로 끝나게 될 것이다.

다음 그림과 같이 가두행진에 출현하는 사람의 키는 대다수가 작은 편이고, 행진이 끝날 때 즈음에 집중적으로 출현하는 소수의 거인으로 구성된다. 99,995백분위percentile rank에 해당하는 마지막 출현자는 그 키를 표현할 수 없어 신발만 보이는 상태이다. 이러한 거인들의 소득에 영향을 받기 때문에 실제 평균 키는 30분이 아니라 48분 정도에야 가두행진에서 나타나게 된다. 이런 형태의 분포는 정규분포normal distribution가 아니라 로그정규

PART 1 자료를 표현하고 요약하기 기술통계 **59**

60 데이터의 비밀을 풀어내는 통계해례

▶ **더 알아보기** 학습자들이 혼동하거나 자주 질문하는 통계개념, 예를 들어 자유도, 왜도와 첨도의 표준오차, 신뢰구간 등을 별도로 다루었다. 독자들은 구체적인 예제를 적용하여 엑셀에서 직접 산출해 보고 결과의 변화를 확인하므로 더욱 쉽게 이해할 수 있다.

눈으로 확인하는 통계 수식에 기초한 통계 개념을 눈으로 확인할 수 있도록 엑셀로 구현한 시뮬레이션과 활용법을 설명한다. 예제파일에서 엑셀시트를 재계산하는 "F9"를 누르거나, 스크롤바 또는 수치를 조작하여 통계량 및 분석결과의 변화를 확인함으로써, 어려운 통계개념을 이미지로 이해할 수 있다.

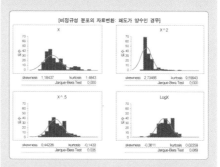

🔍 **으로 확인하는 통계**　　　　　*」,」05_왜도첨도.xlsm」 (transform) 참조

자료에 대한 수리적인 변화가 분포에 어떤 영향을 미치는지 확인해 보자. 예제파일은 자료변환에 주로 사용하는 제곱, 제곱근, 로그를 취하여 시뮬레이션하도록 제작되었다. 'Shift+F9'를 반복해서 누르면서 분포의 변화를 확인해 보자. 왜도가 양수일 때와 음수일 때의 차이를 확인할 수 있다.

왜도가 양수인 오른쪽꼬리분포right-tailed distribution에는 해당변수를 제곱근, 자연로그, 역수를 취하는 방법이 정규분포로 전환하는 데 효과가 있다. 왜도가 약 1.18에서 0.44, -0.38로 0에 더 가까워졌다는 것을 확인할 수 있다. 이 변환방법은 기업을 분석단위로 수행되는 연구에서 조직원 수, 매출액이나 수익 같은 성과지표들, 기업의 업력業歷 등에 자주 활용된다. 그리고 첨도 또한 약 1.48에서 다소 완화되었음을 확인할 수 있다.

왜도가 음수인 왼쪽꼬리분포left-tailed distribution에는 해당변수를 제곱하는 처치가 더 효과적이다. 예제 그림에서 왜도 약 -1.4가 -0.97로 좌우대칭에 더 가까워졌다는 것을 확인할 수 있다. 3제곱변환, 지수변환(e^x)도 비슷한 효과가 알려져 있다.

$$\text{계급의 크기} = \frac{\text{자료의 범위}}{\text{계급의 수}} = \frac{\text{최댓값 - 최솟값}}{\text{계급의 수}}$$

🔍 **엑셀, 제대로 활용하기**　　　　　*」,」01_히스토그램.xlsm」 (Sheet 3) 참조

158명의 키에 대한 자료를 대상으로 계급의 수를 엑셀로 계산해 보자. 다음과 같이 셀 C3에는 "=1+LOG(C2, 2)'를 입력하였다. 그 결과 스타제스Sturges가 제시한 방법에 의해 8개의 계급 수가 도출되었다. 여기서 함수 LOG( ) 내에 있는 'C2'는 엑셀시트의 주소를 의미한다. 엑셀에서 셀의 주소는 열(란, column)은 영문자로, 행(줄, row)은 자연수로 나타내고 있다. 'C2'는 C번째 열과 2번째 행이 만나는 지점의 셀을 가리킨다. 현재 셀 C2에는 자료 수(n)인 158이 입력되어 있으므로, 'C2'는 158이라는 수치를 의미한다. 자료 수에 대한 제곱근을 구한 셀 C4는 13개, 라이스Rice가 제시한 셀 C5는 11개, 율Yule이 제시한 셀 C6은 9개가 도출되었다. 직접 히스토그램을 작성한다면 이들 수치를 참고하여 계급의 수를 결정하면 된다. 아래의 엑셀 입력식이 익숙하지 않다면 (부록 A)를 먼저 참조하기 바란다.

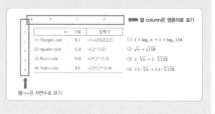

열 column은 영문자로 표기

	B	C	D	
	n:	158	입력식	
(1) Sturges rule	8.3	=1+LOG(C2,2)	(1) $1 + \log_2 n = 1 + \log_2 158$	
(2) square-root	12.6	=C2^(1/2)	(2) $\sqrt{n} = \sqrt{158}$	
(3) Rice's rule	10.8	=2*C2^(1/3)	(3) $2 \cdot \sqrt[3]{n} = 2 \cdot \sqrt[3]{158}$	
(4) Yule's rule	8.9	=2.5*C2^(1/4)	(4) $2.5 \cdot \sqrt[4]{n} = 2.5 \cdot \sqrt[4]{158}$	

행row은 자연수로 표기

1열에는 자료의 최솟값 60.2인치를 참고하여 히스토그램의 시작점으로 60인치를 설정하였다. 그리고 60인치로부터 계급의 크기인 1인치씩 더하여 각 계급의 상한값을 기입하였다.[3] 이제 우리는 원자료인 E열과 각 계급의 상한값인 1열을 이용하여 도수를 구하면, 도수분포표를 작성할 수 있다. 1열의 각 계급에 해당하는 도수를 구해보자.

엑셀, 제대로 활용하기 실무에서 유용하게 활용할 수 있는 엑셀의 숨은 기능들을 정리하거나 중요한 통계개념과 직결된 통계 함수를 심도 있게 다루었다.

SPSS의 분석절차 및 방법 통계적 개념과 기법을 설명한 후, SPSS로
산출하는 방법을 제시한다. SPSS의 해당 메뉴와 설정방법을 단계
적으로 자세히 기술하였다.

○그림 27-4 SPSS, 데이터 탐색

○그림 27-5 SPSS, 데이터 탐색 창

　　데이터 탐색 창에서 '직무중요성' 4개 문항 significance1~significance4를 분석대상으
로 선택하여 신뢰구간을 구해보자. [데이터 탐색]에서 분석하고자 하는 4개 변수를 선
택하고 〈확인〉을 클릭한다. 그림 27-6처럼 기술통계량과 함께 변수의 신뢰구간을 구
할 수 있다. SPSS의 분석은 4개 문항 significance1~significance4를 동시에 분석하였지

188　데이터의 비밀을 풀어내는 통계해례

○그림 27-7 엑셀, 신뢰구간 분석 결과

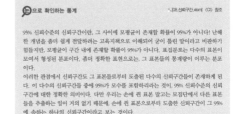

으로 확인하는 통계

95% 신뢰수준의 신뢰구간이란, 그 사이에 모평균이 존재할 확률이 95%가 아니다! 난해
한 개념을 좀더 쉽게 전달하려는 고육지책으로 이해되어 굳이 틀린 말이라고 비판하기
힘들지만, 모평균이 구간 내에 존재할 확률이 95%가 아니다. 표집분포는 다수의 표본이
모여서 형성된 분포이다. 좀더 정확한 표현으로는, 그 표본들의 통계량이 이루는 분포
이다.
　이러한 관점에서 신뢰구간도 그 표본들로부터 도출된 다수의 신뢰구간들이 존재하게 된
다. 이 다수의 신뢰구간들 중에 95%가 모수를 포함하리라는 것이, 95% 신뢰수준의 신뢰
구간에 대한 정확한 의미이다. 다만 우리는 손에 쥔 표본 말고는 모집단에서 다른 표본
들을 추출하는 일이 거의 없기 때문에, 손에 쥔 표본으로부터 도출한 신뢰구간이 그 95%
에 속하는 하나의 신뢰구간이라고 보는 것이다.

190　데이터의 비밀을 풀어내는 통계해례

SPSS의 분석결과 확인 산출된 SPSS 결과를 제시하고, 이에 대한 통계적 개념을 다시 설명
하였다. SPSS와 엑셀은 호환성이 높아서, SPSS의 분석결과표 위에 마우스 우측버튼을
클릭하면 간단히 엑셀로 복사할 수 있다.

　엑셀에서 직접 산출한 후, SPSS의 분석결과와 비교 확인 동일한 자료를 대상으로 엑셀을 이용
하여 동일한 통계량을 산출한다. 계산기나 손으로 직접 계산하는 방식보다 효율적이며,
분석결과만 수동적으로 확인하는 SPSS보다 통계과정을 체감할 수 있다. 더불어 이 책에서
구현한 엑셀결과는 자료와 연동되어 있으므로, 독사는 자료를 조작하면서 통계결과에
미치는 영향을 직접 확인함으로써 통계개념을 눈으로 익힐 수 있다. 또한 통계와 관련된
엑셀함수를 익히고 엑셀을 다루는 방법도 자연스럽게 학습할 수 있다.

SPSS 산출방법과 분석결과 확인은 저자가 제공한 예제파일을 참고하라. 예제파일 자료는 다음
카페 http://cafe.daum.net/booklike에서 내려받을 수 있다.

Contents

PART 1

자료를 표현하고 요약하기, 기술통계

통계학은 과학의 문법이다.

Statistics is the grammar of science.

- Karl Pearson -

————————

머지않아 통계적 사고는 인류에게 읽고 쓰는 능력만큼
필수적인 역량이 될 것이다.

Statistical thinking will one day be as necessary for efficient citizenship as
the ability to read or write.

- Herbert G. Wells -

01
통계의 시작, 히스토그램

통계학자들은 자료에서 정보를 도출하기 위한 방법으로 먼저 자료를 그래프로 요약해 볼 것을 권한다. 히스토그램은 분포의 모양을 한눈으로 파악할 수 있도록 하고 많은 정보를 제공해 준다. 즉 통계의 가장 기본적인 역할을 히스토그램으로 확인할 수 있다. 히스토그램은 사실을 묘사하거나 측정한 자료로부터 정보를 추려, 지식을 확장하고 지혜로운 의사결정을 내릴 수 있도록 지원한다.

아래에 제시한 사진(그림 1-1)을 관찰하여 어떤 상황을 촬영한 것인지 생각해 보자. 사람들이 운동장에서 줄을 서 있다. 아마도 맨 앞의 사람들이 들고 있는 푯말을 기준으로 줄을 선 것 같다. 이것은 코네티컷Connecticut 대학의 생물학과 학생들이 신장(키)을 기준으로 히스토그램histogram을 실제로 구성해 본 사진이다. 여학생들이 흰 옷, 남학생들은 검정 옷을 입었다. 가장 왼쪽에는 키가 5피트feet에 해당하는 여학생들부터 세우고 오른쪽으로 갈수록 키가 1인치inch씩 큰 사람들을 세워 정렬시킨 것이다. 누구나 초등학교 시절에 촘촘하게 눈금이 새겨진 자와 주어진 숫자를 활용하여 그림 1-2와 같은 그래프를 작성해 보았을 것이다. 코네티컷 대학의 학생들은 교실 안 책상이 아니라 운동장에서 몸으로 히스토그램을 작성한 것이다.

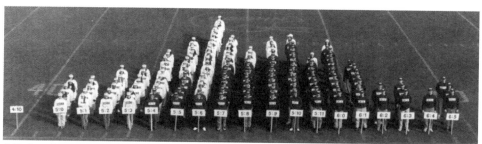

출처: http://advance.uconn.edu/1999/990201/020199hs.htm

⋂그림 1-1 살아 숨쉬는 히스토그램(living histogram)[1]

쉽고 단순해 보이지만 그림 1-2와 같은 히스토그램은 통계학의 필요성을 확인하고 통계학적 검정 논리를 이해하는 기초가 된다. 특히 세로축(y축)은 빈도수frequency를, 가로축(x축)은 연속성을 지닌 신장을 인위적으로 1인치씩 구분시켰다는 점을 기억하자. '살아 숨쉬는 히스토그램living histogram'과 같은 그래프를 작성하기 위하여 아마도 158명의 원자료(표 1-1)가 주어졌을 것이다. 그러나 자료만 보고 우리가 얻을 수 있는 정보는 많지 않다. 자료란 실제 현상을 측정하여 보여줄 뿐, 현상을 이해하고 해석하는 데에는 큰 도움이 되지 않는다.

자료에서 정보를 도출하는 방법으로 통계학자들은 가장 먼저 자료를 그래프로 요약하도록 권고한다. 히스토그램을 통해 우리는 자료의 최솟값과 최댓값이 최소 5피트에서 최대 6피트 5인치에 이른다는 사실을 눈으로 확인할 수 있다. 또한 빈도수가 12명 이상인 키는 5피트 5인치~5피트 10인치에 몰려 있다. 그 좌우로는 빈도수가 점점 적어지는 모양이다. 이와 같이 다소 황망했던 원자료와 비교하면, 히스토그램은 분포의 모양을 한눈으로 파악할 수 있도록 해주고 많은 정보를 알 수 있도록 돕는다. 여기에서 통계의 가장 기본적인 역할을 확인할 수 있다. 사실을 묘사하거나 측정한 자료로부터 정보를 획득함으로써 지식을 확장하고, 지혜로운 의사결정을 내리도록 지원하는 것이다.

[01.히스토그램.xlsm] 〈Chart 5〉 참조

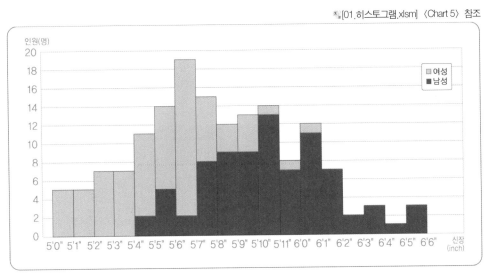

⋒그림 1-2 성별 히스토그램

DIKW모델이라고도 불리는 그림 1-3의 용어들은 일상에서 혼용되는 경우가 많다. 자료data는 현상을 그대로 표현한 가공하기 이전의 기록을 의미한다. 표 1-1과 같이 신장을 측정하여 기록하여 나열한 것이다. 정보information는 자료를 유의미하게 가공한 형태로, '의미 있는 자료'라고 부를 수 있다. 그림 1-2와 같이 히스토그램을 작성하여

◑표 1-1 히스토그램 원자료

[01.히스토그램.xlsm] 〈Sheet 1〉 참조

성별	키	성별	키	성별	키	성별	키	성별	키	성별	키	성별	키	성별	키
여	5'1.8"	남	5'9.1"	남	5'8.8"	여	5'3.8"	남	6'2.7"	남	5'8.3"	여	5'8.3"	여	5'6.7"
남	6'4.6"	여	5'4.8"	남	5'11.4"	여	5'5.8"	여	5'5.2"	여	5'3.7"	여	5'2.3"	남	6'0.1"
여	5'6.9"	여	5'6.7"	남	6'1.3"	여	5'7.8"	남	6'3.5"	여	5'7.2"	남	5'6.9"	여	5'11.5"
여	5'4.7"	남	5'5.2"	남	6'1.1"	남	6'1.7"	남	5'4.3"	남	5'10.5"	여	5'6.3"	여	5'4.5"
남	6'0.9"	여	5'1.5"	남	5'10.3"	남	5'8.7"	남	5'9.6"	남	5'7.7"	여	5'2.2"	남	5'10.6"
남	5'9.7"	남	6'2.2"	여	5'9.3"	남	6'0.5"	여	5'6.9"	남	5'10.2"	여	5'6.7"	남	6'3.3"
남	5'10.2"	남	5'7.5"	여	5'4.8"	여	5'3.3"	남	5'6.3"	여	5'3.5"	남	6'1.6"	여	5'7.9"
남	5'8.7"	여	5'10.8"	남	6'0.9"	남	5'5.6"	여	5'2.9"	남	5'7.3"	여	5'5.9"	남	5'11.6"
여	5'4.5"	여	5'0.7"	여	5'4.6"	여	5'7.2"	남	5'7.9"	남	6'0.3"	남	5'11.2"	여	5'4.3"
여	5'8.5"	남	6'0.4"	여	5'1.1"	남	6'1.5"	남	5'9.9"	여	5'2.5"	여	5'6.1"	여	5'1.2"
남	5'8.6"	남	5'10.3"	여	5'6.9"	여	5'0.2"	여	5'2.1"	남	5'11.6"	여	5'4.5"	남	5'10.4"
여	5'5.4"	남	6'5.3"	여	5'6.3"	남	6'0.9"	여	5'0.7"	여	5'0.3"	남	5'7.5"	여	5'5.9"
남	5'10.4"	남	5'8.8"	남	6'0.9"	여	5'1.9"	여	5'6.3"	남	6'5.9"	여	5'9.1"	여	5'6.9"
남	5'7.8"	남	6'0.9"	여	5'6.3"	여	5'9.2"	남	6'0.5"	남	6'5.7"	여	5'5.7"	여	5'6.7"
남	5'11.3"	여	5'3.4"	여	5'2.7"	남	5'10.3"	남	5'10.8"	여	5'7.5"	남	5'5.5"	여	5'6.1"
남	6'3.9"	여	5'9.6"	여	5'9.4"	여	5'6.1"	여	5'5.7"	남	6'1.4"	남	5'11.2"	남	5'10.3"
남	5'7.2"	남	6'1.2"	여	5'6.1"	여	5'2.5"	여	5'0.8"	여	5'6.3"	남	5'4.7"	남	5'8.6"
여	5'5.9"	남	5'7.3"	여	5'8.2"	여	5'7.7"	남	5'11.5"	여	5'9.8"	남	6'0.6"	남	5'8.6"
남	5'9.4"	남	5'9.8"	여	5'7.5"	남	5'10.5"	남	5'8.3"	여	5'3.5"	여	5'5.2"		
여	5'10.4"	남	5'5.6"	여	5'3.1"	여	5'4.3"	여	6'0.3"	남	5'5.8"	남	5'9.7"		

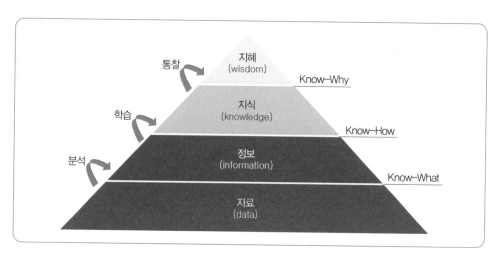

◑그림 1-3 지식 체계도

자료를 가공하고 최댓값, 최솟값 등을 파악하는 활동에 해당한다. 다시 정보를 이용, 적용해 보는 경험을 통해 일반화할 수 있는 체계를 갖추면 지식knowledge이 된다. 신장에 대한 정보를 활용하여 티셔츠의 치수를 적절하게 구비했을 경우 지식에 해당한다. 지혜wisdom는 가치를 부여한 지식으로서 우선순위priority와 최선best에 대한 통찰을 통해 내재화된다. 이러한 관점에서 통계의 역할은 자료로부터 정보 및 지식으로 가치를 효과적으로 창출하여 삶의 지혜를 확장하는 데 있다. 통계의 가장 기초적인 정보화 활동이 히스토그램을 비롯한 그래프의 작성이다.

히스토그램은 자료를 시각적으로 표현하는 가장 기초적인 그래프이므로 그 특징을 이해할 필요가 있다. 히스토그램을 작성하려면 수집한 원자료로부터 표 1-2와 같은 도수분포표frequency distribution table를 가공해야 한다. 도수분포표는 적당한 계급 구간을 설정하고, 그 구간에 해당하는 자료의 빈도수 또는 도수를 세어서 정리한 표이다.

●표 1-2 도수분포표

계급	절대도수(f_i)	누적도수(F_i)	상대도수(f_i/n)	누적상대도수(F_i/n)
5'0"~5'1"	5	5	3.2%(5/158)	3.2%(5/158)
5'1"~5'2"	5	10	3.2%(5/158)	6.3%(10/158)
5'2"~5'3"	7	17	4.4%(7/158)	10.8%(17/158)
5'3"~5'4"	7	24	4.4%(7/158)	15.2%(24/158)
5'4"~5'5"	11	35	7.0%(11/158)	22.2%(35/158)
5'5"~5'6"	14	49	8.9%(14/158)	31%(49/158)
5'6"~5'7"	19	68	12.0%(19/158)	43%(68/158)
5'7"~5'8"	15	83	9.5%(15/158)	52.5%(83/158)
5'8"~5'9"	12	95	7.6%(12/158)	60.1%(95/158)
5'9"~5'10"	13	108	8.2%(13/158)	68.4%(108/158)
5'10"~5'11"	14	122	8.9%(14/158)	77.2%(122/158)
5'11"~6'0"	8	130	5.1%(8/158)	82.3%(130/158)
6'0"~6'1"	12	142	7.6%(12/158)	89.9%(142/158)
6'1"~6'2"	7	149	4.4%(7/158)	94.3%(149/158)
6'2"~6'3"	2	151	1.3%(2/158)	95.6%(151/158)
6'3"~6'4"	3	154	1.9%(3/158)	97.5%(154/158)
6'4"~6'5"	1	155	0.6%(1/158)	98.1%(155/158)
6'5"~6'6"	3	158	1.9%(3/158)	100%(158/158)
총합	158	–	100.0%	–

통계학에서 자주 사용하는 빈도수는 네 가지이다. 절대도수absolute frequency, 누적도수 cumulative frequency, 상대도수relative frequency, 누적상대도수cumulative relative frequency 가 그것이다. 각 계급의 구간에 속한 자료의 수를 세어 표현한 것이 절대도수, 일반적 으로 '도수'라고 부른다. 절대도수를 누적으로 더하여 표현한 것이 누적도수이다. 상 대도수는 절대도수의 총합(사례에서는 158명)으로 각 계급의 절대도수를 나누어 비율로 표현한 것이다. 누적상대도수는 절대도수의 총합(사례에서는 158명)으로 각 계급의 누적 도수를 나누어 비율로 표현한 것이다.

도수분포표를 히스토그램으로 나타내면 시각적으로 많은 정보를 얻는다(그림 1-4). 어떤 도수를 이용하여 히스토그램을 그리는가에 따라 모양과 의미가 달라진다. 각 히스토그램의 세로축 척도가 각각 절대도수(명), 누적도수(명), 상대도수(%), 누적상 대도수(%)임을 고려하면서 살펴보자.

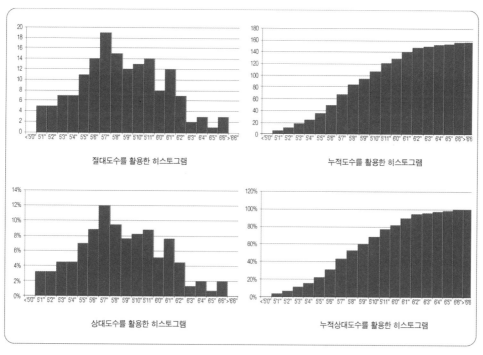

♁그림 1-4 네 가지 히스토그램

02
절대도수를 이용한 히스토그램 작성

통계가 '새빨간 거짓말'이라고 주장하는 사례에서 대표적인 오적용이 자료를 그래프로 나타내면서 발생하는 착시현상이다. 착시현상을 줄이고 자료의 정확한 정보를 그래프로 표현하기 위해서는 객관적인 작성방법을 이해할 필요가 있다. 그래프의 착시현상을 확인하고 표준작성법에 따라 작성해 보는 경험은 '새빨간 거짓말'에 속지 않는 지름길이다. 가장 기초적인 그래프인 히스토그램과 관련된 계급의 수, 계급의 크기 등을 이해하고 엑셀을 이용하여 작성해 본다.

컴퓨터 프로그램이 날로 발전하면서 오늘날에는 히스토그램을 직접 작성할 일이 많지 않다. 그래서 많은 사람들이 엑셀의 화려한 차트기능에도 당연히 히스토그램 정도는 포함되어 있다고 생각한다. 하지만 엑셀2016 버전에 와서야 제공되기 시작하였다. 그 이전에는 히스토그램을 작성하려면 엑셀의 추가기능인 '분석도구Analysis Toolpak'을 이용하거나 다른 통계소프트웨어를 이용해야 했다.

엑셀에 새로 장착된 히스토그램이나 여타의 통계소프트웨어를 이용하여 히스토그램을 작성하더라도 그 결과물을 맹신해서는 안 된다. 히스토그램을 포함한 그래프에는 축을 어떻게 설정하느냐에 따라 착시현상이 발생하기 때문이다. 예를 들어, 히스토그램에서 막대의 수를 의미하는 계급의 수number of bins or classes를 어떻게 결정하느냐에 따라 히스토그램은 완전히 다른 모습을 가지게 된다.

👁️으로 확인하는 통계   *[01.히스토그램.xlsm] 〈Sheet 2〉 참조

스크롤바를 조작하여 히스토그램 계급의 수를 조정해 보자. 같은 자료를 분석한 결과이지만 시각적으로 큰 차이가 있다.

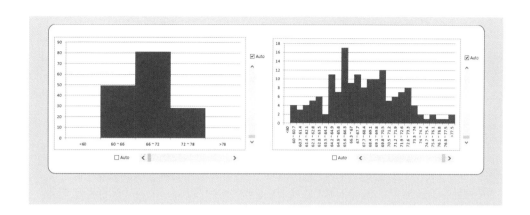

계급의 수를 결정하는 방법은 여러 학자가 제안하였으며 기술적으로 빈번히 활용하는
네 가지 방법은 다음과 같다.

(1) $1 + \log_2 n$ (Sturges' rule, 1926)

(2) $\sqrt{n}$ (수리적으로 간명하여 다수의 컴퓨터 프로그램에서 적용)

(3) $2\sqrt[3]{n}$ (Rice's rule)

(4) $2.5\sqrt[4]{n}$ (Yule's rule, 1950)

계급의 크기class interval, bin interval, bin width는 계급의 수에 의해 결정된다. 계급의
크기는 자료의 범위range를 계급의 수로 나누어서 결정한다.[2] 그림 2-1의 A열~C열은
158명의 원자료인데 E열은 〈feet' inch"〉형식으로 표현된 C열을 자료 처리를 위해 인치
단위로 환산하였다. 이에 대해 계산의 편의를 위해 계급의 수를 18개로 결정하였다.
자료의 최솟값은 60.2, 최댓값은 77.9이므로 전체 자료범위는 17.7로 나타났다. 17.7을
계급의 수 18로 나누면 대략 0.98인데, 이에 기초해 대략 계급의 크기는 1인치로 결정
하였다.

$$계급의\ 크기 = \frac{자료의\ 범위}{계급의\ 수} = \frac{최댓값 - 최솟값}{계급의\ 수}$$

[01.히스토그램.xlsm] 〈Sheet 3〉 참조

🔍 엑셀, 제대로 활용하기

158명의 키에 대한 자료를 대상으로 계급의 수를 엑셀로 계산해 보자. 다음과 같이 셀 C3에는 "=1+LOG(C2, 2)"를 입력하였다. 그 결과 스타제스Sturges가 제시한 방법에 의해 8개의 계급 수가 도출되었다. 여기서 함수 LOG( ) 내에 있는 'C2'는 엑셀시트의 주소를 의미한다. 엑셀에서 셀의 주소는 열(칸, column)은 영문자로, 행(줄, row)은 자연수로 나타내고 있다. 'C2'는 C번째 열과 2번째 행이 만나는 지점의 셀을 가리킨다. 현재 셀 C2에는 자료 수(n)인 158이 입력되어 있으므로, 'C2'는 158이라는 수치를 의미한다.

자료 수에 대한 제곱근을 구한 셀 C4는 13개, 라이스Rice가 제시한 셀 C5는 11개, 율Yule이 제시한 셀 C6은 9개가 도출되었다. 직접 히스토그램을 작성한다면 이들 수치를 참고하여 계급의 수를 결정하면 된다. 아래의 엑셀 입력식이 익숙하지 않다면 〈부록 A〉를 먼저 참조하기 바란다.

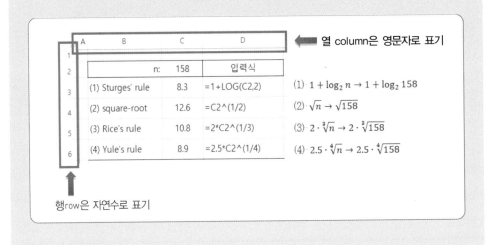

열 column은 영문자로 표기

		n:	158	입력식
(1) Sturges' rule			8.3	=1+LOG(C2,2)
(2) square-root			12.6	=C2^(1/2)
(3) Rice's rule			10.8	=2*C2^(1/3)
(4) Yule's rule			8.9	=2.5*C2^(1/4)

(1) $1 + \log_2 n \rightarrow 1 + \log_2 158$

(2) $\sqrt{n} \rightarrow \sqrt{158}$

(3) $2 \cdot \sqrt[3]{n} \rightarrow 2 \cdot \sqrt[3]{158}$

(4) $2.5 \cdot \sqrt[4]{n} \rightarrow 2.5 \cdot \sqrt[4]{158}$

행row은 자연수로 표기

I열에는 자료의 최솟값 60.2인치를 참고하여 히스토그램의 시작점으로 60인치를 설정하였다. 그리고 60인치로부터 계급의 크기인 1인치씩 더하여 각 계급의 상한값을 기입하였다.[3] 이제 우리는 원자료인 E열과 각 계급의 상한값인 I열을 이용하여 도수를 구하면, 도수분포표를 작성할 수 있다. I열의 각 계급에 해당하는 도수를 구해보자.

그림 2-1과 같이 J2~J21까지를 마우스로 선택한다.[4] 여기서 빈도분포표에서 빈 공간이라고 느껴질 수 있는 J21셀까지 선택하였다는 점에 주의하자. 이 상태에서 직접 "=FREQUENCY(E2:E159, I2:I21)"을 입력해도 되는데, 여기서는 메뉴 방식을 사용해 보자. 메뉴 방식으로 도수를 구하는 절차는 그림 2-1과 같다.

[수식] → [기타함수] → [통계] → [FREQUENCY]

엑셀함수 FREQUENCY(data_array, bins_array)는 두 가지 인수argument, parameter를 요구한다(그림 2-2). 두 인수에 대해 엑셀은 data_array와 bins_array라는 다소 난해한 표현을 쓰고 있다. data_array는 분석할 자료를, bins_array는 도수분포표의 계급으로 이해하자. 이들이 입력되어 있는 공간(셀 주소)을 지정하거나 직접 수치를 입력하라는 의미이다. 엑셀 초보자라면 data_array와 bins_array가 콤마(,)로 구분되어 있다는 점도 유념해 두자. 엑셀에서 함수의 인수가 여러 개일 때 콤마(,)로 구분한다. 첫 번째

[01.히스토그램.xlsm] 〈Chart 4〉 참조

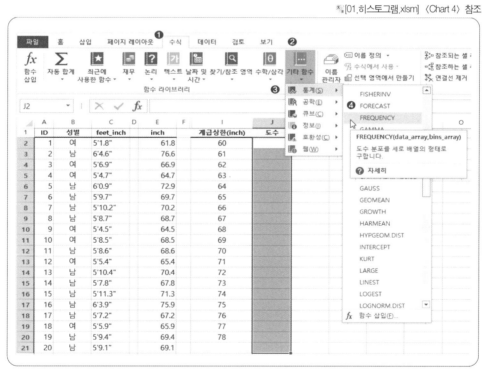

⊙그림 2-1 도수분포표 작성 (1)

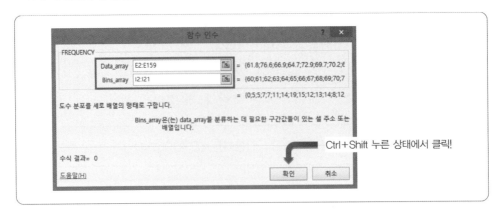

인수 data_array에 "E2:E159"를 입력하고, 두 번째 인수 bins_array에 "I2:I21"을 입력한다. 이 작업은 직접 입력하지 않고 마우스로 드래그하여도 된다. 이제 〈확인〉 버튼을 클릭하여 도수를 산출한다. 여기서 유념할 사항은 'Ctrl'키와 'Shift'키를 동시에 누른 상태

J2			f_x	{=FREQUENCY(E2:E159,I2:I21)}			
	A	B	C	D	E	F	I	J
1	ID	성별	feet_inch		inch		계급상한(inch)	도수
2	1	여	5'1.8"		61.8		60	0
3	2	남	6'4.6"		76.6		61	5
4	3	여	5'6.9"		66.9		62	5
5	4	여	5'4.7"		64.7		63	7
6	5	남	6'0.9"		72.9		64	7
7	6	남	5'9.7"		69.7		65	11
8	7	남	5'10.2"		70.2		66	14
9	8	남	5'8.7"		68.7		67	19
10	9	여	5'4.5"		64.5		68	15
11	10	남	5'8.5"		68.5		69	12
12	11	남	5'8.6"		68.6		70	13
13	12	여	5'5.4"		65.4		71	14
14	13	남	5'10.4"		70.4		72	8
15	14	남	5'7.8"		67.8		73	12
16	15	남	5'11.3"		71.3		74	7
17	16	남	6'3.9"		75.9		75	2
18	17	남	5'7.2"		67.2		76	3
19	18	여	5'5.9"		65.9		77	1
20	19	남	5'9.4"		69.4		78	3
21	20	남	5'9.1"		69.1			0

○그림 2-3 도수분포표 작성 (2)

에서 〈확인〉 버튼을 눌러야 한다는 점이다.

함수 FREQUENCY( )에 익숙한 사용자라면 메뉴 방식 절차를 따를 필요가 없다. 범위 J2:J21을 선택한 상태에서 직접 "=FREQUENCY(E2:E159, I2:I21)"을 입력한다. 단, 여기서도 마무리는 'Ctrl+Shift+Enter'를 입력해야 한다. 'Ctrl'키와 'Shift'키를 먼저 누른 상태에서 Enter키를 누르면 된다. 입력된 수식이 중괄호{ }로 둘러싸이면서 그림 2-3과 같이 각 구간의 도수가 산출되는 것을 확인할 수 있다. 이상으로 조금은 복잡해 보이는 함수 FREQUENCY( )이지만, 자료에서 해당하는 구간의 도수를 찾아 손가락을 꼽으며 세어야 하는 불편함을 대신해 주는 유용한 함수이다.

J열에 도출된 도수의 결과를 해석하면 다음과 같다. 158개 자료 중 60인치 이하는 0개, 60인치를 초과하고 61인치 이하는 5개이다. 78인치를 초과하는 자료는 0개이며

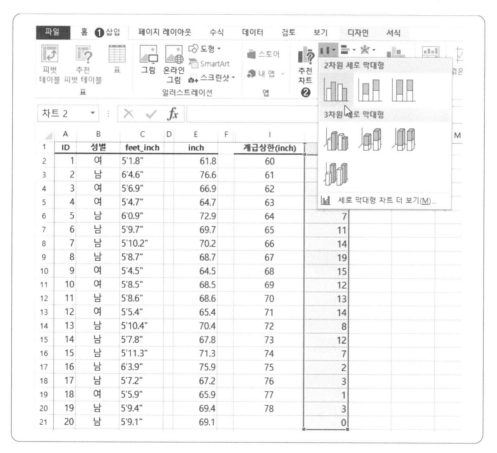

⋒그림 2-4 도수분포표 작성 (3)

77인치 초과하고 78인치 이하에 해당하는 자료는 3개임을 알 수 있다. 여기서 FREQUENCY( )를 사용하기 위하여 J21셀을 포함한 범위 J2:J21을 선택한 이유를 이해 할 것이다. FREQUENCY( )는 빈 셀 J21에 대응하는 도수로 마지막 상한값인 78을 초과 하는 도수를 산출해 준다. 이렇게 작성된 도수분포표를 바탕으로, 히스토그램 작성은 엑셀에서 지원하는 차트 중에서 '세로 막대형'을 선택하여 도식화하면 된다(그림 2-4).

[삽입] → [차트] → [세로 막대형 차트] → [묶은 세로 막대형]

다음으로 히스토그램의 가로축과 세로축을 조정하여 적합한 형태로 조정해 준다. 차트를 선택하여 마우스 우측버튼을 클릭하면, 그림 2-5와 같은 단축 메뉴가 나타난 다. 단축 메뉴에서 [데이터 선택]을 클릭한다. [데이터 원본 선택] 창의 좌측은 세로축 내용을 편집할 수 있고, 우측은 가로축 내용을 편집할 수 있다. [편집]을 클릭하여 적

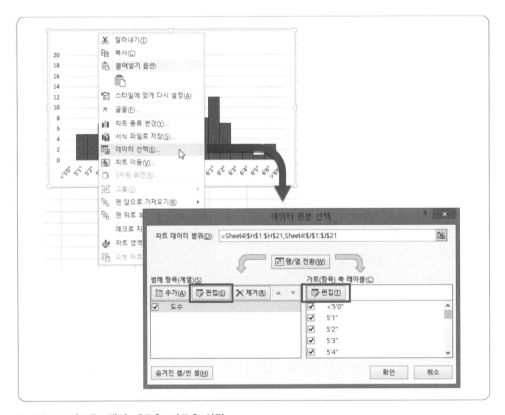

⋂그림 2-5 히스토그램의 세로축, 가로축 설정

합하게 조정하도록 한다. 예제 자료는 H열에 가로축에서 레이블로 나타낼 내용을 미리 입력하여 편집하였다.

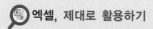엑셀, 제대로 활용하기

히스토그램에서 막대 간의 간격은 없어야 한다. 가로축이 연속형 자료임을 반영하기 위함이다.[5] 하지만 엑셀에서 차트의 디폴트default는 간격이 발생하므로 조정해 주는 것이 바람직하다. 엑셀에서 막대 간의 간격을 없애는 방법은, 차트를 선택한 상태에서 [서식] → [현재선택영역]에서 수정해야 할 〈계열 ○○○〉을 선택한다. 이 부분은 리본 메뉴의 제일 좌측 상단에 위치해 있다. 다음으로 바로 밑에 위치한 [선택 영역 서식]을 클릭하면, 엑셀 창의 우측 아래에 [데이터 계열 서식] 창이 나타난다. 이 창에서 〈간격 너비〉를 0으로 설정하면 막대들 간의 간격이 없어진다.

[서식] → [현재선택영역] → 수정할 〈계열○○○〉을 선택 후,
[선택 영역 서식]을 클릭, 〈간격 너비〉를 0%로 설정

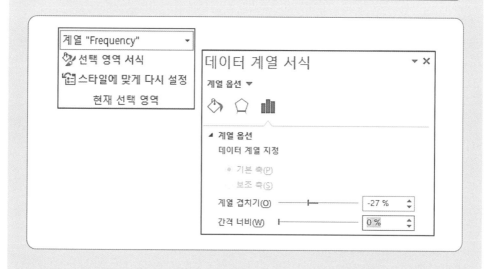

함수 FREQUENCY( )의 원래 기본 기능은 〈경계상한값〉 이하의 빈도수를 〈자료범위〉에서 세어 산출한다. 아래의 그림의 B열에 있는 자료에서 25 이하, 30 이하, 55 이하의 빈도수를 계산하였음을 알 수 있다. '〈경계상한값〉 이하(≤)'라는 점에 주의할 필요가 있다. 이처럼 〈경계상한값〉을 하나만 설정할 경우, 누적도수를 구하는 결과와 같아진다.

A	B	C	D	E	F
1					
2	자료		계급상한값	도수	입력식
3	10		25	2	=FREQUENCY(B3:B7,D3)
4	20		30	3	=FREQUENCY(B3:B7,D4)
5	30		55	5	=FREQUENCY(B3:B7,D5)
6	40				
7	50				

다음과 같이 〈경계상한값〉에 범위를 설정할 수도 있다. 이는 도수분포표를 작성할 때 주로 사용하는 방법이다. 이 방법은 엑셀의 용어로는 배열수식array formula으로, 'Ctrl＋Shift＋Enter'로 마무리해야 하는 점에 주의할 필요가 있다. 배열수식이란, 한번에 다수의 결과치를 도출한다는 의미이다. 여기서는 각 〈계급상한값〉별로 3개의 도수를 동시에 산출하므로 필요한 조치이다.

A	B	C	H	I	J
1					
2	자료		계급상한값	도수	입력식
3	10		25	2	{=FREQUENCY(B3:B7,H3:H5)}
4	20		30	1	{=FREQUENCY(B3:B7,H3:H5)}
5	30		55	2	{=FREQUENCY(B3:B7,H3:H5)}
6	40				
7	50				

범위 I3:I5를 선택한 상태에서 "=FREQUENCY(B3:B7, H3:H5)"를 입력 후, 'Ctrl＋Shift＋Enter'을 누르면 된다. 자동으로 수식이 중괄호{ }로 묶인 것을 확인하자. 셀 I3은 25 이하, 셀 I4는 25 초과 30 이하, 셀 I5는 30 초과 55 이하의 도수를 세어 산출한 결과이다. 만약 여기에서 55를 초과하는 도수를 구하고 싶다면 〈계급상한값〉을 55 다음의 빈 셀까지, 즉 'H3:H6'으로 설정하면 된다. 이제 B열의 자료를 변경하면서 E열, I열의 도수가 계산되는 결과를 확인해 보자.

03
다양한 히스토그램 작성

히스토그램은 자료가 발생하거나 관측되는 빈도를 원하는 정보 형태로 더욱 쉽게 파악할 수 있도록 전환하여 사용 목적에 따라 작성해야 한다. 일반적으로 절대도수는 누적도수, 상대도수, 누적상대도수로 변환할 수 있다. 이러한 자료변환 기법과 개념은 실용적인 목적뿐만 아니라 확률분포 및 확률함수를 이해하는 가장 기본적인 배경지식이다.

　　절대도수를 산출해서 히스토그램을 작성해 보았으니 이제 누적도수, 상대도수, 누적상대도수를 산출하여 히스토그램을 만들어보자. 먼저 그림 3-1과 같이 K열에 누적도수를 산출하였다. 누적도수는 순차적으로 그 이전의 도수를 누적으로 합해서 구한 값이다. 셀 K3의 수식을 보면 이전의 도수 K2와 해당 계급의 도수인 J3을 합하여 누적합을 계산하였다. 엑셀에서 셀을 선택하고 우측하단의 모서리에 마우스를 위치시키면, 아래와 같이 십자표시(+)로 변하게 된다. 이를 '채우기핸들fill handle'이라고 하는데, 마우스로 클릭하고 드래그해 보자. 셀 K21까지 드래그한 결과, 셀 K2의 수식이 복사되었음을 확인할 수 있다(그림 3-1).[6]

[01.히스토그램.xlsm] 〈Sheet 4〉 참조

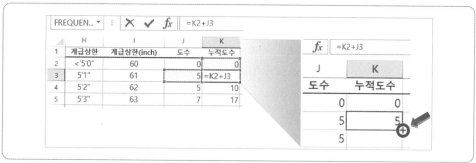

♦그림 3-1 누적도수 산출

상대도수는 전체 자료 수와 비교한 도수이다. 우선 그림 3-2에서 셀 J22에 전체 자료 수를 구하기 위하여 함수 SUM( )을 사용하였다. SUM( )의 인수에 절대도수가 위치한 범위 'J2:J21'을 입력한다. 결과값은 158이고, 이는 K열의 누적도수의 마지막 값과 동일해야 한다.

🔍 엑셀, 제대로 활용하기

SUM( ), AVERAGE( ) 등을 엑셀에서 함수function라고 부른다. 이와 같이 엑셀의 함수는 '함수명'과 '괄호'로 구성되어 있다. 괄호 안에는 해당하는 함수가 요구하는 문법에 맞게 인수argument, parameter를 입력하면 원하는 결과를 산출해 준다. SUM( )의 경우, "=SUM(자료범위)"를 엑셀의 셀에 입력하면 〈자료범위〉의 합을 산출할 수 있다. 〈자료범위〉에 콤마로 구분하여 직접 수치를 입력해도 된다.

> 예: SUM(J2:J21), SUM(1, 2, 3, 4)

이 사용법은 AVERAGE( ), MAX( ), MIN( ) 등과 같은 대다수 엑셀함수에 적용되는 문법이므로 반드시 확인하고 익숙해질 필요가 있다. AVERAGE(자료범위), MAX(자료범위), MIN(자료범위)는 입력한 자료범위에 대한 산출값이 각각 산술평균, 최댓값, 최솟값이라는 점만 다르다.

셀 L2에 60인치 이하의 상대도수를 산출하려면 "=J2/J22"를 입력한다. 여기서 셀 J2는 60인치 이하의 절대도수이고, 셀 J22는 전체 자료 수이다. 셀 L2에 이렇게 입력한 후, 앞서 이용했던 채우기핸들을 셀 L21까지 드래그하여 복사한다. 산출된 결과는 어떠한가? L열의 특정한 셀을 클릭해서 수식을 확인해 보자. 셀 L2에서 설정했던 상대적 위치가 복사되면서, 분모의 자리 J22 또한 같이 이동해서 원하는 값이 산출되지 않았을 것이다.

이제 셀 L2를 다시 클릭하고 "=J2/J22"로 입력되었던 수식을 "=J2/$J$22"로 수정한다. 이와 같이 $표시를 추가하면, 복사할 때 'J22'는 고정으로 참조하라는 의미이다. 이렇게 입력하고 채우기핸들을 드래그하여 복사하면 상대도수가 산출된다(그림 3-2).

FREQUEN... | =SUM(J2:J21)

	H	I	J	K
1	계급상한	계급상한(inch)	도수	누적도수
2	<'5'0"	60	0	0
3	5'1"	61	5	5
4	5'2"	62	5	10
5	5'3"	63	7	17
6	5'4"	64	7	24
7	5'5"	65	11	35
8	5'6"	66	14	49
9	5'7"	67	19	68
10	5'8"	68	15	83
11	5'9"	69	12	95
12	5'10"	70	13	108
13	5'11"	71	14	122
14	6'0"	72	8	130
15	6'1"	73	12	142
16	6'2"	74	7	149
17	6'3"	75	2	151
18	6'4"	76	3	154
19	6'5"	77	1	155
20	6'6"	78	3	158
21	>'6'6"		0	158
22			=SUM(J2:J21)	

L2 | =J2/$J$22

	I	J	K	L
1	계급상한(inch)	도수	누적도수	상대도수
2	60	0	0	0.0%
3	61	5	5	
4	62	5	10	
5	63	7	17	
6	64	7	24	
7	65	11	35	
8	66	14	49	
9	67	19	68	
10	68	15	83	
11	69	12	95	
12	70	13	108	
13	71	14	122	
14	72	8	130	
15	73	12	142	
16	74	7	149	
17	75	2	151	
18	76	3	154	
19	77	1	155	
20	78	3	158	
21		0	158	
22		158		

그림 3-2 상대도수 산출

누적상대도수는 상대도수와 비슷하게 진행한다. 상대도수는 절대도수를 전체 자료 수로 나누었지만, 누적상대도수는 누적도수를 전체 자료 수로 나누어 준다. 그림 3-3과 같이 셀 M2에 '=K2/$J$22'로 입력한 후 이를 복사하면 된다.

M2 | =K2/$J$22

	J	K	L	M
1	도수	누적도수	상대도수	누적상대도수
2	0	0	0.0%	0.0%
3	5	5	3.2%	3.2%
4	5	10	3.2%	6.3%

그림 3-3 누적상대도수 산출

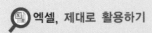
엑셀, 제대로 활용하기

셀 주소에 $표시를 추가하면, 복사를 하더라도 상대적인 위치를 참조하지 않도록 하는 효과가 있다. 즉 고정된 위치를 참조하도록 처리하므로 엑셀에서 이를 '절대참조'라고 부른다. 이전의 상대적인 위치를 복사하는 방법은 '상대참조'로 부르며 엑셀의 디폴트이다. 또한 우리는 $J$22와 같이 행과 열에 모두 $를 붙였지만, 행이나 열에만 따로 $를 추가할 수도 있다. J$22이나 $J22로도 적용이 가능하다는 뜻이다. 이 방법은 행만 고정시키거나 열만 고정시킬 때 사용한다. 행과 열 중에 하나만 절대참조로 처리하기 때문에 '혼합참조'라고 부른다. 세 가지 참조방법을 직접 실행해 보자. J$22 또는 $J22로 설정한 후 채우기핸들로 복사해 보고, 결과를 확인해 보자.

끝으로 셀 주소에 $표시를 추가하는 쉬운 방법이 있다. 참조방법을 변경하려는 셀을 선택하면, [리본메뉴] 밑에 위치한 [수식입력줄]에 해당 셀의 수식이 표시된다. 아래의 그림과 같이 J22에 마우스를 클릭한 후, 컴퓨터의 기능키 'F4'를 반복해서 눌러보자. $표시를 순차적으로 추가해 줘서 세 가지 참조 방법을 쉽게 구현할 수 있다.

그림 3-4는 산출된 네 가지 도수를 이용해 히스토그램을 그린 것이다. 자료에 대해 알고자 하는 정보 또는 연구 목적에 따라 적합한 히스토그램을 골라 사용해야 한다. 다음의 다섯 가지 질문에 적절한 정보를 제공하는 히스토그램이 어느 것인지, 어떻게 파악할 수 있는지 생각해 보자. 특정 수치로부터 이상이나 이하의 비율(%)을 파악하는 데 누적상대도수가 효율적이다. 비율이 아니라면 누적도수가 효율적이다. 특정 수치나 범위의 빈도는 절대도수가 편리하고, 이에 대한 비율을 알고 싶다면 상대도수가 편리하다.

그렇다면 통계학을 학습하면서 가장 빈번하게 사용되는 그래프는 어떤 것일까? 상대도수이다. 실제로 필요한 정보는 누적상대도수이지만 대부분의 확률분포의 기본적인 모습이 상대도수이기 때문이다.

상대도수의 히스토그램은 각 계급의 도수를 전체 자료 수로 나눈 확률 개념이 적용되어 있다. 이러한 특징은 확률분포를 표현하기에 적절하다. 결과적으로 절대도수 히스토그램의 전체면적을 1이 되도록 전환한 것이 상대도수 히스토그램이다. 상대도수 히스토그램의 총면적은 1, 즉 100%이다. 실제로 필요한 정보인 누적상대도수는 수학적으로 상대도수를 적분하여 구하면 된다.

[01.히스토그램.xlsm] 〈Chart 1-4〉 참조

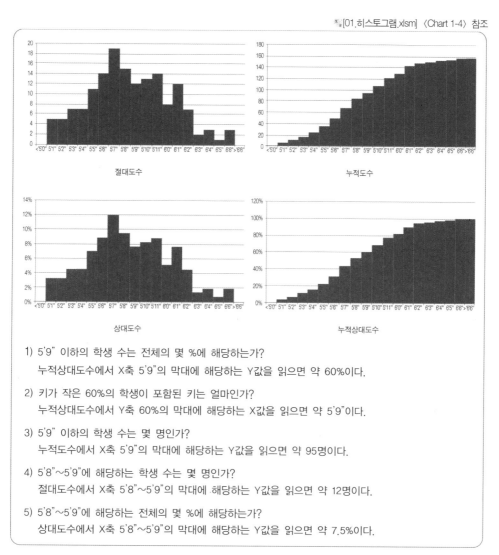

1) 5'9" 이하의 학생 수는 전체의 몇 %에 해당하는가?
   누적상대도수에서 X축 5'9"의 막대에 해당하는 Y값을 읽으면 약 60%이다.

2) 키가 작은 60%의 학생이 포함된 키는 얼마인가?
   누적상대도수에서 Y축 60%의 막대에 해당하는 X값을 읽으면 약 5'9"이다.

3) 5'9" 이하의 학생 수는 몇 명인가?
   누적도수에서 X축 5'9"의 막대에 해당하는 Y값을 읽으면 약 95명이다.

4) 5'8"~5'9"에 해당하는 학생 수는 몇 명인가?
   절대도수에서 X축 5'8"~5'9"의 막대에 해당하는 Y값을 읽으면 약 12명이다.

5) 5'8"~5'9"에 해당하는 전체의 몇 %에 해당하는가?
   상대도수에서 X축 5'8"~5'9"의 막대에 해당하는 Y값을 읽으면 약 7.5%이다.

♩그림 3-4 네 가지 히스토그램

🔍 더 알아보기 ┃ 히스토그램과 막대그래프

히스토그램과 막대그래프bar chart를 구분하여 보자. 좌측 그림은 히스토그램이고, 우측
그림은 막대그래프이다. 차이점은 무엇인가?

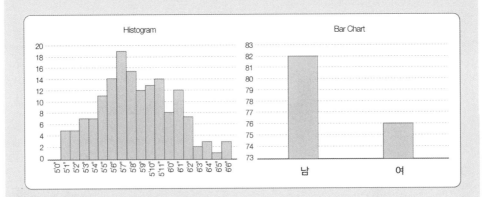

▶ 히스토그램

- 연속형 자료를 임의의 계급으로 나누어 표현
- 연속형 자료의 표현 순서는 크기 순서로 표현되어야 하며 임의로 변경은 불가능
- (연속형 자료라는 표현을 위해) 막대 사이의 간격이 없음
- 막대의 높이보다는 면적을 해석해야 함

▶ 막대그래프

- 이산형 자료의 범주category를 그대로 표현
- 이산형 자료의 표현 순서는 변경 가능
- (이산형 자료라는 표현을 위해) 막대 사이에 일정한 간격을 유지
- 막대의 높이가 도수를 나타냄

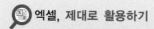 **엑셀, 제대로 활용하기**

[01.히스토그램.xlsm] 〈Sheet 3〉 참조

히스토그램은 엑셀2016 버전부터 다음과 같이 기본 메뉴에 추가되었다. 빈도 자료를 마우스를 사용해 선택한 후, 다음 메뉴를 통해 히스토그램을 손쉽게 삽입할 수 있다.

[삽입] → [통계 차트 삽입] → [히스토그램] → [히스토그램]

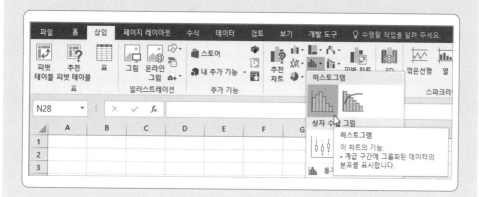

히스토그램의 모양은 가로축의 [축 서식]에서 변경할 수 있다. [축 서식]은 가로축을 더블클릭하면 나타나고 [축 옵션]의 기능은 다음과 같다. 계급의 수 또는 계급의 크기를 직접 입력하여 원하는 히스토그램을 만들 수 있다. 한편, 일반적으로 자료의 아주 높은 값이나 낮은 값은 빈도수가 미미하다. 이들을 하나로 묶어 '기타all other'로 처리할 때, 오버플로Overflow와 언더플로Underflow를 사용한다.

• **계급구간 너비**: 계급의 크기를 직접 입력한다. '자동'을 선택할 경우, 스콧Scott이 제안한 다음 산식으로 자동으로 적용된다.

$$bin\,width = \frac{3.5 \times 표준편차}{\sqrt[3]{n}}$$

• **계급구간 수**: 2장에서 학습한 방법으로 계급의 수를 산출하여 입력한다.

• **오버플로 계급구간**: 입력한 값 이상의 자료를 개별적으로 나타내지 않고 하나로 묶어서 표현한다. 디폴트는 관리도control chart에서 사용하는 $\overline{X} + 3 \times 표준편차$이다.

• **언더플로 계급구간**: 입력한 값 이하의 자료를 개별적으로 나타내지 않고 하나로 묶어서 표현한다. 디폴트는 관리도에서 사용하는 $\overline{X} - 3 \times 표준편차$이다.

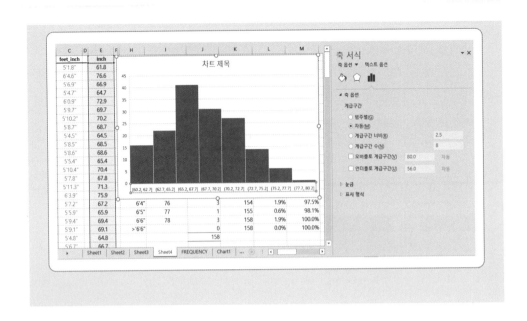

04
그래프의 유용성과 적용방법

그래프에는 히스토그램 외에도 산점도, 막대그래프, 원그래프, 상자도표 등이 있다. 현대통계학이 정착하기 이전부터 자료를 효과적으로 표현하기 위해 그래프 연구가 지속되어 왔으며 최근에는 인포그래픽스로 화려하게 발전하고 있다. 그래프는 화려함만으로 선정할 수 없고 자료의 특성에 따라 적합한 그래프를 사용하여야 한다.

그림 4-1은 월별 자료를 하나의 부채꼴로 각각 표현한 그래프이다. 그 내용은 1854년 4월~1855년 3월까지 어느 전쟁에서 사망한 병사들의 사인을 분류한 것이다.[7] 장미꽃 모양과 흡사하여 장미도표rose diagram라고 부른다. 부상보다는 세균감염이 더 큰 피

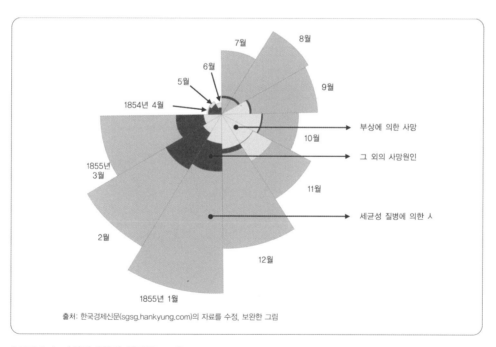

출처: 한국경제신문(sgsg.hankyung.com)의 자료를 수정, 보완한 그림

↻그림 4-1 나이팅게일의 부채꼴 그래프

해를 주고 있음을 알 수 있다. 컴퓨터가 발전한 현재의 기준으로 보아도 손색없는 이 그래프를 작성한 사람은 누구일까? 간호의 어머니mother of nursing라고 불리는 나이팅게일Florence Nightingale이 그 주인공이다. 나이팅게일은 크림 전쟁에서 전사한 병사들의 사인을 집계하여 분석하였다. 그 결과 전투에서 입은 부상으로 사망한 병사보다 열악한 위생조건과 세균에 감염되어 사망한 사람이 더 많다는 사실을 밝혔다.

그림 4-2는 어느 이동통신회사의 콜센터로 고객들이 문의하는 내용을 분석한 것이다. 가로축에는 분석대상이 되는 항목을 도수가 높은 순서에 따라 막대그래프로 나타내었다. 그리고 이 항목들에 대한 누적상대도수를 꺾은선으로 표현하였다. 이 그래프는 세로축의 척도가 두 개이며 좌, 우에 서로 다르게 표시되어 있다. 좌측 세로축은 막대그래프로 표현된 각 항목의 절대도수에 대한 척도이다. 우측 세로축은 꺾은선으로 표현된 누적상대도수에 대한 척도이다.

[01.히스토그램.xlsm] 〈Sheet 5〉 참조

항목	빈도	누적비율	비율
청구요금안내	321	49.5%	49.5%
납부이력확인	197	79.8%	30.4%
청구서재발행	65	89.8%	10.0%
무통장입금안내	43	96.5%	6.6%
일시정지안내	19	99.4%	2.9%
마일리지조회	3	99.8%	0.5%
기타	1	100.0%	0.2%

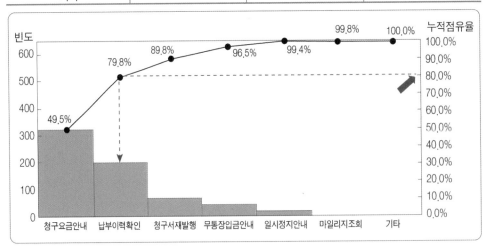

♪그림 4-2 파레토 차트

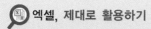

파레토 차트를 그리려면 막대그래프와 꺾은선그래프를 혼합해야 하는 번거로움이 있었지만, 엑셀2016 버전부터 다음과 같이 기본 메뉴에 추가되었다. 빈도 자료를 선택한 후, 다음 메뉴를 통해 파레토 차트를 손쉽게 삽입할 수 있다.

[삽입] → [통계 차트 삽입] → [히스토그램] → [파레토]

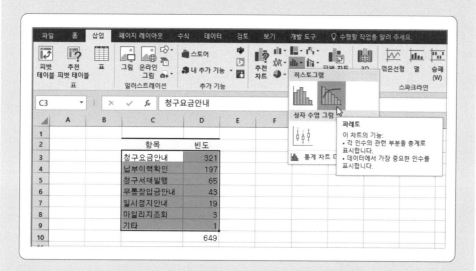

품질전문가들이 제안하는 전통적인 작도법에 따르면, 세로축의 [축서식]에서 최댓값을 빈도수의 총합으로 변경하길 권한다. 이 예제에서는 649를 입력한다.

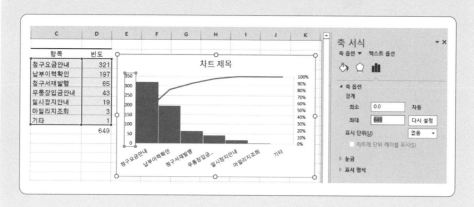

파레토 차트는 쥬란Joseph M. Juran이 파레토 법칙Pareto Principle을 품질관리에 적용, 고안하여 오늘날 널리 사용되고 있다. 이탈리아의 경제학자 파레토Vilfredo Pareto가 유럽 국가의 소득분포곡선을 분석하여 20%의 부자가 80%의 부를 소유하는 공통된 현상을 발견하였고, 이런 현상을 80:20 법칙 또는 파레토 법칙이라고 부른다. 이 법칙은 다양한 분야에서 전체의 80% 결과물이 20%의 원인에 의해 좌우된다는 일반화된 법칙으로 알려져 있다.

파레토 차트를 해석하는 기본적인 방법은 우측 세로축(누적상대도수의 척도)에서 80%에 해당하는 막대그래프를 좌측부터 탐색하여 영향도가 높은 항목을 추출하는 것이다. 예제에서는 청구요금안내와 납부이력확인이 해당된다. 파레토 법칙에 따르면 전체 고객문의 유형에서 이 두 가지 문의가 20%에 해당하지만 문의 분량에서 80%에 근접한다. 요컨대 파레토 법칙을 활용할 수 있도록 절대도수와 누적상대도수를 하나의 도표에 조화롭게 배치한 것이 파레토 차트이다. 파레토 차트는 노력이나 자원을 집중해야 할 이슈를 찾거나 우선순위를 정하는 ABC분석[8]에서도 유용하게 활용된다.

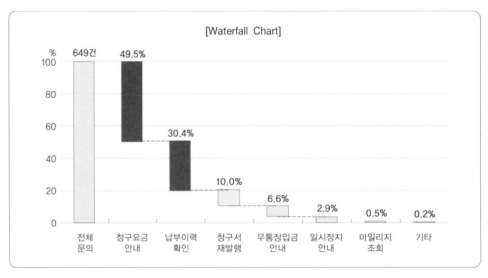

⍾그림 4-3 폭포수 차트

비슷한 용도로, 근래에는 그림 4-3과 같은 폭포수 차트waterfall chart, bridge chart[9]도 빈번하게 사용된다. 콜센터의 문의내용을 조목조목 분해하여 주요한 요인을 한눈에 파악할 수 있다. 자료가 내포한 정보를 효과적으로 표현하면서 이해하기 쉬운 그래프는 지금도 지속적으로 발전하고 있다. 지금까지 자료를 도식화하여 묘사하는 데 기여해 온 탐색적 자료분석EDA: Exploratory Data[10]은 인포그래픽스infographics로 발전하고 있다. 그래프는 자료를 그림으로 표현한 상태를 의미하였다. 그러나 인포그래픽스는 자료, 정보, 지식을 한결 이해하기 쉽고 빠르게 전달할 수 있도록 시각화하는 과정과 방법을 통틀어 일컫는 용어이다.[11] 그림 4-4는 전 세계에서 사용하는 언어를 분석한 인포그래픽스의 예이다.

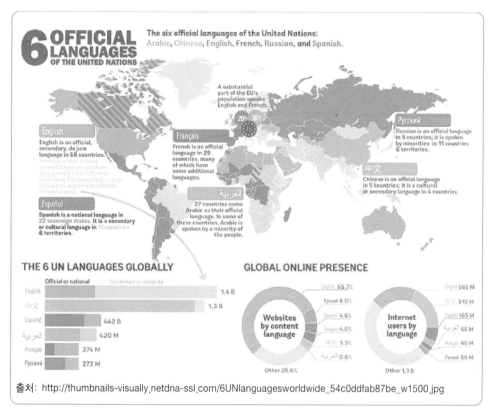

출처: http://thumbnails-visually.netdna-ssl.com/6UNlanguagesworldwide_54c0ddfab87be_w1500.jpg

↻그림 4-4 인포그래픽스: 세계의 언어

모든 그래프와 그 작성법을 이 책에서 열거할 수는 없지만, 통계학에서 활용하는 가장 기초적인 그래프를 정리하면 그림 4-5와 같다. 그래프의 가로축과 세로축에 할당된 자료의 특성을 연속형과 이산형으로 구분하였다는 점에 주목하자(연속형과 이산형에 대한 논의는 11장 참조). 만약 원인과 결과의 관계를 설정한 연구라면, 일반적으로 원인에 해당하는 자료는 가로축에, 결과의 자료는 세로축에 할당된다. 이와 같이 자료의 특성에 따라 가용한 그래프를 분류하면 그래프를 잘못 사용하는 실수를 줄일 수 있다. 게다가 대부분의 통계적 검정도구들도 그림 4-5의 기준으로 용도를 구별할 수 있으므로 통계적 검정도구와 그래프를 연계하는 데에도 도움이 된다.

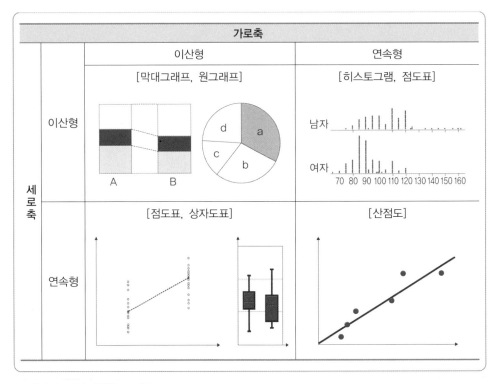

♪그림 4-5 자료 유형별 그래프

연속형 자료에 대한 분포를 파악하는 가장 전통적인 방법은 앞서 살펴본 히스토그램이다. 점도표dot plot는 히스토그램의 막대를 점으로 표시한 것뿐이다. 개별자료를 점 하나로 나타내기 때문에 시각적으로 이해하기 쉽다. 그래프의 세로축과 가로축이 모두 연속형인 경우에 점도표를 그린다면, 개별 점들은 흩뿌려져 표시될 것이다. 이런 이유로 산점도scatter plot라고 부른다. 원래 산점도는 고대로부터 인간이 지도 위에 무엇인가를 표시하던 방법이 그래프로 정착된 것이라고 한다. 이산형 자료에 대해 히스토그램의 개념을 적용한 그래프가 막대그래프bar chart이다. 막대그래프와 달리 이산형 자료를 항목별로 상대적인 비율을 강조하고 싶다면 원그래프pie chart를 사용하게 된다.

끝으로 시간이나 발생 순서에 영향을 받는 시계열자료time series data의 경우 꺾은선그래프가 빈번히 활용된다. 꺾은선그래프는 가로축의 자료가 시간일 때 유용하다. 이를 발전시켜 품질관리 분야에서 슈하르트Walter A. Shewhart가 개발한 관리도control chart가 기업현장에서 널리 사용되고 있다. 수집되는 시간 순으로 제품의 품질특성을 표시하고, 품질을 안정적으로 유지하기 위하여 하나의 중심선과 두 개의 관리한계선을 설정한 그래프이다(그림 4-6).

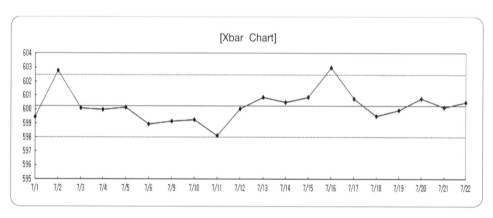

♠그림 4-6 관리도

05
그래프에서 통계량으로

그래프는 자료의 정보를 시각적으로 간명하게 전달할 수 있는 장점이 있다. 하지만 동일한 자료를 어떤 그래프로 표현하느냐에 따라 서로 다른 의미를 전달할 수 있으며, 동일한 그래프에 대한 해석도 주관적으로 달라질 수 있다. 이러한 단점은 정보를 서로 교환하고 의사결정하는 데 걸림돌이 된다. 이를 보완할 수 있도록 자료의 객관적 특징을 최댓값, 최솟값, 평균 등과 같이 하나의 수치로 표현하는 방법이 고안되었다.

그래프는 자료에서 정보를 추출하고 그 정보를 직관적으로 이해하는 시발점으로서의 중요한 역할을 담당한다. 그러나 그래프는 그 작성과 해석 과정에 사용자의 주관이 개입될 가능성이 크다. 히스토그램을 예로 들면, 단순한 빈도수가 면적으로 과장되게 표현된다는 원천적인 단점이 존재한다. 게다가 축axis을 어떻게 설정하느냐에 따라 시각적인 왜곡현상이 발생한다. 이에 대해서는 2장에서 [01.히스토그램.xlsm] ⟨Sheet 2⟩의 시뮬레이션으로 확인하였다. 가령 히스토그램의 세로축을 최댓값 40으로 설정하거나 가로축의 계급 크기를 2인치로 한다면, 그래프의 모양과 우리에게 제시하는 정보가 달라질 것이다.

따라서 더욱 객관성을 높이고 간명하게 그래프의 정보를 표현하는 방법을 고안할 필요가 있다. 이에 통계학자들은 수리적 기법을 사용하여 평균average, 분산variance 등의 개념을 제안하였다. 즉 그래프의 특징(원래는 자료의 특징이다)을 수치화하는 방법을 모색한 것이다. 이렇게 제시된 개념들을 통계량statistics이라고 부른다. 하지만 통계량의 등장으로 그래프의 역할이 희석된 건 아니다. 역으로 모든 통계량을 언급하거나 분석할 때는 반드시 그 원천인 그래프를 작성하고 확인해 볼 필요가 있다. 예컨대 두 변수의 관련성을 연구하는 상관분석의 첫 번째 절차는 산점도를 필수적으로 그려보는 것이다. 통계량은 '자료의 어떤 특징을 요약하는가'에 따라서 표 5-1과 같이 세 가지로 분류할 수 있다.

기준	의미	예
대표성representativeness	중심경향	평균, 중위수, 최빈수 등
산포spread, dispersion	자료의 흩어진 정도	분산, 표준편차, IQR 등
형태shape	분포의 비대칭 정도	왜도, 첨도 등

먼저 대표성이란 전체 자료를 대표할 수 있는 값representative value을 하나 정해야 한다면, 어떤 수치로 요약할 것이냐에 대한 통계량이다. 표 1-1의 자료에서 '이 학생들의 키는 어느 정도입니까?'라는 질문을 받았다고 하자. 아마도 최소 5피트에서 최대 6피트 5인치 사이에 있는 중간 위치의 수를 대표로 내세우는 것이 일반적이다. 특수한 상황이 아니라면 양극단에 있는 5피트나 6피트 5인치를 꼽지는 않는다. 비교적 많은 사람이 모여 있는 중심경향central tendency이 나타나는 수치를 대푯값으로 선정한다. 가장 흔히 사용하는 대푯값은 산술평균arithmetic mean[12]이다. 자료의 합계를 자료의 총 개수로 나누어준 값이다. 수집된 자료가 3, 4, 5, 6, 7, 8로서 6개라면 평균값은 5.5이다.

🔍 더 알아보기 | 자료를 기호로 표현하는 방법

일반적으로 자료를 부호화coding할 때 관리의 목적으로 식별자ID: identification를 함께 기록하게 된다. 순서에 영향을 받지는 않더라도 입력하면서 순서대로 일련번호를 부여하는 것이 일반적이다. 이에 따라 '3번째 자료'를 지칭하는 기호를 x_3으로 표현할 수 있다. 이를 활용하면 통계학의 많은 계산을 간명하게 표현할 수 있다. 그리고 합계는 그리스 문자 Σ를 사용해서 간단히 줄여 사용할 수 있다.[13] 산술평균은 다음과 같이 정의한다.

$$\text{평균}(\text{Mean}) = \frac{\sum_{i=1}^{n} x_i}{n} = \frac{3+4+5+6+7+8}{6}$$

식별자(i)	1	2	3	4	5	6
기호표시(x_i)	x_1	x_2	x_3	x_4	x_5	x_6
자료값	3	4	5	6	7	8

우리가 초등학교 때부터 배워 익숙하고 흔히 사용하는 산술평균이지만, 몇 가지 특징을 재확인할 필요가 있다. 먼저 평균은 각 자료값에서 떨어진 거리가 좌우로 동일하다. 이런 측면에서 평균은 일종의 '무게중심'의 특징을 지닌다.

수리적으로는 아래의 계산 결과값들을 모두 더하면 0이 된다는 뜻이다. 이를 간단한 수식으로 표현하면, $\sum_{i=1}^{n}(x_i - \bar{x}) = 0$이다. 통계학의 경우 개별 자료값에서 평균을 뺀 값을 평균으로부터의 편차deviation about the mean 또는 간단히 편차deviation라고 한다. 편차를 수식으로 표현하면 $(x_i - \bar{x})$이다. 위에서 설명한 평균의 특징은 '편차의 합은 0이다'라고 한 문장으로 정리할 수 있다.

$$x_1 - \bar{x} = 3\text{과 평균 } 5.5\text{의 차이} = 3 - 5.5 = -2.5$$
$$x_2 - \bar{x} = 4\text{와 평균 } 5.5\text{의 차이} = 4 - 5.5 = -1.5$$
$$x_3 - \bar{x} = 5\text{와 평균 } 5.5\text{의 차이} = 5 - 5.5 = -0.5$$
$$x_4 - \bar{x} = 6\text{과 평균 } 5.5\text{의 차이} = 6 - 5.5 = +0.5$$
$$x_5 - \bar{x} = 7\text{과 평균 } 5.5\text{의 차이} = 7 - 5.5 = +1.5$$
$$x_6 - \bar{x} = 8\text{과 평균 } 5.5\text{의 차이} = 8 - 5.5 = +2.5$$

평균 5.5의 산출과정에 모든 자료가 조금씩 영향을 미치고 있다는 뜻이기도 하다. 이것은 평균이 자료의 모든 정보를 민주적으로 반영하고 있다는 장점이 있다. 그러나 같은 이유로 평균은 극단치에 영향을 많이 받는 단점이 있다. 가령 앞의 자료에서 37이라는 자료가 하나 추가되면 평균은 10이 된다. 극단치인 37 때문에 무게중심이 급격하게 이동한 것이다. 문제는 새로운 평균 10이 모든 자료를 대표하는 값으로 부적절할 수 있다는 것이다.

자료의 중심경향을 나타내는 통계량은 다음 그림과 같이 평균, 중위수, 최빈수가 있다. 평균average은 대표적으로 산술평균을 가장 많이 활용하지만, 이 책에서는 기하평균과 조화평균도 함께 살펴보고자 한다.

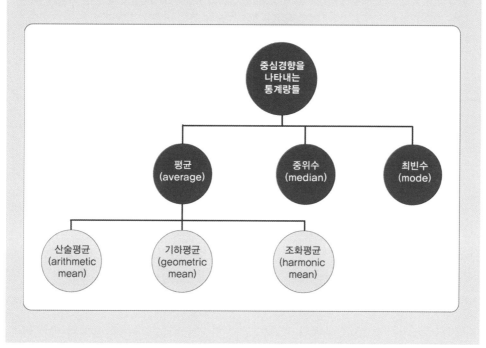

06
양동이 물과 기하평균

일반적인 자료의 평균은 산술평균을 의미한다. 그러나 1 또는 100%를 기준으로 증감을 나타내는 매출증가율, 인구증가율, 경제성장률, 물가상승률 등의 비율에 적합한 평균은 기하평균이다. 산술평균이 각 자료의 덧셈에 기반하고 있다면, 기하평균은 각 자료의 곱셈에 기반하고 있다.

모든 기업은 다수의 업무 프로세스나 생산 공정의 연속이다. 각 프로세스와 공정은 관련이 있는 다른 부서나 공정으로부터 입력물을 받아서 자신의 산출물을 만드는 부가가치 활동을 수행한다. 뒤이어, 산출되는 결과물을 다른 부서나 고객에게 전달한다. 다른 부서나 고객 입장에서는 그 결과물이 다시 입력물이 된다. 따지고 보면 현실의 모든 활동은 이렇게 복잡다단하게 얽히고설킨 네트워크이다.

그림 6-1은 이러한 과정을 단순화하여 4개의 공정으로 구성된 기업을 상정한 것이다. 회사의 공급자로부터 구매한 원재료를 직접 가공하는 1공정은 82%의 수율yield[14]을 보인다. 즉 원재료 100 중 18%의 불량품을 내는 공정이다. 만약 각 공정의 수율이 그림처럼 82%, 95%, 93%, 98%라면 이 기업의 평균수율은 얼마일까? 자료를 모두 더한 후 자료의 개수로 나누어 산출하는 산술평균arithmetic mean으로 이 문제를 접근하면, 평균수율이 92%[=(82＋95＋93＋98)/4]라고 주장할 수 있다. 하지만 첫 단계의 100%의 물이 마지막 단계에 실제로 남아 있는 양은 약 71%이다. 수율에 대한 산술평균 92%와는 심각한 차이를 보이는 결과이다.

증가 또는 감소를 나타내는 비율인 매출증가율, 인구증가율, 경제성장률, 물가상승률 등의 중심경향을 평가하기에 적합한 평균은 기하평균geometric mean이다. 예를 들어 어느 해 매출이 200% 증가하였고 2년 차에는 800% 증가했다고 가정하자. 즉 매출액이 첫해에 1억 원에서 2억 원으로, 2억 원이 16억 원으로 증가한 것이다. 평균증가율을 파악하기 위해 산술평균을 사용한다면 200%와 800%의 평균인 500%이다. 그러나 이를 매년 500%씩 증가했다는 가정하에 역으로 검산해 보면, 첫해에 5억 원, 이듬해에 25억 원이 되어 실제 매출액과는 차이가 발생한다. 이처럼 비율에 산술평균을 적용하면 심각한 오류가 나타날 수 있다. 200%와 800%의 기하평균은 400%이다. 기하평균에 따라 매년 400%의 증가를 감안하면, 첫해에 4억 원, 이듬해에 16억 원이 계산되어 원래의 매출증가량을 잘 반영했음을 알 수 있다.

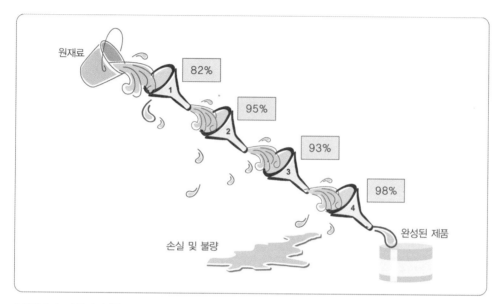

↷그림 6-1 양동이의 물

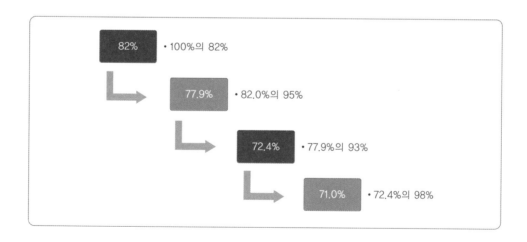

기하평균의 산출식은 의외로 간단하다. 산술평균은 덧셈을 활용하였지만 기하평균은 곱셈을 활용하여 자료를 모두 곱하게 된다. 산술평균이 모두 더해진 자료를 평준화하기 위해서 자료 개수로 나누어 주듯이, 기하평균은 자료를 모두 곱한 것을 평준화해야 한다. 따라서 다음과 같이 n제곱근으로 곱셈했던 것을 풀어준다고 생각하면 된다. 위의 매출 증가 사례는 $\sqrt[2]{200 \cdot 800} = 400\%$ 로 산출된 결과이다.

$$기하평균\text{Geometric Mean} = \sqrt[n]{x_1 \cdot x_2 \cdot x_3 \cdots \cdot x_n}$$

일반적으로 비율의 평균에 기하평균을 활용한다고 알려져 있지만, 이러한 해석은 실무에서 종종 오적용을 유발한다. 좀더 엄밀하게는 비율이라는 자료 특성을 기준으로 기하평균을 활용하는 것이 아니다. 그림 6-1의 '양동이의 물'과 같이, 평균을 산출해야 할 자료들이 서로 관계를 맺고 있을 때 사용하는 것이 타당하다. 즉 2공정의 95%는 1공정의 결과인 82%를 기저로 한 수치이다. 매출액 사례에서도 2년 차의 800%는 1년 차의 200%의 결과를 기저로 한 수치임을 간파할 필요가 있다.

🔍 더 알아보기 기하평균과 극단값

기하평균의 공식에서 양변에 로그를 취하면 다음과 같은 수식으로 전환된다. 즉 원자료에 로그를 취하여 이에 대한 산술평균을 구한 후, 로그를 다시 풀어준 개념으로 해석할 수 있다. 로그 변환의 특성에 따라 기하평균은 극단적으로 크거나 작은 자료가 포함된 경우에도 이를 중화시킬 수 있다는 장점을 가지게 된다. 10, 100, 1000을 각각 로그 변환한 $\log_{10}10$, $\log_{10}100$, $\log_{10}1000$의 값은 1, 2, 3으로 그 간격이 줄게 된다. 극단값에 대한 이러한 중화능력은 산술평균을 보완하는 기하평균의 중요한 특징이다.

$$\log(\text{Geometric Mean}) = \log \sqrt[n]{x_1 \cdot x_2 \cdot x_3 \cdots \cdot x_n} = \frac{\sum_{i=1}^{n} \log x_i}{N}$$

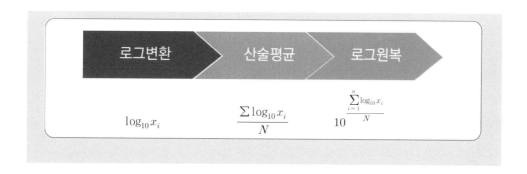

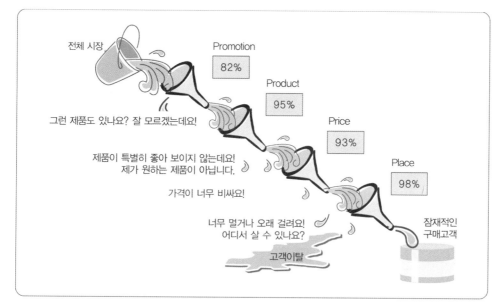

♩그림 6-2 마케팅 4P 활동과 양동이의 물

'양동이의 물'과 같이 서로 관계를 맺고 있을 때, 통합integration이라는 용어를 자주 사용하게 된다. 통합은 부분이나 개인의 탁월함보다 전체적인 최적화의 중요성을 강조한다. 마케팅 관리에서 통합적 커뮤니케이션, 통합적 마케팅 등을 강조하는 것도 이러한 취지이다.

마케팅의 4Ppromotion, product, price, place는 고객의 마음을 움직여 구매하도록 유인하는 전략이다. 고객이 구매 의사결정을 하는 인지적 절차에 따라 마케팅의 4P 활동을 다음과 같이 해석할 수 있다. 첫째, 촉진전략promotion은 시장과 고객에게 제품의 존재와 장점을 알리는 일이다. 이 활동이 부진하다면, 고객은 아무리 좋은 제품이 있더라도 인지할 수 없기 때문에 구매할 수가 없다. 둘째, 제품의 존재를 인지한 고객은 그것이 나에게 맞는 제품인지 품질이 좋은지 등을 따져볼 것이다. 시장의 니즈와 경쟁제품보다 월등한 제품을 설계하는 마케팅의 제품전략product이 제대로 수행되어야 고객을 유인할 수 있다. 셋째, 제품을 확인하고 마음에 들었지만 가격이 적절하지 않다면 고객은 구매하지 않을 것이므로 효과적인 가격전략price이 수행되어야 한다. 마지막으로 제품과 가격이 마음에 들지만 먼 지역까지 직접 찾아가 구입해야 한다거나 배달에 오랜 시간이 걸린다면 백전백패이다. 고객이 원하는 시간과 장소에서 구매할 수 있도록 유통전략place이 구비되어야 한다.

이상으로 간략하게 조망해 본 마케팅의 4P 활동은 그림 6-2처럼 단순화할 수 있다. 조사와 인터뷰를 통해 각 활동의 수율이 각각 82%, 95%, 93%, 98%로 측정되었다고 가정하자. 즉 촉진활동의 경우 18%의 고객이 제품의 존재를 알지 못한다고 응답했고, 그 82%의 5%에 해당하는 고객이 제품의 장점에 동의하지 않았다는 의미이다. 이에 대한 실제적인 전체 수율은 약 71%(0.82 · 0.95 · 0.93 · 0.98)이다. 앞에서 살펴본 기하평균에서 n제곱근을 취하기 이전의 수치이다. 경영학에서 이 71%를 누적수율RTY: Rolled Throughput Yield이라고 부른다. 최초 100으로 시작한 양동이 물이 마지막까지 잔류한 양이다. 따라서 누적수율은 실제적인 전체 수율이라고 할 수 있다. 이 사례의 경우 약 71%의 잠재적인 시장점유율market share을 예상할 수 있다.

🔍더 알아보기 | 몇, 어찌

기하학은 공간과 도형의 성질을 연구하는 학문이다. 기하학은 그 이름부터 어려워 보인다. 기하의 한자는 '몇 기幾', '어찌 하何'이다. 자칭 '인간국보 1호'였던 양주동의 수필, '몇 어찌'에서도 기하학의 어려움과 논리적 실증에 대한 감탄을 동시에 토로하고 있다.[15] 그런데 기하평균은 왜 기하geometry라는 표현을 사용할까? 이에 대한 설명도 쉽지 않아 보이지만 육면체를 예로 설명해 보겠다.

6, 4, 9라는 세 개의 자료는 기하평균이 6이 된다. 이 자료를 6m, 4m, 9m의 변으로 구성된 육면체라고 상상해 보자. 이 육면체를 잘 조정해서 세 변의 길이가 동일한 정육면체로 만든다면 한 변의 길이가 얼마인가? 단, 체적 216m³은 유지되어야 하는 조건이 따른다. 그림과 같이 한 변의 길이가 6m인 육면체가 된다. 원래 6m, 4m, 9m였던 세 변의 길이가

기하학적으로 평균 6m가 도출되었다는 느낌이 드는가?

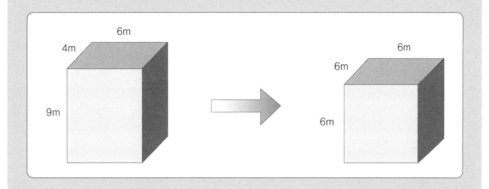

2차원적인 면적에서도 마찬가지이다. 두 변이 2m와 32m인 면적 64㎡인 땅이 있다고 하자. 64㎡인 땅을 정사각형으로 조정하면 한 변의 길이가 8m가 된다. 2와 32의 기하평균은 8이다.

07
화음과 조화평균

조화평균은 음악의 화음과 밀접한 관련이 있다. 조화로운 음을 들려주는 현의 길이는 서로 조화평균에 해당한다. 조화평균은 자료의 역수에 대한 산술평균으로부터 다시 역수를 취한 값이다. 조화평균은 자료의 측정단위가 시속(km/h)과 같은 비(比)인 경우에 평균적인 변화율을 산출하는 데 적합하다.

K씨는 오늘 회사에서 물류센터까지 왕복으로 운전하였다. 물류센터로 갈 때는 60km/h의 속도로, 올 때는 120km/h의 속도로 돌아왔다. 회사와 물류센터의 거리는 120km라고 가정한다면 평균 속도는 얼마인가? 단순히 산술평균을 적용하면 90km/h라고 답할 수 있다.

하지만 회사와 물류센터의 거리가 120km이므로 왕복한 거리는 240km이다. 그렇다면 갈 때는 2시간이 걸렸고 올 때는 1시간이 걸렸을 것이다. 만약 평균 속도가 90km/h라면 총 270km의 거리를 달리게 된다(90km/h×3hr). 이 문제의 정답은 80km/h이다. 3시간 동안 평균 80km/h로 꾸준히 달렸다면 총 이동거리가 240km이기 때문이다.

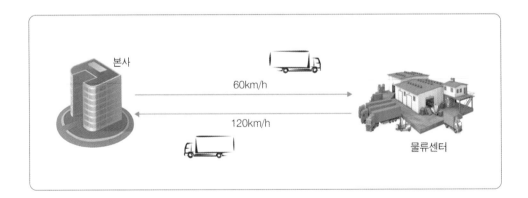

본사
60km/h
120km/h
물류센터

문제의 정답 80은 60과 120에 대한 조화평균harmonic mean이다. 조화평균은 데이터의 역수의 산술평균을 구하고, 다시 역수를 취한 값이다. 조화평균은 일정한 거리를 다른 속도로 달렸을 때의 평균속도를 구할 때 흔히 사용한다.

$$\text{조화평균} = \cfrac{1}{\cfrac{\dfrac{1}{x_1}+\dfrac{1}{x_2}+\dfrac{1}{x_3}+...+\dfrac{1}{x_n}}{n}} = \cfrac{n}{\dfrac{1}{x_1}+\dfrac{1}{x_2}+\dfrac{1}{x_3}+...+\dfrac{1}{x_n}}$$

$$80 = \cfrac{2}{\dfrac{1}{60}+\dfrac{1}{120}}$$

그런데 '조화'라는 명칭은 음악을 배경으로 한다. 고대 그리스의 피타고라스 Pythagoras가 대장간을 지나다가 조화평균의 개념을 발견했다는 이야기가 전해진다. 대장간을 지나던 그는 어떤 망치소리들은 귀에 거슬리고 또 다른 망치소리들은 조화롭게 어울려서 마치 경쾌한 음악처럼 들렸다. 이후 피타고라스는 현의 길이를 조절하여 음정을 연구하게 되었다. 피타고라스가 밝혀낸 현의 길이와 조화로운 음과의 관계를 요약하면 두 가지이다. 튕겨서 소리를 낼 수 있는 현을 준비하여 실험해 보는 것도 좋다. 먼저 피타고라스는 특정한 길이의 현을 튕겨서 나는 소리와 다음 두 가지 소리는 조화로운 화음이 된다는 사실을 발견하였다.

1. 현의 길이를 1/2로 줄이면, 원래의 현과 조화로운 음이 된다.
2. 현의 길이를 2/3로 줄이면, 원래의 현과 조화로운 음이 된다.

기본음으로 사용한 현을 '도'라고 했을 때, 1번 규칙에 따라 그 현의 길이를 1/2로 줄이면 '높은 도'의 음높이를 갖는다. 즉 1번 규칙은 한 옥타브octave가 높은 음이 된다. 그리고 2번 규칙에 따라 원래 현의 길이를 2/3로 줄이면 '솔'의 음높이를 갖게 된다. 여기서 이 길이들이 갖는 통계적인 의미를 해석해 보자. 기본음의 현의 길이인 '1'과 이보다 한 옥타브가 높은 '1/2'의 산술평균은 '3/4'이 되지만 기본음과 조화롭지 못한 음정이었다. 오히려 현 길이가 '2/3'인 지점에서 조화로운 음이 발견된다. '2/3'는 '1'과 '1/2'의 조화평균에 해당하는 수이다.

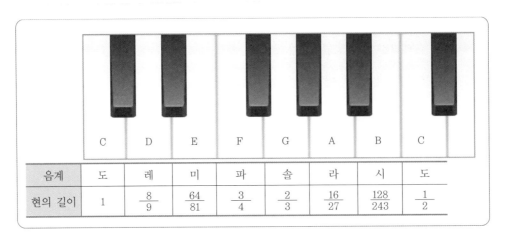

그림 7-1 온음계와 현의 길이

　　현대음악 용어로 완전5도[16]에 해당하는 현의 길이를 밝힌 것이다. 피타고라스가 밝혀낸 조화음을 비율로 표현하면 6:8:12이다. 12의 절반에 해당하는 6, 다시 6과 12의 조화평균이 8이라는 세 숫자가 조화로운 소리를 낸다는 것이다. 이 규칙을 토대로 피타고라스는 순차적이고 반복적으로 적용하여 어울리는 음정을 찾아 나갔다. 예를 들어 새롭게 발견한 솔(G)에 대한 조화음을 찾아보자. 솔(G)의 길이 (2/3)를 기본 현이라고 가정하면 이와 조화로운 음은 (2/3) · (2/3)이다. 다만, 그 값이 (1/2)보다 작기 때문에 한 옥타브를 낮추어(2를 곱하여) 1~(1/2) 내에 오도록 전환하면 된다.

　　즉 (2/3) · (2/3) · 2=(8/9)에 해당하는 현의 길이를 찾을 수 있고, 이는 결과적으로 레(D)에 해당한다. 이런 방식으로 마침내 12개의 음을 완성하였다. 이것이 '피타고라스의 음률'이다. 조화평균과 화음의 관계는 흥미 있는 이야기이다. 또한 조화평균을 이해하고 적용하는 데 중요한 단서를 제공한다.

　　앞서 풀어본 속도의 문제와 한 옥타브 내의 조화음을 도출한 계산은 한정된 조건을 나누어 갖는다는 공통점이 있다. 속도의 문제는 동일한 거리가 주어졌고, 음계를 찾을 때에는 기본 현의 길이 내에서 조화로운 음이 발생하는 지점을 찾아야 한다. 그리고 조화평균의 데이터는 대부분 기준을 어떻게 취하느냐에 따라 값이 달라진다. 시간을 기준으로 하면 자동차의 속도를 시속 60km로 표현하지만, 거리를 기준으로 하면 1km가 1분이 된다. 조화평균의 계산식을 보면, 기준을 통일하여 데이터를 평균하는 계산 방법임을 알 수 있다.

08
정중앙에 위치하는 중위수

산술평균은 모든 자료의 정보를 민주적으로 반영한다. 개별 자료의 양 또는 크기를 빠뜨리지 않고 모두 고려한다는 의미이다. 이러한 민주성은 비정상적인 자료가 포함될 경우, 산술평균이 자료의 중심경향을 제대로 표현할 수 없게 만든다. 이와 달리 중위수는 개별 자료의 양 또는 크기가 아니라 위치정보만을 활용함으로써 이러한 단점을 보완할 수 있다. 이 점이 중위수가 비모수통계의 근간이 되는 이유다.

평균은 자료의 중심경향을 나타내는 방법으로 사칙연산을 활용한 높은 수준의 접근이라고 할 수 있다. 이와 달리 중심경향이라는 개념을 자료의 정중앙이라는 위치적 정보나 빈번하게 발생한 빈도수로 측정하는 통계량으로 중위수와 최빈수가 있다. 중위수median는 데이터를 크기 순서대로 정렬sorting하여 그 중앙에 있는 데이터의 값을 의미한다. 데이터의 개수가 홀수이면 중위수는 중앙에 있는 데이터의 값이고, 짝수이면 중위수는 일반적으로 가운데 있는 두 값의 평균값으로 정의된다.

앞의 예에서 (3, 4, 5, 6, 7, 8)의 중위수는 평균과 같은 5.5이다. 만약 37이 추가 자료로 포함된다면 중위수는 6이 된다.

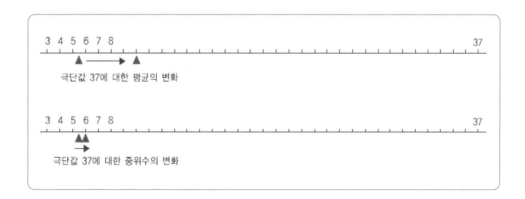

모든 데이터의 정보를 반영하여 수리적으로 측정하는 평균과는 달리, 중위수는 모든 데이터의 정보를 고스란히 활용하지는 않는다. '크기 순서대로 정렬하여 정중앙을 선택한다'는 것은 데이터 값이 아니라 데이터의 서열order 또는 순위rank만을 활용하고 있다는 것을 알 수 있다. 앞의 예에서 데이터 37은 7번째 순위이다. 중위수는 37이라는 수치가 아니라 7이라는 순위를 활용한 것이다.

극단값에 영향을 덜 받는 이러한 특징 때문에 특별히 작거나 큰 값이 포함된 데이터의 대푯값으로 중위수가 권장된다. 일반적으로 큰 값이 포함되는 소득이나 재산에 대한 정보는 중위수를 사용하는 것이 타당하다. 기술적인 측면에서 평균과의 차별점도 중요하지만 통계를 학습하고 활용하는 데에도 중위수는 중요한 의미를 지닌다. 통계학 자체가 중위수의 특징을 활용한 비모수통계nonparametric statistics와 평균을 중심으로 전개되는 모수통계parametric statistics로 분류되기 때문이다.

모수통계에서 개발된 분석도구는 대부분 수집된 자료의 정규성을 가정하고 있다. 만약 이 가정이 충족되지 못한다면 비모수통계를 적용하기 때문에 중위수의 통계학적 위상은 생각보다 지대하다. 비모수통계에 대한 설명은 이 책의 범위를 넘어서기 때문에 생략하겠다.

> **더 알아보기 | 소득 가두행진income parade**
>
> 네덜란드의 경제학자 얀 펜Jan Pen은 『소득분배Income Distribution』라는 책에서 흥미 있는 가두행진을 제시하고 있다. 영국 국민의 소득자료를 적용하여 모든 국민이 1시간 동안 행진을 마치는 가상적인 행진으로, 행진하는 순서는 소득이 낮은 사람부터 시작해서 소득이 높은 순서대로 진행된다. 그리고 사람들의 소득을 키로 표현하였다. 결과적으로 1시간 동안 펼쳐질 가두행진은 소득이 낮은 난쟁이부터 시작하여 소득이 높은 거인으로 끝나게 될 것이다.
>
> 다음 그림과 같이 가두행진에 출현하는 사람의 키는 대다수가 작은 편이고, 행진이 끝날 때 즈음에 집중적으로 출현하는 소수의 거인으로 구성된다. 99.995백분위percentile rank에 해당하는 마지막 출현자는 그 키를 표현할 수 없어 신발만 보이는 상태이다. 이러한 거인들의 소득에 영향을 받기 때문에 실제 평균 키는 30분이 아니라 48분 정도에야 가두행진에서 나타나게 된다. 이런 형태의 분포는 정규분포normal distribution가 아니라 로그정규

분포log-normal distribution를 띠는 것으로 알려져 있다. 이처럼 소득, 급여 등의 자료에서는 '일반적인 국민'을 대표하는 통계량으로 평균값보다 중위수를 사용하는 것이 타당하다.

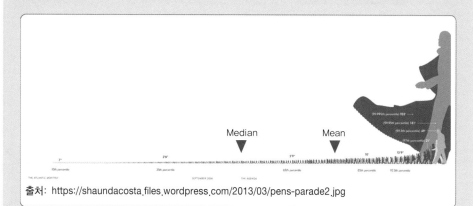

출처: https://shaundacosta.files.wordpress.com/2013/03/pens-parade2.jpg

09
자주 발견되지만,
자주 사용하지 않는 최빈수

자료에서 빈도수가 가장 많은 값을 최빈수라고 한다. 자료에서 가장 빈번하게 발견되는 수치이므로 히스토그램에서는 가장 정점에 해당하는 값이다. 연속형 자료의 경우 엄밀하게 동일한 값이 반복해서 관측될 확률은 낮기 때문에 최빈수는 주로 이산형 자료의 분석에 적합하다.

자주 사용하지는 않지만 최빈수mode라는 통계량도 있다. 이는 자료 내에서 가장 빈도수frequency가 많은 값이다. 자료를 수집하면서 가장 많이 만나는 수치라는 의미이다. 히스토그램의 막대로 보면 가장 높게 나타나는 수치이다. 따라서 최빈수는 값이 여러 개가 될 수도 있다. 예를 들어 그래프를 그렸을 때 낙타의 등처럼 높이가 가장 높은 값이 두 개가 있다면 최빈수는 두 개가 된다.[17] 최빈수는 하나의 대표적 수치가 아니라 여러 개로 도출될 가능성이 있다. 따라서 자료를 대표한다는 측면에서 논리적·실용적으로 적합하지 않기 때문에 평균이나 중위수보다 활용도는 낮다.

더 알아보기 | 중위수와 최빈수의 비교

최빈수와 중위수의 공통적인 특징은 히스토그램에서 비교적 위치를 파악하기 편리하다는 점이다. 최빈수는 빈도가 최고인 위치이므로 분포의 봉우리에서 제일 높은 지점을 찾으면 된다. 이와 달리 중위수는 분포 좌우의 면적이 동일하도록 위치를 잡으면 된다. 다음의 세 가지 분포를 눈여겨보면서 평균값, 최빈수, 중위수의 위치를 가늠해 보자. 그리고 이를 굳이 수리적으로 표현하면 다음과 같이 정리할 수도 있다. 최빈수는 확률밀도함수의 최고점이기 때문에 이를 미분했을 때 0인 지점이다.

$$\frac{d}{dx}f(mode) = 0$$

중위수는 누적확률밀도함수의 면적이 0.5가 되는 지점이다.

$$\int_{-\infty}^{median} f(x) = \int_{median}^{+\infty} f(x) = 0.5$$

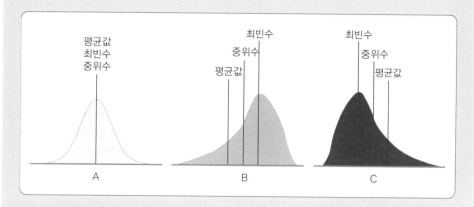

위의 세 가지 분포를 보면서, 최빈수와 중위수의 또 다른 활용처를 유추할 수도 있다. 분포가 좌우대칭을 이루는지의 여부(이를 통계학에서는 왜도skewness라고 부른다)를 판단하는 데 사용할 수 있다는 것이다.

즉 '평균값=최빈수=중위수'에 가까울수록 분포는 좌우대칭을 이루고, '최빈수>중위수>평균'의 조건이라면 좌우대칭이 아니라 분포 B와 같이 왼쪽으로 기울어진left-skewed 모양을 예상할 수 있다. 세 가지 통계량의 순서가 이와 반대이면 분포 C와 같이 오른쪽으로 기울어진right-skewed 모양이 된다.

최근에는 잘 활용하지 않지만 과거에는 다음과 같은 수식으로 분포의 치우침을 평가하였다. 개념적으로 평균으로부터 최빈수 또는 중위수가 멀리 떨어져 있는 경우에 치우침이 심하다고 판단할 수 있는 지표들이다.

$$\text{Karl Pearson}^{18} : \frac{(평균 - 최빈수)}{표준편차} \cong \frac{3(평균 - 중위수)}{표준편차}$$

$$\text{Stuart \& Ord}^{19} : \frac{(평균 - 중위수)}{표준편차}$$

최빈수는 신발, 옷 등을 생산하는 제조업에서 주력 치수를 결정할 때 적용할 수 있다. 생산할 신발이나 옷의 규격을 결정할 때 평균값이나 중위수를 적용하는 것은 무의미하다. 엄밀하게 평균값이나 중위수에 해당하는 고객이 항상 많다고 장담할 수 없기 때문이다. 시장에서 고객 수가 가장 많이 형성되어 판매잠재력이 가장 높다고 예상되는 제품의 규격은 최빈수에 해당한다.

10
자료의 중심경향을
산출하는 엑셀함수들

엑셀함수를 활용하여 자료의 중심경향을 측정하는 통계량을 계산해 본다. AVERAGE( ), GEOMEAN( ), HARMEAN( ), MEDIAN( ), MODE( )의 활용방법과 산출되는 논리를 시각적으로 확인하도록 한다. 이 함수들은 자료의 범위나 자료 자체를 인수로 지정하면 앞서 살펴본 자료의 중심경향을 나타내는 대푯값을 산출해 주는 유용한 도구이다.

엑셀은 평균을 구하는 함수들을 모두 지원한다. 산술평균, 기하평균, 조화평균 각각은 엑셀함수 AVERAGE( ), GEOMEAN( ), HARMEAN( )을 활용하여 산출할 수 있다. 자료 2, 3, 4, 5에 대한 각 평균을 산출해 보자. AVERAGE( ), GEOMEAN( ), HARMEAN( )의 사용법은 모두 동일해서 분석하고 싶은 자료의 범위를 인수로 지정하면 된다(그림 10-1). 예제자료와 같이 "=AVERAGE(B2:B5)"로서 셀 범위를 지정해도 되지만, "=AVERAGE(2, 3, 4, 5)"와 같이 직접 자료를 입력해도 된다. 하지만 셀 범위를 입력하는 것이 일반적이다.

🔍 엑셀, 제대로 활용하기

[03.중심경향.xlsm] 〈Sheet 1〉에서 'Ctrl + ''를 반복해서 눌러보자. '는 키보드 좌측상단부에 있는 억음부호grave accent이다. 셀에 수식이 있다면 계산된 결과값과 수식을 번갈아가며 확인할 수 있는 유용한 단축키이다.

그림 10-2는 편차의 합이 0이 되는 사실을 알려준다. 자료는 2, 3, 4, 5이고 평균은 셀 B8에 함수 AVERAGE( )를 사용하여 산출하였다. C열에 각각의 자료로부터 평균(셀 B8)을 차감하는 편차를 산출하였다. 이 편차들의 합(셀 C6)은 0이 됨을 알 수 있다. 이 원칙을 체감할 수 있도록 평균(셀 B8)의 수치를 변경해 보자. 편차합(셀 C6)을 0으로 만들 수 있는 다른 수치는 찾지 못할 것이다.

[03.중심경향.xlsm] 〈Sheet 1〉 참조

	A	B
1		자료
2		2
3		3
4		4
5		5
6		
7	산술평균	3.5
8	기하평균	3.309751
9	조화평균	3.116883

Ctrl + `

	A	B
1		자료
2		2
3		3
4		4
5		5
6		
7	산술평균	=AVERAGE(B2:B5)
8	기하평균	=GEOMEAN(B2:B5)
9	조화평균	=HARMEAN(B2:B5)

ⓘ그림 10-1 평균 구하기

[03.중심경향.xlsm] 〈Sheet 2〉 참조

FREQUEN... =B2-$B$8

	A	B	C	D
1		자료	편차(deviation)	
2		2	=B2-$B$8	
3		3	-0.5	
4		4	0.5	
5		5	1.5	
6	합계	14	0	
7				
8	산술평균	3.5		

ⓘ그림 10-2 편차의 합은 0

이제 이러한 수리적인 특성을 이용하여 평균을 찾아보자. 다음 절차에 따라 [목표값 찾기]를 실행해 보자(그림 10-3). 확인을 위해 현재 평균을 산출해야 하는 셀 B8에 임의의 수 100이 입력되었다는 점에 유의하자. 100이 아니라 다른 수가 입력되어도 무관하다. [목표값 찾기] 창을 해석하면, '셀 C6'의 값이 '0'이 되도록 '셀 B8'을 시뮬레이션하여 탐색하라는 의미이다. 〈확인〉을 클릭하면 어렵지 않게 이해할 수 있다. 셀 B8에 100이 아닌 다른 수치로도 변경해서 실행해 보자. 결과는 산술평균을 찾아 준다.

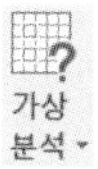

[데이터] → [데이터 도구] → [가상분석] → [목표값 찾기]

[03.중심경향.xlsm] 〈Sheet 2〉 참조

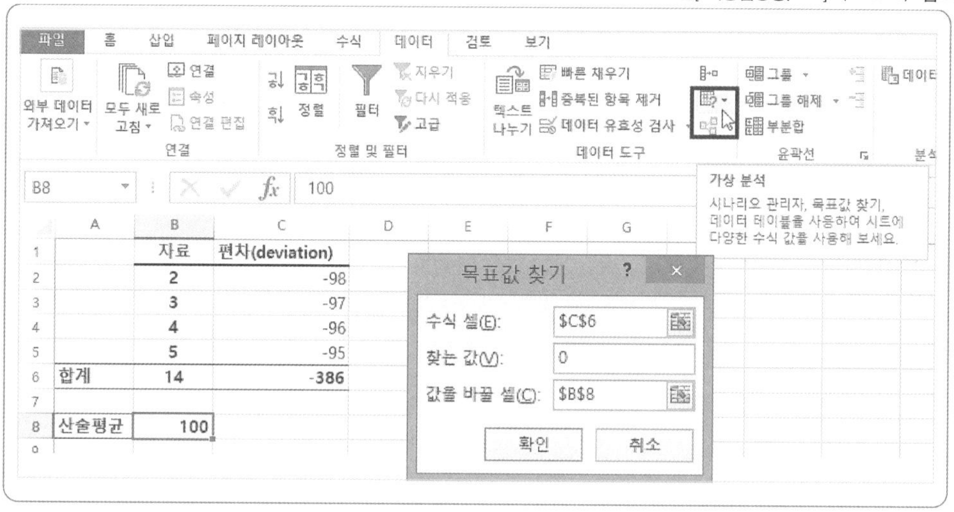

	A	B	C
1		자료	편차(deviation)
2		2	-98
3		3	-97
4		4	-96
5		5	-95
6	합계	14	-386
7			
8	산술평균	100	

그림 10-3 가상분석을 통한 평균 구하기

중위수와 최빈수를 구하는 엑셀함수는 각각 MEDIAN( )과 MODE( )이다. 그림 10-4와 같이 분석하고자 하는 자료의 범위를 인수로 지정하면 된다. B열과 D열에 있는 자료에 대한 평균과 중위수를 비교해 보자. 중위수는 5.5에서 6으로 소폭 변경된 반면, 평균은 5.5에서 10으로 크게 변경되었다. 여기서 새로 추가되는 수치를 37에서 100으로 바꾸어도 중위수는 여전히 6이 될 것이다. 중위수는 37이든 100이든 자료의 중앙에 위치한 수를 선택하기 때문이다. 그런데 최빈수는 오류가 발생하고 있다. 모든 자료가 한 번씩 출현해서 빈도수가 1로 동일하기 때문이다. 즉 최빈수를 구할 수 없다는 뜻이다. 이와 같이 최빈수는 자료의 속성이 완벽한 연속형일 때는 적용하기 곤란한 통계량이다. 자료가 연속형일 경우 특정한 수치가 정확히 반복하여 출현하기 어렵기 때문이다.

[03.중심경향.xlsm] 〈Sheet 3〉 참조

◑그림 10-4 평균, 중위수, 최빈수

따라서 최빈수는 이산형 자료의 분석에 적합하다. 그림 10-5와 같이 '남부', '중부', '북부'로 구분된 자료가 있다고 가정하자. 어떤 값이 가장 빈번하게 출현하였는지 최빈수는 대푯값을 찾아주는 역할을 한다. 단, 셀 G3에서처럼 '남부', '중부', '북부'로 기입된 텍스트 자료를 분석할 수는 없다. 수치로 부호화한 자료를 분석할 수 있다. 이처럼 SPSS를 포함한 대부분 통계소프트웨어는 문자에 대한 직접적인 분석은 지원하지 않는다. 따라서 자료를 부호화할 때 문자 자료를 수치화하여 우회적으로 분석해야 한다. 셀 G4에서 결과는 1로서 '남부'가 최빈수로 도출되었다.

⋒그림 10-5 이산형 자료와 최빈수

평균이나 중위수와 달리, 최빈수는 다수가 존재할 수 있다.[17] 엑셀 2010부터 이를 지원하기 위해 함수 MODE.MULT( )가 새로 추가되었다. 최빈수가 여러 개인 경우 이를 모두 구하는 함수이다. 이에 대응해 MODE( )는 새로운 함수 MODE.SNGL( )로 대체되었고, 다수의 최빈수가 존재하더라도 제일 먼저 도출된 값만 출력하므로 주의해야 한다.

11
측정의 수준,
연속형과 이산형

'측정한다'는 행위는 수를 세거나 부여하는 행위로, 점수화를 의미한다. 초등학교 때부터 100점을 만점으로 설정한 점수화가 우리에게 가장 익숙하다. 이뿐만 아니라 통계학에서는 관측대상을 분류하고, 순위를 매기는 행위도 측정에 포함된다. 측정행위들의 수준에 따라 자료의 속성은 크게 이산형과 연속형으로 구분되며 활용가능한 통계량 및 분석방법도 달라지게 된다.

"측정할 수 없으면 관리할 수 없다if you can't measure it, you can't manage it"는 격언은 "측정할 수 있어야 개선할 수 있다That which is measured improves"라고 주장한 칼 피어슨Karl Pearson에 와서야 유명세를 타게 된다. 그 외에도 피터 드러커Peter Drucker, 피터스Tom Peters, 데밍Edwards Deming, 켈빈 경Lord Kelvin과 같은 학자들이 입을 모아 오래전부터 그 중요성을 주장해 왔다. 실제로는 관리 및 개선활동에서 측정의 중요성은 말할 필요도 없고, 인간은 태어나면서부터 오감을 통해 측정하고 그 결과를 해석하면서 생존하고 성장하고 있다.

환경에서 주어지는 여러 자극을 보고, 듣고, 느끼는 감각활동을 통해 인간을 포함한 모든 생명체는 측정하고 판단을 내린다. 시끄러운지 속삭이는지, 큰지 작은지, 많은지 적은지 등을 측정하는 것이다. 우리가 상대방의 뜻을 파악할 때 그 사람의 말에만 의존하지 않고 손동작, 표정, 목소리 크기 등을 활용하듯, 고등동물들은 모두 동시다발적인 자료를 수집하여 종합적인 의사결정을 내린다.

이렇듯 일상화된 측정의 정의를 내리자면, 사물이나 현상의 특성을 구체화하기 위하여 분류하거나classifying, 세거나counting, 순위를 매기거나ordering, 수를 부여하는 numbering 행위 등을 일컫는다. 측정활동에 항상 수치화된 정보만 있는 것은 아니다. 하지만 통계학의 도구와 방법을 활용하여 좀더 강력한 분석을 하려면 이를 계량화하는 것이 더욱 유리하다.

앞서 엑셀함수 MODE( )는 자료의 특성에 따라 사용이 불가능한 경우도 있었다. 또한 MODE( )는 적용할 수 있지만, AVERAGE( )가 의미 없는 경우도 있다. 성별의 자료를 1, 2로 부호화하여 수집하였다고 해서 이 변수의 평균을 산출하는 것은 의미가 없다. 이처럼 어떤 통계량을 활용하여 분석하느냐가 측정의 방법과 수준에 영향을 준다. 측정에서 활용할 수치 및 측정의 수준을 결정하는 일도 중요하다. 우리가 키를 측정할 때에도 그 용도에 따라 cm 단위의 자 또는 inch 단위의 자를 선택할지 결정하는 것과 같다.

측정의 목적은 정보가 있는 수치를 확보하는 데에 있다. 이러한 측면에서 변수 variables는 정보를 내포하고 있는 수치를 부여하는 대상이다. 가령 '성별'이라는 변수에 남자는 '1', 여자는 '2'라고 부호화coding하여 자료를 수집하는 경우를 생각해 보자. '1'은 남자라는 정보를 가진 수치이고, 이 수치가 변수 '성별'에 부여되는 것이다. 또 다른 예로 고객 만족도 조사에서 설문 문항이 '1'에서 '5'까지의 숫자로 고객의 만족도를 측정한 경우에도 고객의 인식 수준을 수집하는 흔한 사례이다. 그렇다면 고객 만족도를 '예', '아니오'로 측정하여 각각 '1', '2'로 부호화하면 어떨까?

○표 11-1 척도의 종류

명목척도		성별, 직업, 국적 등
서열척도		경마의 순위, 직급, 학력 등
등간척도		온도, 인사고과점수 등
비율척도		연봉, 키, 몸무게, 작업시간 등

이 문제와 관련하여 통계학에서는 척도scale가 가진 정보의 양에 따라 명목척도, 서열척도, 등간척도, 비율척도로 구분하고 있다.[20] 네 가지 척도의 구분은 통계학에서 대단히 중요하다(표 11-1). 어떤 척도를 사용하느냐에 따라 수집된 자료의 속성이 달라진다. 더불어 적용해야 할 적합한 통계분석 기법도 달라진다.

명명척도 또는 명목척도nominal scale는 측정 대상의 종류나 범주를 식별할 수 있도록 명칭이나 기호를 부여하는 척도이다. 효율적인 자료관리를 위하여 남자는 '0', 여자는 '1'로 부호화할 수는 있다. 하지만 0이나 1이 숫자이더라도 명목자료의 수치는 식별 및 분류를 위한 목적으로 사용된 것이다. 따라서 자료가 숫자의 형태이지만 크기라는 속성을 갖지 못하며 산술적 의미가 없기 때문에 사칙연산도 불가능하다. 단지 해당 범주에 소속되는지(＝) 소속되지 않는지(≠)의 의미만 지닌다.[21]

서열척도ordinal scale는 명목척도의 특성을 포함하면서 자료의 순서에 대한 정보도 갖기 때문에 상대적 크기를 비교할 수 있다. 즉 서열과 범주의 정보를 가지고 있다. 하지만 서열화된 각 수치 간의 간격 차이는 일정하지 않다. 한 학급에서 국어성적을 기준으로 학생들에게 등수를 부여했다고 해보자. 당연히 1등이 2등보다 국어성적이 좋고, 5등이 6등보다 국어성적이 좋다. 하지만 1등과 2등 사이의 국어성적 차이와, 5등과 6등 사이의 국어성적 차이는 같지 않다. 서열자료는 '상/중/하'와 같이 문자로 표현될 수 있다. 하지만 숫자로 나타낼 경우 '크기 비교(<, >)'와 '범주 분류(＝, ≠)'는 가능하지만 사칙연산은 불가능하다는 점은 유의할 필요가 있다.

여기서 원자료인 국어성적을 등수로 전환하지 않는다면 국어점수 간의 간격이 의미를 갖게 된다. 즉 국어점수 90점과 80점 차이, 40점과 50점 차이는 동일한 10점 차이라는 것을 알 수 있다. 이처럼 측정된 값들의 차이가 절대적 의미가 있다면 등간척도interval scale라고 부른다. 결과적으로 등간척도는 인접한 값들과의 간격을 동일하게 수량화한 것이다. 이런 특성 때문에 덧셈과 뺄셈이 가능하다. 등간척도는 일상에서 널리 사용하는 온도, IQ, TOEIC 점수 등이 해당되며 항상 숫자로 표현한다는 특징이 있다. 하지만 등간척도는 절대적 의미를 갖춘 절대영점absolute zero이 없다.

절대영점의 개념은 다소 난해하지만, 온도와 TOEIC 점수를 예를 들면 이렇다. 온도가 0℃라는 의미는 물이 얼음이 되는 온도를 표현한 것이지, 측정의 대상인 온도가 없다는 것을 의미하지 않는다. TOEIC 시험에서 0점을 받았더라도 그 사람의 영어실력이 전무하다는 것을 의미하지 않는다. 이렇게 절대영점이 없는 등간척도의 경우 각 숫자 자체에는 절대적 의미가 없고 상대적인 의미만 존재한다. 정리하자면 명목척도, 서열척도, 등간척도가 수치로 표현되더라도 그 수치들은 측정을 위한 인위적인 표현이다. 이에 따라 수치 간의 비율은 의미가 없어서 온도 30℃가 온도 10℃보다 3배 더운 것이 아니다(Howell, 2013).[22] 이것은 등간척도가 곱셈과 나눗셈이 불가능하다는 것을 의미한다.

◑표 11-2 척도의 종류와 속성

구분		속성				중심경향 측정방법	적용 가능한 분석도구
		절대영점 (*, /)	등간격 (+, -)	크기 (<, >)	분류 (=, ≠)		
연속형	비율척도	O	O	O	O	기하평균 조화평균	모수통계
	등간척도	X	O	O	O	산술평균	모수통계
이산형	서열척도	X	X	O	O	중위수	비모수통계
	명명척도	X	X	X	O	최빈수	빈도분석, 교차분석 비모수통계

등간척도와 비교하여 속도, 신장, 소요시간, 매출액 등은 값이 0일 때 측정 대상의 속성이 없어지는 절대영점을 가진다. 속도가 0km/h이면 움직임 없이 멈춰 섰음을 의미하고, 키가 0cm라는 것은 아예 측정 대상인 키가 없는 것과 마찬가지라는 뜻이다. 매출액이 0이라면 매출이 전혀 발생하지 않았음을 뜻한다. 이렇게 등간척도의 속성과 함께 절대영점을 가질 경우 비율척도ratio scale라고 한다. 절대영점이 존재하므로 측정한 수치에 비율의 의미를 부여할 수 있기 때문이다. 100km/h로 달리는 자동차는 50km/h로 달리는 자동차보다 두 배 빨리 달린다고 할 수 있다. 몸무게가 100kg인 사람은 50kg인 사람보다 두 배 더 무겁다. 비율척도는 범주, 크기, 거리, 비율의 속성을 가지며 가감승제加減乘除가 가능하다.

무엇보다 네 가지 척도 구분이 중요한 이유는 이산형 자료discrete data(질적 자료 qualitative data, 정성적 자료, 계수형 자료)와 연속형 자료continuous data(양적 자료quantitative data, 정량적 자료, 계량형 자료)를 판별하는 기준이 되기 때문이다. 이산형 자료는 명목이나 서열 측정단위를 사용하여 이름이나 기호를 사용한다. 연속형 자료는 다소多少 또는 대소大小를 표현하기 위해 숫자를 사용하는데, 구간이나 비율 측정단위를 사용한다. 표 11-2에서 보듯이 연속형 자료는 더하기, 빼기, 곱하기, 나누기의 사칙연산이 가능하고, 이산형 자료는 불가능하다는 결론을 얻을 수 있다. 이러한 분류에 따라 사용할 수 있는 적절한 통계 방법이 달라진다. 연속형 자료는 수리적 연산을 통해 결과를 도출할 수 있으나 이산형 자료는 이러한 장점이 없다. 예컨대 연속형 자료는 평균 및 분산과 같은 통계량으로 정보의 의미를 함축하고 해석하는 데 효과적이다. 그러나 이산형 자료는 세거나count 분류한classify 결과나 그 비율을 요약하는 수준에 머문다.

12
자료의 흩어진 정도, 산포

어떤 자료를 수집하든 그 수치가 동일한 경우는 드물다. 심지어 동일한 대상을 측정해도 시기와 측정자에 따라서 측정치는 다르게 나타난다. 동일한 수치가 아니라 다르게 나타나는 변동을 산포라고 한다. 산포는 정보이다. 재무자료의 산포는 위험으로, 품질자료의 산포는 제품의 신뢰도로 해석할 수 있다.

표 12-1은 1926년부터 1998년 동안의 미국 주식시장 수익률 자료이다.[23] 여러분에게 10억 원이 주어진다면 어느 주식에 투자할 것인가? 당연히 수익률이 높은 소형주에 투자하는 것이 현명한 판단일 것이다.

⊙표 12-1 미국 주식시장 평균수익률(1926~1998년)

투자대상	연평균 수익률	투자대상	연평균 수익률
대형주	13.2%	소형주	17.4%
장기 회사채	6.1%	장기 국채	5.7%
중기 국채	5.5%	재정증권	3.8%
인플레이션	3.2%		

그런데 표 12-2는 두 가지 정보를 추가로 제공한다. 수익률의 평균을 이루는 자료 분포를 간단한 히스토그램으로 나타내고, 표준편차standard deviation라는 통계량을 제시한다. 소형주는 1926년부터 1998년까지 대략 -60% ~ +90%의 수익률 자료가 모여서 평균 17.4%를 구성하고 있다. 이와 비교하여 대형주는 -40% ~ +50%의 수익률 분포를 나타낸다. 이제 추가된 정보를 바탕으로 어떤 주식에 투자할지 다시 생각해 보자. 처음에 선택한 투자처가 바뀌었는가? 이 투자의사결정에 대한 논의는 14장에서 '지배원리'로 상세히 언급하였다.

◑표 12-2 미국 주식시장 수익률 분포(1926~1998년)

투자대상	연평균수익률	표준편차	분포
대형주	13.2%	20.3%	
소형주	17.4%	33.8%	
장기 회사채	6.1%	8.6%	
장기 국채	5.7%	9.2%	
중기 국채	5.5%	5.7%	
재정증권	3.8%	3.2%	
인플레이션	3.2%	4.2%	
			-90% 0% 90%

분포의 중심경향에 대한 파악과 함께 자료의 흩어진 정도를 파악하는 것도 매우 중요하다. 예를 들어 표 12-3의 두 가지 자료는 평균과 중위수가 모두 동일하다. 중심경향의 통계량으로는 두 자료를 구분하지 못한다. 중심경향은 동일하고 자료의 흩어진 정도만 다르기 때문이다. 두 가지 자료를 구별할 수 있는 통계량은 없을까?

◑표 12-3 범위가 다른 두 가지 자료

자료Q: 3, 4, 5, 6, 7, 8	평균: 5.5, 중위수: 5.5
자료R: 1, 2, 5, 6, 9, 10	평균: 5.5, 중위수: 5.5

표 12-3을 살펴보면 자료Q는 3~8까지 분포하고, 자료R은 1~10까지 분포하는 차이를 확인할 수 있다. 이 정보만 활용해 범위range라는 통계량을 제시할 수 있다. 범위는 최댓값에서 최솟값을 뺀 값이다. 따라서 자료Q의 범위는 5, 자료R의 범위는 9가 된다. 자료R의 범위 값이 더 크기 때문에 흩어진 정도가 더 크다. 하지만 범위는 양극단의 최소와 최대라는 두 개의 값만 이용한다. 나머지 자료의 정보는 무시되는 것이다. 따라서 최솟값과 최댓값이 비정상적으로 크거나 작을 때 그 영향을 고스란히 받는다.

자료A:　1, 4, 5, 6, 7, 10	평균: 5.5, 중위수: 5.5, 범위: 9
자료B:　1, 2, 5, 6, 9, 10	평균: 5.5, 중위수: 5.5, 범위: 9

한편 표 12-4의 자료는 평균, 중위수, 범위가 동일하여 구별되지 않는다. 이를 보완하기 위해 상, 하위의 25%씩을 버리고 중간 부분 50%의 범위인 사분위 범위IQR: Inter-Quartile Range를 사용하기도 한다. IQR은 기업에서 사분위quartile의 개념을 활용하여 1~3월을 1사분기, 4~6월을 2사분기, 7~9월은 3사분기, 10~12월은 4사분기로 구분하는 것과 연계하면 이해가 쉽다. 이처럼 자료를 4등분하면 각 등분이 25%씩 차지하게 되는데 안쪽의 등분에 해당하는 25~75%의 범위를 산출한 것이 IQR이다.

결과적으로 사분위 범위는 전체 자료의 중앙에 위치하는 50%에 해당하는 범위가 된다. 이 개념은 상자도표box plot, box-and-whisker plot로 해석해 보면 쉽게 이해할 수 있다. 그림 12-1은 예제파일 [04.상자도표.sav]의 변수 '창의적 성과'에 대한 상자도표를 SPSS로 작성한 결과이다. 메뉴에서 다음 절차에 따라 실행하면 쉽게 작성할 수 있다.

[그래프] → [레거시 대화상자] → [상자도표] → 〈개별변수의 요약값〉 선택

◑[04.상자도표.sav]

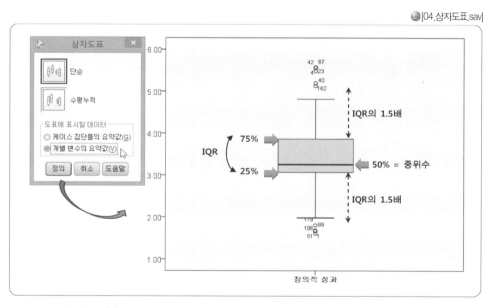

◑그림 12-1 SPSS, 상자도표

상자도표는 상자box, 상자의 양쪽으로 뻗어나간 수염whisker, 그리고 수염의 끝부분에 찍혀 있는 점dot으로 구성되어 있다. 상자도표에서 그려진 상자는 자료의 25분위수(Q1, 1사분위수), 중위수(Q2, 2사분위수), 75분위수(Q3, 3사분위수)를 표시한 것이다.[24] 따라서 이 상자의 크기가 IQR(25~75%)을 의미한다. 수염은 상자의 위와 아래로 IQR의 1.5배까지 그릴 수 있다. 이 영역을 벗어나는 자료들은 이상치outlier일 가능성이 있다고 판단하여 점으로 표시하게 된다. SPSS는 점을 표시하면서 몇 번째 자료인지 수치로 알려준다.

주의할 점은 수염의 길이이다. 수염 길이는 IQR의 1.5배까지 가능하지만, 도표에서 실제로 표현되는 수염의 길이는 1.5배보다 짧은 경우가 많다. 그림 12-1에서도 수염 길이는 IQR의 1.5배인 점선 화살표의 길이보다 짧게 나타난다. 게다가 상·하의 수염 길이가 동일하지 않다. 그 이유는 IQR의 1.5배 내에서, 자료가 실제 존재하는 위치까지만 수염이 그려지기 때문이다. 즉 수염의 끝에는 항상 실제 자료가 존재하게 된다.

상자도표는 '통계학의 피카소'라고 불리는 튜키John W. Tukey가 개발한 것이다. 대다수 통계소프트웨어에서 수용하고 있는 줄기-잎 도표stem-and-leaf plot도 그가 개발하였다. 상자도표는 엑셀2016 버전부터 다음과 같이 기본 메뉴에 추가되었다. 자료를 선택한 후, 다음 메뉴를 통해 상자도표를 손쉽게 작성할 수 있다.

[삽입] → [통계 차트 삽입] → [상자수염 그림]

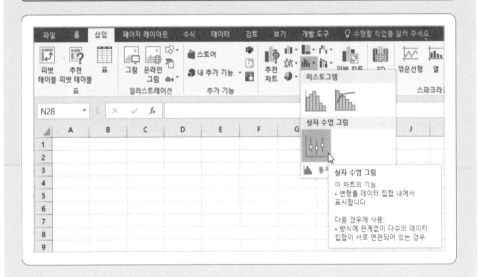

한편 실무에서 자료를 기술하는 데 중요한 통계량으로 다섯 가지를 지정하고 있는데, 바로 5대 요약통계량five number summary이다. 상자도표는 이 정보를 모두 표현해 주는 그래프이므로 다양한 분야에서 자주 활용되고 있다. 5대 요약통계량은 다음과 같다.

> ① 최솟값   ② 1사분위수   ③ 중위수   ④ 3사분위수   ⑤ 최댓값

표 12-4의 자료A와 B에 대하여 살펴본 통계량들을 엑셀에서 산출하면 그림 12-2와 같다. 아쉽게도 범위를 지원하는 엑셀함수는 없다. 최댓값을 구하는 함수 MAX( )와 최솟값을 구하는 MIN( )을 이용하여 10행에 범위를 구하였다. 두 자료의 범위가 모두 9로서 동일함을 확인할 수 있다. 13행에 IQR은 1사분위수와 3사분위수를 구하여 차감하여 산출하였다. 엑셀에서 사분위수를 구해주는 함수 QUARTILE.EXC( )와 QUARTILE.INC( )가 별도로 있지만, 실무적으로 널리 사용할 수 있는 백분위수를 구하는 함수 PERCENTILE.EXC( )를 활용하였다.

[04.산포.xlsm] 〈Sheet 1〉 참조

	A	B	C	D
1		자료A		자료B
2		1		1
3		4		2
4		5		5
5		6		6
6		7		9
7		10		10
8				
9	평균	5.5		5.5
10	범위	9		9
11	1Q	3.25		1.75
12	3Q	7.75		9.25
13	IQR	4.50		7.50

	A	B	C	D
1		자료A		자료B
2		1		1
3		4		2
4		5		5
5		6		6
6		7		9
7		10		10
8				
9	평균	=AVERAGE(B2:B7)		=AVERAGE(D2:D7)
10	범위	=MAX(B2:B7)-MIN(B2:B7)		=MAX(D2:D7)-MIN(D2:D7)
11	1Q	=PERCENTILE.EXC(B2:B7,0.25)		=PERCENTILE.EXC(D2:D7,0.25)
12	3Q	=PERCENTILE.EXC(B2:B7,0.75)		=PERCENTILE.EXC(D2:D7,0.75)
13	IQR	=B12-B11		=D12-D11

⋂그림 12-2 범위, IQR 구하기

분석할 〈자료범위〉와 산출하고자 하는 〈백분위〉를 함수 PERCENTILE.EXC( )에 입력하면 된다. 〈백분위〉 자리에 0.25를 기입하면 1사분위수를 산출하게 된다. 마찬가

PART 1 자료를 표현하고 요약하기, **기술통계** **79**

지로 〈백분위〉 자리에 0.75를 기입하면 3사분위수를 산출하게 된다. 자료A의 IQR은 4.50, 자료B는 7.50으로 나타났다. 자료B의 산포가 더 크다는 의미이다.

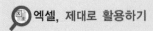
엑셀, 제대로 활용하기

PERCENTILE.EXC(자료범위, 백분위)

예: PERCENTILE.EXC(자료범위, 0.25): 자료범위의 25백분위수, 1사분위수

　　PERCENTILE.EXC(자료범위, 0.50): 자료범위의 50백분위수, 2사분위수, 중위수

　　PERCENTILE.EXC(자료범위, 0.75): 자료범위의 75백분위수, 3사분위수

백분위수와 관련된 엑셀함수로서 PERCENTILE.INC( )도 제공된다. 두 함수는 0%와 100% 의 경계값을 포함하느냐INClude 또는 포함하지 않느냐EXClude의 계산법 차이이다. 아래의 2, 3, 5, 9라는 자료에 대해 Include방식은 0%와 100%를 자료 내에 할당한다. 하지만 Exclude방식은 두 경계값을 배제하고 있다. 요컨대 이 자료의 최솟값인 2를 20%로 볼 것이냐, 0%로 볼 것이냐의 관점차이다.

자료	Exclude방식	Include방식
2	20.0%	0.0%
3	40.0%	33.3%
5	60.0%	66.7%
9	80.0%	100.0%

이 책에서는 혼란을 줄이기 위해 SPSS의 결과와 동일한 PERCENTILE.EXC( )를 사용하였 다. 그러나 자료 수가 적을 경우에 PERCENTILE.EXC( )는 계산 자체가 불가능할 수 있다 는 단점이 있다.

🔍 더 알아보기 | 튜키의 경첩Tucky's hinges

IQR은 중위수를 중심으로 자료를 두 그룹으로 구분하고, 구분된 두 그룹으로부터 새로이 중위수를 각각 산출해서 각각 Q1, Q3을 직관적으로 도출할 수 있다. 다음 20개 자료의 IQR을 도출해 보자.

> 29, 32, 33, 34, 37, 39, 39, 39, 40, 40, 42, 43, 44, 44, 45, 45, 46, 47, 49, 55

우선, 자료를 크기 순으로 정렬한다. 중위수는 정렬된 자료의 정중간에 위치하는 40과 42의 평균인 41이 된다. 다음 41을 기준으로 자료를 두 그룹 (29, 32, 33, 34, 37, 39, 39, 39, 40, 40), (42, 43, 44, 44, 45, 45, 46, 47, 49, 55)로 나누고 각각 중위수를 구한다. 자료 29~40의 중위수는 38, 자료 42~55의 중위수는 45이다. 분석 결과는 다음과 같다.

> Q1=38, lower hinge
> Q2=41, midhinge
> Q3=45, upper hinge

이는 튜키John W. Tukey가 제안한 방법으로 그는 중위수를 midhinge, 1사분위수와 3사분위수를 각각 lower hinge, upper hinge라고 불렀다. 만약 자료 수가 홀수라면 중위수는 두 그룹에 모두 포함시켜 Q1, Q3를 도출한다. 참고로 중위수를 중심으로 한 사분위의 크기, (Q3-Q1)/2를 사분위편차quartile deviation라고 부른다.

13
평균으로부터 떨어진 거리, 분산과 표준편차

자료의 흩어진 정도, 산포를 측정하는 가장 기초적인 통계량은 범위이다. 하지만 범위는 자료의 최댓값과 최솟값만을 이용하는 비민주적인 통계량이다. 이와 비교하여 분산과 표준편차는 모든 자료를 반영하여 산포를 측정하는 대표적인 통계량이다. 자료의 평균으로부터 개별 자료들이 떨어진 거리를 이용하는 것이 분산과 표준편차의 공통적인 핵심개념이다.

범위나 IQR을 활용하여 자료의 흩어진 정보를 어느 정도 파악할 수 있지만, 모든 자료의 정보를 충실히 반영하지 못하기 때문에 정밀함에 한계가 있다. 정밀함을 높이려면 모든 자료의 정보를 민주적으로 반영하는 방법을 찾아야 한다. 이에 통계학자들은 자료의 평균을 활용하기로 하였다. 즉 평균을 기점으로 해서 자료가 앞뒤에 퍼져 있는 정도를 파악하는 방법이다. 이 아이디어는 앞에서 살펴본 편차deviation를 이용한 것으로 표 12-4의 자료A에 대한 편차를 산출하면 다음과 같다.

자료A : 1, 4, 5, 6, 7, 10	평균 : 5.5, 중위수 : 5.5, 범위 : 9

○표 13-1 제곱합

편차	편차의 제곱
1과 평균 5.5의 차이 = 1−5.5 = −4.5	20.25
4과 평균 5.5의 차이 = 4−5.5 = −1.5	2.25
5과 평균 5.5의 차이 = 5−5.5 = −0.5	0.25
6과 평균 5.5의 차이 = 6−5.5 = +0.5	0.25
7과 평균 5.5의 차이 = 7−5.5 = +1.5	2.25
10과 평균 5.5의 차이 = 10−5.5 = +4.5	20.25
(편차의) 제곱합	45.5

평균과 각 자료의 '차이'인 편차는 평균과 각 자료의 흩어진 정도, 바로 '거리'의 개념을 뺄셈(−)으로 잘 표현하고 있다. 그렇다면 모든 자료가 평균에서 각각 흩어진 정도의 크기는 '편차의 총합'으로 구할 수 있을 것이다. 하지만 '편차의 총합'은 평균의 무게중심 특성으로 항상 0이다. 평균보다 큰 자료는 양수, 평균보다 작은 자료는 음수를 가져서 상쇄되기 때문이다.

통계학자들은 편차를 제곱하는 방법으로 이 문제를 해결하였다.[25] 편차를 제곱해서 총합을 구함으로써 개별 자료의 정보를 일일이 반영한 산포의 크기를 측정할 수 있는 통계량이 비로소 탄생한 것이다. 이를 제곱합SS: Sum of Square이라고 부른다. 말 그대로 제곱하여 더하였다는 뜻이다.

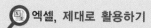 **엑셀, 제대로 활용하기**

[04.산포.xlsm] 〈Sheet 1〉 참조

제곱합을 엑셀로 계산하면 다음과 같다. 개념을 이해하기 위해 3가지 방법으로 접근해서 동일한 결과가 산출되는 것을 확인하도록 하자. 자료A의 경우 F열에 편차를 구하였다. 셀 B9에 계산했던 평균을 각 자료로부터 빼준 것이 F열의 결과이다. 물론 이 편차들을 모두 더하면 셀 F9의 결과처럼 0이다. 편차의 제곱을 구하고 합계를 구해야 하므로 F열의 편차를 제곱하여 G열에 산출하였다. 6개의 편차제곱을 합하는 SUM( )을 사용한 결과가 셀 G9이다. 여기서 6개의 편차를 더하였다는 점을 기억해 두자. 엑셀함수 SUMSQ( )는 각 자료를 제곱하여 더해주는 기능이 있다. SUMSQ( )를 활용하면 제곱하는 번거로움을 피해갈 수 있다. 단, SUMSQ( )를 사용할 때는 그 대상 자료범위가 편차(F열)여야 한다. 셀 G10의 결과도 45.5가 산출되었다.

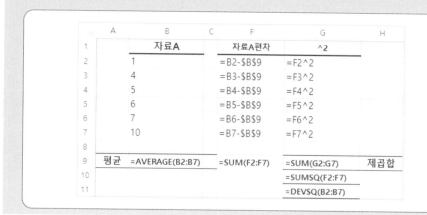

	A	B	C	F	G	H
1		자료A		자료A편차	^2	
2		1		=B2-$B$9	=F2^2	
3		4		=B3-$B$9	=F3^2	
4		5		=B4-$B$9	=F4^2	
5		6		=B5-$B$9	=F5^2	
6		7		=B6-$B$9	=F6^2	
7		10		=B7-$B$9	=F7^2	
8						
9	평균	=AVERAGE(B2:B7)		=SUM(F2:F7)	=SUM(G2:G7)	제곱합
10					=SUMSQ(F2:F7)	
11					=DEVSQ(B2:B7)	

마지막으로 셀 G11에는 제곱합을 직접 구해주는 DEVSQ( )를 사용하였다. 제곱합을 구하는 전용함수이므로 본래의 자료가 분석대상이다. DEVSQ( )에서는 자료범위를 'B2:B7'로 설정하면 된다.

	A	B	C	F	G	H
1		자료A		자료A편차	^2	
2		1		-4.5	20.25	
3		4		-1.5	2.25	
4		5		-0.5	0.25	
5		6		0.5	0.25	
6		7		1.5	2.25	
7		10		4.5	20.25	
8						
9	평균	5.5		0	45.5	제곱합
10					45.5	
11					45.5	

동일한 방법으로 자료B의 제곱합을 구한 결과는 다음과 같이 I열과 J열에 산출하였다.

	A	B	C	D	E	F	G	H	I	J
1		자료A		자료B		자료A편차	^2		자료B편차	^2
2		1		1		-4.5	20.25		-4.5	20.25
3		4		2		-1.5	2.25		-3.5	12.25
4		5		5		-0.5	0.25		-0.5	0.25
5		6		6		0.5	0.25		0.5	0.25
6		7		9		1.5	2.25		3.5	12.25
7		10		10		4.5	20.25		4.5	20.25
8										
9	평균	5.5		5.5		0	45.5		0	65.5
10	범위	9		9			45.5			65.5
11	1Q	3.25		1.75			45.5			65.5
12	3Q	7.75		9.25						
13	IQR	4.50		7.50						

자료A의 제곱합이 45.5이고, 자료B의 제곱합은 65.5이다. 따라서 두 자료를 비교했을 때, 자료A는 평균 중심으로 몰려 있는 분포이고, 상대적으로 자료B는 평균 중심으로 자료들이 많이 떨어져(흩어져) 있음을 알 수 있다. 자세히 관찰해 보면, 자료A의 4와 7에 비해서 자료B의 2와 9의 특성이 반영된 결과로 해석할 수 있다. 평균 5.5를 기준으로 2와 9가 더 멀리 흩어져 있기 때문이다.

○표 13-2 제곱합, 분산, 표준편차

	제곱합	분산	표준편차
자료A: 1, 4, 5, 6, 7, 10	45.5	45.5/6 ≒ 7.58	≒ 2.75
자료B: 1, 2, 5, 6, 9, 10	65.5	65.5/6 ≒ 10.92	≒ 3.30

제곱합은 개념을 계속 보완해 가면서 발전하였다. 그 결과 더욱 세련된 분산variance과 표준편차standard deviation라는 통계량이 탄생하였다. 실제로 제곱합은 65.5가 45.5보다 산포가 크다는 의미는 전달하지만 정작 65.5, 45.5 자체의 의미를 해석하기가 쉽지 않다. 게다가 수집된 자료의 단위보다 수치가 과대해졌다. 제곱합은 편차를 제곱하였다는 다소 복잡한 과정이 개입되었지만 궁극적으로 6개 숫자의 합이다. 평균과 각 자료의 떨어진 거리를 반영한 6개 숫자의 합이다. 따라서 6으로 나누어서 '평균으로부터 자료들이 평균적으로 떨어진 거리'라는 개념을 반영한다면 좀더 직관적인 수치 해석이 가능할 것이다. 이것이 분산과 표준편차이다. 6으로 나누더라도 분산과 표준편차가 크면 대부분의 자료들이 평균에서 멀리 떨어져 있음을 의미하고, 작으면 평균 가까이 몰려 있다는 제곱합의 특성을 그대로 지니고 있다.

$$\text{Variance} = \frac{SS}{n} = \frac{\sum \left(x_i - \overline{X} \right)^2}{n}$$

$$\text{Standard Deviation} = \sqrt{\text{Variance}} = \sqrt{\frac{SS}{n}} = \sqrt{\frac{\sum \left(x_i - \overline{X} \right)^2}{n}}$$

먼저, 분산은 제곱합의 평균이다. 따라서 분산의 다른 표현은 평균제곱합 MS: Mean of Square이다. 분산이 제곱합보다는 의미 전달이 좀 쉬워졌다. 장황한 문장이 되겠지만, 분산은 '평균으로부터 자료들이 평균적으로 떨어진 거리의 제곱'으로 해석할 수 있다. 그런데 제곱이 포함되었기 때문에 분산은 자료를 수집한 연구자들에게 뜬금없는 단위를 갖게 된다. 자료A가 사람의 키를 cm 단위로 측정한 자료라면, 분산인 7.58의 단위는 cm^2이 된다. 즉 길이를 측정한 데이터의 분산은 면적의 개념이다. 만약 원래 측정단위가 kg으로 무게를 측정하였다면 분산은 kg^2이라는 엉뚱한 단위가 되어버리고 수치가 부풀려진다.

여기서 우리는 제곱 처리한 부분을 제거해 준다면 훨씬 간명한 통계량을 만들 수 있다는 것을 예상할 수 있다. 그래서 분산에 제곱근을 취하였고, 이것이 표준편차이다. 표준편차는 평균으로부터 각각의 자료들이 평균적으로 떨어진 거리이다. 자료A에서 표준편차가 2.75라는 것은 평균 5.5로부터 6개의 자료가 떨어진 거리가 평균 2.75라는 의미이다. 자료A가 사람의 키를 cm 단위로 측정한 자료라면, 분산인 7.58의 단위는 cm^2가 되어 면적의 개념이었다. 하지만 표준편차 2.75는 단위가 cm로 복원되어 연구자가 애초에 측정했던 단위를 돌려주고 있다.

표준편차의 이러한 장점은 자료A와 자료B의 산포 크기를 비교할 때, 수치상으로 해석하는 데 도움을 준다. 두 자료의 표준편차 차이인 3.30-2.75 = 0.55는, 자료B가 자료A보다 '평균값 5.5를 기점으로 평균적으로 0.55 정도 더 흩어져 있다'고 평가해도 무리가 없다. 두 자료가 cm 단위로 측정되었다면, 표준편차 0.55cm의 차이는 연구자에게 두 자료의 산포 크기를 직관적으로 비교하는 데 더욱 도움이 된다. 제곱합과 분산은 이러한 직관적 해석이나 절대적 비교가 어렵다는 단점이 있다.

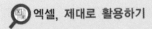

🔍 엑셀, 제대로 활용하기

[04.산포.xlsm] 〈Sheet 2〉 참조

엑셀을 활용하여 10행과 11행에 분산을 구하였다. 10행에는 제곱합을 자료의 수 6으로 직접 나누었고, 11행에는 분산을 구하는 엑셀함수 VAR.P( )를 활용하였다. 일반적으로 우리가 수집하는 표본의 자료를 대상으로 분석할 때는 VAR.S( )를 더 자주 활용한다. VAR.S( )는 6으로 나누는 것이 아니라, 자유도 5로 나누는 방법만 다르며 사용방법은 동일하다. 표본과 자유도에 대한 상세한 설명은 16장에서 다룰 것이다. 여기서는 분산의 개념에 집중하기 위해 모집단의 분산을 구하는 VAR.P( )를 사용하였다.

$$모집단의\ 분산:\ VAR.P(자료범위)$$
$$표본의\ 분산:\ VAR.S(자료범위)$$

	A	B	C	D
1		자료A		자료B
2		1		1
3		4		2
4		5		5
5		6		6
6		7		9
7		10		10
8				
9	제곱합	45.5		65.5
10	분산	7.58		10.92
11		7.58		10.92
12	표준편차	2.75		3.30
13		2.75		3.30

	A	B	C	D
1		자료A		자료B
2		1		1
3		4		2
4		5		5
5		6		6
6		7		9
7		10		10
8				
9	제곱합	=DEVSQ(B2:B7)		=DEVSQ(D2:D7)
10	분산	=B9/6		=D9/6
11		=VAR.P(B2:B7)		=VAR.P(D2:D7)
12	표준편차	=B11^0.5		=D11^0.5
13		=STDEV.P(B2:B7)		=STDEV.P(D2:D7)

12행과 13행에 표준편차를 산출하였다. 12행에는 분산의 제곱근을 직접 계산하였고, 13
행에는 표준편차를 산출해 주는 엑셀함수 STDEV.P( )를 활용하였다. 분산과 동일한 이유
로 표준편차를 지원하는 엑셀함수에는 다음 두 가지가 있다.

$$모집단의\ 표준편차:\ STDEV.P(자료범위)$$
$$표본의\ 표준편차:\ STDEV.S(자료범위)$$

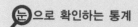 **으로 확인하는 통계**

[04.산포.xlsm] 〈Sheet 3〉 참조

다음 예제파일에서 'Shift + F9'를 눌러보자. X1과 X2의 자료들이 난수발생함수 RAND( )로
작성되었기 때문에 'Shift + F9'를 누를 때마다 자료가 새로 생성된다. 13~21행의 모든 통
계량은 앞서 살펴본 엑셀함수로 작성되었으므로 확인해 보기 바란다.

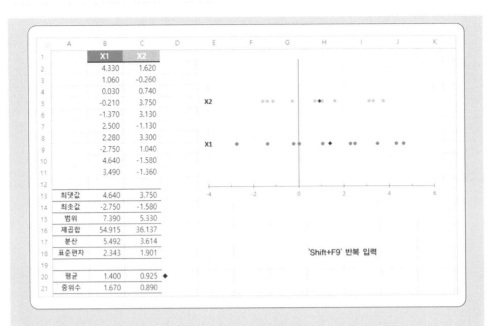

통계 방법론의 토대가 되는 평균의 위치와 표준편차 및 분산의 크기를 그래프로 확인하면서 비교해 보자. 만약 이 자료가 주식 X1과 주식 X2의 수익률 자료라면 어느 주식에 투자하는 것이 효율적인지 생각해 보자.

🔍 엑셀, 제대로 활용하기

1. 단축키 'Shift+F9'는 현재 시트의 수식들을 재계산하는 명령이다. 기능키 F9만 눌러도 유사한 효과를 낼 수 있다. 하지만 'Shift+F9'에 비해 F9는 해당 엑셀 파일 전체의 시트에 있는 수식을 재계산하기 때문에 시스템에 부하를 줄 수 있다.

2. X1과 X2의 자료 생성은 ROUND(RAND( )*8-3, 2)를 사용하였다. 이는 −3~+5 사이의 난수를 발생시키는 수식이다. 먼저 ROUND( )는 반올림 처리를 하는 함수이다. 문법과 예는 다음과 같다.

> ROUND(자료, 반올림 자리)
> 예: ROUND(3.14159, 2) = 3.14
> ROUND(20151225, -2) = 20151200

3. RAND( )는 괄호 안에 입력하는 인수 없이 단독으로 사용된다. 해당 시트에서 'Shift+F9'를 누를 때마다 재계산된다. 다음 사용 예를 이해하면 원하는 범위의 난수를 발생시킬 수 있다.

RAND( ): 0~1의 난수 발생

예: RAND( )*8: 0~8의 난수 발생

RAND( )*8-3: -3~+5의 난수 발생

14
평균과 산포를 동시에,
지배원리

궁극적으로 모든 의사결정은 통계이다. 투자의사결정의 기본개념인 지배원리에는 평균과 표준편차를 이용하는 통계논리가 내포되어 있다. 지배원리를 구체적인 지표로 만든 샤프지수는 실무현장에서 투자대안을 평가하는 기준으로 활용되고 있다. 지배원리와 샤프지수를 이해함으로써 평균 중심의 사고에서 탈피하여 산포를 동시에 고려하는 통계적 사고를 파악해 보자.

주식이나 펀드에 투자하는 목적은 미래에 높은 이익을 얻기 위함이다. 투자의사결정은 모든 면에서 신중해야 하고 미래에 실현될 수익을 예측하는 것이 중요하다. 그러나 미래의 수익은 항상 가변적이고 불확실하다. 어떤 사업이 1년 후에 1억 원의 수익을 낼 수 있다는 것은 평균적인 예측일 뿐이다.[26] 1년 후 정확하게 1억 원의 수익이 손에 쥐어지는 것이 아니다. 1억 원보다 많이 벌 수도 있고 더 적은 수익이 발생할 수도 있다. 이처럼 미래에 발생하는 결과가 하나의 고정된 값이 아니라 상황에 따라 다양한 결과가 출현된다면 의사결정에 위험risk이 따르게 마련이다.

만약 결과의 다양한 양상을 측정할 수 있다면, 위험은 결과의 분포가 퍼져 있는 정도로 측정할 수 있다. 예컨대 10억 원의 투자자금으로 다음 세 가지 투자계획을 고려 중이라고 하자.

- 투자계획 A: 1년 후에 6억 원 또는 16억 원을 동일한 확률로 회수할 수 있다.
- 투자계획 B: 1년 후에 10억 원 또는 12억 원을 동일한 확률로 회수할 수 있다.
- 투자계획 C: 1년 후에 11억 원을 회수할 수 있다.

세 가지 투자계획의 1년 후에 기대되는 회수금액의 평균은 동일하다. 투자계획 A의 경우 11억 원(=6 · 0.5+16 · 0.5)의 회수액을 기대할 수 있다. 투자계획 B 또한 기대되는 회수액이 11억 원(=10 · 0.5 + 12 · 0.5)이다. 투자계획 C는 10억 원을 투자하면 확실하게 11억 원을 회수할 수 있다. 이상적인 설정이긴 하지만 투자계획 C를 재무관리에서 무위험risk-free 투자안이라고 부른다. 투자계획 A와 B는 일정한 투자수익을 확정할 수 없기 때문에 위험이 내포되어 있다. 직관적으로 투자계획 A가 투자계획 B보다 위험이 더 크다는 것을 알 수 있다. 이처럼 투자계획에 내포된 불확실성은, 기대되는 수익률이 상황에 따라 요동fluctuation치는 정도로 파악할 수 있다. 즉 수익률 자료의 산포로 측정할 수 있다. 통계적 개념을 빌리자면 표준편차 또는 분산으로 측정할 수 있다.

이를 그림 14-1처럼 세로축에 기대수익률을, 가로축에 기대수익률의 표준편차로 2차원의 평면을 구성하면 쉽게 이해할 수 있다. 그림의 제일 왼쪽에 위치한 점인 주식 A는 기대수익률이 6%이고 표준편차가 2%를 나타내고 있다. 점의 위치에 따라 우리는 서로 다른 주식의 투자우열을 가릴 수 있다. 먼저 주식 B와 C를 비교해 보자. 주식 B는 수익률이 6%, 표준편차가 6%이다. 주식 C는 수익률이 12%이고 표준편차는 6%이다. 표준편차가 동일하지만 수익률이 두 배에 해당하기 때문에 주식 C가 더 우세하다 (C dominates B).

다음으로 주식 C와 주식 D를 비교해 보자. 주식 D는 수익률이 12%로 주식 C와 동일하다. 그러나 표준편차는 10%로 주식 C보다 높다. 표준편차는 수익률 12%에 대한 위험이다. 따라서 표준편차가 더 작은 주식 C가 더 우세하다(C dominates D).

[04.산포.xlsm] 〈dominance〉 참조

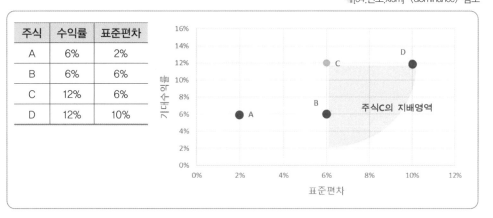

주식	수익률	표준편차
A	6%	2%
B	6%	6%
C	12%	6%
D	12%	10%

⟲그림 14-1 지배원리

일반적인 투자자들은 높은 수익을 추구하면서 위험은 회피하려는 성향을 지닌다. 이에 따라 수익률의 표준편차가 동일하다면 기대수익률이 상대적으로 큰 투자계획을 선택하게 된다. 그리고 투자계획의 기대수익률이 동일하다면 표준편차가 상대적으로 작은 투자계획을 선택한다. 이를 지배원리dominance principle 또는 평균-분산기준mean-variance criterion이라고 부른다. 지배원리에 의하면 주식 C를 기준으로 주식 B와 주식 D 사이의 방향에 있는 어떤 주식이 있더라도 주식 C가 우세하다. 주식 B의 방향은 기대수익률 측면에서 우세하고, 주식 D의 방향은 위험 측면에서 우세하기 때문이다.

더 알아보기 | 샤프지수

샤프지수Sharpe Ratio는 지배원리를 이용해 효율적인 투자대상을 탐색할 수 있도록 만든 지표이다. 1990년 '자본자산가격결정모형'으로 노벨상을 받은 샤프William F. Sharpe가 펀드평가를 위해 개발하였다.
다음과 같은 개념으로 펀드의 평균수익률을 표준편차로 나누어주면 간단히 산출할 수 있다.[27]

$$\text{샤프지수} = \frac{\text{평균수익률}}{\text{표준편차}}$$

이와 같이 샤프지수는 투자하려는 펀드의 위험(표준편차)을 부담하는 대신에 획득할 수 있는 초과수익의 크기이다. 따라서 샤프지수가 높을수록 투자성과가 높아서 효율적인 투자계획이라고 판단할 수 있다.
샤프지수는 펀드평가 보고서에서 필수적으로 점검되는 지표이다. 우량펀드를 절대적인 수익률로 선정할 수도 있지만, 다수의 펀드를 상대적으로 평가할 때 유용하게 활용되고 있다.
신문기사의 보고서에서 'GB원스텝 … 펀드'가 샤프지수 1.23으로 가장 우량한 투자계획으로 평가되었다.

[위험부담에 비해 수익률이 높은 펀드 Top 10]				
펀드명	운용사	수익률(%)	표준편차	샤프지수
GB원스텝밸류증권투자신탁1(주식)	골든브릿지	22.12	15.90	1.23
대신매출성장기업증건투자신탁[주식](모)	대신	27.33	18.94	1.15
KB밸류포커스증권자투자신탁[주식](운용)	KB	19.66	15.44	0.99
마이트리플스타증권투자신탁[주식](운용)	마이에셋	23.71	20.26	0.95
교보악사코어셀렉션증권자투자신탁1(주식)	교보악사	22.97	20.91	0.90
교보Top30주식1	교보악사	12.95	12.19	0.88
KB연금가치주증권자투자신탁(주식)	KB	17.53	15.48	0.87
삼성코리아소수정예증권자투자신탁1[주식]	삼성	19.50	19.30	0.82
골드만삭스코리아증권자투자신탁1[주식]	골드만삭스	17.17	18.70	0.79
교보허브코리아주식C-1	교보악사	17.40	17.80	0.78

※ 샤프지수(무위험 이자율을 제외한 수익률/표준편차)가 높을수록 투자자가 부담하는 위험 대비
  수익률이 높다는 걸 의미
※ 수익률 · 표준편차 · 샤프지수는 최근 1년간 기준
출처: 에프앤가이드/한국투자신탁운용(www.joongang.co.kr/article/6201490)

이제 12장에서 제기했던 문제를 지배원리나 샤프지수의 관점에서 다시 생각할 수 있다. 평균수익률만을 고려한다면 가장 높은 17.4%의 소형주에 투자해야 할 것이다. 하지만 소형주는 위험의 척도인 표준편차 또한 33.8%로 가장 높다. 기대수익률을 다소 희생하여 대형주의 13.2%로 낮추고, 위험을 20.3%로 줄이는 투자대안을 생각해 볼 수 있다. 결국 수익률과 위험의 균형trade-off에 의해 투자의사결정을 내려야 한다. 이 균형은 투자자의 위험추구 성향에 따라 달라진다.

○표 14-1 미국 주식시장 수익률 분포(1926~1998년)

투자대상	연평균수익률	표준편차	분포
대형주	13.2%	20.3%	
소형주	17.4%	33.8%	
장기 회사채	6.1%	8.6%	
장기 국채	5.7%	9.2%	
중기 국채	5.5%	5.7%	
재정증권	3.8%	3.2%	
인플레이션	3.2%	4.2%	

-90%　　　　　　0%　　　　　　90%

🔍 더 알아보기 | 변동계수

샤프지수와 비교하여 기초통계량인 변동계수CV: coefficient of variation를 알아보자. 측정 단위가 다른 자료의 산포 크기를 서로 비교하기 위해 개발된 통계량이다. 서로 다른 자료는 표준편차의 단위가 다르기 때문에 비교가 쉽지 않다. 측정단위를 제거하기 위하여 표준편차를 평균으로 나누어준 지표가 변동계수이다. 단위가 제거되었기 때문에 측정방법이 다른 자료들의 산포를 비교하는 데 유용하게 활용된다. 변동계수는 다음과 같은 산출식으로 도출되며 주로 %로 표현한다.

$$변동계수(\%) = \frac{표준편차}{평균} \times 100$$

15
'바르지 아니함'과 '큰 것 위에 작은 것', 왜도와 첨도

중심경향과 산포가 자료의 가장 중요한 정보이기는 하지만, 그래프의 특징을 모두 파악할 수는 없다. 그래프의 모양을 치우친 정도와 뾰족한 정도로 가늠할 수 있는 통계량이 왜도와 첨도이다. 왜도와 첨도가 극심한 값을 갖는 자료는 정규분포를 따르지 않는다고 판단할 수 있다. 따라서 자료의 정규성 가정을 전제하고 개발된 대부분 통계분석기법에서 왜도와 첨도는 반드시 사전에 점검해야 할 중요한 지표이다.

지금까지 자료가 나타내는 분포의 중심경향과 산포를 측정하는 통계량을 알아보았다. 그러나 분포의 모양과 관련된 정보는 두 통계량으로도 측정하기 힘들다. 분포의 모양과 관련된 통계량에는 왜도skewness와 첨도kurtosis가 있다. 왜도와 첨도라는 용어가 생소하다면 한자를 알아두면 구분하기 쉽다.

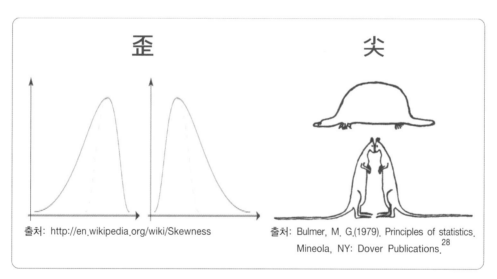

출처: http://en.wikipedia.org/wiki/Skewness

출처: Bulmer, M. G.(1979). Principles of statistics. Mineola, NY: Dover Publications.[28]

◑그림 15-1 '바르지 아니함(왜)'과 '큰 것 위에 작은 것(첨)'

왜도의 왜좊는 '바르다굤'와 '아니하다굜'가 합쳐서 '바르지 아니하다', '기울어졌다', '삐뚤다' 등의 뜻이 된다. 첨도의 첨尖은 '작다小'가 위에 있고 '크다大'가 아래를 받치고 있어서 '뾰족하다'는 형태를 형상화한 한자이다. 히스토그램 등으로 관찰할 수 있는 분포의 모양에서 왜도는 좌우로 치우친 정도를, 첨도는 뾰족한 정도를 수치로 나타낸 지표이다.

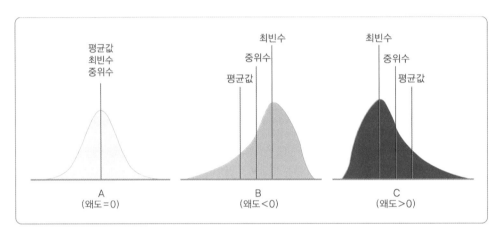

ᐦ그림 15-2 왜도가 다른 분포들

그림 15-2에서 분포 A는 좌우대칭symmetric이며, 이때 왜도는 0이다. 이에 비해 분포 B는 왼쪽으로 기울어져left skewed, negatively skewed, 자료가 오른쪽으로 몰려 있는데, 이때 왜도는 0보다 작은 음수이다. 분포의 왼쪽에 있는 꼬리left-tailed를 기준으로 왜도의 부호를 기억하면 좋다. 반대로 오른쪽으로 기울어져right skewed, positively skewed 자료가 왼쪽으로 몰려 있는 분포 C의 경우에 왜도는 양수이다. 일상에서 관찰되는 자료의 분포는 그 수가 많을수록 좌우대칭인 경우가 많다. 1장의 '살아 숨쉬는 히스토그램'의 모양에서도 학생들의 신장은 대략 좌우대칭을 이루고 있었다.

참고로 통계학에서 자주 활용되는 정규분포의 왜도는 0이다. 비대칭의 정도가 심할수록 왜도의 절댓값은 커진다.

더불어 9장에서 언급하였듯이 왜도에 따른 평균, 중위수, 최빈수의 위치에 주목할 필요가 있다. 대칭분포에서는 평균과 중위수, 최빈수가 일치한다. 왜도가 음수인 분포 B의 경우 평균이 중위수, 최빈수보다 작은 값이다. 반면에 왜도가 양수인 분포 C에서 평균은 중위수, 최빈수보다 큰 값을 갖는다. 분포의 비대칭 정도가 심해질수록 이 차이가 더욱 커진다. 평균이 중위수, 최빈수보다 극단치에 대한 영향을 심하게 받기 때문이다.

분포의 뾰족한 정도를 측정한 통계량은 첨도이다. 첨예도尖銳度 또는 고봉도高峯度라고 불리기도 한다. 그림 15-3의 분포 A와 같이 정규분포이면 첨도는 0이다. 분포 D와 같이 정규분포의 봉우리보다 뾰족하면서leptokurtic 긴 꼬리를 갖게 되면long tailed 첨도는 0보다 크다. 평균치를 중심으로 자료가 더욱 집중될 때 나타나는 현상이다. 첨도가 양수이면 예봉銳峯이나 급첨急尖이라고 부른다. 반대로 분포 E와 같이 봉우리가 정규분포의 봉우리보다 완만하면서platykurtic 짧은 꼬리를 갖게 되면short tailed 첨도는 0보다 작은 음수가 되는데, 이때는 둔봉鈍峯이라고 부른다.[29]

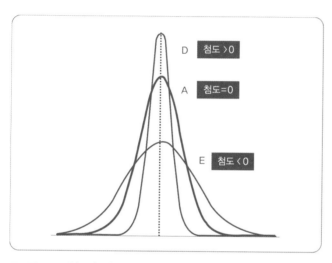

↻그림 15-3 첨도가 다른 분포들

그림 15-4는 표본의 크기가 200인 4개의 자료에 대한 왜도와 첨도를 엑셀에서 분석한 결과이다.[30] 왜도와 첨도의 계산은 엑셀함수 SKEW( )와 KURT( )를 사용하였다. X1의 자료는 정규분포를 따르는 자료의 히스토그램이다. 왜도와 첨도의 값이 0에 가까운 것을 확인할 수 있다. 함께 표시된 곡선은 정규분포를 나타낸다. X2와 X4의 자료는 각각 왜도가 양수(1.1597)인 분포와 음수(-1.2246)인 분포를 보여준다. X3의 자료는 첨도가 음수(-1.1662)인 분포를 보여준다.

왜도: SKEW(자료범위)

첨도: KURT(자료범위)

[05.왜도첨도.xlsm] 〈Sheet 1〉 참조

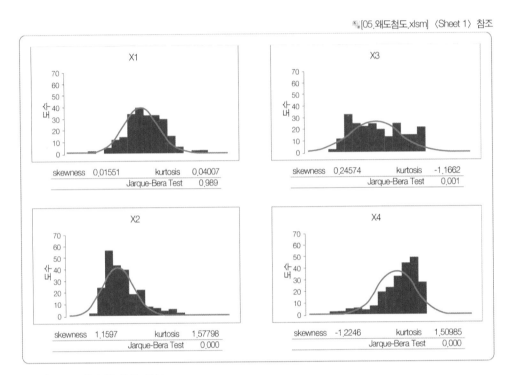

◯그림 15-4 왜도 및 첨도 분석

이 자료를 SPSS를 사용하여 분석해 보자. SPSS의 경우, 다음 메뉴에서 왜도와 첨도를 포함한 통계량을 구할 수 있다.

[분석] → [기술통계량] → [기술통계]

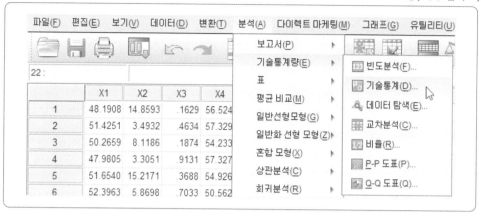

○그림 15-5 SPSS, 왜도 및 첨도 분석

분석할 변수를 선택한 후에 〈옵션〉을 클릭한 후, 원하는 통계량을 선택한다. 왜도
와 첨도를 포함한 통계량을 그림 15-6과 같이 선택하였다. 〈계속〉을 클릭하여 [기술통
계: 옵션 창을 닫는다. [기술통계] 창에서 〈확인〉을 클릭하면 그림 15-7과 같은 결과를
얻을 수 있다. 엑셀의 결과와 비교해 보자.

○그림 15-6 SPSS, 기술통계: 옵션

기술통계량

	N	범위	최소값	최대값	평균	표준편차	분산	왜도		첨도	
	통계량	통계량	통계량	통계량	통계량	통계량	통계량	통계량	표준오차	통계량	표준오차
X1	200	13.241	43.831	57.073	49.956	2.117	4.483	.01551	.172	.04007	.342
X2	200	21.405	.498	21.904	6.436	3.889	15.127	1.15970	.172	1.57798	.342
X3	200	.998	.000	.998	.471	.285	.081	.24574	.172	-1.16619	.342
X4	200	16.152	43.179	59.330	54.581	3.314	10.983	-1.22462	.172	1.50985	.342
유효수 (목록별)	200										

⋒그림 15-7 SPSS, 기술통계의 결과

🔍 **더 알아보기 ┃ 왜도와 첨도의 표준오차** 📄[05.왜도첨도.xlsm]〈Sheet 2〉참조

왜도와 첨도를 보면 통계학자들의 명석함과 노력에 감탄할 수밖에 없다. 그래프에서 시각적으로 나타나는 다양한 모양을 숫자로 표현할 수 있는 방법을 찾았다는 것이 놀랍지 않은가? 왜도와 첨도의 구체적인 산출식은 다음과 같다. 왜도는 표준화점수 Z의 3제곱의 평균을, 첨도는 표준화점수 Z의 4제곱의 평균을 적용하고 있다. 피어슨Karl Pearson이 제시한 3차 적률, 4차 적률을 이용한 것이다.

왜도와 첨도의 산출식은 단점을 보완하면서 다양하게 제시됐다. 아래의 내용이 개념적으로 가장 일반화된 수식이지만 통계소프트웨어마다 서로 다른 산출식을 적용하고 있어 통일되지도 않았다. 그렇다고 해서 우리가 인식할 수 있을 만큼 왜도와 첨도의 결과치가 통계소프트웨어마다 차이가 많이 나는 것은 아니므로 걱정할 필요는 없다.

$$\text{Skewness} = \frac{\sum Z^3}{n-1} = \frac{\sum \left(\frac{(x_i - \overline{X})}{\sigma} \right)^3}{n-1}$$

$$\text{Kurtosis} = \frac{\sum Z^4}{n-1} - 3 = \frac{\sum \left(\frac{(x_i - \overline{X})}{\sigma} \right)^4}{n-1} - 3$$

단, 첨도에서 3을 차감하는 이유는 표준화점수 Z의 4제곱의 본래 평균이 3이기 때문이다. 3을 차감하여 평균을 0으로 맞춰주기 위한 조치이다. 3을 기점으로 초과하였는지 미만인지를 평가하는 것이, 0을 기준으로 판단하는 것보다 인지적으로 불편하기 때문에 대부분의 첨도는 3을 차감하여 사용한다. 결과적으로 정규분포는 첨도가 0이 된다. 간혹 전통적인 4차 적률을 그대로 적용하여 3을 차감하지 않는 통계소프트웨어도 있으니 사

용에 주의해야 한다.

SPSS의 결과에는 왜도와 첨도에 대한 표준오차SE: standard error를 함께 제시한다. 그림 15-7에서 왜도와 첨도에 대한 표준오차가 네 개의 변수에서 모두 동일한 것에 의문을 가질 수 있다. 그 이유는 다음과 같이 표본의 크기에 의해 왜도와 첨도에 대한 표준오차가 온전히 결정되기 때문이다(복잡한 수식에 몰입하지 말고 자료의 수 n으로만 구성되었다는 점에 주목). n에 200을 대입하면 왜도는 0.1719, 첨도 0.3422의 표준오차를 SPSS와 동일하게 산출할 수 있다([08.신뢰구간.xlsm] 〈extreme_sim〉 참조).

$$SE_{SKEW} = \sqrt{\frac{6n(n-1)}{(n-2)(n+1)(n+3)}}$$

$$SE_{KURT} = \sqrt{\frac{24n(n-1)^2}{(n-3)(n-2)(n+3)(n+5)}}$$

표준오차에 대한 자세한 해석은 29장에서 다시 다룰 것이다. 여기서는 해당 통계량을 표준오차로 나누어준 값의 절댓값이 1.96보다 크면 0과 상당한 차이가 있다고 판단하기로 하자. X1의 경우, 표준오차로 나누어준 값이 왜도 0.090, 첨도 0.117로서 1.96보다 작다. 0과 상당한 차이가 있다고 판단할 수 없어 왜도와 첨도가 0에 가깝다고 판단할 수 있다. 즉 X1의 분포는 정규성을 따른다고 할 수 있다. X4의 경우, 표준오차로 나누어준 값이 왜도 -7.123, 첨도 4.412로 절댓값이 1.96보다 크다. 0과 상당한 차이가 있다고 할 수 있으므로 X4의 분포는 정규성을 따른다고 할 수 없다.

기술통계량						검정통계량	
	왜도		첨도			왜도	첨도
	통계량	표준오차	통계량	표준오차			
X1	.016	.172	.040	.342		0.090	0.117
X2	1.160	.172	1.578	.342		6.745	4.611
X3	.246	.172	-1.166	.342		1.429	-3.408
X4	-1.225	.172	1.510	.342		-7.123	4.412
유효수 (목록별)							

정규분포의 왜도와 첨도는 0에 맞춰져 있다. 결과적으로 왜도와 첨도가 0이 아닌 자료는 정규분포의 모양과 차이가 있다는 것을 말한다. 분석하면서, 수집된 자료가 정규성을 따르지 않아서 후속 조치를 고민하는 일이 종종 발생한다. 이런 경우 우선 왜도와 첨도를 먼저 확인해야 한다. '자료가 정규성을 따르지 않는다'라는 수리적인

근거는 '왜도나 첨도가 0으로부터 많이 벗어났다'이다. 따라서 왜도와 첨도 중에서 어떤 것이 더 심각한 수준인지 파악할 필요가 있다.

이 심각성을 평가하는 방법은 아직 합의에 이르지 못하였다. 왜도와 첨도 모두 ±2를 기준으로 평가하기도 하고(George & Mallery, 2012), 구조방정식과 같은 복잡한 분석에서는 왜도는 ±2, 첨도기준 ±7을 기준으로 사용하기도 한다(West, Finch & Curran, 1995). 그러나 앞서 살펴본 표준오차를 통한 검정방법을 함께 적용하여 종합적으로 판단하는 것이 바람직하다. 왜도와 첨도의 절댓값이 크다면 일반적으로 다음 사항을 확인할 필요가 있다.

1) 왜도가 높은 경우, 이상치나 결측치를 파악해야 한다. 극단적인 값을 갖는 자료를 파악해서 정상적인 자료인지 확인해야 한다. 앞서 살펴본 상자도표를 활용하여 이상치를 추출하기도 한다. 설문에 응답하지 않은 경우나 관측중단된censored 자료 때문에 발생하는 결측치에 대한 적절한 조치가 이루어지지 않아서 심각한 왜도가 나타날 수도 있다.

2) 첨도가 높은 경우, 설문지와 같은 측정도구가 5점 척도, 7점 척도 등의 홀수척도일 경우가 많다. 응답자의 집중화 현상이 발생하기 때문이다.

3) 자료 본래의 속성이 정규성을 따르지 않을 수 있다. 다양한 비정규성 분포는 신뢰성공학reliability engineering에서 다루고 있으니 참고하기 바란다. 예를 들어 전자제품의 수명은 지수Exponential분포를, 인구의 소득분포나 수리시간은 로그정규Log-normal분포를, 형광등과 같이 성능이 사용기간에 따라 저하되거나 마모되는 제품의 수명이나 최댓값은 와이블Weibull분포를 따르는 것으로 알려져 있다.

4) 정규성을 따르지 않는 자료에 대하여 수리적인 변환을 시도해 볼 필요가 있다. 주로 사용하는 방법은 제곱, 제곱근, 로그를 취하는 방법이다.

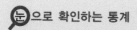 **으로 확인하는 통계**

[05.왜도첨도.xlsm] 〈transform〉 참조

자료에 대한 수리적인 변환이 분포에 어떤 영향을 미치는지 확인해 보자. 예제파일은 자료변환에 주로 사용하는 제곱, 제곱근, 로그를 취하여 시뮬레이션하도록 제작되었다. 'Shift+F9'를 반복해서 누르면서 분포의 변화를 확인해 보자. 왜도가 양수일 때와 음수일 때의 차이를 확인할 수 있다.

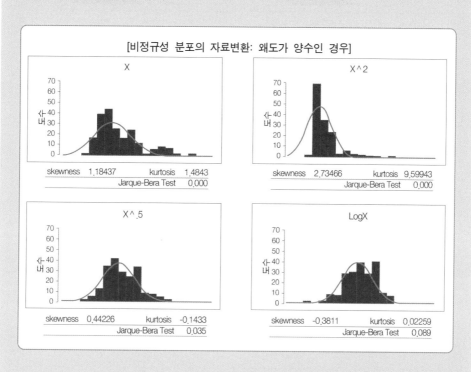

왜도가 양수인 오른쪽꼬리분포right-tailed distribution에는 해당변수를 제곱근, 자연로그, 역수를 취하는 방법이 정규분포로 전환하는 데 효과가 있다. 왜도가 약 1.18에서 0.44, -0.38로 0에 더 가까워졌다는 것을 확인할 수 있다. 이 변환방법은 기업을 분석단위로 수행되는 연구에서 조직원 수, 매출액이나 수익 같은 성과지표들, 기업의 업력業歷 등에 자주 활용된다. 그리고 첨도 또한 약 1.48에서 다소 완화되었음을 확인할 수 있다.

왜도가 음수인 왼쪽꼬리분포left-tailed distribution에는 해당변수를 제곱하는 처치가 더 효과적이다. 예제 그림에서 왜도 약 -1.4가 -0.97로 좌우대칭에 더 가까워졌다는 것을 확인할 수 있다. 3제곱변환, 지수변환(e^x)도 비슷한 효과가 알려져 있다.

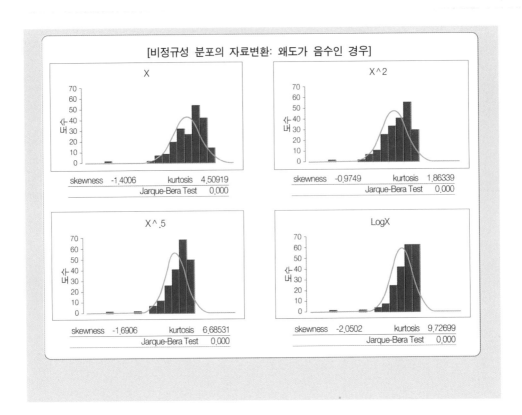

[비정규성 분포의 자료변환: 왜도가 음수인 경우]

분석이란, 나누고 쪼개는 것

통계학에는 전체의 분석결과와 부분의 분석결과가 일치하지 않는 현상으로 심슨의 역설 Simpson's paradox이 있다. 1973년 미국 버클리 대학의 대학원 입학허가에서 남녀차별이 있다는 여성단체의 주장이 있었으나 대학원의 6개 분야로 세분화한 남녀합격률은 반대의 결과로 나타 난 것에서 유래하였다. 이를 단순하게 각색하여, 어떤 회사의 승진율을 살펴보자. 다음 표를 보면 동일한 대상자 수 500명을 기준으로 야간조는 64.8%, 주간조는 70.8%로, 야간조가 승진에 불이익을 받는다고 주장할 수 있다.

전체	승진자	대상자	승진율
야간조	324명	500명	64.8%
주간조	354명	500명	70.8%

그러나 전체의 승진율을 이 회사가 운영하는 두 공장별로 나누어보자. 전체 야간조 승진자 324 명은 A공장 81명, B공장 243명을 더한 값이다. 전체 주간조 승진자 354명도 A공장 298명과 B공 장 56명의 합이다.

그런데 이렇게 나누어 보면 각 공장별로 야간조의 승진율이 더 높다는 결론에 도달한다. A공장 에서 야간조의 승진율 81.0%(81/100)은 주간조 74.5%(298/400)보다 높다. B공장에서도 야간조 60.8%(243/400)은 주간조 56.0%(56/100)보다 높다.

A공장	승진자	대상자	승진율
야간조	81명	100명	81.0%
주간조	298명	400명	74.5%

B공장	승진자	대상자	승진율
야간조	243명	400명	60.8%
주간조	56명	100명	56.0%

수리적으로, 심슨의 역설은 공장별로 차이가 큰 대상자의 크기가 반영되어 서로 다른 가중치를 적용하면서 발생하는 문제이다. 따라서 부분이 결합된 전체의 결과를 안일하게 해석하거나, 부 분(공장)으로 일반화해서는 안 된다. 한자어로 '분석'은 수집한 자료를 나누고分 쪼개는析 행위이 다. 회사 전체보다는 공장별로 세분하여 관찰해야 한다. 나누고 쪼갬으로써 자료 속에 숨어있는 변수lurking variable를 발굴하는 데 분석의 의미가 있다.

PART 2

설명과 예측을 위한 다리,
확률분포

우리는 신의 생각을 이해하기 위하여 통계학을 공부해야 한다.
통계학의 힘으로 신의 의도를 가늠할 수 있기 때문이다.
To understand God's thoughts we must study statistics, for these are
the measure of his purpose.
- Florence Nightingale -

———————

데이터는 정보가 아니고, 정보는 지식이 아니며,
지식은 이해가 아니고, 이해는 지혜가 아니다.
Data is not information, information is not knowledge,
knowledge is not understanding, understanding is not wisdom.
- Clifford Stoll -

16
통계학의 진화:
기술로부터 설명과 예측으로

___

지금까지 자료의 중심경향, 산포, 형태를 파악하는 다양한 통계량을 살펴보았다. 이러한 통계량은 그래프에서 묘사하기 곤란한 정보를 객관적으로 기술해 주는 특장점이 있다. 이러한 분야를 기술통계라고 부른다. 하지만 자료 및 정보를 기술하는 그래프와 통계량이 아무리 유용하더라도 손에 쥔 자료에만 국한된 지식이라는 한계가 있다. 손에 쥔 자료(표본)로부터 획득한 정보와 지식을 일반화하여 관심대상 전체(모집단)를 설명하고 예측하기 위하여 발전한 통계학 분야가 추론통계이다.

통계학은 수집된 자료를 요약하고 서술하는 기술통계descriptive statistics와 자료의 특성을 기반으로 일반화, 설명, 예측하는 추론통계inferential statistics로 구분한다. 그래프를 이용하거나 평균, 표준편차, 왜도 등의 측정값을 이용하여 자료와 분포를 체계적으로 요약하는 기술통계는, 실무나 생활에서도 흔히 접할 수 있는 통계이다. 대부분의 신문, 잡지 또는 기업보고서에서 자료를 요약하고 정보를 쉽게 가공해서 제공하려는 목적으로 기술통계를 활용한다.

앞서 살펴본 기술통계의 내용을 정리하면 그림 16-1과 같다. 첫째, 자료의 중심경향을 파악하는 평균, 중위수, 최빈수 등을 알아보았다. 둘째, 자료의 산포를 파악하는 범위, 분산, 표준편차 등을 알아보았다. 셋째, 분포의 모양을 설명해 주는 왜도, 첨도가 있었다. 이들은 히스토그램 등을 보면서 시각적으로 판단해야 했던 정보를 수량화함으로써 우리가 정보를 쉽게 이해하고 원활하게 소통할 수 있도록 도와준다.

이상의 기술통계를 적용할 수 있는 자료는 크게 두 가지로 나눌 수 있다. 모집단population과 표본sample이다. 모집단은 궁극적으로 연구하고자 하는 모든 개별 대상이다. 표본은 모집단의 일부분으로, 연구를 위해 추출된 개별 대상들의 집합을 의미한다.

가령 한국 여성의 키를 알아보는 연구가 있다고 가정하자. 이 연구를 수행하기 위해 1,000명의 여성을 무작위로 추출하였다. 이 경우 모집단은 '한국의 모든 여성'이다. 2023년 8월 통계청 자료에 따르면 주민등록 기준으로 여성 수는 25,780,292명이라고 한다.[1] 그리고 표본은 '1,000명의 여성'이 된다. 1,000명의 표본에서 평균, 표준편차, 왜도 등의 통계적 개념을 계산하면 통계량sample statistic이라고 부른다. 자료 수집이 가능하다는 전제하에 모집단에서도 이들 통계량을 산출할 수는 있다. 모집단 전체를 측정하는 경우 '전수조사'라고 한다. 이때 모집단에 도출한 통계량은 모수population parameter라고 달리 부른다(표 16-1).

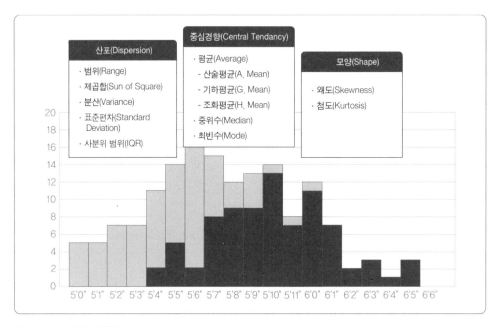

♪그림 16-1 기술통계량

평균을 중심으로 예를 들어보자. 모집단 25,780,292명의 모든 키를 측정하여 평균 161.2cm가 산출되었다고 가정하자. 여기서 평균 161.2cm는 모수이다. 연구자가 표본 1,000명을 대상으로 산출한 평균 키는 159.8cm였다고 가정하면, 이 159.8cm는 통계량이다. 이러한 모수와 통계량의 구분은 평균 외에도 표준편차, 왜도 등에도 적용할 수 있다.

그러나 현실에서 모집단에 접근하여 모수를 밝히는 일은 쉽지 않다. 일반적인 연구는 표본에서 산출한 평균 159.8cm를 '한국 여성의 평균 키'로 발표한다. 표본의 통계량인 평균 159.8cm로 모집단의 모수인 평균 161.2cm를 어림잡아 추정estimation하는 것이다. 이러한 추정 과정을 통계적 추론statistical inference이라고 한다. '통계적'이란 수식어가 붙은 이유는 확률분포를 이용하여 확률적인 추론을 하기 때문이다. 그림 16-2에 이러한 과정을 표현하였다.

⊙ 표 16-1 표본과 모집단

표본	모집단
모집단의 일부	연구의 대상이 되는 모든 개별 대상
추출된 1,000명의 여성	한국 여성 전체
n = 1,000	N = 25,780,292
통계량(statistic) 예) $\overline{X}$=159.8cm	모수(parameter) 예) μ = 161.2cm

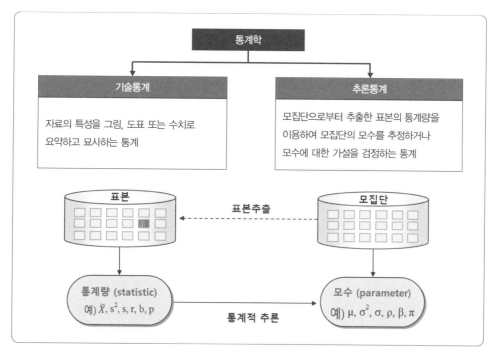

⊙ 그림 16-2 기술통계와 추론통계

표본의 자료와 통계량을 기반으로 모집단의 모수를 추정하는 통계분야를 기술통계와 구분하여 추론통계라고 부른다.[2] 기술통계에서 학습한 통계량은 평균뿐만 아니라 여러 가지가 있었다. 나머지 통계량들도 해당되는 모수를 추정하는 정보로 활용된다. 추정하려는 대상과 추정을 위한 정보라는 위상이 다르기 때문에 모수와 통계량은 표기방법도 다르다. 모집단을 기술하는 모수는 그리스 문자, 표본을 기술하는 통계량은 영어 알파벳을 사용한다. 표 16-2에 자주 사용되는 통계량과 모수를 비교, 정리하였다.

❶표 16-2 표본과 모집단의 표기법 비교

구분	표본	모집단
평균	$\overline{X}$	μ(뮤)
표준편차	s	σ(시그마)
분산	s^2	σ^2
상관계수	r	ρ(로)
회귀계수	b	β(베타)
비율	p	π(파이)

추론통계는 표본으로부터 획득된 정보(통계량)를 바탕으로 모집단의 특성에 대한 판단이나 의사결정을 지원하는 통계분석방법이다. 추론통계라는 명칭을 사용하지 않더라도 우리는 부지불식중에 많은 추론을 하며 살아간다. 앞에서 다루었던 예와 같이 1,000명의 표본에서 산출한 평균 159.8cm를 '한국 여성의 평균 키'로 인정하고 있다. 특히 TV나 신문에서 다양한 평균치를 제시하면서 전체 국민이나 정부를 평가하는 기사를 자주 접할 수 있다.

이렇게 표본의 정보로 모집단을 추정하는 판단 및 의사결정의 내용을 정리하면 설명explain, 예측predict, 통제control로 나눌 수 있다. 설명은 현상에 대한 원인을 밝히는 것이다. 원인과 결과를 연계함으로써 현상에 대한 이해를 높일 수 있다. 예측은 미래에 발생할 현상을 미리 서술하는 것이다. 설명에서 파악한 인과관계를 적용해서 결과를 미리 헤아려 내다본다. 통제는 원하는 결과를 얻기 위해 원인에 제약을 가하는 것으로, 주로 실무적인 목적으로 검증된 인과관계 지식을 적용하는 경우이다.

중심경향을 분석하는 통계량은 평균, 중위수, 최빈수 등이 있었다. 그런데 왜 평균을 가장 많이 사용하게 되었을까? 평균 자체의 수리적 강점도 있지만, 모집단의 평균을 추정하는 데 우수하기 때문이다. 손에 쥔 자료에서 통계량을 산출하는 대부분의 이유는, 그것을 기반으로 모집단에 관한 판단이나 의사결정을 하려는 것이다. 수리적 강점보다 모수를 얼마나 잘 추정하느냐가 더 중요하다는 의미이다. 추론통계 관점에서 우수한 통계량이 갖춰야 할 특성은 다음과 같다.[3]

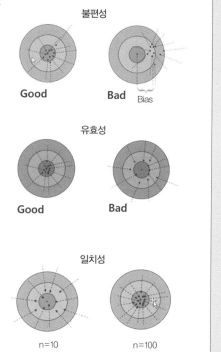

1. 불편성unbiasedness: 모수를 과대 또는 과소 추정하지 않아야 한다. 통계량이 모수로부터 벗어난 정도를 편향bias이라고 한다.

2. 유효성efficiency: 통계량의 산포가 작을수록 유효하다(평균은 중위수보다 산포가 작다).

3. 일치성consistency: 표본의 크기가 증가할수록 모수에 가까워져야 한다(중심극한정리에서 언급하게 될 '평균에 대한 표준오차'가 표본의 크기가 증가할수록 작아진다).

4. 충분성sufficiency: 모수에 대한 많은 정보를 제공해야 한다.

결과적으로 표본평균은 모평균을 추정하는 데 있어 위의 네 가지 특성을 갖춘 우수한 통계량이다.

분산(Variance)

모집단의 경우 : $\sigma^2 = \dfrac{\sum (X_i - \mu)^2}{N}$ ← VAR.P( )

표본의 경우 : $s^2 = \dfrac{\sum (X_i - \overline{X})^2}{n-1}$ ← VAR.S( )

표준편차(Standard Deviation)

모집단의 경우 : $\sigma = \sqrt{\dfrac{\sum (X_i - \mu)^2}{N}}$ ← STDEV.P( )

표본의 경우 : $s = \sqrt{\dfrac{\sum (X_i - \overline{X})^2}{n-1}}$ ← STDEV.S( )

⋂그림 16-3 편향과 자유도

통계량과 모수와의 차이인 편향bias을 해소하기 위하여 모수와 산출공식이 다른 경우도 있음을 기억하자. 그림 16-3과 같이 표준편차 및 분산이 대표적인 예이다. 이런 경우 엑셀에서는 'P'와 'S'를 함수명에 추가로 붙여서 구분한다. P는 모수를, S는 통계량을 의미한다. 표준편차를 예로 들면, STDEV.P( )와 STDEV.S( )가 제공되고 있다. 실무에서 모집단 전체를 대상으로 전수조사를 하는 경우는 드물기 때문에 우리는 STDEV.S( )나 VAR.S( )를 주로 사용하게 된다. SPSS의 기술통계분석도 분석대상을 표본으로 간주하기 때문에 편향을 제거한 공식을 적용하는 것이 디폴트이다.

🔍더 알아보기 ┃ 자유도

평균이란 자료의 총합을 자료의 개수로 나누는 개념이며 초등학교에서부터 배운다. 하지만 통계학의 평균은 자료 개수가 아니라 자유도degree of freedom로 나눈다. 자유도로 나눈다고 해서 기존의 평균 개념을 희석시킬 필요는 없다. 차라리 특이한 '통계학의 평균 계산법'이라고 가볍게 생각하는 것이 좋다.

표본을 통해서 획득한 통계량은 궁극적 연구대상인 모집단의 모수와 완벽히 같을 수 없고 차이가 발생할 것이다. 이것을 편향bias이라고 부른다. 이 편향을 바로잡아 주는 하나의 방법으로, 통계학에서 평균을 산출할 때 자유도로 나누어준다. 표본분산의 경우, 표본의 자료 수(n)로 나누어주면 모분산보다 더 축소되는 편향이 발생하는 것으로 알려져 있다. 편향을 제거하기 위해 통계학자들이 찾아낸 방법은 n 대신 (n-1)로 나누어주는 방법이다. 즉 표본의 분산과 표준편차에 대한 자유도는 자료 수보다 하나 적은 (n-1)이다. 통계학자들은 편향을 제거했기 때문에 이러한 방법으로 보정된 통계량을 불편추정량unbiased estimator이라고 부른다. 또한 불편성을 확보하지 못한 통계량을 편의추정량biased estimator이라고 한다. 이 책은 수리적인 증명은 생략하고 논리적인 증명으로 설명하고자 한다.

$$Variance = \frac{SS}{n-1} = \frac{\sum \left(X_i - \overline{X} \right)^2}{n-1}$$

자료	편차	편차의 제곱
1	① 1과 평균 5.5의 차이 = 1 − 5.5 = −4.5	20.25
4	② 4와 평균 5.5의 차이 = 4 − 5.5 = −1.5	2.25
5	③ 5와 평균 5.5의 차이 = 5 − 5.5 = −0.5	0.25
6	④ 6과 평균 5.5의 차이 = 6 − 5.5 = +0.5	0.25
7	⑤ 7과 평균 5.5의 차이 = 7 − 5.5 = +1.5	2.25
10	⑥ 10과 평균 5.5의 차이 = 10 − 5.5 = +4.5	20.25

표본분산의 경우 (n-1)로 나눈 이유는 분자의 자료에 1개가 자유롭지 못하다는 뜻이다 (표준편차도 마찬가지). 위의 예에서 분자를 구성하는 편차의 제곱은 6개의 수이다. 이 6개의 수를 구성하는 편차들을 잘 관찰해 보도록 하자. 각 자료 1, 4, 5, 6, 7, 10에서 이들의 평균인 5.5를 빼고 있다. 여기서 각 자료가 기여하여 만든 평균 5.5가 편차 $\left(X_i - \overline{X} \right)$를 구속하게 된다.

만약 순서대로 ①~⑤까지 써 내려갔다고 하자. 마지막 ⑥의 (10-5.5)는 당연히 결정되어 버린다. 왜냐하면 ①~⑤까지 써 내려오면서 이들 자료의 평균이 5.5라는 것을 약속하면서 사용했기 때문이다. 이것은 어떤 방향과 순서로도 마찬가지이다. 마지막 순서의 편차는 앞서 기술한 편차들이 약속한 평균을 맞추기 위해서 결정되어 버린다. 이것이 분산의 분자를 이루고 있는 편차제곱합의 속성이므로 자유도는 (n-1)이 된다. 자유도에 대한 수리적인 개념은 32장 분산분석에서 다시 언급하겠다.

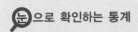

시뮬레이션을 통해 표준편차의 자유도 (n-1)을 경험적으로 증명해 보자. 다음과 같은 절차로 자유도 (n-1)이 표본의 표준편차에 있는 편향을 축소함을 확인한다.

예제파일 [06.통계적추론.xlsm]의 〈df〉는 특정한 정규분포(평균은 셀 D1, 표준편차는 셀 D2에 입력)로부터 가상의 모집단을 A열에 형성한다. 이 모집단으로부터 다수의 표본을 추출하여 모표준편차와 표본표준편차를 비교하는 시뮬레이션이다. 표본의 크기는 셀 G5에, 표본추출 횟수는 셀 G4에 입력하여 수정할 수 있다.

① 현재 5,000개의 가상 모집단을 생성하였는데 평균 50.06, 표준편차는 9.86이다.
② 셀 G11과 셀 G12의 값이 같다. STDEV.P( )와 STDEV.S( )가 모집단에서는 동일한 결과로 나타나고 있다.
③ 표본의 크기는 50으로, 100번 추출하였다.
④ 셀 G9과 셀 J9의 값이 동일하여, 이 표본들의 평균은 모집단의 평균과 일치함을 알 수 있다.
⑤ 그리고 n으로 나눈 표준편차 셀 J11보다, (n-1)로 나눈 표준편차 셀 J12가 모집단의 표준편차(셀 G11의 9.86)에 더 근사함을 알 수 있다. 이로써 (n-1)로 나눈 표준편차에서 편향을 축소해 준다는 사실을 경험적으로 확인하였다. 표본 크기와 추출 횟수를 증가시키면 수치는 더욱 근사하게 된다(이 설명은 '일치성' 개념으로 이해할 수 있다).
⑥ 이 시뮬레이션은 노란색 셀을 설정한 후, 〈Sampling〉 버튼을 누르면 재실행된다.

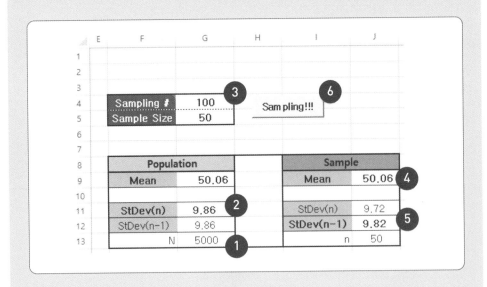

17
차별화와 일반화

인간은 직면한 현상이나 주어진 자료를 나름대로 해석하고 추론할 수 있는 고도의 인지능력을 보유하고 있다. 일반화와 차별화로 대변되는 인간의 인지능력은 주로 오감과 경험에 의존하고 있으므로 오류가 발생할 여지가 많다. 이에 비해 통계적 추론은 자료에 대한 체계적인 분석으로 의사결정을 지원함으로써 발생가능한 오류를 최소화하도록 연구되었다. 통계적 추론은 표본의 정보를 바탕으로 모집단의 모수를 추정하거나 가설을 검정하는 과정을 말한다.

인간은 환경에 적응해 가면서 많은 판단과 의사결정을 내린다. 이때 오감으로 경험한 정보를 활용한다. 한 개인이 오감으로 경험한 정보는 주관적인 성격이 강하므로 표본의 정보에 비유할 수 있다. 이 정보를 토대로 이루어지는 판단과 의사결정 또한 설명explain, 예측predict, 통제control가 핵심적인 내용이므로 추론통계의 내용과 다르지 않을 것이다. 그리고 인간이 내리는 판단과 의사결정의 저변을 살펴보면, '같다', '다르다', '차이가 있다', '차이가 없다'와 같은 가장 기초적인 판정으로 이루어졌다.

인지심리학 관점에서 인간을 포함한 생명체가 생존에 필요한 능력 중의 하나가 일반화generalization와 차별화differentiation이다. 예를 들어, 그림 17-1에 있는 10개의 색상에서 파랑이라고 부를 수 있는 것을 선택해 보자. 대학생을 대상으로 실험한 결과 대부분 4, 5, 6번을 파랑으로 선택하고 1~3번과 7~10번은 파랑이 아니라고 응답하였다. 인간을 포함한 생명체는 어떤 정보를 묶어서 하나로 인식하는 일반화를 수행하여 효율적인 의사결정을 할 수 있다. 예를 들어 뱀에 물린 경험이 있는 사람은 뱀과 유사한 모양의 동물을 위험의 대상으로 일반화하여 미리 경계함으로써 위험에서 벗어날 수 있다.

이와 함께 인간의 인지능력은 유사한 정보들을 다르게 인식하는 차별화도 동시에 수행된다. 위에서 1~3번과 7~10번의 색상은 파랑이 아니라고 판별할 수 있는 능력을 말한다. 봄이면 화사하게 피는 진달래꽃을 따다가 화전을 만들어 먹는다. 그런데 비숫한 시기에 유사한 꽃 모양을 가진 철쭉꽃도 피는데, 이것은 독성이 있어 먹으면 심한 복통을 유발한다. 매년 철쭉꽃을 진달래꽃으로 잘못 알고 먹어서 사고가 발생하는 것을 뉴스로 종종 들을 수 있다. 이와 같이 정보에 대한 차별화 능력은 생명과 직결되기도 한다.

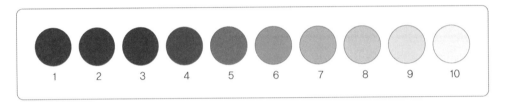

⚪그림 17-1 색상의 차별화와 일반화

자료와 정보에 대해 완벽한 일반화와 차별화를 발휘할 수 있다면 인간의 삶은 더욱 윤택해질 것이다. 그러나 아쉽게도 인간이 보유한 인지능력은 많은 한계와 오류들을 가지고 있다. 색에 대한 인식을 보면 인간은 가시광visible light이라고 하는 무지개 색은 볼 수 있지만, 그 양 끝에 위치한 자외선과 적외선을 볼 수 없다. 하지만 무지개 색도 모두 볼 수 있느냐 하면 그렇지 않다. 그림 17-2의 네 가지 색상은 차이가 있는지 판정해 보자. 아마도 네 가지가 모두 똑같은 색이 아니냐고 반문하는 사람이 많을 것이다.

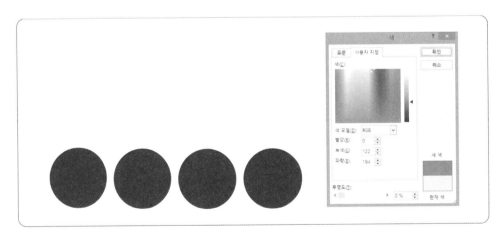

⚪그림 17-2 컴퓨터에서 제공하는 색상표

그림 17-2의 네 가지 색상은 그림 17-1의 네 번째 원의 색상을 미세하게 조정한 것이다. 그 우측의 윈도우창은 미세조정에 사용한 소프트웨어 화면이다. 근래에 대다수의 문서편집 소프트웨어에서 색상을 선택할 수 있는 기능을 제공하고 있다. 네 가지 원은 삼원색인 빨강(R)과 녹색(G)은 사용하지 않고 파랑(B)을 193부터 196까지 각각 1단위 간격으로 선택하여 만든 결과이다. 컴퓨터 화면에서 빨강을 0~255, 파랑을 0~255, 녹색을 0~255로 설정 가능하기 때문에, 우리가 컴퓨터로부터 제공받는 색상은 모두 16,777,216개(=256×256×256)이다. 하지만 인간은 가시광 내에서도 이런 미세한 색상 차이를 구분하지는 못한다. 실험 결과, 약 230만 개(Kleiner, 2004)에서 많게는 1,000만 개(Wyszecki, 2006)까지 구분할 수 있다고 한다.[4]

이처럼 인지적 측면에서 인간이 기본적으로 갖추어야 할 능력인 차별화와 일반화는 중요하면서도 한계를 가지고 있다. 따라서 인간의 의사결정에 두 가지 능력은 도움이 되기도 하지만 해악이 되기도 한다. 모든 일에 '내가 과거에 다 해 봤는데…'라는 말을 자주 사용하는 상사는 보석 같은 경험을 가진 우수한 사람일 수도 있다. 반면에 환경 변화를 인식하지 못하고 모든 것을 일반화시켜서 과거의 행동만 반복하는 안일한 사람일 수도 있다. 벤처기업에 성공한 경영자가 두 번째 신규사업에서 성공할 확률은 5%가 되지 않는다고 한다. 환경도 변하고 사업의 내용도 다르지만 이를 무시하고 첫 번째 사업성공에서 얻은 경험을 되풀이하기 때문이다.[5]

사이먼Herbert A. Simon은 '제한된 합리성bounded rationality'을 주장하였다. 인간은 완벽한 합리성을 가진 것이 아니라 일정 한계 내에서 합리적인 판단을 할 수 있다는 것이다. 그렇다면 인간이 가진 한계를 극복하고 효과적인 의사결정을 하는 방법은 없을까? 인간이 신이 되지 않는 한, 이 질문에 완벽한 해법을 찾을 수는 없을 것이다. 하지만 의사결정을 위한 자료를 객관적으로 수집하고 과학적으로 분석하여 결과를 도출하고 해석하는 노력은, 의사결정에서 발생하는 많은 오류를 줄일 수 있다. 이에 대한 절차와 방법론을 제시함에 있어 통계학은 가장 선진적인 학문이라고 할 수 있다.

지금부터 통계적 추론statistical inference을 중심으로 통계학이 제시하는 과학적 의사결정에 접근하고자 한다. 통계적 추론은 표본의 정보를 바탕으로 모집단의 모수를 추정하거나 가설을 검정하는 과정을 말한다. 즉 통계적 추론은 기술통계와 추론통계를 연결하는 다리이다. 일반화와 차별화의 인지능력이 주로 오감과 경험에 의존하였다면, 통계적 추론은 자료에 대한 체계적인 분석으로 의사결정을 지원한다. 통계학자들의 노력으로, 발생가능한 오류를 최소화할 수 있는 정확성을 높이면서 과학적인 통계적 추론 방법이 다양하게 제시되었다. 이 책은 통계적 추론의 논리의 기저를 이루고 있는 경험법칙empirical rule과 확률분포probability distribution를 중점적으로 다루고 있다.

18
자료의 특이성을 알려주는 표준화점수

다양한 자료의 정보를 서로 비교하려면 척도가 가장 큰 걸림돌이다. 자료의 척도는 목적에 따라 cm, m², kg 등 무궁무진하기 때문에 비교하기가 쉽지 않다. 자료들의 상호비교에 주로 활용되는 표준화점수는 이 문제를 원점수의 표준편차를 기준으로 새롭게 척도화하여 해결하고 있다. 뿐만 아니라 표준화점수는 개별 자료가 평균으로 떨어진 거리를 표준편차의 배수로 표현하기 때문에 개별 자료의 상대적 위치를 파악할 수 있다는 장점이 있다.

지능지수IQ: Intelligence Quotient가 100점에 가까우면 '머리가 그저 그렇구나'라고 흔히 말한다. 실제로 모든 지능검사는 해당 연령대의 평균적인 지능 수준을 100점으로 맞춰놓고 있다. 즉 IQ가 100점이면 본인의 연령에서 평균 정도의 지능이니 굳이 실망할 필요는 없다. 더구나 IQ는 주변 환경의 영향을 받아 시간이 지나면서 변하기도 한다. 동화책 읽기나 퍼즐 게임을 또래보다 즐겨 하는 아이들은 IQ가 더 높게 나온다고 한다. 그렇다면 IQ가 몇 점이 되면 높다고 평가할 수 있을까? IQ가 180점이면 머리가 좋은 것일까? 전통적으로 IQ는 평균이 100, 표준편차가 16에 맞춰져 있다.[6] 이 평균과 표준편차의 정보로서 IQ의 분포를 그림 18-1과 같이 나타낼 수 있다. 이 그림을 통해 IQ 180이 어느 정도의 위치인지, 얼마나 발생하기 힘든 수치인지 알아보자.

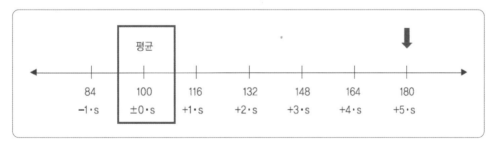

● 그림 18-1 IQ 180의 위치

초등학교 때부터 배우는 분수는 적용하는 목적에 따라 그 실질적인 의미를 다양하게 해석할 수 있다. 분수에 대한 의미를 직관적으로 이해하지 못해서 통계를 어렵게 생각하는 경우가 많다. 특히 비율, 크기 비교, 민감도의 의미는 통계학에서 자주 적용하는 방법이므로 충분히 반추할 필요가 있다.

1. 배수: '6/3=2'라는 의미는 '6은 3의 2배수'라는 의미이다. 분자가 분모의 몇 배인지를 알려준다.

2. 비율: '5/100'를 5%라고 표시하는 백분율이 대표적인 예가 될 것이다. 전체(분모)에서 관심 영역(분자)이 차지하는 비율을 의미한다. 동일한 전체(분모)를 적용하여 자료가 0과 1 사이에 놓이도록 전환시키는 '0-1 정규화normalization'는 이를 활용한 것이다. 앞에서 표 1-2에 상대도수가 여기에 해당한다.

3. 크기 비교: 분수는 1을 기준으로 분모와 분자의 크기를 비교하는 데 사용할 수 있다. '6/3>1'라는 의미는 '6이 3보다 크다'라고 해석된다. '2/3<1'는 '2는 3보다 작다'로 해석된다. 통계학의 ANOVA에서 검정통계량 F-값이 이를 활용한 것이다.

4. 민감도sensitivity: '(6/3)=(12/6)=(2/1)'는 모두 같은 값의 분수이다. 분모의 변화에 분자가 얼마나 민감하게 변하는지 파악할 수 있다. 예를 들어, $y=2x$라는 일차방정식을 생각해 보자. 이 식을 2를 중심으로 달리 표현하면, $2=y/x$와 같이 분모(x)에 대한 분자(y)의 비율이 2로 일정하게 된다. 이때 2의 의미는 분모인 x가 1이 증가할 때 분자인 y는 2가 증가하는 민감도로 해석할 수 있다. 민감도가 2로 정해지면, 분모 x가 3이 증가할 때 분자 y는 6이 증가하고, 분모 x가 6이 증가하면 분자 y는 12가 증가하게 된다.

   이 개념은 중등수학에서는 일차방정식의 기울기slope로 배우며, 경제학에서 분자, 분모에 가격이나 수요량을 적용하여 탄력성elasticity으로 부르고, 사회과학에서는 독립변수(x)가 종속변수(y)에 미치는 영향력effect or impact으로 해석하는 중요한 개념이다.

5. 척도화scaling: 24/24=1, 36/24=1.5, 48/24=2, 72/24=3 등을 보면, 분모를 새로운 측정 단위로 설정한 효과를 얻을 수 있다. 분모인 24가 새로운 측정의 기본 단위가 되어서 24는 1로, 48은 2로, 72는 3으로 전환된다. 분모 24를 시간으로 간주하면, 의미가 모호했던 24, 48, 72라는 수치가 하루, 이틀, 사흘을 의미하게 된다. 만약 표준편차를 분모로 사용하면, 그림 18-1과 같이 표준편차 16을 기본 단위로 하는 자尺, scale를 사용하는 것과 같다. 이 장에서 살펴볼 Z-값이 여기에 해당한다.

6. 나누기: '6/3=2'라는 의미는 6을 3으로 쪼개면(나누면) 2개가 된다는 가장 기본적인 의미이다.

우수한지 보통인지를 판단하려 할 때 우리는 평균을 기준으로 한다. 보통 사람(평균)의 IQ로부터 차이가 많이 난다면, 우리는 '머리가 좋다' 또는 '정상(평균)이 아니다'라는 평가를 내린다. 이런 직관적인 접근을 수식으로 표현하려면, 특정한 자료로부터 평균까지의 거리를 구하면 된다. 통계용어로는 편차deviation, $(x_i - \overline{X})$의 크기로 접근하는 것이다. IQ의 예에서는 특정한 자료인 180으로부터 평균 100을 차감한 값, 80이 되겠다. 이 80이라는 수치가 보통인지, 정상(평균)이 아닌지 어떻게 판단할 수 있을까? 여기에서도 기준은 역시 '평균'이다. 하지만 80이 편차의 개념이므로 이에 적합한 비교대상은, 편차의 평균을 사용해야 한다. 표준편차가 그 '평균'이다.

표준편차는 '평균으로부터 각 자료가 떨어진 거리들의 평균', 즉 '편차의 평균'이라는 점을 다시 상기하자. '평균으로부터 떨어진 거리'인 80과 '평균으로부터 모든 자료가 평.균.적.으.로. 떨어진 거리'인 16을 비교하면 된다. 비교 방법은 80/16이라는 분수식을 사용한다. 즉 표준편차의 몇 배로 떨어진 거리인지를 표현하는 방법이다. 이처럼 대부분의 발견이나 연구는 특이한 것을 밝히는 것이다. 특이성을 일방적인 편차(평균에서 떨어진 정도)로만 나타내기보다는, 표준편차를 기준으로 상대적으로 비교하는 것이 더 의미가 있다. 결과적으로 IQ 180이 탁월한 지능이라고 인증받기 위해서는 편차가 클 뿐만 아니라, 그 편차가 표준편차와 비교해서도 상당한 수치여야 한다.

⊕표 18-1 표준화 절차와 통계량

문제 및 의문	통계적 해결 방향	통계량
머리가 좋은가? 비정상적인가? →	평균값과 차이가 많이 나는가? 평균에서 가까운가? →	편차
평균값과 차이가 얼마나 큰가? 평균값과 차이가 심각한가? →	표준편차 대비하여 얼마나 많이, 몇 배나 떨어져 있는가? →	$\dfrac{\text{편차}}{\text{표준편차}}$

이로써 우리는 개별 자료가 평균으로부터 얼마만큼 떨어져 있는지를 표준편차의 크기로 표현할 수 있는 중요한 지표를 알게 되었다. 평균으로부터 표준편차의 몇 배나 떨어져 있는지 표현할 수 있는데, 이것이 Z-값Z value, Z score이다. 수식으로 표현하면 다음과 같다. 결과적으로 원자료를 '편차가 표준편차의 몇 배인가'의 의미로 변환시킨 것이 Z-값이다. 따라서 Z-값은 〈더 알아보기: 분수〉에서 '척도화'에 해당하는 의미를 지닌다.

$$Z = \frac{\text{편차}}{\text{표준편차}} = \frac{(x_i - \overline{X})}{s}$$

'직무중요성'을 측정한 첫 번째 문항(부록C 참조), 'significance1'을 활용하여 Z-값을 산출해 보도록 하자.[7] 'significance1'에 대한 평균과 표준편차를 각각 셀 H2, 셀 H3에 그림 18-2와 같이 AVERAGE( )와 STDEV.S( )를 활용하여 산출하였다. 'significance1'의 평균은 4.587이며 표준편차는 1.3442로 나타났다.

[06.통계적추론.xlsm] 〈Sheet 1〉 참조

	A	B	C	D	E	F	G	H
1		significance1	significance2	significance3	significance4		significance1	
2		4	6	5	5		평균	4.5870
3		5	5	6	5		표준편차	1.3442
4		6	7	6	6			
5		6	7	7	7			
6		5	6	6	5		셀 H2=AVERAGE(B2:B231)	
7		5	5	6	5		셀 H3=STDEV.S(B2:B231)	

○그림 18-2 표준화점수 (1)

J 편차($X_i - \overline{X}$)	K	L Z-값	M Z-값(함수)
-0.5870		-0.4367	-0.4367
0.4130		0.3073	0.3073
1.4130		1.0512	1.0512
1.4130		1.0512	1.0512
0.4130		0.3073	0.3073
0.4130		0.3073	0.3073
-1.5870		-1.1806	-1.1806
1.4130		1.0512	1.0512
	셀 J2=B2-$H$2		
	셀 L2=J2/$H$3		
	셀 M2=STANDARDIZE(B2,$H$2,$H$3)		

○그림 18-3 표준화점수 (2)

J열은 'significance1'의 개별 자료에 대한 편차를 산출한 것이다. 셀 J2를 예로 들면 "=B2−$H$2"가 입력되었다. "$H$2"는 복사를 하더라도 평균을 계속 참조하여야 하기 때문에 $를 붙여 절대참조를 하였다(그림 18-3). 원자료인 B열과 편차를 산출한 J열의 변화를 시각적으로 살펴볼 필요가 있다.

그림 18-4에서 좌측은 원자료인 'significance1'에 대한 히스토그램을, 우측은 편차의 히스토그램을 작성한 것이다. 두 히스토그램의 모양은 동일하다. 단 X축의 수치만 변경되어 있음을 확인할 수 있다. 원래의 히스토그램이 수평 이동한 결과로 이해할 수 있다. 수리적으로 $\left(x_i - \overline{X}\right)$는 모든 개별 자료로부터 평균을 각각 빼주었기 때문에 히스토그램이 평균값만큼 이동한다. 원래의 평균값 4.587은 0으로 이동하게 된다. 나머지 자료들은 0을 중심으로 좌우에 상대적인 위치를 점하게 된다. 이와 같은 자료변환을 평균중심화mean centering라고도 부른다. 평균중심화는 수리적으로는 편차일 뿐이다. 평균중심화는 조절효과moderating effect분석(49장)에서 다시 설명한다.

※[06.통계적추론.xlsm] 〈Sheet 1〉 참조

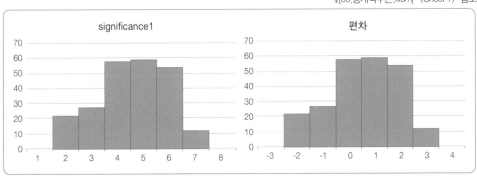

〇그림 18-4 원자료와 평균중심화 점수의 히스토그램

L열은 편차를 표준편차(셀 H3)로 나누어서 Z-값을 산출한 것이다. 표준편차를 사용하여 척도화scaling되었기 때문에 Z-값의 표준편차는 1이 된다. 'signficance1'은 7점 척도로 측정되었다. 편차와 표준편차는 측정단위가 동일하다. 이들이 분자와 분모를 이루는 Z-값은 측정단위의 의미가 없어진다. 대신에 분모인 표준편차를 통해 새롭게 척도화된다. 그러므로 만약 Z-값이 2.58이면 표준편차(1.3442)의 2.58배라는 의미가 된다.

$$Z = \frac{편차}{표준편차} = \frac{(x_i - \overline{X})}{s}$$

Mean-centering

Scaling

요컨대 Z-값은 평균이 0, 표준편차 1인 특성을 지니도록 원자료를 전환한 결과이다. 이런 상징적 특징 때문에 Z-값을 표준화점수standardized score, standard score, normal score라고 한다. 그 산술 공식은 표준화공식standardization formula이라고 부른다. 엑셀에서도 이러한 의미를 살려서 Z-값을 구하는 함수인 STANDARDIZE( )를 제공한다. STANDARDIZE( )를 사용하는 문법은 다음과 같다.

STANDARDIZE(자료, 평균, 표준편차)

[06.통계적추론.xlsm] 〈Sheet 1〉 참조

예: $STANDARDIZE(15, 10, 5) = \frac{15 - 10}{5}$

평균 10, 표준편차 5인 분포에서 15의 표준화점수를 구하면 1이다. 15는 평균으로부터 표준편차 1배만큼 떨어져 있다는 의미이다.

함수 STANDARDIZE( )는 표준화점수로 변환하려는 자료를 첫 번째 인수로, 평균과 표준편차는 두 번째와 세 번째 인수로 각각 입력한다. M열의 Z-값은 이 함수를 사용하여 산출하였으며, L열의 Z-값과 동일함을 확인할 수 있다. Z-값의 의미를 두 가지로 정리하면 다음과 같다.

• 평균으로부터 자료가 떨어진 거리(위치)를 표준편차의 배수로 척도화
• 평균이 0, 표준편차가 1인 분포로 전환하였을 때의 자료 위치

2012년 발표된 자료[8]에 의하면 한국에서 실시된 TOEIC점수의 평균은 628점, 표준편차는 172점이라고 한다. 이 정보를 기준으로 TOEIC점수 890점을 받은 M학생의 Z-값을 산출해 보자. 한편 TOEFL iBT의 경우 평균이 80, 표준편차가 21이라고 한다. 이 영어시험에서 115점을 받은 N학생이 있다고 한다. Z-값을 활용하여 두 학생의 영어 실력의 우위를 가려보자.

⯅	A	B	C
1		raw data	Z-value
2		890	1.5232558
3		115	1.6666667

셀 C2와 셀 C3에 함수 STANDARDIZE( )를 이용하여 다음과 같이 표준화점수를 산출하였다.

- 셀 C2 = STANDARDIZE(B2, 628, 172)
- 셀 C3 = STANDARDIZE(B3, 80, 21)

TOEFL iBT 115점의 Z-값이 더 크게 나타났다. 평균을 기준으로 더 멀리 이격되어 있다는 의미이므로 TOEIC 890점보다 높은 점수라고 할 수 있다. 이처럼 Z-값의 또 다른 용도는 서로 다른 자료를 비교하는 것이다. 어떤 자료이든 표준화해서 Z-값으로 전환할 수 있다. 하나의 척도로 표준화한 점수이므로 서로 다른 배경의 자료를 비교하는 데에도 활용할 수 있다.

🔍 더 알아보기 | 수학능력평가의 표준점수

수학능력평가의 표준점수는 통계학의 표준화점수를 변형한 것이다. 아래의 공식을 보면 Z-값을 약간 변경하고 있음을 알 수 있다. 원래의 Z-값에 10을 곱한 후, 50을 더하였다. Z-값의 평균은 0, 표준편차는 1이다. 여기에 10을 곱했기 때문에 수학능력평가의 표준점수는 표준편차가 10점이 된다. 또한 50을 다시 더하였으므로 수학능력평가의 표준점수의 평균은 50점이 된다.

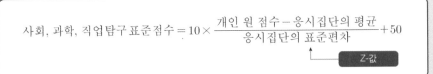

$$사회, 과학, 직업탐구\ 표준점수 = 10 \times \frac{개인\ 원\ 점수 - 응시집단의\ 평균}{응시집단의\ 표준편차} + 50$$

Z-값

그러므로 수학능력평가의 표준점수가 50점인 학생은 응시집단에서 평균점수에 해당한다. 만약 100점을 받은 학생이라면, 평균인 50점보다 표준편차의 5배에 달하는 좋은 성적을 얻은 것이다.

19
경험법칙의 일반화, 확률분포

우리는 평소에 관심을 갖고 있었거나 몸소 경험했던 자료의 분포는 굳이 그래프를 작성해 보지 않아도 어느 정도 윤곽을 예상할 수 있다. 전자제품의 고장시기, 직장인의 연봉, 토플성적 등의 자료가 어느 수치에서 빈도수가 집중되거나 어느 지점에서는 거의 발생하지 않는지 추측이 가능하다. 이렇게 경험법칙에 힘입어 분포를 예상할 수도 있지만 통계학자들은 연구목적에 맞게 적용할 수 있도록 정규분포, t분포, 카이제곱(χ^2)분포, F분포와 같은 다양한 확률분포를 개발하였다.

18장에서 Z-값의 개념과 의미를 알아보았다. 그런데 Z-값이 어느 정도로 큰 값이어야 특이하고, 정상이 아니고, 크고, 월등하다고 평가할 수 있을까? Z-값이 0에 어느 정도로 가까웠을 때 '그저 그래', '정상이야', '평균적이야'라고 평가하면 좋을까? Z-값의 크기에 대한 판정준거cut-off point가 있다면 편리할 것이다. 이 문제는 경험법칙empirical rule을 이용하는 방법과 이를 더 세련화한 확률분포probability distribution를 이용하는 방법이 있다.

인간은 경험적으로 Z-값의 절댓값이 큰 자료들, 즉 평균에서 멀리 떨어진 자료들은 발생하기 힘들거나 희귀하다는 것을 인식하고 있다. 다수의 자연발생적 현상이 그림 19-1의 X3처럼 평균에서 멀어지더라도 도수의 변화가 비슷한 경우는 매우 드물고 X1처럼 평균에서 멀어질수록 도수가 낮아진다는 것을 시행착오를 통해 체득하고 있다. 이와 같이 자료의 분포가 평균을 중심으로 좌우대칭이고 종모양bell-shape을 이루면 다음과 같은 경험법칙을 적용할 수 있다.

Z-값이 특정한 범위 사이에 존재하는 자료의 비율이 대략 정해진다. 평균과 $\pm 1 \cdot$ 표준편차 사이의 자료들, 즉 $(\overline{X} - 1 \cdot s) \sim (\overline{X} + 1 \cdot s)$ 내에 있는 자료의 비율은 근사적으로 68.3%로 알려져 있다. 그리고 $\pm 2 \cdot$ 표준편차 사이에는 95.4%, $\pm 3 \cdot$ 표준편차 사이에는 99.7%로 알려져 있다. 즉 Z-값이 (-2~+2) 사이를 점유하는 자료 비율은 95.4%, Z-값이 (-3~+3) 사이에는 99.7%이다.

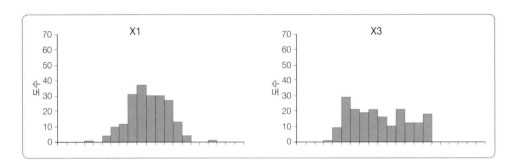

⊙그림 19-1 경험법칙과 분포

Z-값이 1, 2, 3일 때 자료 비율을 알아보았는데, 이번에는 생각의 방향을 바꾸어보자. 실무에서 종종 사용하는 95%, 99%의 비율에 해당하는 Z-값은 얼마일까? 실제로 통계적인 검정에서도 95%와 99%는 전통적으로 선호하는 기준이다. 95%에 해당하는 Z-값은 대략 1.96, 99%에 해당하는 Z-값은 대략 2.58이다. Z-값이 이 이상의 수치를 가진다면 통계적으로 '희귀하다, 이상치이다, 비정상적이다' 등의 평가를 할 수 있다. 따라서 IQ 180은 Z-값이 5이기 때문에 통계적으로 대단히 희귀한 경우라고 할 수 있다. 이와 같이 경험법칙은 좌우대칭의 종모양을 이룰 때 유용하게 적용할 수 있다.

그런데 경험법칙은 자료의 특성에 따라 다를 수 있다. 예를 들어 가구당 소득수준이나 생명체의 수명은 위의 Z-값과는 다른 비율로 구성된다.[10] 자료마다 구성하는 분포의 모양이 다르다는 의미이다. 이러한 경험법칙을 일반화하기 위해서 통계학자들이 이미 각고의 노력으로 다양한 확률분포probability distribution를 발굴해 놓았다. 대표적인 20개의 확률분포 관계도를 도식화한 것이 그림 19-2이다.

이 책에서는 확률분포의 이론적인 특성은 다루지 않고 활용방법에만 집중할 것이다. 또한 통계적 가설검정에서 빈번하게 활용되는 4개의 연속형 확률분포, 정규분포normal distribution, F분포, t분포, χ^2분포를 중점적으로 다룰 것이다. 다음 사항을 고려한다면 난해해 보이는 확률분포를 좀더 쉽게 접근할 수 있을 것이다.

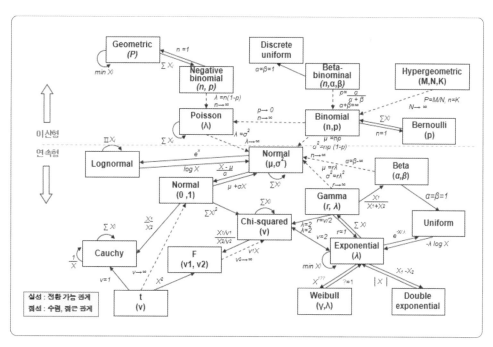

●그림 19-2 다양한 확률분포들(Leemis & McQueston, 2008; Song, 2005)[9]

   첫째, 확률분포의 사용방법은 두 가지이다. 확률(%)에 해당하는 자료의 값이 궁금한 경우와 특정한 자료가 위치한 확률(%)이 궁금한 경우이다. 앞서 살펴본 Z-값의 예에서 95%에 해당하는 Z-값이 궁금할 수도 있고, Z-값이 1 이하인 자료의 비율이 궁금할 수도 있다는 뜻이다. 엑셀에서도 이 사용법에 따라 두 종류의 함수가 각 확률분포마다 제공된다. 함수명은 '확률분포.INV( )'와 '확률분포.DIST( )'로 통일성을 갖추고 있다.

   둘째, 각 확률분포는 적용분야가 다르다. 정규분포는 많은 통계이론의 개념이나 모집단의 평균을 설명할 때 적용된다. Z-값에 대한 경험법칙, 중심극한정리 등이 정규분포와 관련이 있다. 실질적인 표본에 대한 연구에서 정규분포를 대체하는 것이 t분포이다. 자료의 분산에 대하여 분석할 때는 χ^2분포를, 두 자료의 분산 크기를 비교하고 싶다면 F분포를 사용한다.

   셋째, 확률분포의 구체적인 모양을 결정하는 인자를 파악해 두자. 확률분포에도 다양한 얼굴이 있는데 그것을 결정하는 인자가 정해져 있다. 예를 들어 무수한 정규분포가 있지만 그 형태는 평균과 분산으로 결정된다. t분포, χ^2분포는 한 개의 자유도에 의해서, F분포는 두 개의 자유도에 의해 형태가 결정된다. 이에 대한 직관력을 높이고 싶다면 예제파일 [C.분포.xlsm]의 스크롤바를 조작하여 분포의 형태가 바뀌는 것을 확인해 보자.

○표 19-1 확률분포와 적용

분포	발견 및 관계	인자	적용
정규분포	경험법칙의 수리적 반영	평균, 분산	평균에 대한 분포(중심극한정리)
χ^2분포	표준정규분포 자료의 제곱합	자유도	분산에 대한 분포
t분포	표준정규분포와 χ^2분포의 비율	자유도	• 모분산을 모를 때 정규분포를 대체 • 30 이하 소규모 자료에 정규분포를 대체
F분포	서로 다른 두 χ^2분포의 비율	분자의 자유도, 분모의 자유도	두 집단의 분산을 비교

넷째, 향후 확률분포를 좀더 전문적으로 학습한다면, 확률분포를 개별적으로 접근하지 말고 서로의 관계를 파악하도록 하자. 그림 19-2와 같이 확률분포는 서로 관계를 맺고 있다. 예컨대 정규분포를 중심으로 화살표가 들고 나가는 것을 확인할 수 있다. 복잡해 보이지만 통계학자들이 기존에 발견한 확률분포를 기반으로 필요에 따라 조금씩 조절하면서 확률분포의 수가 늘어났을 뿐이다.

🔍눈으로 확인하는 통계   [C.분포.xlsm] 참조

예제파일 [C.분포.xlsm]는 각 확률분포의 형태를 결정하는 인자들을 조정하면서 변화를 확인할 수 있도록 제작되었다. 확률분포의 형태에 따라 산출해야 할 확률도 변하게 된다.

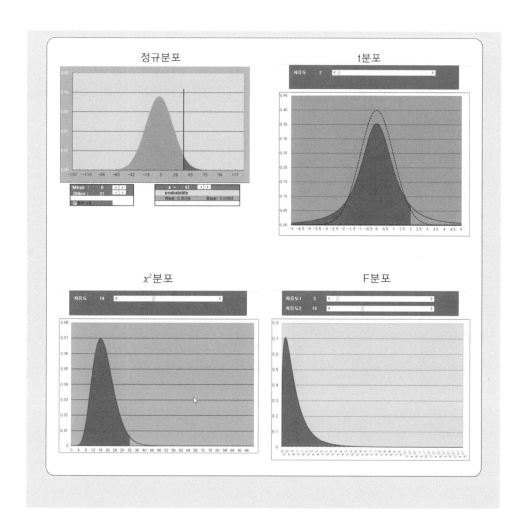

20
자연의 수학적 질서, 정규분포

자연이든 사회든 모든 측정에는 항상 오차가 발생하게 된다. 오차의 모양과 패턴을 밝히려는 여러 통계학자의 노력으로 개발된 확률분포가 정규분포이다. 정규분포의 모양은 평균과 분산으로 결정된다. 정규분포는 중심극한정리와 연계되어 통계적 가설검정의 기초를 이루고 있다.

동일한 모델의 자동차일지라도 복잡한 작업공정을 거치기 때문에 시장에서 판매되는 각각의 자동차 품질이나 성능은 엄밀히 보면 동일한 것이 없다. 영어실력이 동일해도 매번 치르는 TOEFL 점수는 동일하지 않다. 통계학에서는 이러한 산포가 발생하는 현상을 오차error라고 부른다. 그러나 이 오차에도 어느 정도의 규칙은 존재한다. 앞서 살펴본 경험법칙empirical rule이다. 한 학생의 영어실력이 TOEFL 점수로 250점이라면 향후 240점과 260점 사이의 점수를 받기는 쉽지만, 290점이나 200점을 받기는 힘들다. 즉 관측된 값들이 실제 값을 중심으로 좌우대칭으로 나타나며, 실제 값에 가까울수록 더 빈번하게 나타나지만 실제 값과 차이가 큰 관측값은 희귀하게 나타난다.

이를 처음으로 간파하고 연구한 사람은 갈릴레이Galileo Galilei라고 알려져 있다. 우리가 속해 있는 사회나 자연에서 어디서든 오차를 발견할 수 있다. 오차는 불확실성과 예측불가능성을 지녔기 때문에 대부분 당연시하는 경향이 있다. 하지만 갈릴레이는 이 오차에도 일정한 모양과 패턴이 존재한다는 점을 처음으로 밝힌 것이다. 그의 아이디어는 여러 학자가 발전시켜 정규분포normal distribution로 탄생하게 된다. 다음과 같이 다소 복잡한 공식으로 정의된다.

$$f(x) = \frac{1}{\sigma \cdot \sqrt{2\pi}} e^{-\frac{(x-\mu)^2}{2\sigma^2}}$$

정규분포의 함수식에는 수학의 주요 상수인 원주율(π)과 오일러의 수(e)가 포함되어 있다. 이들은 상수이기 때문에 정규분포의 형태는 나머지 변수인 평균(μ)과 분산(σ^2)에 의해 모양이 결정된다. 그래프를 그려보면 평균(μ)은 위치를 결정하고 분산(σ^2)은 모양을 결정하는 역할을 한다. 이에 따라 전통적으로 정규분포를 기호로 표현할 때는 N(μ, σ^2)으로 표현한다. N은 정규분포의 영어 머리글자다. 따라서 정규분포는 평균과 분산(또는 표준편차)의 값에 따라 무수히 많이 존재한다.

그림 20-1에서 정규분포 ①, ②, ③은 표준편차는 동일하지만 평균이 서로 다른 정규분포들이다. 정규분포 ④, ⑤, ⑥은 평균은 동일하지만 표준편차가 상이한 정규분포들이다. 정규분포의 모양은, 표준편차가 크면 평평해지고 표준편차가 작아지면 좁고 높아진다. 이처럼 정규분포는 평균과 표준편차를 어떤 값이든 가질 수 있기 때문에 무수히 많이 존재한다.

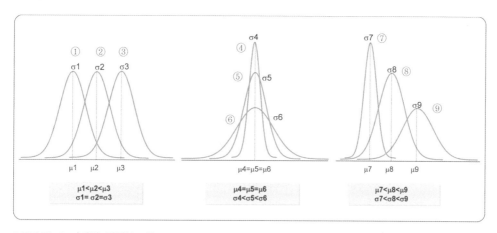

∩그림 20-1 다양한 정규분포들

오차에 대한 학문적인 접근은 드 모아브르Abraham de Moivre의 이항분포에 대한 근사확률로부터 체계적으로 연구되었다. 동전을 10개 던져서 앞면이 나오는 동전 수는 5개를 전후로 많이 발생하지만, 10개가 모두 앞면이 나오거나 하나도 나오지 않을 확률은 낮다

(여기서는 동전의 앞면과 뒷면만 발생하는 이항분포를 가정한다). 드 모아브르는 이항분포의 시행 횟수(여기서는 동전 수)를 늘릴수록 모종의 분포에 근접한다는 사실을 발견하였다.

이를 더욱 발전시켜 라플라스Pierre-Simon Laplace는 오차항이 지수분포의 일종임을 발견하였다. 이 지수분포를 물리학에서 발생하는 관측오차에 적용하여 더욱 엄밀히 발전시킨 수학자는 가우스Carl Friedrich Gauss이다. 이와 같이 여러 학자에 의해 점차 세련되어졌고, 대다수 학문영역에서 수용되면서 이를 정규분포normal distribution라고 부르게 되었다. 정규분포 발견에 기여한 학자들의 이름을 반영하여 라플라스-가우스분포, 가우스분포로도 불리고 있다. 독일의 10마르크 지폐를 자세히 들여다보면 종모양의 정규분포, 함수식을 찾아볼 수 있다. 이 지폐에 그려진 인물은 가우스이다.

하지만 무수히 많은 정규분포들이 다음과 같은 특징을 공통적으로 지닌다.

1) 평균을 중심으로 좌우대칭이다. 즉 평균, 중위수, 최빈수의 값이 동일하고 왜도가 0이다.

2) 평균을 중심으로 밀집되어 있고, 양측으로 갈수록 낮아지는 종모양이다.

3) 평균에서 표준편차의 배수에 해당하는 면적이 동일하다. 이것은 경험법칙을 정밀하게 일반화한 정규분포의 특징으로 이해할 수 있다. 정규분포를 구성하는 평균과 표준편차의 배수에 해당하는 면적을 그려보면 그림 20-2와 같다. 즉 $\pm 1 \cdot$ 표준편차에 해당하는 확률은 68.27%이고, $\pm 2 \cdot$ 표준편차에 해당하는 확률은 95.45%이다. 또한 95%에 해당하는 지점은 약 $\pm 1.96 \cdot$ 표준편차이고, 99%에 해당하는 지점은 약 $\pm 2.58 \cdot$ 표준편차에 해당한다. 예를 들어 그림 20-3에서 $N(50, 10^2)$의 50~60의 면적(또는 확률)과 $N(40, 20^2)$의 40~60의 면적(또는 확률)은 동일하게 34.14%에 해당하게 된다. 모든 정규분포는 평균으로부터 $+1 \cdot$ 표준편차 내에 면적이 약 34.14%로 동일하기 때문이다.

4) 정규분포 곡선의 변곡점과 평균 간의 거리가 $1 \cdot$ 표준편차이다. 그림 20-3에서 보듯 쌍방향화살표의 크기가 표준편차이다.

5) 정규분포는 왜도와 첨도의 기준이 된다. 정규분포의 왜도는 0이며, 정규분포보다 오른쪽으로 자료가 쏠려 있다면 왜도가 음수, 반대로 왼쪽으로 자료가 몰리게 되면 양수이다. 정규분포의 첨도 또한 대부분 통계소프트웨어에서 0으로 맞춰져 있고(원래 4차 적률의 첨도 개념으로는 정규분포의 첨도는 3이다), 정규분포보다 뾰족하면 첨도는 양수, 정규분포보다 평평하면 음수를 갖는다.

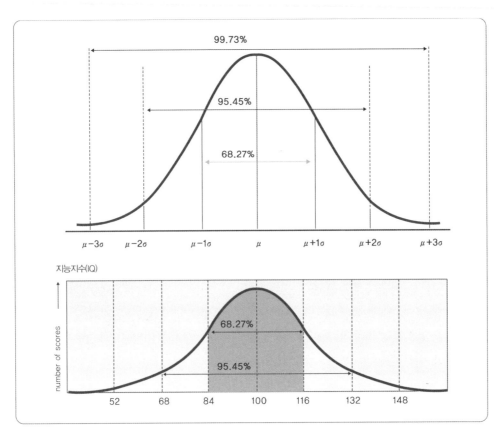

ᐉ그림 20-2 정규분포와 표준편차

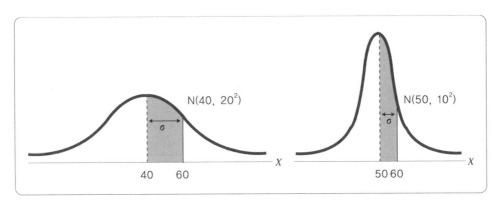

ᐉ그림 20-3 정규분포와 1·표준편차

이와 같은 정규분포의 특징은 예제파일 [C.분포.xlsm]의 〈Normal〉을 참조하여 시뮬레이션해 보기 바란다. 한편 세상에 무수히 많은 정규분포 중에서 표준으로 선정된 정규분포가 있다. 이를 표준정규분포unit normal distribution, standard normal distribution라고 한다. 표준정규분포는 평균이 0, 표준편차 또는 분산이 1인 정규분포, $N(0, 1^2)$이다. '평균이 0, 표준편차 1'이라는 표현을 상기해 보면, 표준화점수인 Z-값에서 나왔던 표현이다. 즉 무수히 많은 일반 정규분포들은 모두 표준화공식을 거쳐 표준정규분포로 전환될 수 있다(그림 20-4 참조).

그림 20-5는 두 개의 정규분포 $N(40, 20^2)$와 $N(50, 10^2)$를 표준정규분포로 전환하는 표준화 과정을 보여주고 있다.

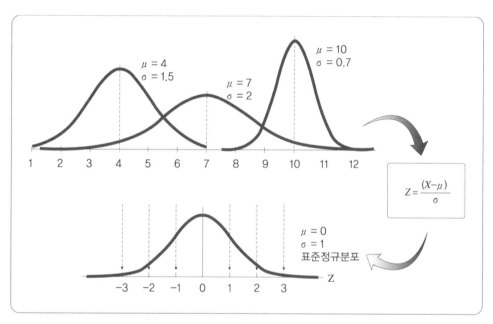

● 그림 20-4 정규분포와 표준정규분포

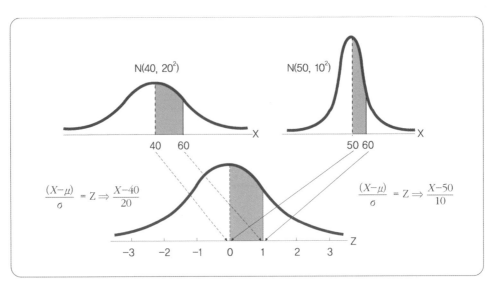

⋒그림 20-5 정규분포의 표준정규분포로의 변환 예시

무수히 많은 정규분포가 존재함에도 불구하고 우리가 현실에서 직접 만나는 일은 거의 없다. 역설적이게도 정규분포는 실제를 반영하면서 실재하지 않는다. 현실 세계의 수학적 질서를 반영한 분포이지만, 이론적 분포이기 때문이다. 정규분포를 포함한 확률분포들을 적용해서 현실의 데이터를 이해하려는 통계학의 접근은, 고대 그리스에서 이론적 기하학이 실용적인 측량, 건축, 과학의 발전에 기여한 바에 비유될 수 있다. 많은 학자는 고대 그리스에서 기하학이 체계적 학문으로 정착했다고 보고 있다.

기하학이라고 하면, 비현실적이고 쓸모없는 학문으로 여기는 사람들이 지금도 많다. 고대 그리스에서 기하학과 같은 학문이 발전한 이유는 무엇일까? 그리스 철학자 플라톤에 따르면, 현실의 다양한 자연현상은 이데아라는 세계가 비춰주는 허상에 불과하다. 반면에 이데아는 완벽하고 참된 세계라고 보았다. 예를 들어 엄밀하게 완전한 원은 현실에서 존재하지 않는다. 인간이 수레바퀴를 원의 형태로 만들어내지만 완전한 원은 아니다. 플라톤은 완전한 원은 이데아에만 존재한다고 보았다. 현실에서 인간이 목격하게 되는 크고 작은 다양한 수레바퀴는 이데아의 원을 반영한 것뿐이다. 요컨대 이데아에 있는 완전한 색깔, 소리, 도형들이 현실 세계의 청사진이나 프로토타입으로 작용한다고 보았다. 그러므로 플라톤을 위시한 고대 그리스인들은 이데아를 추구하고 연구하는 것이 진리를 찾는 길이라고 믿었다. 완벽한 원, 삼각형, 직선을 다루는 기하학의 가치를 높게 평가하는 문화가 조성되었던 것이다.

이러한 철학에 힘입어, 오늘날 우리가 직각삼각형을 이루는 건축물의 빗면에 들어갈 목재길이를 피타고라스 정리에 의해 정확하게 파악할 수 있는 것이다. 통계학에서의 정규분포도 현실의 데이터를 이해하는 데 적용할 수 있는 프로토타입으로 이해할 수 있다.[11] 정규분포의 역할은 '확률'을 제시하여 우리가 합리적인 의사결정을 하도록 돕는 것이다. 가령 '주사위의 각 눈이 나올 확률은 1/6이다'라는 전제하에 우리는 주사위에 대한 어떠한 예측이나 의사결정을 할 수 있다.

여기서 확률 '1/6'은 현실에서 엄밀히 구현하기 불가능한 '이데아적 지식'이다. 세상의 어떤 주사위도 완벽한 정육면체로 만들어질 수는 없다. 하지만 우리는 이데아적 지식인 확률 '1/6'에 의존해서 충분히 실무적인 결론과 의사결정을 할 수 있다. 정규분포는 주사위의 '1/6'보다 다소 복잡하게 확률을 제시할 뿐이다.

통계학자들은 이렇게 현실 세계의 데이터에 빗대어 활용할 수 있는 다양한 확률분포들을 마련해 두었다. 대표적으로 이항분포, 초기하분포, 포아송분포, t분포, F분포, χ^2분포 등이 있다. 아마 플라톤이 살아서 이렇게 많은 확률분포를 볼 수 있다면, 우리가 손에 쥔 모든 현실의 자료들은 이러한 확률분포들이 만들어낸 그림자에 불과하다고 주장할 것이다. 이 주장은 확률분포를 이용하여 수행되는 통계적 가설검정 및 확률적 사고와 완전히 합치된다.

21
확률분포를 아로새긴 엑셀함수들

과거에는 특정한 확률분포에서 원하는 확률이나 확률변수 값을 산출하려면 통계책 뒷장에 있는 무미건조한 숫자로 이루어진 확률분포표를 이용해야 했다. 엑셀은 통계학에서 다루는 거의 모든 확률분포에 대한 함수를 내장하고 있다. 엑셀의 확률분포함수의 명칭은 '.DIST'로 끝나고 이에 대한 역함수 명칭은 '.INV'로 끝나도록 통일되어 있다. 이 함수들을 활용하여 다양한 확률분포의 누적확률, 확률밀도 및 확률질량, 확률변수의 값을 간편하고 정확하게 산출할 수 있다.

정규분포normal distribution를 지원하는 기본적인 엑셀함수는 NORM.DIST( )와 NORM.INV( )이다. 이 두 함수를 집중적으로 파악함으로써 다른 확률분포를 지원하는 함수들도 쉽게 이해할 수 있다. NORM은 'normal', DIST는 'distribution'의 약자이다.

INV는 역inverse함수에서 가져온 약자이다. 역inverse이란, NORM.INV( )가 NORM.DIST( )의 입력과 출력을 거꾸로 수행함을 의미한다. 확률분포와 관련된 엑셀함수명의 이러한 구조는 이항분포, 초기하분포, 포아송분포, t분포, F분포, χ^2분포 등에도 공통적으로 적용되므로 익숙해질 필요가 있다. 정규분포를 중심으로 구체적인 문법을 알아보면 다음과 같다.

🔍 엑셀, 제대로 활용하기

엑셀의 셀에서 "=NORM.DIST("까지만 입력하면 다음과 같은 설명창이 자동으로 나타난다. 2010버전부터 엑셀함수에 동일하게 지원되는 편리한 기능이다.

=NORM.DIST(
NORM.DIST(x, mean, standard_dev, cumulative)

NORM.DIST(x, 평균, 표준편차, 누적확률 여부)

1) x: 관심의 대상인(확률을 구하고자 하는) x값

2) 평균: 정규분포의 평균

3) 표준편차: 정규분포의 표준편차

4) 누적확률 여부: x지점에서의 누적확률함수의 결과값을 구한다면 TRUE, x지점에서의
   확률밀도함수의 결과값을 구한다면 FALSE[12]

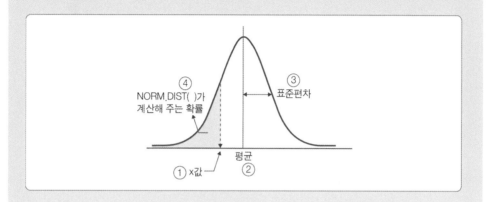

예를 들어, 그림 20-3의 확률을 구하면 다음과 같다. 분포의 좌측 끝부터의 확률을 산출
한다는 차이만 있다.

$$NORM.DIST(60, \ 50, \ 10, \ TRUE) - 0.5$$
$$NORM.DIST(60, \ 40, \ 20, \ TRUE) - 0.5$$

🔍 엑셀, 제대로 활용하기

엑셀의 셀에서 "=NORM.INV("까지만 입력하면 다음과 같은 설명창이 화면에 자동으로
나타난다.

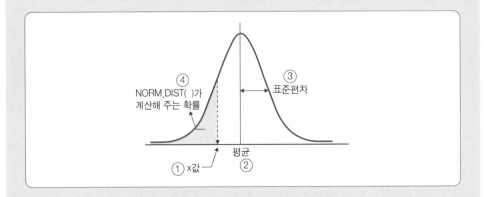

```
=NORM.INV(
    NORM.INV(probability, mean, standard_dev)
```

NORM.INV(확률, 평균, 표준편차)

1) 확률: 관심의 대상인 누적확률 값
2) 평균: 정규분포의 평균
3) 표준편차: 정규분포의 표준편차

예를 들어, 그림 20-3의 x값을 구하면 다음과 같다. 분포의 좌측 끝부터의 확률을 기입해야 한다는 차이만 있다.

NORM.INV(84.13%, 50, 10)
NORM.INV(84.13%, 40, 20)

H사에서 개발한 신차의 연비가 평균 14(km/l)이고, 표준편차는 2(km/l)인 정규분포를 따른다고 한다. 이에 대하여 다음 문제들을 엑셀함수로 계산해 보자.

• H사의 신차가 1리터 주유량으로 10km 이하로 주행할 확률은 얼마인가? 또한 15km 이상을 주행할 확률은 얼마인가?

그림 21-1에서와 같이 평균이 14, 표준편차가 2인 정규분포 상에서 x값이 10인 지점까지의 누적확률을 구한 값이 2.28%이다. 2.28%를 산출하는 방법은, 그림 21-2와 같이 셀 D2에 "=NORM.DIST(10, 14, 2, TRUE)"를 입력하면 약 2.28%로 산출된다. 이 값은 1리터로 10km 이하로 주행할 확률이다.

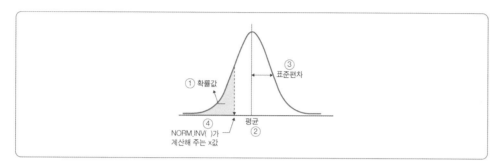

○그림 21-1 정규분포의 누적확률

※ [06.통계적추론.xlsm] 〈Sheet 3〉 참조

	C	D	E	F	G	H
1						
2		0.0228		셀 D2=NORM.DIST(10, 14, 2, TRUE)		
3		0.6915		셀 D3=NORM.DIST(15, 14, 2, TRUE)		
4		0.3085		셀 D4=1-NORM.DIST(15, 14, 2, TRUE)		
5						
6		11.4369		셀 D6=NORM.INV(10%,14,2)		

○그림 21-2 정규분포 엑셀 계산

셀 D3에 "=NORM.DIST(15, 14, 2, TRUE)"를 입력하면 약 69.15%로 계산된다. 이 확률은 15km 이하로 달릴 확률이다. 관심사인 15km 이상 달릴 확률은 이 값을 1에서 빼주면 된다. 또 다른 셀 D4에 "=1-NORM.DIST(15, 14, 2, TRUE)"라고 입력해도 된다. 15km 이상으로 주행할 확률은 약 30.85%이다.

- H사의 신차를 판매할 때 연비의 평균인 14(km/l)를 성능지표로 일단 공지하였다. 하지만 이보다 훨씬 불량한 연비가 나타날 경우 교환해 주는 보상정책을 고려하고 있다. 보증 조건에 맞는 자동차가 10% 이하에 그치도록 보상정책을 마련하려면, 보증 연비는 얼마로 설정되어야 하는가?

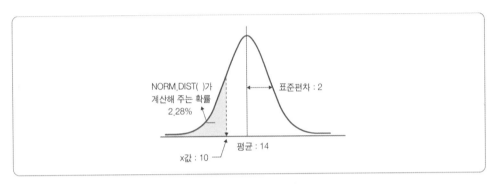

○그림 21-3 정규분포의 역누적확률

그림 21-3과 같이 정규분포의 좌측 끝에서부터의 누적확률이 10%가 되는 지점의 연비를 찾는 문제로 해석할 수 있다. 그림 21-2에서 셀 D6에 "=NORM.INV(10%, 14, 2)" 를 입력하면 약 11.4(km/l)로 계산된다. 연비가 11.4(km/l) 이하일 때 교환해 주는 정책이면, 신차의 10% 정도가 보상정책의 대상이 될 것이다.

엑셀에서 표준정규분포에 대한 함수를 다음과 같이 별도로 제공해 준다. 함수명의 중간에 위치한 S는 표준standard의 약자이다. 표준정규분포 자체가 평균 0, 표준편차 1로 정의된 정규분포이므로 함수에서 평균과 표준편차를 기입할 필요는 없다. 하지만 x값 대신 표준화점수인 Z-값이 입력되거나 출력됨을 유의해야 한다.

위의 문제를 표준정규분포의 함수로 다시 풀어 보면 그림 21-4와 같다. 결과는 동일하다. 셀 D16은 셀 D15에서 도출된 Z-값을 원래의 정규분포 N(14, 22)에서의 위치로 전환한 결과이다.

[06.통계적추론.xlsm] 〈Sheet 3〉 참조

	C	D	E	F	G	H	I	J
8								
9		0.0228	셀 D9=NORM.S.DIST((10-14)/2, TRUE)					
10		0.0228	셀 D10=NORM.S.DIST(STANDARDIZE(10,14,2), TRUE)					
11								
12		0.3085	셀 D12=1-NORM.S.DIST((15-14)/ 2, TRUE)					
13		0.3085	셀 D13=1-NORM.S.DIST(STANDARDIZE(15,14,2), TRUE)					
14								
15		-1.28155	셀 D15=NORM.S.INV(10%)					
16		11.4369	셀 D16=(NORM.S.INV(10%))*2+14					

$$\frac{X-\mu}{\sigma} = Z \Rightarrow \frac{X-14}{2}$$

$$X = Z \cdot \sigma + \mu \Rightarrow Z \cdot 2 + 14$$

그림 21-4 표준정규분포

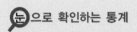 **으로 확인하는 통계**

[C.분포.xlsm] 〈Normal〉 참조

평균(셀 C25)과 표준편차(셀 C28), x값(셀 G25)의 값을 다음과 같이 수정하면서, 도출되는 확률값을 확인하도록 하자. 처음부터 엑셀의 확률분포함수를 개념적으로 이해하는 것은 쉬운 일이 아니다. 시각적으로 어떤 기능을 하는지 파악하도록 하자.

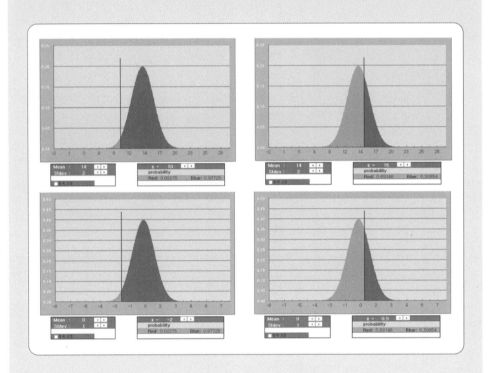

표준정규분포에서 자료들이 나타나는 구간을 계산해 보자. 표준정규분포에서 평균 0을 중심으로 90%, 95%, 99%인 Z-값을 찾아보자. 95%를 예로 들면, 계산의 편의를 위해 (1-95%)을 반으로 나눈 값을 $\alpha/2$로 표시하고 C열에 계산하였다. 셀 C9에서 95%의 경우 2.5%로 산출되었다. 다음으로 함수 NORM.INV( )를 활용하여 -∞로부터의 누적확률이 2.5%인 Z-값과 97.5%인 Z-값을 산출하였다. 각각 -1.960과 +1.960이다. 결과적으로, 표준 정규분포에서 Z-값이 -1.960과 +1.960에 해당하는 확률이 95%가 된다. 표준정규분포에 서 평균 0을 중심으로 90%, 95%, 99%의 면적에 해당하는 Z-값은, 26장에서 신뢰구간 산출에 유용하게 활용되므로 수치에 익숙해지도록 하자.

$$\text{NORM.INV}(2.5\%,\ 0,\ 1)\ =\ -1.960$$
$$\text{NORM.INV}(97.5\%,\ 0,\ 1)\ =\ +1.960$$

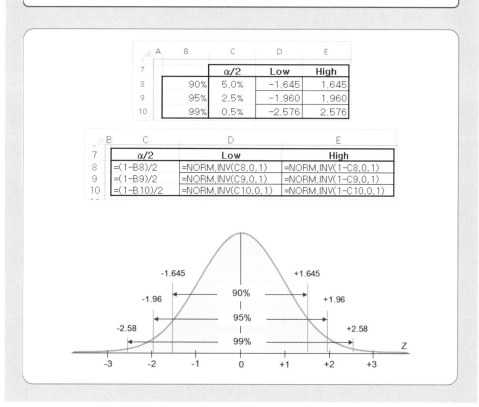

	A	B	C	D	E
7			$\alpha/2$	Low	High
8		90%	5.0%	−1.645	1.645
9		95%	2.5%	−1.960	1.960
10		99%	0.5%	−2.576	2.576

	B	C	D	E
7		$\alpha/2$	Low	High
8		=(1−B8)/2	=NORM.INV(C8,0,1)	=NORM.INV(1−C8,0,1)
9		=(1−B9)/2	=NORM.INV(C9,0,1)	=NORM.INV(1−C9,0,1)
10		=(1−B10)/2	=NORM.INV(C10,0,1)	=NORM.INV(1−C10,0,1)

정규분포와 엑셀함수에 좀더 익숙해질 수 있도록 그래프를 작성해 보자. 우선 표준 정규분포의 그래프를 다음과 같은 절차로 작성해 본다. A열에 정규분포 곡선의 가로축을 형성할 Z-값으로 (-5.0, +5.0) 범위의 연속적인 자료를 만든다. 0.1씩 증가시키기 위해서는 그림 21-5와 같이 3~4개 정도의 자료를 기입하고 채우기핸들fill handle을 드래그하면 손쉽게 만들 수 있다. 엑셀에서 채우기핸들은 선택영역의 우측하단에 표시되는 작은 정사각형으로, 마우스를 위치시키면 십자(+)모양으로 변한다.

[06.통계적추론.xlsm] 〈Sheet 5〉 참조

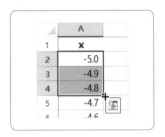

●그림 21-5 채우기핸들

[06.통계적추론.xlsm] 〈Sheet 5〉 참조

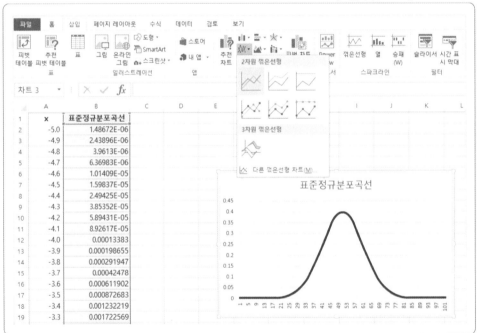

●그림 21-6 표준정규분포 그리기 (1)

B열에는 정규분포 곡선을 만들기 위해 NORM.DIST( )를 이용하였다. 첫 번째 인수에는 A열의 Z-값을 선택한다. 표준정규분포이므로 평균은 0, 표준편차는 1로 기입하였다. 주의할 점은 네 번째 인수인 〈누적확률 여부〉를 FALSE로 지정하였다는 점이다.[13]

(−5.0, +5.0)의 Z-값에 대응하도록 B열 전체에 복사한다. 가령 셀 B2에 기입된 수식은 "＝NORM.DIST(A2, 0, 1, FALSE)"이다. 여기까지의 작업으로 표준정규분포 곡선을 그릴 자료는 완성되었다.

○그림 21-7 표준정규분포 그리기 (2)

	A	B	C	D	E	F	G
1	x	표준정규분포곡선	누적확률영역표시				
2	-5.0	1.48672E-06	1.48672E-06			z-value	-4
3	-4.9	2.43896E-06	2.43896E-06				
4	-4.8	3.9613E-06	3.9613E-06				
5	-4.7	6.36983E-06	6.36983E-06				표준
6	-4.6	1.01409E-05	1.01409E-05				
7	-4.5	1.59837E-05	1.59837E-05		0.45		
8	-4.4	2.49425E-05	2.49425E-05		0.4		
9	-4.3	3.85352E-05	3.85352E-05		0.35		
10	-4.2	5.89431E-05	5.89431E-05				
11	-4.1	8.92617E-05	8.92617E-05		0.3		
12	-4.0	0.00013383	0.00013383		0.25		
13	-3.9	0.000198655					
14	-3.8	0.000291947			0.2		
15	-3.7	0.00042478			0.15		
16	-3.6	0.000611902			0.1		
17	-3.5	0.000872683			0.05		
18	-3.4	0.001232219					

C2 f_x =IF(A2 > $G$2,"",B2)

○그림 21-8 표준정규분포 그리기 (3)

그림 21-6과 같이 범위 "B1:B102"를 선택한 상태에서, [삽입] → [차트]에서 〈꺾은선형〉을 선택한다. 추가로, 가로축을 A열의 값으로 지정해 주면 표준정규분포 곡선이 완성된다. 그래프를 선택한 상태에서, [디자인] → [데이터 선택]을 실행하면 [데이터 원본 선택]이라는 창이 나타난다. 여기서 그림 21-7과 같이 가로축을 설정할 수 있는 〈편집〉을 클릭하고, [축 레이블 범위]에 "=Sheet2!$A$2:$A$102"을 기입하면 된다.

더불어 누적확률의 크기도 이 그래프에 표시해 보도록 하자. 그림 21-8을 참조하여 다음과 같은 절차에 따라 C열을 구성한다. 우선 특정한 Z-값을 셀 G2에 임시 값으로 "-4"를 입력하였다. C열에는 셀 G2에 입력된 "-4"를 중심으로 값이 없거나 B열의 값(확률밀도함수)을 그대로 갖도록 설정한다. 예를 들어, 셀 C2에는 "=IF(A2〉$G$2, "", B2)"이 기입되었다. 여기서 큰 따옴표("")는 빈 셀을 의미한다.[14]

♪그림 21-9 표준정규분포 그리기 (4)

C열에 모두 이와 동일한 설정으로 복사하여 결과를 확인해 보자. 셀 C2~셀 C12의 결과값은 B열의 값과 동일하지만, C13부터는 빈 셀이 만들어질 것이다. 이러한 수식이나 조치가 이해가 어렵다면, 셀 G2에 입력된 "-4"를 변경해 보고 C열의 변화를 확인해 보자.

이제 C열의 자료를 그래프에 추가해 보도록 하자(그림 21-9). 그래프를 선택한 상태에서, [디자인] → [데이터 선택]을 실행하면 [데이터 원본 선택]이라는 창이 나타난다. 여기서 〈추가〉 버튼을 눌러, [계열 편집]에서 그림 21-9처럼 [계열 이름]과 [계열 값]에 C열의 정보를 입력하면 된다.

○그림 21-10 표준정규분포 그리기 (5)

그림 21-10은 C열의 '누적확률영역표시'가 추가된 결과이다. 만약, 가로 축의 내용이 그림과 같지 않다면 〈편집〉을 누르고, [축 레이블]에 "=Sheet2!$A$2:$A$102"를 기입하면 된다.

마지막으로 그래프를 선택한 상태에서, [디자인] → [차트 종류 변경]을 실행하면 그림 21-11과 같은 창이 나타난다. 여기에서 [누적확률영역표시]를 '묶은 세로 막대형'으로 선택하자. 이와 같이 엑셀은 하나의 차트 내에서 각 자료마다 다른 그래프 종류를 적용할 수 있는 강력한 기능을 제공하고 있다. 2장에서 히스토그램을 작성했던 방식과 같이 차트의 [데이터 계열 서식] → [간격 너비]를 0으로 설정하여 막대 간의 간격을 없애면 표준정규분포 곡선이 완성된다. 이제 셀 G2의 값을 변경해 보자.

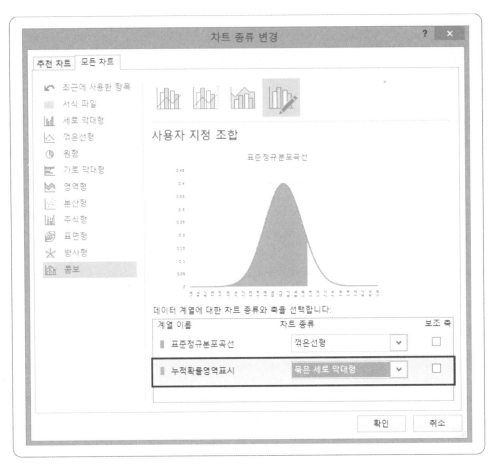

○그림 21-11 표준정규분포 그리기 (6)

🔍📖 알아보기 ┃ 다양한 확률분포와 엑셀함수

이 책에서 다루는 다른 확률분포 t분포, χ^2분포, F분포에 대해서도 간략히 알아보자. 먼저, 엑셀함수명이 확률분포에 따라 ~.DIST( )와 ~.INV( )로 되어있고 산출해 주는 결과값의 논리는 동일하다.

공통적인 인수로 〈누적확률 여부〉가 있는데, 'TRUE'이면 해당 확률분포의 -∞에서 x지점까지 해당하는 누적확률을 결과값으로 계산한다. 〈누적확률 여부〉가 'FALSE'이면 확률밀도함수의 결과값을 계산한다. 이 설명이 어려우면 그림 21-6의 B열을 확인해 보자. 'FALSE'는 확률이 아니라 해당 확률분포의 그래프에 해당한다.

그리고 df, df1, df2와 같은 새로운 인수들은 해당 확률분포의 모양을 결정하는 자유도이다. 정규분포의 모양은 평균과 표준편차가 결정한다. 다른 확률분포는 자유도가 분포의 모양을 결정한다. t분포, χ^2분포는 하나의 자유도가 그 모양을 결정하고, F분포는 두 개의 자유도에 의해 모양이 결정될 뿐이다. [C.분포.xlsm]를 참고하여 자유도의 변화에 따라 각 확률분포의 모양 변화를 눈으로 확인해 보자.

분포	엑셀함수	문법 및 인수
t분포	T.DIST(x, df, 누적확률 여부)	• x: 확률을 구하고자 하는 t−값 • df: t분포의 자유도 • 누적확률 여부: 누적확률 또는 확률밀도
	T.INV(확률, df)	• 확률: 구하고자 하는 확률 • df: t분포의 자유도
χ^2분포	CHISQ.DIST(x, df, 누적확률 여부)	• x: 확률을 구하고자 하는 χ^2−값 • df: χ^2분포의 자유도 • 누적확률 여부: 누적확률 또는 확률밀도
	CHISQ.INV(확률, df)	• 확률: 구하고자 하는 확률 • df: χ^2분포의 자유도
F분포	F.DIST(x, df1, df2, 누적확률 여부)	• x: 확률을 구하고자 하는 F−값 • df1: F분포를 이루는 분자의 자유도 • df2: F분포를 이루는 분모의 자유도 • 누적확률 여부: 누적확률 또는 확률밀도
	F.INV(확률, df1, df2)	• 확률: 구하고자 하는 확률 • df1: F분포를 이루는 분자의 자유도 • df2: F분포를 이루는 분모의 자유도

22
통계학 전공자만 아는
제3의 분포, 표집분포

표본과 모집단을 구분하는 추론통계에서 표본의 분포와 모집단의 분포가 존재하게 된다. 더불어 통계적 추론을 위한 제3의 분포가 있는데, 이것이 표집분포이다. 표집분포는 통계량의 분포이다. 표본분포와 모집단분포가 직접적인 자료의 분포인 데 반해, 표집분포는 자료를 가공한 평균, 분산, 표준편차 등의 통계량이 형성하는 분포이다. 표집분포는 표본의 통계량으로 모집단의 모수를 예측하는 추론통계에서 표본분포와 모집단분포를 이어주는 다리 역할을 한다.

지금까지 기술통계를 적용하여 정보를 획득할 수 있는 대상을 두 가지로 정리하였다. 바로 모집단과 표본이다. 모집단이나 표본을 대상으로 자료를 수집하여 분포distribution를 묘사할 수 있는 평균, 표준편차, 왜도 등을 산출하는 기술통계를 수행할 수 있다. 대상이 모집단이면 모수라고 부르고, 대상이 표본이면 통계량이라고 부른다. 그리고 표본의 정보, 즉 통계량을 이용하여 모집단의 모수를 추정하는 통계적 추론의 개념도 살펴보았다.

여기서 정규분포를 포함한 확률분포들이 어떻게 통계적 추론에 기여하는지 알아보자. 앞에서 언급한 바와 같이 당연히 통계학에서 분포는 표본의 분포sample distribution와 모집단의 분포population distribution가 존재한다. 이와 함께 통계적 추론을 위한 분포가 하나 더 존재하는데, 이것이 표집분포sampling distribution이다.[15] 표집분포는 통계량의 분포이다. 표본분포와 모집단분포가 직접적인 자료의 분포인 데 반해, 표집분포는 자료를 가공한 평균, 분산, 표준편차 등의 통계량이 형성하는 분포이다.

표집분포를 좀더 명확하게 이해하기 위해 표집분포와 관련된 주요 개념을 정리하면 다음과 같다.

첫째, 무수히 많은 표본을 추출한다는 이상적인 가정이다. 대표적인 통계량인 평균을 예로 들어보자. 평균들이 구성하는 분포가 '평균의 표집분포'이다. '다수의 평균들'

이 수집되려면 모집단으로부터 다수의 표본이 추출되어야 한다. 결론적으로 모집단으로부터 표본을 추출하여 평균을 구하는 작업을 무수히 반복하게 되면, 수집된 평균들이 분포를 이루게 된다. 이것을 '평균의 표집분포'라고 한다.

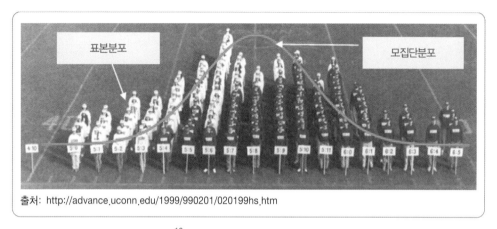
출처: http://advance.uconn.edu/1999/990201/020199hs.htm

⋒그림 22-1 표본분포와 모집단분포[16]

둘째, 각 통계량마다 표집분포가 존재한다. 통계적 추론에서 연구의 대상은 평균뿐만 아니라 분산, 상관계수, 비율 등 어떠한 모수가 될 수도 있다. 모집단의 분산을 추정하고자 한다면 표본을 여러 번 반복적으로 추출하고 각 표본에서 표본분산을 하나씩 산출할 수 있다. 이 작업을 무수히 반복하여 획득한 표본분산들의 분포는 '분산의 표집분포'라고 부를 수 있다.

셋째, 어떤 통계량의 표집분포인가에 따라 그 모양이 다르며 확률분포와 연계되어 있다. 통계학자들의 노력에 힘입어 통계량의 종류에 따라 표집분포가 근사하는 확률분포는 이미 밝혀져 있다. 평균의 표집분포는 정규분포를 따르는데 이를 특별히 '중심극한정리'라고 부른다. 분산의 표집분포는 χ^2분포를 따른다. 최댓값이나 최솟값도 통계량이므로 근사하는 확률분포가 있다. 이에 대한 연구를 극값extreme value연구라고 하는데, 와이블Weibull분포나 검벨Gumbel분포가 많이 활용된다. 그러나 일반인들이 통계를 사용하더라도 표집분포와 확률분포에 대한 관계를 수리적으로 이해할 필요는 많지 않고 적절하게 이용만 하면 된다. 과거에는 통계도서의 뒤편 부록표에 붙은 숫자들 속에서 방황해야 했지만, 요즘은 엑셀 등이 제공하는 함수를 통해 쉽게 접근할 수 있다.

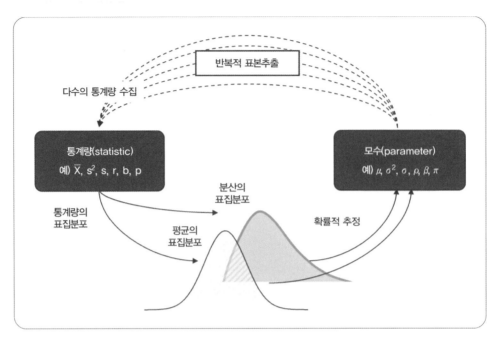

⊙그림 22-2 통계량의 표집분포

넷째, 표집분포의 표준편차를 특별히 표준오차standard error라고 한다. 따라서 표준오차는 표준편차이지만, 모집단이나 표본에 사용하는 용어가 아니다. 표집분포에서 사용하는 용어인 표준오차는 평균의 표준오차, 분산의 표준오차, 왜도의 표준오차, 첨도의 표준오차 등으로 통계량에 따라 각각 존재한다. 왜도와 첨도의 표준오차는 이미 15장에서 살펴보았다.

> 🔍 **더 알아보기** | **세 가지 분포**
>
> 1. 표본분포sample distribution: 모집단에서 추출된 표본의 개별 대상이 구성하는 분포
>
> 2. 모집단분포population distribution: 모집단의 모든 개별 대상이 구성하는 분포
>   표본분포와 비교하여 모집단분포는 두 가지 특징이 있다.
>   첫째, 모집단의 개별 대상을 무한히 측정하다 보면 표본분포보다 부드러운 곡선이 형성되는 이상적인 모양이 된다. 이에 비해 표본분포는 히스토그램에서 막대의 형태로 나타난다.

둘째, 자료 수집을 무한히 수행하게 되는 모집단분포는 양쪽 극단의 값들도 언젠가는 희귀하게 발생하게 되므로 부드럽게 이어진다. 이에 비해 유한한 자료를 수집하는 표본분포는 양쪽 극단이 잘려 나간 형태이다.

3. 표집분포sampling distribution: 주어진 하나의 모집단으로부터 다수의 표본들을 추출하였을 때, 각 표본에서 산출된 통계량들이 구성하는 분포

23

평균의 표집분포를 구명하는 중심극한정리

기술통계량에서 가장 핵심적인 정보로 간주되는 것은 평균이다. 당연히 통계량의 분포인 표집분포에서 최우선 관심은 평균의 표집분포의 형태이다. 평균의 표집분포의 형태는 중심극한정리로 설명될 수 있다. 중심극한정리에 의하면 평균의 표집분포는 충분한 크기의 표본을 추출한다면 정규분포를 따르게 된다. 이 정규분포의 형태를 결정하는 평균과 표준편차는 각각 모평균, 평균의 표준오차이다. 또한 모집단의 정보를 알지 못하는 경우에 정규분포를 대체할 수 있는 확률분포로서 t분포의 의미를 확인한다.

중심극한정리central limit theorem는 이론theory보다 더 강력하게 입증되었다는 의미에서 정리theorem라는 용어를 사용한다. 정리란, 수학적으로 증명된 참인 명제를 뜻한다. 이론은 틀리거나 적용되지 않는 경우가 있지만, 정리는 무조건 옳다라는 의미가 강하다. 그런데 통계학에서 오적용이 가장 많은 개념 중 하나가 중심극한정리일 것이다. 대다수 문헌에서 정규분포의 중요성을 부각시키는 관점에만 집중해서 기술되기 때문이다. 여기서는 표집분포라는 개념에 입각하여 살펴보고자 한다. 중심극한정리는 다음과 같이 요약할 수 있다.

흔히 중심극한정리는 '자료를 많이 수집하면 정규분포를 따르게 된다'라는 식으로 지나치게 단순화하여 유통되고 있다. 이에 따라 야기되는 이슈는 다음과 같다.

첫째 이슈는, 정규분포를 따르는 주어가 헷갈리는 문제이다. 그래서 수집한 자료 자체가 정규분포를 따르게 된다고 오해하는 경우가 많다. 즉 표본분포sample distribution가 정규분포를 따르게 된다고 오해한다. 하지만 중심극한정리에서 정규분포를 따르게 되는 주어는 표집분포sampling distribution이다. 정확하게는 평균의 표집분포이다.

평균의 표집분포를 이해하기 위해서는 그 추출방법을 다음과 같이 머릿속에 그려 볼 필요가 있다. 우리는 모집단에서 10개의 표본을 추출해 평균을 구할 수 있다. 이 추출 활동을 100번 수행한다면 100개의 평균치를 얻을 수 있다. 이 100개의 평균치들이 정규분포를 따르게 된다는 것이다. 여기서 추출횟수인 100은 상징적인 예시이므로 중요한 수치는 아니다. 표집분포는 100이 아니라 무수히 많은 추출을 가정한다. 중심 극한정리는 통계학자들이 많은 시뮬레이션과 수리적 증명으로 밝힌 것으로, 평균의 표집분포가 정규분포를 따르게 된다는 주장이다. 이 예에서 표본 크기인 10은 중요한 수치이니 기억할 필요가 있다. 정규분포의 모양에 영향을 미치기 때문이다.

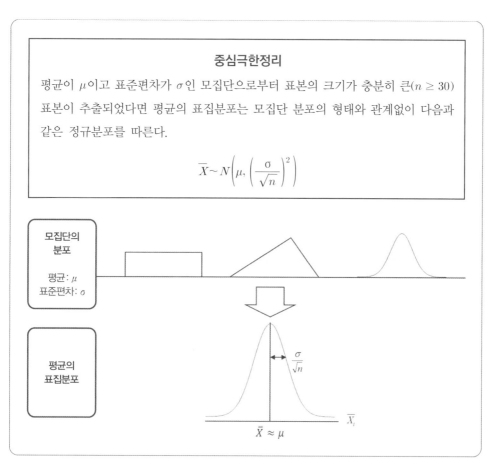

중심극한정리

평균이 μ이고 표준편차가 σ인 모집단으로부터 표본의 크기가 충분히 큰($n \geq 30$) 표본이 추출되었다면 평균의 표집분포는 모집단 분포의 형태와 관계없이 다음과 같은 정규분포를 따른다.

$$\overline{X} \sim N\left(\mu, \left(\frac{\sigma}{\sqrt{n}}\right)^2\right)$$

모집단의 분포

평균: μ
표준편차: σ

평균의 표집분포

$\frac{\sigma}{\sqrt{n}}$

$\overline{\overline{X}} \approx \mu$ $\overline{X}_i$

○그림 23-1 중심극한정리

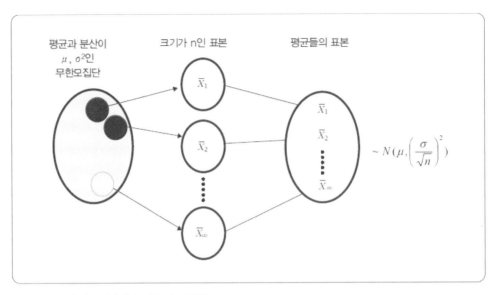

○그림 23-2 중심극한정리와 평균의 표집분포

둘째, '어떤 모양의 정규분포를 따르냐'이다. 무수히 많은 정규분포에서 특정한 정규분포를 정의하려면 두 개의 인자, 즉 평균과 표준편차가 필요하다. 통계학자들은 이를 모집단의 평균과 표준편차로부터 실마리를 찾았다. 평균의 표집분포 평균은 모집단의 평균(μ)과 같고, 표준편차[17]는 모집단의 표준편차를 표본 크기의 제곱근으로 나눈 값($\sigma/\sqrt{n}$)이다. 앞의 예에서 10이 표본의 크기이므로 모집단의 표준편차를 $\sqrt{10}$으로 나누어준 값이다(이 예에서 표본의 크기와 표본추출횟수 100을 종종 헷갈리므로 유의하자).

$\overline{\overline{X}} = \mu$	$s_{\overline{X}} = \dfrac{\sigma}{\sqrt{n}}$
평균들의 평균 = 모십난 평균	평균들의 평균 = 모집단의 표준편차를 표본 크기의 제곱근으로 나눈 값[18]

셋째 이슈는, '자료를 얼마나 많이 수집해야 하느냐'이다. 이 질문의 대상은 표본의 크기이다. 앞의 예에서 표본의 크기가 10이었지만 이를 30 이상으로 표본의 크기를 늘리게 되면, 모집단의 모양과 관계없이 평균의 표집분포는 정규분포를 따른다는 것

이다. 만약 모집단 자체가 정규분포라면 표본의 크기가 작더라도 평균의 표집분포는 정규분포를 따른다고 알려져 있다. 흔히 세 번째와 첫 번째 이슈가 혼합되어서 '자료를 30개 이상 수집하면, 그 자료(표본분포)는 정규분포를 따른다'로 오인하는 일이 흔하다.

🔍 더 알아보기 | 표집분포와 확률분포

고대 그리스인들이 이데아의 삼각형, 사각형을 연구했던 이유는 현실 세계를 해석하고 진리를 탐색하기 위함이었다. 통계학에서도 이데아에 있는 정규분포, χ^2분포, t분포, F분포를 통계학자들이 연구해 두었다. 이제 우리 손 위에 있는 현실 세계의 자료, 표본이 어떤 분포에 적용될 수 있는지, 어떤 분포를 따르는지 연결하는 일이 남았다. 유의할 점은 확률분포와 연계된 분포는 통계량들의 분포인 표집분포라는 것이다. 모집단분포나 표본분포가 아니다. 결과적으로 중심극한정리는 평균의 표집분포에 대한 속성을 정의한 것이다. 그 속성은 다음과 같이 평균의 표집분포를 이데아에 있는 정규분포와 연결시키고 있다. 표본의 크기가 30 이상으로 클 경우, 평균의 표집분포는 모집단의 모양과 관계없이 정규분포를 따른다. 그 정규분포는 평균이 모평균이고, 표준편차는 모집단의 표준편차를 표본 크기의 제곱근으로 나눈 값이다.

중심극한정리의 일반화는 20세기 초, 러시아의 수학자 콜모고로프Andrey N. Kolmogorov[19]에 의해서 증명되었다. 중심극한정리는 우리가 수집한 자료와 정규분포를 연결하는 다리 역할을 한다. 표본의 크기가 충분하다면 다음과 같은 중요한 실용적 의미가 있다. 첫째, 모집단의 분포 모양이 어떠한 형태를 가졌더라도 적용될 수 있는 원리이다. 둘째, 평균의 표집분포는 정규분포를 따르므로 평균에 대한 확률적 예측이 가능해졌다. 우리는 보통 한번 자료를 수집하고, 그 표본을 통해 하나의 평균치를 얻는다. 이 하나의 평균치는 이론적인 정규분포에서 현실 세계로 내려온 하나의 값이다. 원래 이 평균치는 그림 23-3에 그려진 정규분포의 어딘가에 위치해 있었을 것이다. 이 하나의 평균치가 중심극한정리를 통해 모집단의 평균을 추정하는 단서가 된다. 이는 26장에서 신뢰구간confidence interval에 대한 설명으로 자세히 살펴보겠다.

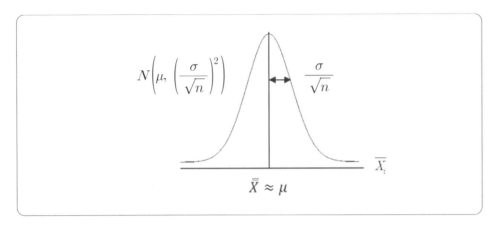

$$N\left(\mu, \left(\frac{\sigma}{\sqrt{n}}\right)^2\right)$$

$$\frac{\sigma}{\sqrt{n}}$$

$$\overline{\overline{X}} \approx \mu$$

$\overline{X}_i$

◑그림 23-3 평균의 표집분포

마지막으로 중심극한정리의 공백을 채우기 위해 탄생한 것이 t분포다. 중심극한정리의 공백은 모집단의 표준편차(σ)를 알아야 하고 표본의 크기가 커야 한다는 것이다. 실제로는 표본이 작거나 모집단의 표준편차(σ)도 알려져 있지 않을 때가 더 많다.[20] 이를 발견하고 해법을 찾고자 노력한 사람이 고셋William S. Gosset이며, 그의 노력으로 창시된 것이 t분포다. 고셋은 아일랜드의 기네스 양조장[21]에서 근무하였다. 여기서 다양한 연구와 실험을 수행하며 그 결과를 학술잡지에 논문으로 투고하였다. 이때 'student'라는 겸손한 필명을 사용하였기 때문에 t분포는 지금도 'Student t분포'로 불린다. 그는 맥주 생산 과정에서 소량의 재료나 온도에 변화를 주어서 나타나는 맥주의 맛과 품질 변화를 연구하면서 t분포를 발견하였다. 실무적인 가설검정에서 정규분포보다는 t분포를 더 많이 활용한다.

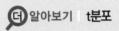알아보기 ▌ t분포　　　　　　　　　　　　　　　☜[C.분포.xlsm] 〈T〉 참조

t분포는 중심극한정리에서 모집단의 표준편차(σ)를 모르는 경우, 표본의 표준편차(s)를 대신 사용할 수 있도록 고안한 새로운 분포이다. 수학적 정의를 엄밀히 적용하자면, t분포는 정규분포인 모집단에서 표본이 추출되었다고 가정하고 있다. 하지만 후속 연구들에서 모집단이 정규분포에서 상당히 벗어난 많은 경우에도 t분포를 적용할 수 있다고 증명되었다. t분포는 표준정규분포와 유사하지만, 자유도에 의해 모양이 변하게 된다.

t분포의 자유도는 표본의 크기(n)에서 1을 뺀 값이다. t분포의 특징을 정리하면 다음과 같다.

중심극한정리: $\overline{X} \sim N\left(\mu, \left(\frac{\sigma}{\sqrt{n}}\right)^2\right) \Rightarrow \dfrac{\overline{X}-\mu}{\dfrac{\sigma}{\sqrt{n}}} = Z \sim N(0, 2^2)$

고셋의 t분포: $\dfrac{\overline{X}-\mu}{\dfrac{s}{\sqrt{n}}} = t_{n-1}$

1) 표준정규분포와 t분포는 0을 기준으로 좌우대칭인 분포이다.

2) t분포는 표준정규분포보다 분산이 크다.

3) 표준정규분포는 1개 존재하지만, t분포는 자유도에 따라 무수히 많은 분포가 존재한다.

4) t분포는 표본의 크기(자유도)가 클수록 표준정규분포에 근사하게 된다.

5) 정규분포와 비교하면, t분포의 첨도가 크다. 시각적으로 정규분포가 더욱 뾰족해 보이지만 꼬리 부분의 비율도 종합적으로 판단해야 한다. 수리적으로, 모든 정규분포의 첨도는 0이지만 대부분 t분포의 첨도는 0보다 크다.

표본의 크기가 120 이상이면, 일반적으로 표준정규분포와 t분포의 차이가 없다고 본다. 예제자료 〈C.분포.xlsm〉 〈T〉에서 시뮬레이션하기 바란다.

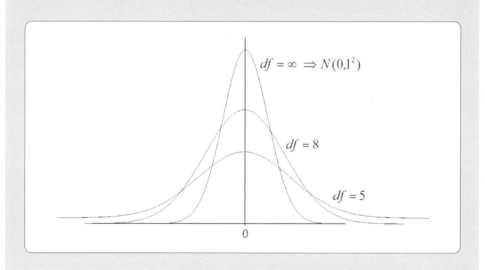

한편 중심극한정리에서 표본의 평균들에 대한 표준편차, 즉 평균의 표집분포의 표준편차가 $\sigma/\sqrt{n}$으로 중요하게 등장하였다. 이는 표집분포의 표준편차이므로 표준오차 standard error의 일종이다. 평균에 대한 것이므로 평균의 표준오차standard error of the mean라고 부른다. 평균의 표준오차는 모표준편차(σ)를 포함하고 있어서 실제로는 얻기 힘들기 때문에 t분포는 표본의 표준편차(s)를 사용하여 $s/\sqrt{n}$를 활용한다. 요컨대 $\sigma/\sqrt{n}$ 대신에 $s/\sqrt{n}$를 활용한다. 이러한 관계를 정리하면 표 23-1과 같다.

○표 23-1 평균의 표준오차와 추정량

$\sigma/\sqrt{n}$	평균의 표준오차	$\bar{X}$가 속한 정규분포
$s/\sqrt{n}$	평균의 표준오차에 대한 추정량	자유도 (n-1)인 t분포 적용

중심극한정리에 대한 설명을 마무리하면서, 중심극한정리와 관련된 혼란을 비교적 쉽게 헤쳐나가는 방법은 모집단분포, 표본분포, 표집분포를 구분하는 것이다. 그리고 중심극한정리가 평균의 표집분포를 대상으로 하는 주장임을 주지할 필요가 있다. 우리가 하나의 표본분포로부터 얻은 평균 5.7이 있다고 가정하자. 이 5.7이라는 수치는 모집단으로부터 동일한 방법으로 추출된 무수한 표본분포에서 얻은 평균들 중의 하나이다. 중심극한정리는 통계량 중에 평균만을 대상으로 한다. 하지만 중심극한정리의 표집분포와 확률분포의 관계와 개념은 모든 통계량에 적용될 수 있으며, 각각의 통계량마다 연계된 확률분포는 통계학자들이 이미 발견해 놓았다. 요컨대 기술통계에서 배웠던 표본의 통계량들이 우리 손에 쥐어지기 전에 소속되어 있던 세계가 있었다. 그 세계가 표집분포이다.

24
중심극한정리 증명하기

표본의 수를 늘릴수록 자료 자체의 분포가 정규분포를 따른다는 기대는, 중심극한정리에 대한 대표적인 오해이다. 중심극한정리가 평균의 표집분포를 대상으로 한다는 점과 표준오차에 대한 개념을 잘못 이해한 결과이다. 중심극한정리에 대한 개념을 명확하게 확인할 수 있도록 엑셀을 활용하여 주사위 눈을 모집단으로 직접 증명해 본다. 또한 정규분포와 t분포의 차이점과 t분포의 적용영역을 엑셀을 통해 재확인한다.

주사위를 사례로 중심극한정리를 증명해 보자. 수식으로 증명하는 방법도 있지만 되도록 직관적으로 이해할 수 있는 시뮬레이션을 엑셀을 활용하여 직접 만들어보자. 우선 그림 24-1과 같이 모집단 분포를 범위 B3:B8에 입력하였다. 주사위의 눈이 발생할 수 있는 눈의 범위는 1~6이며, 발생확률도 동일하기 때문에 모집단을 이렇게 구현하였다. 그리고 셀 B10에는 모집단의 평균(μ)과 셀 B11에는 모집단의 분산(σ^2)을, 엑셀함수 AVERAGE( )와 VAR.P( )를 사용하여 계산하였다.

다음으로 주사위를 두 번 던져서 나올 수 있는 결과를 D열과 E열에 나열하였다. 주사위를 두 번 던지는 행위는 모집단에서 표본 크기를 2로 표본 자료를 추출하는 것과 동일하다. D와 E열에 모든 가능한 36가지의 표본이 나열되어 있다(그림 24-2). '모든 가능한 36가지의 표본'은 표집분포가 무수한 표본추출을 가정한 것을 구현한 것이다. 36개의 표본들에서 각 평균을 계산한 결과는 G열이다. 따라서 G열은 '평균의 표집분포'이다. 즉 36개의 평균치로 구성된 '평균의 표집분포'가 G열에 만들어진 것이다.

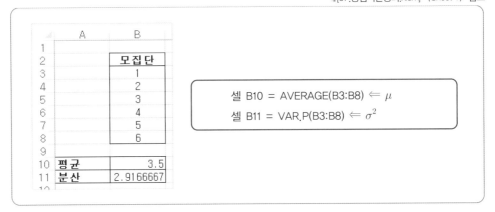

○그림 24-1 중심극한정리 증명 (1)

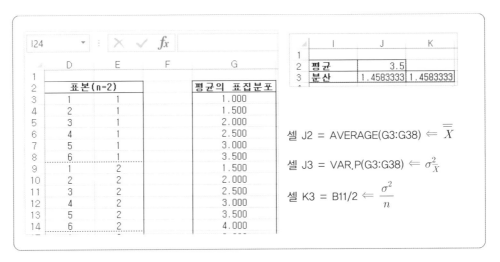

○그림 24-2 중심극한정리 증명 (2)

　　이제 평균의 표집분포, G열의 자료에 대한 평균과 분산을 산출해 보자. 셀 J2에 평균을, 셀 J3에 분산을 산출하였다. 그 결과 셀 B10과 셀 J2가 동일한 값, 3.5임을 확인할 수 있다. 모집단의 평균(셀 B10)과 평균의 표집분포 평균(셀 J2)은 동일하다. 하지만 분산은 셀 B11과 셀 J3가 각각의 값이 2.92과 1.46으로 서로 다름을 알 수 있다. 하지만 셀 B11을 표본의 크기인 2로 나누어 산출한 셀 K3의 값이 '평균의 표집분포'의 분산과 동일함을 확인할 수 있다.

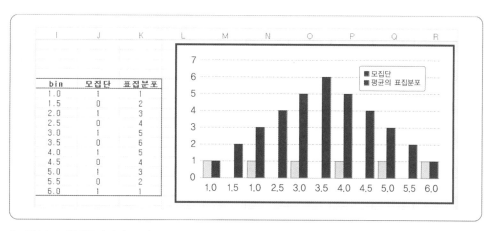

◑ 그림 24-3 중심극한정리 증명 (3)

그림 24-3은 모집단 분포와 평균의 표집분포를 히스토그램으로 작성한 것이다. 모집단 분포는 6개의 주사위 눈이 동일하게 나타났다. 이에 비하여 평균의 표집분포는 삼각형 모양으로 변해서 정규분포에 한층 가까워졌음을 확인할 수 있다.

🔍눈으로 확인하는 통계 　　　　　　　　　　　　　　 ✕₁[07.중심극한정리.xlsm] 〈CLT〉 참조

실제 주사위의 눈 1~6의 모집단분포에서 무작위로 추출한 표본으로 그려진 차트이다. 표본의 크기는 네 가지(5, 10, 30, 50)를 사용하여 시뮬레이션하였다.

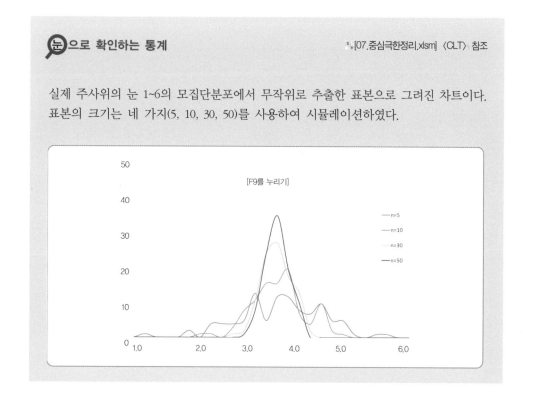

표본은 모두 500개를 추출하였다. 500개도 많은 수이긴 하지만, 이상적인 평균의 표집분포는 500개보다 무수히 많은 표본 수를 전제로 한다. 따라서 곡선이 매끄럽지 못하고 굴곡이 다소 심하게 나타났다. 그러나 여기서 확인할 점은 표본의 크기(n)가 증가할수록 정규분포의 모양을 점차 따르게 되는 현상이다. 'F9'를 눌러 확인해 보자.

🔍 더 알아보기 | 정규분포와 t분포

중심극한정리와 관련된 정규분포와 t분포를 정리하는 차원에서 다음 문제를 풀어보도록 한다.

1. SH카드사의 고객들이 사용하는 월별 결제액은 정규분포를 따른다고 한다. 고객 1인당 월평균 결제액은 200만 원, 표준편차는 30만 원이다. 월 190만 원 이하로 결제하는 고객은 몇 %인가?

2. SH카드사의 고객 1인당 월평균 결제액은 200만 원, 표준편차는 30만 원이라고 한다. 35명의 고객을 무작위로 추출하여 조사한 월 결제액 평균이 190만 원 이하일 확률은 얼마인가?

3. SH카드사의 고객 1인당 월평균 결제액은 200만 원. 35명의 고객을 무작위로 추출하여 조사한 월 결제액 평균이 190만 원 이하일 확률은 얼마인가? 단, 표본 35명에 대한 결제액의 표준편차는 28만 원으로 나타났다.

문제를 해결하기 위해 적용할 분포를 결정하는 것이 핵심이다. 1번 문제는 이론적인 정규분포상의 확률을 구하는 문제이다. 2번 문제는 35명 표본의 평균에 관한 질문이므로 중심극한정리를 적용해야 한다. 3번 문제는 2번 문제와 달리 모표준편차에 대한 정보가 없기 때문에 표본표준편차를 대용하는 t분포를 적용한다. 문제의 해답은 예제파일 [07.중심극한정리.xlsm]에서 〈Sheet 2〉를 참고하기 바란다.

t분포와 관련된 엑셀함수는 모두 다섯 가지이다. 다른 확률분포를 지원하는 함수들과 마찬가지로 T.DIST( ), T.INV( )가 가장 기본적인 함수이다. 굳이 다섯 함수를 모두 통달할 필요는 없다. 이 두 가지 함수만 알아도 통계분석에는 문제가 없다. NORM.DIST( )와 NORM.INV( )를 각각 비교하면 다음과 같다.

T.DIST( )는 -∞에서 첫 번째로 입력된 인수인 t까지의 누적확률을 구할 때 주로 사용한다. 두 번째 인수로 자유도를 입력하는 이유는, 여러 가지 t분포 중에서 확률을 산출할 t분포를 규명하기 위함이다. t분포는 자유도에 의해 결정되며, 이와 비교하여 정규분포를 규명하려면 평균과 표준편차가 필요하므로 NORM.DIST( )에는 이 두 인수가 포함되어 있다. 마지막 인수는 주로 그래프를 작성할 때 사용할 확률밀도를 구할 것(FALSE)인지, 누적확률을 구할 것인지(TRUE)를 결정하는 역할을 한다.

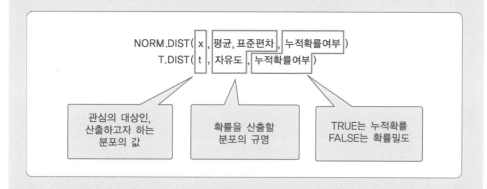

T.INV( )는 산출하고자 하는 확률에 해당되는 t-값을 산출하는 함수이다. 산출하고자 하는 확률을 첫 번째 인수로 기입하고, 두 번째 인수로 자유도를 입력하여 산출 대상이 될 t분포를 규명해 준다.

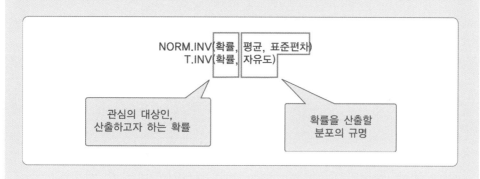

다음 그림은 예제자료 [C.분포.xlsm] 〈T〉에서 자유도 10,000인 t분포와 표준정규분포를 비교할 수 있도록 작성하였다. t-값이 (-∞, 1.96)의 범위의 확률은 0.9750으로 나타났다. 이 범위는 t분포의 좌측부터 1.96까지 음영으로 표시되어 있다. 셀 M33의 수식을 확인해 보면, 이 확률은 T.DIST(1.96, 10000, TRUE)로 산출되었다. 만약 역함수 T.INV(0.9750, 10000)으로 t-값을 구하면 약 1.96을 도출할 수 있다.

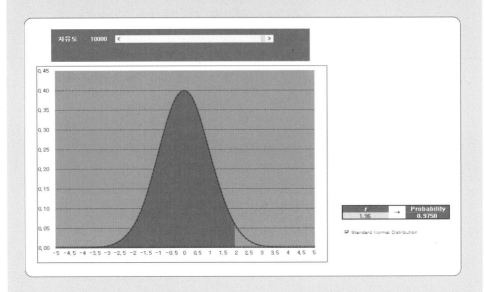

추가로 지원되는 세 가지 함수를 비교하면 [07.중심극한정리.xlsm]의 〈Sheet3〉과 같다. 먼저, T.DIST.RT( )가 있는데 이 함수의 이름 RT는 우측꼬리right tail를 의미한다. T.DIST( )가 좌측 끝(-∞)부터 확률을 구한다면, T.DIST.RT( )는 우측 끝(+∞)부터 확률을 산출한다. 결과적으로 동일한 t-값에 대해서 T.DIST( )와 T.DIST.RT( )의 합은 항상 1이 될 것이다. 예를 들면 다음과 같다.

> 셀 F2 = T.DIST(1.96, 10000, TRUE) → 0.9750
> 셀 F3 = T.DIST.RT(1.96, 10000) → 0.0250

한편 T.DIST.2T( )의 2T는 양쪽꼬리two-tail를 의미한다. 입력된 t-값으로부터, ±의 양쪽꼬리부분의 확률을 산출한다. 이런 점에서 첫 번째 인수로 음수의 t를 받아들이지 않으니 유의하자(셀 C4 참조). 셀 F4와 같이, 자유도 10,000인 t분포에서 ±1.96으로부터 양쪽꼬리부분까지의 확률을 각각 합하면 0.05가 도출된다. 향후, 양측검정의 유의확률(p-값)을 산출할 때 편리하게 활용될 수 있다.

> 셀 F4 = T.DIST.2T(1.96, 10000) → 0.0500

T.INV.2T( )는 있지만 T.INV.RT( )는 지원되지 않는다. 셀 B7에 0.05를 입력하고 산출된 값을 확인해 보자. 평균 0을 중심으로 좌우의 확률이 95%를 이루는 지점의 t-값을 산출해 준다. T.INV.2T( )는 유의수준(α)에 해당하는 t-값, 즉 임계값critical value을 산출하거나 신뢰구간에서 $t_{\alpha/2}$를 구할 때 편리하게 활용할 수 있다.

	A	B	C	D	E	F	G	H
1		t			t			
2		-1.96	0.0250		1.96	0.9750		=T.DIST(t,10000,TRUE)
3			0.9750			0.0250		=T.DIST.RT(t,10000)
4			#NUM!			0.0500		=T.DIST.2T(t,10000)
5								
6		확률			확률			
7		0.025	-1.960		0.975	1.960		=T.INV(확률,10000)
8			2.242			0.031		=T.INV.2T(확률,10000)
9			0.031			2.242		=T.INV.2T(1-확률,10000)

25
표본비율의 표집분포

평균에 이어 일상생활에서 가장 많이 접하는 통계정보는 비율이다. 불량률, 만족률, 목표도달률 등이 이에 해당하고 대중매체를 통해서 보고되는 여론조사도 비율을 주로 다룬다. 원래 비율은 이항분포를 따르지만 일정 조건을 만족하면 정규분포에 근사한다고 알려져 있다. 따라서 비율에 대한 평균과 표준오차를 이용하여 표집분포를 파악할 수 있다.

표집분포의 표준편차를 표준오차standard error라고 한다. 우리가 수집한 표본 자료를 대상으로 표준편차를 산출하지만, 표본을 가공해서 나온 평균, 분산, 왜도와 같은 통계량의 표준편차는 표준오차라고 한다. 예를 들어 평균의 표집분포를 대상으로 하는 중심극한정리에서 평균의 표준오차standard error of the mean, $\sigma/\sqrt{n}$를 확인하였다. 각 통계량이 구성하는 표집분포마다 표준오차는 모두 존재할 수 있다. 비율, 분산, 왜도, 첨도, 상관계수, 회귀계수 등에도 표준오차가 존재한다. 여기서는 비율에 대한 표집분포와 표준오차의 활용을 살펴보고자 한다.

비록 중심극한정리와 같은 거창한 이론적 배경은 없지만, 평균과 함께 일상생활에서 많이 접하는 통계량은 비율이다. 불량률, 만족률, 목표도달률 등이 이에 해당하고, 수집된 표본에서 구하는 비율은 다음과 같이 표현할 수 있다. 분모의 시행횟수는 전체 자료 수를 의미하기도 한다. '동전을 10번 던져서 앞이 나온 횟수'나 '동전 10개를 던져서 앞이 나온 동전 수'는 같은 실험을 의미한다.

$$\text{표본비율} = \frac{\text{관심사건의 발생횟수}}{\text{시행횟수}} = \frac{x}{n}$$

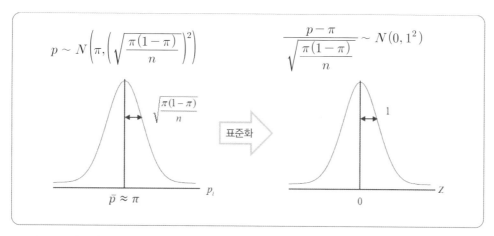

♠그림 25-1 비율의 표집분포

모집단으로부터 반복하여 표본을 추출하고, 그 표본들로부터 산출한 비율(p)들이 형성하는 표집분포를 상정할 수 있다. 비율(p)의 표집분포도 평균과 표준오차를 가지게 된다. 표본의 크기가 충분히 크면 비율(p)의 표집분포는 정규분포에 근사normal approximation한다고 알려져 있다. 여기서 표본이 충분히 크다는 의미는, '$np \geq 5$'와 '$n(1-p) \geq 5$'를 모두 만족할 때이다.[22] 정규분포에 근사하면 비율(p)의 표집분포에서 산출된 평균, 즉 평균비율($\bar{p}$)은 모비율(π)과 같아진다. 표집분포의 비율들에 대한 표준오차는 $\sqrt{\pi(1-\pi)/n}$이다.

이러한 평균과 표준편차를 가진 정규분포를 따르므로 그림 25-1처럼 나타낼 수 있다. 또한 표본의 비율(p)과 모비율(π)의 차이를 표준오차로 나누면 표준정규분포를 따르게 된다. 그림 25-1 우측의 표준정규분포와 같이, 표본의 비율(p)과 모비율(π)의 차이를 표준오차로 나누는 계산은 18장에서 살펴본 표준화와 동일하기 때문이다.

이러한 과정에서 모수를 추정하는 방법에 힌트를 얻을 수 있다. 우리가 가진 표본비율과 미지의 모비율이 얼마나 차이가 나는지 정규분포를 통해 확률적으로 가늠할 수 있다는 것이다. 이것은 중심극한정리의 표본평균에 대해서도 마찬가지로 적용된다. 오차sampling error는 모수와 그 모수를 추정하는 통계량의 차를 말한다. 이 비율의 사례에서는 $(p-\pi)$가 오차이다. 이 오차를 표준오차로 나누어주면, 해당하는 확률분포(평균과 비율은 정규분포를 따름)에 근거하여 오차의 크기를 평가할 수 있다.

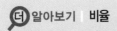

표본비율에 대한 다음 문제를 풀어보자.

1. K전자의 반도체 관련 부품의 불량률은 2%라고 한다. 고객사와 함께 500개의 표본을 대상으로 불량률을 재조사하려고 한다. 1% 이하의 불량률로 재조사에 합격할 확률은 얼마인가?

2. K전자의 반도체 세척제는 A약품에 대한 B약품의 비중을 60%로 혼합하여 사용하고 있다. 세척제 표본 100개를 대상으로 이 혼합비율이 준수되고 있는지 확인하려고 한다. 표본의 혼합비율이 55~65%로 나타날 확률은 얼마인가?

비율의 자료에 대하여 정규분포를 적용하기 위해서 '$np \geq 5$'와 '$n(1-p) \geq 5$'를 만족해야 한다. 상기의 두 문제는 이 조건을 충족하므로 정규분포를 활용하여 확률을 구할 수 있다. 적용하여야 하는 정규분포를 규명하는 데 필요한 정보는, 평균과 표준편차이다. 이는 그림 25-1을 참조하여 산출할 수 있다. 문제의 해답은 예제파일 [07.중심극한정리.xlsm]에서 〈Sheet 4〉를 참고하기 바란다.

26
모수를 포함하는, 신뢰구간

추론통계에서 모수를 추정하는 전통적인 방법은 신뢰구간과 신뢰수준을 제시하는 것이다. 모수가 포함될 것으로 예상되는 구간을 신뢰구간이라고 하고, 신뢰구간에 모수가 포함될 확률을 신뢰수준이라고 한다. 신뢰구간과 신뢰수준은 앞서 살펴본 확률분포를 기반으로 도출된다. 근래의 통계적 가설검정은 이 개념을 유의확률(p-값)과 유의수준으로 변형하여 적용하고 있다.

다음 기사는 우리가 흔하게 접할 수 있는 여론조사 결과를 보고하는 내용이다. 전통적으로 표본의 크기와 신뢰수준, 허용오차를 보고하게 되어 있다. 하지만 이에 대한 의미를 정확하게 파악하는 국민은 많지 않은 것 같다. 만약 "33.5%는 26.7%보다 높다고 하였지만, 왜 26.7%는 25.4%보다 높다고 보고하지 않는가?"라는 핵심 이슈를 설명할 수 있다면, 이 기사의 통계적 의미를 어느 정도는 정확하게 파악하고 있는 것이다.

한국일보가 미디어리서치에 의뢰, 23일 전국 성인남녀 1,000명을 상대로 실시한 전화여론조사 결과 민주당과 통합21의 단일후보로 나서는 민주당 노무현 후보는 46.6% 대 37.4%로 한나라당 이회창 후보를 이길 수 있는 것으로 나타났다.

중략

또 노 후보와 국민통합21 정몽준 후보가 모두 나서는 것을 전제로 한 다자대결 구도에서는 이회창 후보가 33.5%를 얻어 26.7%의 노 후보와 25.4%의 정 후보를 모두 제쳤다. 이번 조사의 오차한계는 95% 신뢰수준에서 ±3.1%포인트이다.

출처: http://www.polinews.co.kr/mobile/section_view.html?no=3317

%와 %p(%point)를 구분하여 사용하자. 은행의 금리가 5%에서 8%로 올랐다면 3%p가 인상된 것이다. 이를 %로 표현하면 (8-5)/5=60%가 인상된 것이다. 3%p와 60%는 대단히 큰 차이로 인식될 수 있다. %p는 절대적인 값의 변화를 나타내고, %는 변화량을 백분율로 나타낸 것이다. 수치를 호도할 수 있는 대표적인 척도이므로 주의할 필요가 있다. 실업률이 10%에서 5% 감소하였다면 실업률이 9.5%가 되었다는 뜻이다. 만약 5%p가 감소하였다면, 실업률은 5%가 된다. 이러한 차이 때문에 여론조사 발표에서 오차한계는 %p로 발표하는 것이 올바른 표현이다.

먼저 표준정규분포에서 자료들이 나타나는 구간을 확인해 보자. 21장의 〈더 알아보기: 정규분포의 역함수〉에서 살펴본 바와 같이, 표준정규분포에서 평균 0을 중심으로 90%, 95%, 99%인 Z-값은 그림 26-1과 같다. 이 그림을 평균이 μ이고 표준편차가 σ인 일반적인 정규분포에 적용해 보자. 그림 26-2와 같이 표준화공식을 역으로 이용하여 전환하면 된다.

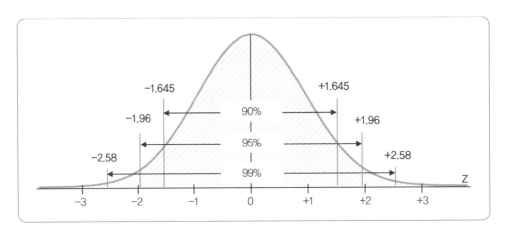

🔾 그림 26-1 표준정규분포의 90%, 95%, 99%

우선 그림 26-1의 가로축에 Z-값, -3, -2, -1, 0, +1, +2, +3을 각각 전환해 보면 이해가 더 쉽다. 그리고 표준정규분포에서 95%에 해당한 1.96을 '1.96×1'로 해석해 보자.

여기서 '1'은 표준정규분포의 표준편차이다. 일반적인 정규분포에서는 이 1의 자리에, 해당하는 표준편차 σ가 대신 곱해지는 것이다. 더불어 모든 정규분포의 공통적 특징인 평균으로부터 표준편차의 배수에 해당하는 확률이 동일하다는 점도 상기해 보자. 정규분포의 이러한 특징을 수식으로 일반화하면 다음과 같다. 표준정규분포에서 산출하였던 Z-값, 1.645, 1.96, 2.58을 $Z_{\alpha/2}$로 일반화한 수식이다. '$\alpha/2$'에서 α는 각각 (1-90%), (1-95%), (1-99%)를 의미한다. 지금은 정규분포의 가운데 부분을 중심으로(평균을 중심으로) 90%, 95%, 99%에 해당하는 위치를 산출하기 때문에, '$\alpha/2$'를 정규분포의 좌우양측에 배치한 것이다.[23]

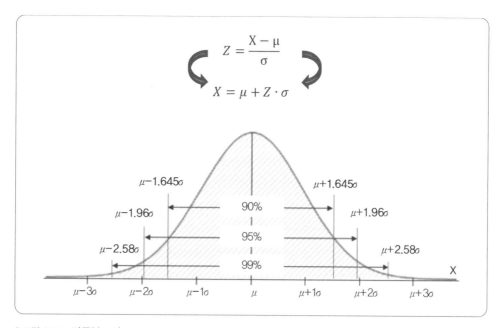

⋒그림 26-2 정규분포의 90%, 95%, 99%

$$\mu - Z_{\alpha/2} \cdot \sigma \le x_i \le \mu + Z_{\alpha/2} \cdot \sigma$$

90%	$\mu - 1.645 \cdot \sigma \le x_i \le \mu + 1.645 \cdot \sigma$
95%	$\mu - 1.96 \cdot \sigma \le x_i \le \mu + 1.96 \cdot \sigma$
99%	$\mu - 2.58 \cdot \sigma \le x_i \le \mu + 2.58 \cdot \sigma$

이상은 정규분포를 대상으로 개별 자료의 확률구간을 산출해 본 것이다. 이제 여기에 중심극한정리를 적용해 보자. 중심극한정리에 따르면 평균의 표집분포가 정규분포를 따른다. 우리가 보통 손에 쥘 수 있는 하나의 표본에서 도출한 평균은, 이 표집분포에 소속된 값이다. 그렇다면 우리가 손에 쥔 평균이 존재할 수 있는 95%의 구간은 어떻게 구할 수 있을까? 위의 일반화된 수식을 그림 26-3과 같이 약간 변경하면 된다.

먼저 표준편차를 평균의 표준오차로 변경하였다. 다음으로 X라는 자료 자체가 아니라, 평균의 표집분포는 평균들($\overline{X_i}$)로 이루어진 분포이므로, 수식 구간의 중앙을 평균($\overline{X}$)으로 변경하였다.

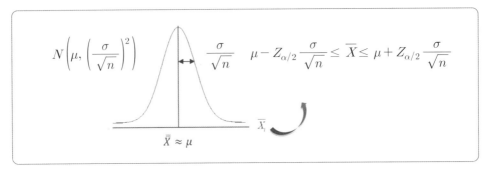

○그림 26-3 표본평균의 표집분포에서 확률구간

그러나 이미 손에 쥔 표본의 평균이 위치하는 영역을 확률적으로 파악하는 것은 실무적인 궁금증이 아니다. 우리의 많은 관심사는 모집단을 파악하는 것이다. 여기에서도 모집단의 평균이 실제로 어디에 위치할 것인지 파악해 보자. 그림 26-3의 수식에서 평균($\overline{X}$)을 이동하여 모평균(μ)을 가운데에 위치시키면 다음과 같은 수식이된다.

$$\overline{X} - Z_{\alpha/2} \cdot \frac{\sigma}{\sqrt{n}} \leq \mu \leq \overline{X} + Z_{\alpha/2} \cdot \frac{\sigma}{\sqrt{n}}$$

이 수식을 활용한다면, 우리가 수집한 표본평균($\overline{X}$)으로 모집단의 평균이 위치한 범위를 확률적으로 추정할 수 있다. 하지만 아직도 모집단의 평균 위치를 추정하기 위해, 모집단의 정보를 알아야 하는 모순이 있다. 수식에 모집단의 표준편차(σ)가 포함되어 있기 때문이다. 23장에서 살펴본 바와 같이, 이 문제는 정규분포가 아니라 t분포를 적용하면 해결할 수 있다. t분포를 활용하여 다음과 같은 식으로 변환할 수 있다.[24] 결과적으로 모집단에 대한 정보가 없어도, 표본의 정보만을 활용하여 모집단의 평균 위치를 추정할 수 있게 되었다.

$$\overline{X} - t_{(n-1, \alpha/2)} \cdot \frac{s}{\sqrt{n}} \leq \mu \leq \overline{X} + t_{(n-1, \alpha/2)} \cdot \frac{s}{\sqrt{n}}$$

요컨대 우리는 표본만 충실히 수집하면 표본의 평균과 표준편차를 이용하여 모평균이 존재할 만한 구간을 예측할 수 있다. 모평균에 대한 신뢰구간은 중심극한정리를 배경으로, 모집단분포와 표본분포의 형태에 대한 제약이 없기 때문에 아주 강력한 추정도구이다. 한편 모평균 외의 다른 모수에 대한 신뢰구간을 구할 때는 적용되는 확률분포가 달라진다. 예컨대 모분산의 신뢰구간 추정은 χ^2분포를 적용한다.

그런데 표본의 통계량으로 모수를 추정할 때는 보통 확률구간으로 추정한다. 하나의 값으로 모수를 추정하면 항상 오차sampling error가 발생할 뿐만 아니라, 그 오차에 대한 정보가 없기 때문에 의사결정에 어려움이 따른다. 표본평균 50이라는 수치로 모평균이 50이라고 주장한다면, 실제 모평균이 50보다 높을 확률과 낮을 확률이 반반이라는 모호한 정보밖에는 없다. 하지만 모수가 포함될 수 있는 구간을 제시한다면 확률적인 정확도를 파악할 수 있으므로 더욱 실용적이다.[25]

구간추정은 신뢰구간confidence interval과 신뢰수준confidence level으로 구성된다. 모수가 포함될 것으로 예상되는 구간을 신뢰구간이라고 한다. 모수가 신뢰구간에 포함될 확률을 신뢰수준이라고 한다. 신뢰수준을 유의수준significance level으로도 표현할 수 있다. 유의수준은 0.05, 0.01을 주로 사용하며 α 또는 오차율error rate이라고 부르기도 한다. 유의수준이 0.05라면 신뢰수준은 95%이다. 둘의 합은 항상 1이지만 유의수준은 소수형식으로, 신뢰수준은 %로 표현한다. 따라서 신뢰수준은 95%, 99%가 주로 사용된다. 용어가 다소 혼란스럽지만 표 26-1처럼 정리할 수 있다. 주의할 점은, '신뢰수준 0.05'와 같은 표현은 삼가는 것이 좋다.

⊙표 26-1 유의수준, 신뢰수준, 신뢰구간

유의수준(significance level) 오차율(error rate)	α	신뢰구간이 모수를 포함하지 않을 확률
신뢰수준(confidence level)	100(1−α)%	신뢰구간에 모수가 포함될 확률
	신뢰수준 + 유의수준 = 1	

🔍 더 알아보기 ┃ 오차한계

신뢰구간과 관련된 용어들을 좀더 정리할 필요가 있다. 오차한계margin of error란 추정통계량으로부터 신뢰구간의 하한이나 상한까지의 거리이므로 신뢰구간의 크기를 의미한다. 추정통계량과 모수의 차이가 더 이상 발생하지 않는 한계를 의미하므로 최대허용오차, 오차범위, 정확도라고도 부른다. 오차한계는 임계값critical value과 표준오차의 곱으로 계산된다. 임계값과 표준오차는 해당하는 통계량이 따르는 확률분포에서 산출된다. 임계값은 신뢰수준에 대응하는 확률분포의 값이다.

평균의 경우, 모평균을 추정하기 위한 통계량을 기준으로 ±오차한계가 신뢰구간이다. 앞서 90%, 95%, 99%에 대응하는 임계값($Z_{\alpha/2}$)을 1.645, 1.96, 2.58로 산출해 보았다. 모평균을 추정할 때는 Z-값이지만, 적용되는 확률분포에 따라서 t-값, χ^2-값이 올 수도 있다.

$$\overline{X} - Z_{\alpha/2}\frac{\sigma}{\sqrt{n}} \leq \mu \leq \overline{X} + Z_{\alpha/2}\frac{\sigma}{\sqrt{n}}$$

임계치　표준오차

추정통계량

오차한계

이제 신뢰구간에 대한 개념 이해를 바탕으로 여론조사 결과를 설명해 보자. 여론조사 결과에서는 항상 오차한계를 제시함으로써 신뢰구간을 알려준다. 이 장을 시작하면서 소개한 기사 내용을 보면, ±3.1%포인트가 95% 신뢰수준에서 오차한계로 제시되어 있다.[26] 따라서 1,000명으로부터 얻은 이회창 후보의 지지율은 표본비율로서 33.5%이지만, 모집단의 비율은 30.4~36.6%에 존재한다. 또한 이 주장은 95% 신뢰수준을 갖는다.

노무현 후보의 26.7%는 표본비율이며, 이에 기반하여 예측할 수 있는 모집단의 지지율은 23.6~29.8%에 95% 신뢰수준으로 존재한다는 의미이다. 두 신뢰구간이 겹치지 않기 때문에 이회창 후보 33.5%가 노무현 후보 26.7%보다 높다고 주장할 수 있는 것이다(95% 신뢰수준에서).

동일한 관점에서 노무현 후보의 26.7%와 정몽준 후보의 25.4%는 높고 낮음을 판단할 수 없다(95% 신뢰수준에서). 왜냐하면 신뢰구간을 구하면 두 후보의 신뢰구간이 겹쳐 있기 때문이다. 비록 표본비율은 노무현 후보가 1.3% 높지만, 모집단을 조사하였을 경우에 실제의 모비율은 역전될 수도 있다.

이와 관련하여 아래의 기사도 읽어보자. '오차범위 내에서 앞선다'라는 표현은 신뢰수준을 무시하는 표현이다. 표본의 비율로 모집단 비율을 예측하는 통계학의 논리에 적합하지 않기 때문에 투고자의 주장은 타당하다고 볼 수 있다.[27]

[중앙일보를 읽고…] '오차범위 내 앞선다'고 써도 되나

[중앙일보] 입력 2005.05.21. 17:10 / 수정 2006.01.30. 17:20

22일자 1면에 실린 '6.5 재·보선 중앙일보 여론조사' 기사를 읽고 이견이 있어 몇 자 적는다. 기사에선 '중앙일보가 19, 20일 이틀간 실시한 여론조사에 따르면 부산에서는 열린우리당 오거돈 전 부산시장 권한대행이 34%로 한나라당 허남식 전 부산시 정무부시장(28%)을 오차범위 내에서 앞섰다. 경남에서는 한나라당 김태호 전 거창 군수가 26%로 열린우리당 장인태 전 경남지사 권한대행(21%)을 오차범위 내에서 근소하게 앞섰다'고 돼 있다.

오차범위 이내라 함은 통계적으로 발생할 수 있는 오차의 범위에 속한다는 뜻으로 함부로 그 선후를 예단할 수 없다고 알고 있다. 그런데 오차범위 내라고 밝히면서 누가 누구를 앞선다느니, 근소하게 앞선다느니 하는 표현을 쓸 수 있는 것일까. 굳이 기사를 써야 한다면 '오차범위 내에서 두 후보 간 각축 혹은 경합' 식으로 선후를 예측하기 어렵다는 해석을 내리는 것이 바람직하다고 생각한다.

출처: http://news.joins.com/article/342087

모 정치인이 새로운 정책에 대한 국민의 지지율을 조사하고자 계획을 세우고 있다고 가정하자. 신중하게 접근하기 위해서 조사결과의 오차한계를 ±3.1%p 이내로 미리 설정하였다. 최소한 몇 명에게 설문조사를 실시해야 이 오차한계를 충족시킬 수 있을까? 단, 신뢰수준은 95%를 적용한다.

지지율이므로 25장에서 살펴본 표본비율의 특성을 적용해 보자. 국민을 대상으로 표본크기가 충분히 큰 조사이므로 지지율은 정규분포를 가정할 수 있다. 임계값과 표준오차를 적용한 오차한계는 아래의 수식으로 표현된다. 정규분포에서 95% 신뢰수준에 해당하는 임계값은 약 1.96이다. 표준오차의 모비율(π)은 0.5를 적용하였다. 모비율이 0.5일 때 $\pi(1-\pi)$가 최댓값을 갖기 때문이다([08.신뢰구간.xlsm] ⟨extreme_sim⟩ 참조). 이와 같이 모비율에 대한 정보가 전혀 없는 경우 일반적으로 0.5를 적용하여 보수적인 의사결정을 하게 된다.

$$\pm 3.1\% = \pm Z_{\alpha/2} \cdot \sqrt{\frac{\pi(1-\pi)}{n}}$$

수식을 표본크기(n)을 중심으로 정리하면 다음과 같다. 결과값은 약 999.38이므로, 오차한계를 ±3.1%p 이내로 확보하려면 최소한 1,000명의 설문자료가 필요하겠다. 만약 1,000명보다 더 많은 자료를 수집한다면 오차한계를 더 줄일 수 있다. 이처럼 사전에 조사를 준비하는 입장에서 오차한계는 조사결과의 정확도와 밀접한 관련이 있으며, 표본의 크기를 계획하는 데 기준이 된다.

$$n = \left(\frac{1.96 \cdot \sqrt{0.5(1-0.5)}}{3.1\%} \right)^2$$

27
신뢰구간
산출하기

신뢰수준과 신뢰구간을 통해 모수를 추정하는 전통적 추론통계 방식을 엑셀을 활용하여 산출해 본다. 중심극한정리에서 살펴본 정규분포 또는 t분포를 적용하여 모평균을 추정하는 예제와 모비율을 추정하는 예제를 풀어보면서 신뢰구간의 개념을 확립한다.

앞서 살펴본 평균과 비율에 대한 신뢰구간을 산출해 보자. 다음 세 문제를 풀면서 24장의 〈더 알아보기: 정규분포와 t분포〉의 내용도 같이 참고하기 바란다.

🔍더 알아보기 | 신뢰구간

[08.신뢰구간.xlsm] 〈Sheet 1〉 참조

1. SH카드사의 고객들이 사용하는 월별 결제액은 정규분포를 따르고, 표준편차는 30만 원이라고 한다. 35명의 고객을 무작위로 추출하여 조사한 월 결제액 평균이 190만 원이었다. 모집단의 평균에 대한 95% 신뢰구간을 구하시오.

2. SH카드사의 고객들이 사용하는 월별 결제액 수준을 알아보고자 한다. 35명의 고객을 무작위로 추출하여 조사한 월 결제액 평균이 190만 원, 표준편차는 30만 원으로 나타났다. 모집단의 평균에 대한 95% 신뢰구간을 구하시오.

3. SH카드사는 400명의 고객을 무작위로 추출하여 만족도 조사를 실시한 결과, 35명이 서비스 불만으로 카드 해지를 고려 중이었다. SH카드사의 고객 중 카드를 해지할 의사를 가진 고객 비율에 대한 95% 신뢰구간을 구하시오.

1번 문제는 모표준편차 30만 원을 알고 있고, 30명 이상의 표본에서 평균 190만 원을 도출한 것이다. 그림 27-1과 같이 중심극한정리를 적용하여 정규분포를 활용하여야 한다.

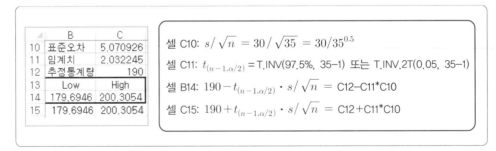

	B	C
2	표준오차	5.070926
3	임계치	1.959964
4	추정통계량	190
5	Low	High
6	180.0612	199.9388
7	180.0612	199.9388

셀 C2: $\sigma/\sqrt{n} = 30/\sqrt{35} = 30/35^{0.5}$

셀 C3: $Z_{\alpha/2} =$ NORM.INV(97.5%, 0, 1)

셀 B6: $190 - Z_{\alpha/2} \cdot \sigma/\sqrt{n} =$ C4−C3*C2

셀 C6: $190 + Z_{\alpha/2} \cdot \sigma/\sqrt{n} =$ C4+C3*C2

🔗그림 27-1 신뢰구간 산출 (1)

한편 오차한계를 계산하는 엑셀함수가 정규분포를 대상으로 CONFIDENCE.NORM( ) 이 있다. 이를 활용한 셀 B7과 셀 B6, 셀 C7과 셀 C6의 신뢰구간이 동일한 결과임을 알 수 있다. 이 함수의 문법은 CONFIDENCE.NORM(α, 모표준편차, 표본크기)로 오차한계 를 산출한다.

셀 B7	190 − CONFIDENCE.NORM(0.05, 30, 35)
셀 C7	190 + CONFIDENCE.NORM(0.05, 30, 35)

2번 문제는 모표준편차를 모르므로, 표본의 평균과 표준편차를 적용하는 t분포를 활용하여야 한다.

	B	C
10	표준오차	5.070926
11	임계치	2.032245
12	추정통계량	190
13	Low	High
14	179.6946	200.3054
15	179.6946	200.3054

셀 C10: $s/\sqrt{n} = 30/\sqrt{35} = 30/35^{0.5}$

셀 C11: $t_{(n-1,\alpha/2)} =$ T.INV(97.5%, 35−1) 또는 T.INV.2T(0.05, 35−1)

셀 B14: $190 - t_{(n-1,\alpha/2)} \cdot s/\sqrt{n} =$ C12−C11*C10

셀 C15: $190 + t_{(n-1,\alpha/2)} \cdot s/\sqrt{n} =$ C12+C11*C10

🔗그림 27-2 신뢰구간 산출 (2)

그리고 오차한계를 계산하는 엑셀함수가 t분포를 대상으로 CONFIDENCE.T( )가 있다. 이를 활용한 셀 B15와 셀 B14, 셀 C15와 셀 C14의 신뢰구간이 동일한 결과임을 알 수 있다. 이 함수의 문법은 CONFIDENCE.T(α, 표본의 표준편차, 표본크기)로 오차한계를 산출한다.

셀 B15	190 − CONFIDENCE.T(0.05, 30, 35)
셀 C15	190 + CONFIDENCE.T(0.05, 30, 35)

엑셀에서 제공하는 신뢰구간의 허용오차를 산출하는 두 개의 함수와 문법을 비교하면 다음과 같다.

정규분포	CONFIDENCE.NORM(α, 모표준편차, 표본크기)
t분포	CONFIDENCE.T(α, 표본표준편차, 표본크기)

3번 문제는 표본비율 35/400를 기초하여 모비율에 대한 신뢰구간 추정 문제이다.[28]

	B	C
19	표준오차	0.014128
20	임계치	1.959964
21	추정통계량	0.0875
22	Low	High
23	0.059809	0.115191

셀 C19: $\sqrt{p(1-p)/n}$ = ((C21*(1−C21))/400)$^{0.5}$

셀 C20: $Z_{\alpha/2}$ = NORM.INV(97.5%, 0, 1)

셀 C21: p = 35/400

셀 B23: $35/400 - Z_{\alpha/2} \cdot \sqrt{p(1-p)/n}$ = C21−C20*C19

셀 C23: $35/400 + Z_{\alpha/2} \cdot \sqrt{p(1-p)/n}$ = C21+C20*C19

♠그림 27-3 신뢰구간 산출 (3)

SPSS를 활용하여 그림 27-4와 같이 다음 메뉴에서 신뢰구간을 도출할 수 있다.

[분석] → [기술통계량] → [데이터 탐색]

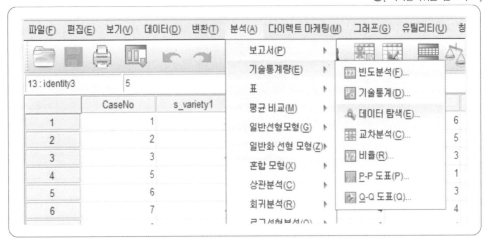

○그림 27-4 SPSS, 데이터 탐색

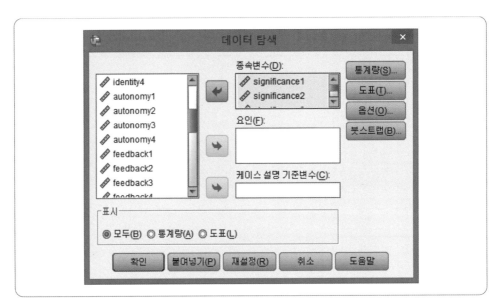

○그림 27-5 SPSS, 데이터 탐색 창

데이터 탐색 창에서 '직무중요성' 4개 문항 significance1~significance4를 분석대상으로 선택하여 신뢰구간을 구해보자. [데이터 탐색]에서 분석하고자 하는 4개 변수를 선택하고 〈확인〉을 클릭한다. 그림 27-6처럼 기술통계량과 함께 변수의 신뢰구간을 구할 수 있다. SPSS의 분석은 4개 문항 significance1~significance4를 동시에 분석하였지만, 설명은 'significance1'에 집중하고자 한다. 나머지 변수들도 산출되는 과정은 동일하다.

기술통계

			통계량	표준오차
significance1	평균		4.59	.089
	평균의 95% 신뢰구간	하한	4.41	
		상한	4.76	
	5% 절삭평균		4.60	
	중위수		5.00	
	분산		1.807	
	표준편차		1.344	
	최소값		2	
	최대값		7	
	범위		5	
	사분위수 범위		2	
	왜도		-.279	.160
	첨도		-.656	.320

그림 27-6 SPSS, 데이터 탐색 분석결과(significance1)

변수 'significance1'의 95% 신뢰구간은 (4.41, 4.76)임을 알 수 있다. 이때 적용한 표준오차는 .089이다. 이 자료는 직무특성이론과 직무성과에 관한 설문(부록C 참조)을 실시하여 230명으로부터 수집한 표본이다. 즉 우리가 손에 쥔 것은 표본분포이다. 그리고 모집단분포에 대한 정보는 알 수가 없다.

따라서 정규분포가 아닌 t분포를 적용하여야 한다. 이와 같이 실무적인 분석에서 정규분포를 사용하는 예는 일반적이지 않다. 그림 27-7에서 엑셀함수 CONFIDENCE.T( )를 활용하여 오차한계를 산출하고, SPSS의 결과와 동일함을 확인하자.

※[08.신뢰구간.xlsm] 〈Sheet 2〉 참조

	G	H	I	J	K	L	M
1		significance1	significance2	significance3	significance4		significance1
2	평균	4.587	5.326	5.322	5.239		=AVERAGE(B2:B231)
3	표준편차	1.344	0.963	0.985	0.971		=STDEV.S(B2:B231)
4	표본크기	230	230	230	230		=COUNT(B2:B231)
5	표준오차	0.089	0.064	0.065	0.064		=H3/H4^0.5
6							
7	오차한계	0.175	0.125	0.128	0.126		=CONFIDENCE.T(0.05,H3,H4)
8	CI하한	4.412	5.201	5.194	5.113		=H2-H7
9	CI상한	4.762	5.451	5.450	5.365		=H2+H7

↷그림 27-7 엑셀, 신뢰구간 분석 결과

평균	셀 H2	=AVERAGE(B2:B231)
표준편차	셀 H3	=STDEV.S(B2:B231)
표본크기	셀 H4	=COUNT(B2:B231)
표준오차	셀 H5	=H3/H4^0.5
오차한계	셀 H7	=CONFIDENCE.T(0.05, H3, H4)
신뢰구간 하한	셀 H8	=H2-H7
신뢰구간 상한	셀 H9	=H2+H7

🔍눈으로 확인하는 통계

※[08.신뢰구간.xlsm] 〈CI〉 참조

95% 신뢰수준의 신뢰구간이란, 그 사이에 모평균이 존재할 확률이 95%가 아니다! 난해한 개념을 좀더 쉽게 전달하려는 고육지책으로 이해되어 굳이 틀린 말이라고 비판하기 힘들지만, 모평균이 구간 내에 존재할 확률이 95%가 아니다. 표집분포는 다수의 표본이 모여서 형성된 분포이다. 좀더 정확한 표현으로는, 그 표본들의 통계량이 이루는 분포이다.

이러한 관점에서 신뢰구간도 그 표본들로부터 도출된 다수의 신뢰구간들이 존재하게 된다. 이 다수의 신뢰구간들 중에 95%가 모수를 포함하리라는 것이, 95% 신뢰수준의 신뢰구간에 대한 정확한 의미이다. 다만 우리는 손에 쥔 표본 말고는 모집단에서 다른 표본들을 추출하는 일이 거의 없기 때문에, 손에 쥔 표본으로부터 도출한 신뢰구간이 그 95%에 속하는 하나의 신뢰구간이라고 보는 것이다.

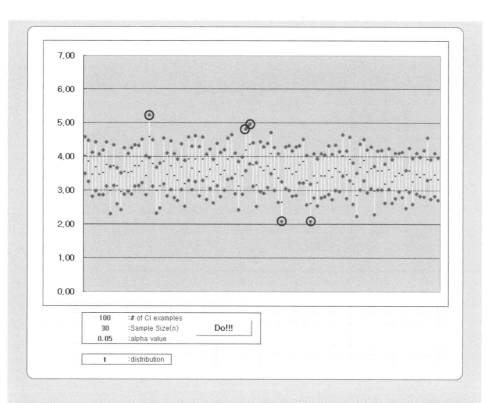

그림은 주사위의 눈 1~6을 모집단으로, 다수의 표본을 추출하고 각각의 95% 신뢰수준을 산출한 시뮬레이션 결과이다. 표본의 크기는 30으로 총 100개의 표본을 추출하였으며, 이에 대한 신뢰구간도 100개이다. 100개의 신뢰구간 중 약 5%가 모평균 3.5를 포함하지 못하고 있다. 현실에서 우리가 손에 쥐는 표본과 그를 통해 추출한 신뢰구간은 이 중에 하나라는 의미이다. 물론 통계학적인 개념은 100개가 아니라 무수히 많은 표본을 가정하고 있다.

이 시뮬레이션을 통해 다음을 확인해 보자.

- 표본의 크기에 따라 신뢰구간이 변화하는 모습을 관찰해 보자.

- 신뢰수준의 크기에 따라 신뢰구간이 변화하는 모습을 관찰해 보자.

- 정규분포와 t분포를 적용했을 때, 신뢰구간이 변화하는 모습을 관찰해 보자.

28
신뢰구간의 확대·적용으로
신의 경지에…

모집단을 설명하고 예측하는 연구문제는 모수에 대한 가설로 표현된다. 모수가 특정한 값보다 큰지 작은지, 집단 간의 모수가 차이가 있는지 없는지 등이 대표적인 연구가설의 예이다. 이러한 연구가설은 신뢰구간이 특정한 값을 포함하는지, 집단별 신뢰구간이 겹치는지 등으로 해석이 가능하다. 특히 신뢰구간을 이용하면 수집된 표본의 정보만으로도 모수에 대한 확률적 추정이 가능하기 때문에 결과적으로 신뢰구간을 효율적으로 적용하여 어떤 연구가설도 통계적인 검정이 가능하다.

표본의 통계량으로 모수의 위치를 추정할 수 있는 신뢰구간의 개념을 살펴보았다. 이러한 신뢰구간의 기능을 확대하여 적용하면, 일반적인 질문에도 통계적인 추정이 가능하다.

먼저 일반적인 질문이나 연구의 주제는 그 대상이 대부분은 모수라는 점을 주지하도록 하자. 실무적인 입장에서도 궁극적으로 알고자 하는 대상은 모집단 정보이다. 표본의 정보를 통해, 우리 회사 전체의 '직무정체성'이 3.7점인지, 타 회사와 차이가 나는지, 남녀사원에 따라 다른지 등을 파악하는 것이 목적이다. 단지 실무에서는 '모집단'이라는 표현을 즐겨 사용하지 않을 뿐이다.

'직무정체성'에 대한 4번째 항목(부록C 참조), '나는 어떤 일의 한 부분만을 처리하는 경우가 많다'를 대상으로 다음과 같은 의견이 있었다. 세 가지 의문에 통계적인 추정을 활용하여 답변하는 방법이 없을까?

1. 작년에 실시한 동일한 문항에 대한 평균은 3.7점이었다. 이번에 실시한 설문 결과, 이 문항에 대한 인식수준이 작년의 평균 3.7점으로부터 변화가 생겼을 것이다.

2. 작년에 실시한 동일한 문항에 대한 평균은 3.5점이었다. 이번에 실시한 설문 결과, 이 문항에 대한 인식수준이 작년의 평균 3.5점으로부터 변화가 생겼을 것이다.

3. 이 문항에 대한 인식수준이 남성과 여성의 평균이 다를 것이다.

SPSS에서 문항 '나는 어떤 일의 한 부분만을 처리하는 경우가 많다'에 해당하는 변수 'identity4'를 대상으로 다음과 같이 분석해 보자. [데이터 탐색] 메뉴에서 'identity4'를 선택하고 〈확인〉을 클릭한다.

> [분석] → [기술통계량] → [데이터 탐색]

[12.다중회귀분석_JCT.sav]

기술통계

			통계량	표준오차
identity4	평균		3.45	.066
	평균의 95% 신뢰구간	하한	3.32	
		상한	3.58	
	5% 절삭평균		3.45	
	중위수		4.00	
	분산		1.009	
	표준편차		1.004	
	최소값		1	
	최대값		6	
	범위		5	
	사분위수 범위		1	
	왜도		-.037	.160
	첨도		-.446	.320

그림 28-1 SPSS, 데이터 탐색 분석결과(identity4)

분석 결과, 그림 28-1과 같이 'identity4'의 95% 신뢰구간은 (3.32, 3.58)이다. 모집단을 대상으로 자료를 수집한다면 모평균이 존재할 범위이다. 1번 질문에서 제시한 평균값 3.7은 이 범위에 포함되지 않았지만, 2번 질문의 평균값 3.5는 포함되어 있다. 이를 그림 28-2과 같이 표현할 수 있다. 현재 표본의 크기 230에서 산출된 표본평균은 3.45점이지만, 모집단을 모두 자료 수집한다면 평균은 3.5점은 될 수 있어도 3.7점이 될 수는 없다(95% 신뢰수준에서). 결과적으로 작년의 평균이 3.5점이었다면 설문 점수에 변화가 있었다고 주장하기 힘들지만, 작년 평균이 3.7점이었다면 변화가 발생하여 설문 점수가 낮아졌다고 주장할 수 있다. 누가 이 주장에 대하여 "진짜? really?"라고 묻는다면, 95% 신뢰수준이라는 의사결정의 기준을 제시하면 될 것이다.

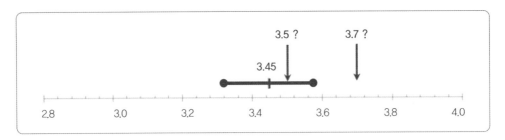

ᴑ그림 28-2 작년 평균값과 신뢰구간

ᴑ그림 28-3 SPSS, 성별에 따른 데이터 탐색

1, 2번의 질문에 특정한 수치(예에서 3.5, 3.7)와 수집한 자료의 신뢰구간을 비교하여 해결하였다. 이와 달리 3번 질문은 수집한 자료가 두 개인 경우이다. 이 질문 또한 성별에 따라 각각의 신뢰구간을 산출하면 유사한 논리로 검정할 수 있다. 여기에서는 SPSS의 기능을 활용하여 성별에 따른 신뢰구간을 도출해 보자. [데이터 탐색] 메뉴에

서 그림 28-3과 같이 [요인]에 'gender'를 추가로 선택해 주고 〈확인〉을 클릭한다.

기술통계

gender			통계량	표준오차
identity4	1	평균	3.26	.090
		평균의 95% 신뢰구간　하한	3.08	
		상한	3.44	
		5% 절삭평균	3.24	
		중위수	3.00	
		분산	.965	
		표준편차	.982	
		최소값	1	
		최대값	6	
		범위	5	
		사분위수 범위	1	
		왜도	.219	.223
		첨도	-.520	.442
	2	평균	3.65	.092
		평균의 95% 신뢰구간　하한	3.47	
		상한	3.83	
		5% 절삭평균	3.67	
		중위수	4.00	
		분산	.877	
		표준편차	.936	
		최소값	1	
		최대값	6	
		범위	5	
		사분위수 범위	1	
		왜도	-.339	.238
		첨도	-.060	.472

○그림 28-4 SPSS, 성별에 따른 데이터 탐색, 분석결과

그림 28-4는 분석결과이다. 남성(gender=1)의 신뢰구간은 (3.08, 3.44)이고, 여성 (gender=2)의 신뢰구간은 (3.47, 3.83)으로 나타났다. 두 신뢰구간이 겹치지 않기 때문에, 모집단을 대상으로 분석하여도 이 문항의 평균은 남성보다 여성이 높을 것이다.[29]

이 판단의 기준도 95% 신뢰수준이다. 이를 그림 28-5처럼 간단히 표현할 수 있다. 이러한 결과 해석은 26장의 〈더 알아보기: 오차한계〉에서 언급된 예와 유사하다.

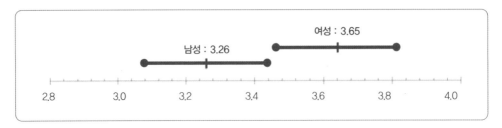

♩그림 28-5 성별에 따른 신뢰구간

🔍 **더 알아보기** │ **3/10과 30/100은 같지만 다른 수**   📊 [08.신뢰구간.xlsm] 〈1proportion〉 참조

3/10과 30/100은 일반 수학에서는 같은 수이다. 하지만 모비율을 추정하기 위한 표본의 비율이라면 이야기는 달라진다. 앞서 학습한 비율에 대한 95% 신뢰구간을 구하면 다음과 같다. 3/10의 신뢰구간은 30/100보다 더 넓다.

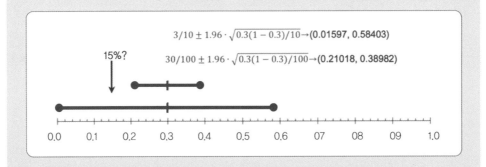

$$3/10 \pm 1.96 \cdot \sqrt{0.3(1-0.3)/10} \rightarrow (0.01597, 0.58403)$$

$$30/100 \pm 1.96 \cdot \sqrt{0.3(1-0.3)/100} \rightarrow (0.21018, 0.38982)$$

이러한 차이는 수식을 배제하더라도 직관적으로 이해할 수 있다. 자료 10개를 대상으로 산출한 30%와 자료 100개를 대상으로 산출한 30% 중에서 어느 것을 더 믿을 수 있는가? 적은 자료 수에서 얻은 30%는 추가적인 자료를 수집하면서 달라질 가능성이 높다. 그래서 우리는 자료 수가 적을수록 그 평균값을 쉽게 참값이라고 믿지 않는다. 자료 수가 큰 경우에는 상대적으로 반대의 방향으로 의사결정을 하게 된다. 이러한 일상적인 직관을 수리적으로 표현한 것이 신뢰구간이라고 할 수 있다. 이와 같이 동일한 평균인 30%라는 수치에 대해서도 다르게 보는 것이 통계학의 묘미이다.

구체적으로 이 수치가 실업률에 대한 자료였다면, 선진국 기준 15%와 차이가 있는지 물어보는 질문에 답변이 달라지게 된다. 3/10은 신뢰구간 내에 15%가 포함되므로 차이가 있다고 할 수 없고, 30/100은 선진국 실업률 15%보다 더 높은 수치라고 할 수 있다. 이 판단의 기준도 95% 신뢰수준이다.

SPSS에서 비율검정에 대한 상세한 결과를 제공하지 않기 때문에 불편하다. 엑셀을 활용하여 Newcombe(1998)가 제안한 방법으로 산출하였다. 앞서 설명된 방법은 정규근사법 normal approximation의 95%신뢰구간과 동일함을 확인할 수 있다. 정확한 방법exact method에 대한 보다 자세한 설명은 Brown, Cai & DasGupta(2001)와 Newcombe(1998)를 참고하기 바란다.

| number of events | 3 |
| number of trials | 10 |

| confidence level | 95% |

Confidence Interval	
Exact Method	
Lower Limit	Upper Limit
0.06674	0.65245

Normal Approximation	
Lower Limit	Upper Limit
0.01597	0.58403

| number of events | 30 |
| number of trials | 100 |

| confidence level | 95% |

Confidence Interval	
Exact Method	
Lower Limit	Upper Limit
0.21241	0.39981

Normal Approximation	
Lower Limit	Upper Limit
0.21018	0.38982

어느 공장에 작업화를 새로 구매하려고 한다. 작업화를 구매할 회사로 N사와 F사가 선정되었다. 최종 구매는 작업화 마모도에 대한 사전검사를 통해 결정하기로 하였다. N사와 F사로부터 각각 30켤레씩의 작업화를 사전검사용으로 지원받았다. 지금부터 한 달간 공장의 직원들에게 이 작업화를 착용하고 업무에 임하도록 할 계획이다. 이 사전검사에 참여할 공장의 직원들은 무작위로 선발하기로 하였다. 한 달 후의 마모도를 측정하면 좀더 좋은 작업화를 선정할 수 있을 것이다.

하지만 문제는 직원들마다 일상적인 이동거리나 다니는 노면의 형태가 다르다는 것이다. 이런 조건은 작업화의 마모도에도 영향을 미치기 때문에 사전검사에서 해결해야 할 숙제이다. 검사방법을 어떻게 설계하면 이 문제를 해결할 수 있을까?

창의적인 대안으로, 직원 한 사람에게 N사와 F사의 작업화를 오른발과 왼발에 각각 착용하도록 설계할 수 있다. 직원이 좌우에 어떤 회사의 신발을 착용할 것인지는 무작위로 결정한다.

	E2	▼ : × ✓ fx	=B2-C2	
	A	B	C	D	E
1		N사	F사		difference
2		4.4	6.6		-2.2
3		5.5	5.2		0.3
4		6.3	7.0		-0.7
5		6.9	7.7		-0.8
6		5.7	6.4		-0.7
7		5.6	5.5		0.1
8		3.4	3.8		-0.4

N사와 F사의 작업화 마모도의 차이도 창의적으로 해결할 수 있다. 사전검사를 마친 자료를 B열과 C열에 각각 30개의 자료를 입력하였다. 유의할 사항은, 이 자료는 각 행이 자료의 원천으로서 의미를 지닌다. 즉 2행의 4.4와 6.6이라는 자료는 한 명의 직원으로부터 수집된 자료라는 점이다. B열과 C열의 자료는 서로 짝pair을 이루고 있어 독립적이지 않다. E열은 각 행에 B열과 C열의 차이를 구하였다. 새로 생성된 E열의 자료를 이용하면 N사와 F사의 작업화 마모도의 차이를 신뢰구간으로 검정할 수 있다. 만약 두 회사의 작업화 마모도에 차이가 없다면, 다음 수식과 같이 E열의 신뢰구간은 0을 포함하게 될 것이다.

> N사의 마모도 − F사의 마모도 = 차이(E열) = 0

따라서 새로 생성된 E열의 자료에 대한 95% 신뢰구간을 G열과 H열에 도출하였다. 신뢰구간의 오차한계를 CONFIDENCE.T( )를 활용하여 셀 H4에 산출하였다. 오차한계를 표본의 평균(셀 H2)을 중심으로 더하고 빼주어서 산출된 신뢰구간은 (-0.8945, -0.0855)이다. 이 신뢰구간은 0을 포함하지 않는다. 그러므로 두 회사의 작업화 마모도 차이의 모수가 0이 아니라는 의미이다(95% 신뢰수준에서). 다시 말해 두 회사의 작업화 마모도는 차이가 있다. 게다가 음수의 방향이므로 N사 제품의 마모도가 작아서 더 우수하다고 판단할 수 있다.

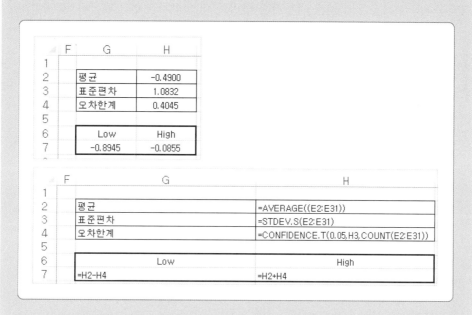

이 사례의 신뢰구간은 두 자료의 차이를 창의적으로 이용하였다. 이러한 접근이 가능한 이유는 자료의 값이 행별로 짝을 이루고, 행이 자료의 원천이라는 의미가 있었기 때문이다. 이러한 자료를 대응표본matched sample 또는 쌍대표본paired sample이라고도 부른다. 새로운 학습방법이나 생산기술 등을 도입할 때, 적용 전과 후의 성과를 비교하는 연구에서 자주 사용되는 방법이다. 이것은 앞서 성별에 따른 '직무정체성'의 신뢰구간을 구했던 문제와 구분하여야 한다. 성별에 따른 인식수준의 자료는 서로 독립적인 원천에서 수집되었으므로 독립표본independent sample이라고 부른다.

일상적 이슈	통계적 가설검정
– 수집된 자료의 평균이 3.7이라고 할 수 있는가?	일표본 t검정
– 수집된 자료의 평균이 3.5라고 할 수 있는가?	일표본 t검정
– 남성(3.26)과 여성(3.65)이 다른 의견을 가지고 있는가?	독립표본 t검정
– 실업률이 15%보다 높은가?	일비율 검정
– N사와 F사의 작업화 마모도는 차이가 있는가?	대응표본 t검정

이상과 같이 일상적인 이슈를 신뢰구간을 통해 통계적인 의사결정을 할 수 있다. 앞서 살펴본 문제들을 통계적 가설검정 방법과 연결하면 표 28-1과 같다. 통계적 가설 검정 방법은 신뢰구간이 아니라 검정통계량과 유의확률이라는 좀더 세련된 방법을 사용하지만, 검정통계량과 유의확률은 신뢰구간의 변형이라고 이해해도 좋다. 여기 서는 통계적 가설검정 방법의 배후에 신뢰구간의 논리가 있다는 점을 기억하기 바란다.

29
신뢰구간의 진화, 유의확률

신뢰구간에 의한 의사결정은 구간 내에 포함되었느냐, 포함되지 않았느냐를 따지는 이분법적인 접근방식이다. 근래에는 아예 신뢰구간을 벗어난 정도를 나타내는 유의확률(p-값)을 이용하여 더욱 정밀하게 가설검정을 수행하고 있다. 이에 따라 신뢰수준을 대체하여 유의수준이라는 용어가 일반적으로 사용되고 있다.

신뢰구간을 활용한 통계적 의사결정의 방법과 의미를 알아보았다. 그런데 신뢰구간에 의한 의사결정은 구간 내에 포함되었느냐, 포함되지 않았느냐를 따지는 이분법적인 접근방식이다. 95% 신뢰구간 밖에 존재하는 5%를 더 정밀하게 탐색할 필요가 있다. 즉, '신뢰구간 밖이다'라고 결론짓는 것이 아니라, 4% 지점인지 1% 지점인지에 대한 정보가 제시된다면 효과적인 의사결정을 도울 수 있다.

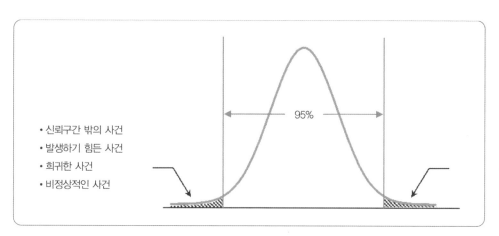

• 신뢰구간 밖의 사건
• 발생하기 힘든 사건
• 희귀한 사건
• 비정상적인 사건

95%

⋂그림 29-1 신뢰구간 밖의 사건들

분포의 내부를 중심으로 신뢰구간을 고려하였지만, 분포의 외부를 중심으로 구체적인 확률을 표시한다면 상세한 정보를 얻을 수 있다. 또한 신뢰구간은 신뢰수준에 따라 매번 산출해야 하지만, 분포의 외부를 중심으로 구체적인 확률을 표시한다면 이러한 불편을 줄일 수 있다. 신뢰수준 및 유의수준과 그 확률의 크기를 비교하기만 하면 된다.

이러한 관점에서 검정하고자 하는 주장을 일정의 통계량으로 새롭게 만들어내고, 그 통계량이 위치하는 지점을 확률분포에서 꼬리쪽의 확률을 구하는 방법으로 생각해 볼 수 있다. 이때 검정을 위해 새로 만들어진 통계량을 검정통계량test statistic이라고 한다. 검정통계량은 특정 확률분포를 따르도록 제작되었기 때문에 그 확률분포에 직접 대입해서 확률을 구할 수 있는 특징을 가졌다. 확률분포에서 검정통계량의 위치를 꼬리쪽 확률로 산출한 것을 p-값 또는 유의확률significance probability이라고 한다.

28장에서 신뢰구간을 산출했던 변수 'identity4', '나는 어떤 일의 한 부분만을 처리하는 경우가 많다'에 대하여 검정해 보자. 검정하고자 하는 평균 3.7과 3.5에 대한 검정통계량은 다음과 같다. 검정통계량은 t분포를 따르는 신뢰구간의 공식을 변형한 것이다. 평균 3.7과 3.5는 모집단의 평균이 궁금해서 비교하려는 수치이다. 따라서 다음 검정통계량의 μ^* 자리에 대입하면 된다.[30]

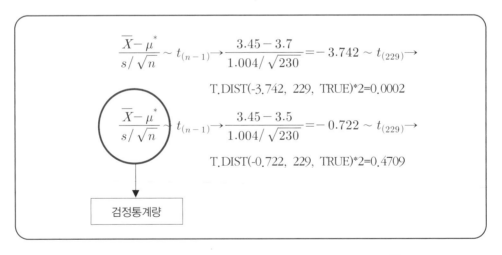

$$\frac{\overline{X} - \mu^*}{s/\sqrt{n}} \sim t_{(n-1)} \rightarrow \frac{3.45 - 3.7}{1.004/\sqrt{230}} = -3.742 \sim t_{(229)} \rightarrow$$

$$T.DIST(-3.742, 229, TRUE)*2 = 0.0002$$

$$\frac{\overline{X} - \mu^*}{s/\sqrt{n}} \sim t_{(n-1)} \rightarrow \frac{3.45 - 3.5}{1.004/\sqrt{230}} = -0.722 \sim t_{(229)} \rightarrow$$

$$T.DIST(-0.722, 229, TRUE)*2 = 0.4709$$

검정통계량

t분포를 따르는 검정통계량이 각각 -3.742와 -0.722로 도출되었다.[31] t분포에서 이들의 지점에서 꼬리쪽 확률은 T.DIST( )를 통해 산출할 수 있다. 여기서 T.DIST( )에 2를

곱한 이유는 분포의 양쪽을 모두 고려하기 때문이다. 수치가 '같다 또는 다르다'는 의미는 클 수도 있고 작을 수도 있기 때문에 신뢰구간의 양쪽을 모두 고려해야 한다. 이를 좀더 편리하게 계산하기 위해 엑셀에서 제공된 함수가 T.DIST.2T( )이다. "=T.DIST.2T(ABS(-3.742), 229)"의 결과는 0.0002로 동일한 유의확률을 산출해 준다.[32] 이렇게 도출된 0.0002와 0.4709가 p-값이 된다.

신뢰수준 95%, 즉 유의수준 0.05를 기준으로 이 p-값을 판정해 보면, 0.0002는 0.05보다 작기 때문에 '직무정체성' 문항 'identity4'의 모평균이 3.7이라고 할 수 없다. 반면에 p-값 0.479는 0.05보다 커서 '직무정체성' 문항의 모평균이 3.5와 차이가 있다고 할 수 없다. 이에 해당하는 통계적 검정 방법을 일표본 t검정one sample t-test이라고 부른다. 이를 SPSS에서 실행하는 메뉴와 방법은 다음과 같다.

[분석] → [평균비교] → [일표본 T검정]

그림 29-2와 같이 [일표본 T검정]에서 분석할 변수 'identity4'를 선택하고, [검정값]에 3.7을 입력하여 〈확인〉을 클릭한다. 이 작업을 검정값 3.5에도 동일하게 적용하여 반복 실시한다.

[12. 다중회귀분석_JCT.sav]

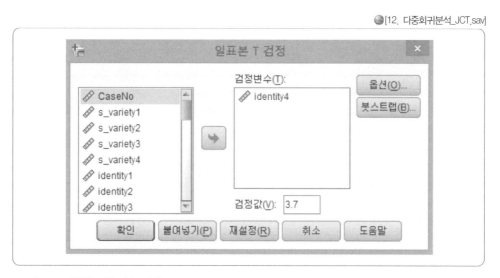

↻그림 29-2 SPSS, 일표본 t검정

이렇게 일표본 t검정을 수행한 SPSS 결과는 그림 29-3과 같다. 검정통계량 t, 자유도 (300-1), 유의확률(p-값)이 위의 계산과 동일함을 확인할 수 있다.

일표본 검정

	검정값 = 3.7					
					차이의 95% 신뢰구간	
	t	자유도	유의확률 (양쪽)	평균차	하한	상한
identity4	-3.742	229	.000	-.248	-.38	-.12

일표본 검정

	검정값 = 3.5					
					차이의 95% 신뢰구간	
	t	자유도	유의확률 (양쪽)	평균차	하한	상한
identity4	-.722	229	.471	-.048	-.18	.08

⌒그림 29-3 SPSS, 일표본 t검정 결과

⌒그림 29-4 통계적 가설 검정의 구조

현재 신뢰구간의 불편함을 개선한 '검정통계량과 유의확률을 활용한 통계적 검정'은 신뢰구간을 대체하고 있다.[33] 그러나 이 책은 개별적인 검정통계량에 대한 수리적인 접근은 최소화하였다. 통계학 전공자가 아닌 연구자들에게 각각의 검정통계량을 수리적으로 접근하는 학습법은 비효율적이라고 판단된다. 단, 통계적 검정 과정을 관통하고 있는 검정통계량의 논리와 의미는 파악할 필요가 있다. 이에 네 가지 핵심개념을 정리하면 다음과 같다.

첫째, 검정통계량도 통계량이다. 통계량은 주어진 자료, 표본을 대상으로 생산된 정보로서 평균, 분산, 왜도 등이 있다. 즉 검정통계량도 수집한 표본에서 구한 정보이며 그 목적이 통계적 검정을 위해 생산되었다는 점만 일반 통계량과 차이가 있다.

둘째, 검정통계량은 확률분포와 직결되어 있다. 확률분포와 직결되어야 직접 p-값을 산출할 수 있기 때문이다. 따라서 검정통계량은 표본에서 얻은 정보를 잘 가공하여 이론적인 확률분포에 근사하도록 만든 지수라고 할 수 있다. 실제로 거의 모든 검정통계량은 연계된 확률분포의 이름을 그대로 사용한다. 대표적인 검정통계량은 t, F, χ^2 등인데 이들은 확률분포의 이름과 동일하다. 그리고 검정통계량을 활용한 통계적 검정의 결과보고서에는, 적용된 확률분포를 규정할 수 있는 인자가 반드시 제시되어야 한다. 예를 들어, t분포와 χ^2분포가 적용되었다면 자유도가, 정규분포가 적용되었다면 평균과 표준편차가 제시되어야 한다.

셋째, 모든 검정통계량은 검정하려는 차이와 표준오차의 비율이다. 앞서 살펴본 예는, 표본에서 얻은 평균 3.45와 검정하려고 하는 수치 3.7의 차이가 유의미한지 판정하는 것이다. 두 수의 차이가 유의미한지를 표준오차에 대비하여 판정하겠다는 논리이다. 여기서 검정하려는 값, 3.7은 일반적으로 모집단을 향해서 제시하는 값이므로 흔히 μ^*로 표기한다.

검정통계량을 분수의 관점으로 보면, 분자는 '차이'이고, 분모는 '표준오차'이다. 즉, 검정하고자 하는 '차이'가 표준오차의 몇 배이냐를 수치화한 것이 검정통계량이다. 표준오차는 특정 통계량에 대한 표집분포의 표준편차라고 하였다. 따라서 검정통계량은 '평균적인 산포'에 비해서 '검정하려는 차이'가 얼마나 큰가를 가늠하는 지수이다. 검정통계량의 수치가 클수록 p-값은 작아진다.

$$\frac{Difference}{S.E.} = \frac{표본통계량 - 검정하려는\ 수치}{표본통계량의\ 표준오차}$$

$$예)\ \frac{\overline{X} - \mu^*}{s/\sqrt{n}} = \frac{3.45 - 3.7}{1.004/\sqrt{230}}$$

넷째, 통계적 가설검정의 결과물은 항상 검정통계량과 p-값을 제시해야 한다. 검정통계량을 활용한 검정방법은 p-값을 기준으로 의사결정을 한다. 신뢰구간을 주로 95%, 99%를 사용하였으므로, p-값은 일반적으로 유의수준 0.05 또는 0.01을 판단기준으로 적용하고 있다.

이 점을 염두에 둔다면 복잡해 보이는 통계적 검정의 결과물을 간명하게 해석할 수 있다. p-값은 과거에는 통계서적의 부록에서 확률분포표에 의존해야 검정통계량과 연결할 수 있었다. 하지만 엑셀을 이용하면 T.DIST( ), F.DIST( ), CHISQ.DIST( ) 등의 함수를 활용하여 손쉽게 구할 수 있다. 더불어 예제파일 [C.p-value_calculator.xlsml]은 통계적 가설검정에서 검정통계량으로부터 p-값을 쉽게 산출할 수 있도록 이러한 엑셀 함수들을 이용하여 제작되었다.

지금까지 살펴본 주요개념을 정리하여, 검정통계량이 탄생하기까지 통계학적 이론의 관점변화는 표 29-1과 같다. 이 표는 모평균을 추정하는 데 활용되는 정규분포와 t분포에 집중하여 정리하였지만, 모분산 등과 같은 다른 모수들에 대한 추정논리도 크게 다르지 않다. 처음 접하면 복잡해 보이지만, 이데아 세계의 정규분포를 토대로 단계별로 진화하고 있음을 알 수 있다. 진화의 방향은 획득하기 곤란한 모수는 최대한 배제하고, 표본의 통계량만으로 모집단의 평균과 관련된 의사결정을 지원하는 것이다.

O 표 29-1 가설검정에 대한 관점의 발전

1. 확률분포의 관점	$\mu - Z_{\alpha/2} \cdot \sigma \leq x_i \leq \mu + Z_{\alpha/2} \cdot \sigma$	이론적인 정규분포의 특징을 이용하여 평균을 중심으로 특정한 수(x)가 존재할 확률을 산출함. 예) 평균 50, 표준편차 5인 정규분포에서 평균을 중심으로 좌우에 95%가 포함될 구간을 구하시오.

2. 중심극한정리의 관점	$\mu - Z_{\alpha/2} \cdot \dfrac{\sigma}{\sqrt{n}} \le \overline{X} \le \mu + Z_{\alpha/2} \cdot \dfrac{\sigma}{\sqrt{n}}$	중심극한정리에 따라서, 표본의 평균($\overline{X}$)이 존재할 범위를 표준편차를 대신하여 표준오차를 사용함. 예) 평균 50, 표준편차 5인 모집단으로부터 표본크기 70으로 표본을 추출하였을 때, 표본평균이 위치할 95%의 구간을 구하시오.
3. 신뢰구간의 관점 (신뢰수준의 관점)	$\overline{X} - Z_{\alpha/2} \cdot \dfrac{\sigma}{\sqrt{n}} \le \mu \le \overline{X} + Z_{\alpha/2} \cdot \dfrac{\sigma}{\sqrt{n}}$	연구의 관심인 μ를 중심으로 수식을 전환한 것으로, 모평균의 위치를 예측가능하게 되었음. 검정하고자 하는 특정한 수치(μ^*)가 있다면, 신뢰구간에 포함되는지 여부로 판단함. 예) 표준편차 5인 모집단으로부터 표본크기 70으로 표본을 추출하여, 표본의 평균 72를 도출하였다. 95% 신뢰수준으로 모평균에 대한 신뢰구간을 구하시오.
4. t분포 관점	$\overline{X} - t_{(n-1,\,\alpha/2)} \cdot \dfrac{s}{\sqrt{n}} \le \mu \le$ $\overline{X} + t_{(n-1,\,\alpha/2)} \cdot \dfrac{s}{\sqrt{n}}$	접근이 곤란한 모표준편차를 표본표준편차로 대체하여, t분포를 적용함. 표본으로부터 도출된 평균, 표준편차만으로 검정이 가능하게 됨. 예) 모집단으로부터 표본크기 70으로 표본을 추출하여, 표본의 평균 72, 표준편차 3을 도출하였다. 95% 신뢰수준으로 모평균에 대한 신뢰구간을 구하시오.
5. 검정통계량의 관점 (유의수준의 관점, p-값의 관점)	$t_{(n-1,\,\alpha/2)}$ vs. $\dfrac{\overline{X} - \mu^*}{s/\sqrt{n}}$	검정하고자 하는 특정한 수치, 검정값(μ^*)의 발생가능한 확률을 직접 산출함. 검정통계량 t를 활용하므로 '일표본 t검정'이라고 불림. 예) 모집단으로부터 표본크기 70으로 표본을 추출하여, 표본의 평균 72, 표준편차 3을 도출하였다. 모평균이 70이라고 할 수 있는지 유의수준 0.05를 기준으로 검정하시오.

🔍 **더 알아보기** | **표본의 크기가 크면 자료는 정규분포를 따르기 힘들다!**

📊 [08.신뢰구간.xlsm] 〈Sheet 2〉 참조

왜도와 첨도는 15장에서 살펴본 분포의 형태를 가늠하는 통계량이다. 평균의 표집분포를 가정할 수 있듯이 왜도와 첨도 같은 다른 통계량의 표집분포도 가정할 수 있다. 따라서 왜도와 첨도의 표준오차도 존재하게 된다. 그림 27-5와 같이 SPSS에서 왜도와 첨도뿐 아니라 그에 대한 표준오차를 산출할 수 있다. 왜도와 첨도의 표집분포는 평균이 0이고 표준편차가 각각 $\sqrt{6/n}$, $\sqrt{24/n}$ 인 정규분포를 따르는 것으로 알려져 있다(Jarque & Bera, 1987; Snedecor & Cochran, 1989). SPSS에서는 표준오차를 보다 정밀하게 산출하지만(구체적인 산식은 15장 참조), 표본의 크기에 의존적인 특성은 여전히 동일하다.

		기술통계	통계량	표준오차			
significance1	평균		4.587	.089			
	평균의 95% 신뢰구간	하한	4.412				
		상한	4.762				
	5% 절삭평균		4.597				
	중위수		5.000				
	분산		1.807				
	표준편차		1.344				
	최소값		2.000				
	최대값		7.000				
	범위		5.000				
	사분위수 범위		2.000		검정통계량		p-value
	왜도		-0.279	.160	**-1.742**	=R14/S14	0.08158
	첨도		-0.656	.320	**-2.052**	=R15/S15	0.04022

한편 표본통계량인 왜도와 첨도를 이용하면 자료가 정규분포인지 통계적으로 검정할 수 있다. 정규성 여부를 판단하는 목적이므로 아래 수식에서 〈검정하려는 수치〉는 0이 된다. 정규분포의 왜도와 첨도는 모두 0이기 때문이다. 결과적으로 정규성 여부를 판단하기 위한 왜도와 첨도의 검정통계량은, 왜도와 첨도 자체를 각각의 표준오차로 나누어준 값이 된다.

$$\frac{Difference}{S.E.} = \frac{표본통계량 - 검정하려는 수치}{표본통계량의 표준오차} = \frac{표본통계량 - 0}{표본통계량의 표준오차}$$

그림 27-5의 변수 'significance1'의 경우에, 검정통계량은 왜도가 −1.742, 첨도가 -2.052이다. 이는 그림의 셀 U14와 셀 U15에 산출되어 있다. 왜도와 첨도의 표집분포는 정규분포를 따르므로, 유의확률은 왜도가 0.08, 첨도가 0.04로 산출된다.[34] 이 결과, 모집단을 추정함에 있어서 왜도는 0일 수 있지만, 첨도는 0이라고 주장하기 힘들다(유의수준 0.05에서).

흔히 표본의 크기가 커질수록 정규분포를 따르게 된다고 알고 있다. 하지만 자료 수가 많아지면 왜도와 첨도의 표준오차가 줄어들고 신뢰구간은 좁아진다. 신뢰구간이 좁아지고 검정통계량이 커지면 정규성검정에서 오히려 자료가 정규성을 따르지 않는다고 판정될 가능성이 높아진다. 히스토그램을 눈으로 확인할 때는 정규분포처럼 보이는데 정규성검정normality test의 결과는 반대로 나타난다면, 자료 수가 필요 이상으로 많은지 확인할 필요가 있다.

SPSS의 정규성검정은 아래와 같이 [데이터 탐색] 메뉴의 〈도표〉에서 수행할 수 있다.

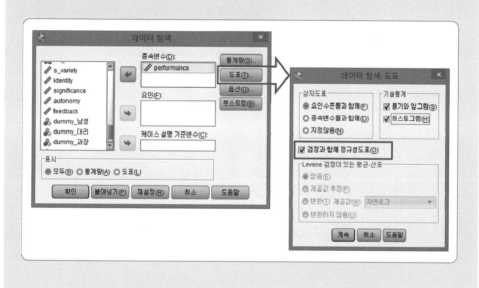

정치와 통계, 가깝지만 멀어져야 할 사이

한자어로 '통계'란 모아서(統) 계산한다(計)는 뜻이다. 통계를 뜻하는 statistics의 라틴어 어원은 국가를 의미하는 status, 정치학을 의미하는 statisticus에서 유래되었다. 이렇게 보면 통계는 국가나 정치에 필요한 자료를 수집하고 계산한다는 함의를 갖는다. 전쟁도 많았고 생필품도 부족했던 고대국가를 상상해 보면 장정의 수, 토지 면적, 수확량, 가축 수 등은 중요한 통계량이었을 것이다.

따라서 병역, 과세, 부역에 대한 정책을 수립하려면 통계조사가 필요하게 되었다. 국가통계의 기초가 되는 인구총조사census의 라틴어 어원은 세금을 뜻하는 censere이다. 근대통계학의 기초가 되는 독일의 국상학staatenkunde, 영국의 정치산술학political arithmetics 또한 정치에 필요한 인구 및 경제자료를 기술하는 학문이었다.

이렇듯 통계와 정치의 밀접한 관계를 역사에서도 찾을 수 있다. 러시아는 공산혁명 전후로 통계학을 포함한 수학분야에서 괄목할 만한 성과를 나타낸다. 당시 유럽의 주요 학회지에 러시아학자들의 이름을 어렵지 않게 만날 수 있었다. 하지만 1930년대 스탈린 정권에서 통계학은 극도로 위축되게 된다. 모든 경제활동이 이론에 의해 중앙에서 계획되는 논리가 지배적인 시절이었다. 계획경제를 뒷받침하는 결정론적 세계관에 확률probability, 무작위random, 우연accident 등의 단어는 정치적으로 기피해야 할 단어였다.

실제로 이 시기에 러시아의 주요 학회지들은 통계학 논문을 싣지 않았고, 통계학자들은 통계학을 포기하고 다른 분야로 옮기게 된다. 확률론과 해석학을 통합하여 현대 확률론을 완성한 콜모고로프A. N. Kolmogorov는 순수수학과 물리학으로, 비모수통계학의 창시자로 불리는 스미르노프 N. V. Smirnov도 순수수학으로 옮겼다(두 사람의 이름은 SPSS의 정규성검정에서 Kolmogorov-Smirnov test로 만날 수 있다). 통계학의 암흑기는 흐루시초프가 집권하는 1950년대까지 지속되었다.

또한 스탈린 집권기의 홍보용 통계는 정치에 의해 왜곡된 사례로 잘 알려져 있다. 제1차 경제개발 5개년 사업에서 철강생산량 목표는 1,030만 톤이었고, 사업 시작연도인 1928년의 생산량은 420만 톤이었다. 즉 610만 톤의 생산량 증대가 이루어져야 한다. 하지만 사업이 끝난 후 실제 생산량은 590만 톤에 그쳤다. 실제 증가량 170만 톤(590-420)은 목표달성률로는 27.9%(170/610)에 불과하다. 하지만 스탈린정권은 1,030만 톤을 기준으로 590만 톤을 평가하여 목표달성률을 57.3%(590/1030)라고 선전하였다. 이 계산법이 얼마나 허황된지 파악하기 위하여 사업 전의 420만 톤으로 목표달성률을 계산하면, 이미 목표의 40.8%(420/1030)를 달성한 꼴이 된다.

하지만 이런 정치와 통계의 관계가 웃어넘길 만한 옛이야기만은 아니다. 2011년 한국에서 발표된 소비자물가지수 조사대상에서 금반지를 제외하여 논란을 빚은 바 있다. 당시 금값이 고공행진을 계속하고 있었기 때문이다. 실제 금반지를 조사대상에서 제외하면, 0.4%포인트의 물가지표가 하락하였다(통계에 꼼수가 … 금값 뛸 때 물가에서 금반지·뺐다, 〈한겨레신문〉, 2013-06-17).

PART 3

산포의 분해를 활용한,
가설검정

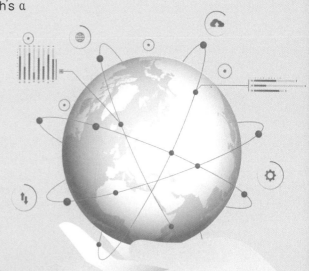

궁극적으로 분석해 보면, 모든 지식은 역사학이다.
추상적으로 보면, 모든 과학은 수학이다.
근본 원리를 따져보면, 모든 판단은 통계학이다.

All Knowledge is, in the final analysis, history.

All sciences are, in the abstract, mathematics.

All judgements are, in their rationale, statistics.

- C. R. Rao -

30
연구가설의 양다리 걸치기

통계적 가설검정은 귀무가설과 대립가설이라는 상반된 두 가설을 중심으로 전개된다. 이 중에 귀무가설은 잘못되었다는 충분한 증거가 제시되기 전까지 진실로 받아들여지는 가설로서, 기각과 채택이라는 의사결정의 대상이 된다. 이와는 별도로 연구가설은 연구자가 관심을 갖고 검증하려는 가설이다. 흔히 연구가설과 대립가설을 동일시하는 오해가 만연한데, 연구가설은 귀무가설이나 대립가설 모두에 할당될 수 있다.

그림 30-1은 28장, 29장에서 살펴본 일표본 t검정의 SPSS 결과이다. '직무정체성'에 대한 4번째 항목(identity4), '나는 어떤 일의 한 부분만을 처리하는 경우가 많다'를 대상으로 실시한 분석이다. "작년에 실시한 동일한 문항에 대한 평균은 3.5이었다. 이번에 실시한 설문 결과, 이 문항에 대한 인식수준이 작년의 평균 3.5로부터 변화가 생겼을 것이다"라고 제기된 주장에 대한 통계적 검정이었다.

			검정값 = 3.5			
	t	자유도	유의확률(양쪽)	평균차	차이의 95% 신뢰구간	
					하한	상한
identity4	−.722	229	.471	−.048	−.18	−.08

๑그림 30-1 SPSS, 일표본 t검정 결과

여기서 검정하고자 하는 평균 3.5(검정값, μ^*)를 결정하는 것은 연구자의 몫이다. 연구자가 알아보려고 하는 현상에 대하여 미리 수립한 결론 및 진술을 연구가설 research hypothesis이라고 한다. 또한 검정값 3.5는 표본의 평균이 아니라 모집단의 평균을 대상으로 제기된 수치임을 상기할 필요가 있다. 3.5로부터 변화가 발생했다는 주장에 대한 연구가설은 다음의 수식으로 나타낼 수 있다.

이를 검증하기 위하여 논리적으로 접근할 수도 있다. 즉 작년부터 업무분장을 합리화하였다거나 직원들의 업무권한에 자율성을 대폭 증대하였다는 논리적인 근거를 제시하여 검증할 수도 있다. 하지만 연구가설을 검증하기 위한 통계적 검정은 다시 별도의 두 가지 가설을 이용한다.

표본의 정보를 토대로 모집단을 유추하는 통계적 추론은 '귀무가설의 유의성을 검정하는 방법NHSTP: null hypothesis significance testing procedure'을 사용한다(Nickerson, 2000). NHSTP는 두 가지 가설을 기반으로 이분법으로 진행된다. 틀렸다 또는 거짓이라는 충분한 증거가 제시되기 전까지 참true으로 받아들여지는 귀무가설 또는 영가설 null hypothesis과, 이와 완전히 경쟁적으로 상반되는 대립가설alternative hypothesis이 있다. 귀무가설은 H_0로 표기하고, 대립가설은 H_A 또는 H_1로 표기한다. 그리고 귀무가설과 대립가설 모두 모집단의 특성, 즉 모수에 대한 가정 및 주장이다. 결과적으로 통계적 가설검정은 표 30-1처럼 세 가지 가설로 구성된다.

O표 30-1 통계적 검정과 일반 가설검증

통계적 검정 [1]	일반적인 가설검증
• 귀무가설: 반증되기 전까지 참으로 받아들여지는 가설 • 대립가설: 귀무가설이 틀렸다는 충분한 증거로 기각될 때, 역으로 지지되는 가설	• 연구가설: 경험, 자료, 선행연구를 바탕으로 연구자가 현상에 대하여 미리 수립한 결론 및 진술

통계적 가설검정은 귀무가설을 기준으로 수행된다. 귀무가설이 틀렸다고 반증되어 기각이 되면 대립가설을 수용하는 방법이다. 이런 검정방식 때문에 귀무가설은 보수적으로 설정된다. 귀무가설은 통계적으로 나타난 차이나 관계가 우연law of chance으로 발생하였다는 주장이다. 이를 직설적으로 표현하자면, 차이나 관계가 없다는 주장이다. 따라서 귀무가설을 수식으로 표현하면 항상 등호가 포함된다($\leq$, $\geq$, $=$).[2]

앞서 수립된 연구가설(모집단 평균 ≠ 3.5)이 방향성이 없기 때문에, 귀무가설과 대립가설은 다음과 같이 수립할 수 있다. 여기에서 연구가설이 대립가설과 동일해졌음을 확인하자. 이제 통계적인 근거로 귀무가설과 대립가설 중에 하나를 채택할 수 있다면, 동시에 연구가설도 검정할 수 있다.

> 귀무가설: 모집단 평균=3.5
> 대립가설: 모집단 평균≠3.5

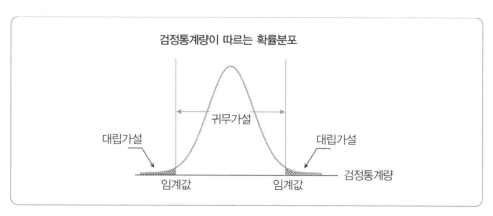

↷그림 30-2 통계적 가설과 검정통계량의 분포

검정통계량의 관점에서 귀무가설에 의미를 부여해 보면 NHSTP의 논리를 좀더 이해할 수 있다. 검정통계량test statistic은 신뢰구간의 단점을 보완하기 위해 표본에서 도출한 통계량의 일종이다. 그리고 유의확률을 도출할 수 있도록 확률분포와 직결되어 있다. 귀무가설은 이 확률분포의 중앙에 위치해서 희귀하지 않고 정상적으로, 우연에 의해 발생할 수 있는 사건의 위상이다. 반면에 대립가설은 이 확률분포의 양측 끝에 위치를 점하고 있다(그림 30-2). 표본의 정보와 연구가설을 기반으로 도출된 검정통계량이 귀무가설의 영역에서 멀어지면 귀무가설을 기각하게 된다. 구체적으로 검정통계량이 임계값critical value보다 크면 귀무가설을 기각한다. 임계값이란, 유의수준에서의 검정통계량을 말한다.

귀무가설을 기각reject하거나 기각하지 못하는fail to reject 두 가지 판가름에서, 통계적 가설검정은 모집단을 잘못 추정할 가능성이 논리적으로 항상 존재한다. 이러한 오류는 표 30-2와 같이 1종 오류type I error, false positive와 2종 오류type II error, false negative로 구분된다. 귀무가설이 실제로 참임에도 불구하고, 귀무가설을 기각하는 오류를 1종 오류 또는 α 위험α risk이라고도 한다. 귀무가설이 실제로 거짓임에도 불구하고, 귀무가설을 채택하는 오류를 2종 오류 또는 β위험β risk이라고 한다.[3] 또한 2종 오류를 범하지 않을 확률인 $(1 - \beta)$를 가설검정의 검정력statistical power이라고 한다.

○표 30-2 1종 오류와 2종 오류

	모집단/진실	
	귀무가설 참	대립가설 참
귀무가설 채택	올바른 결정	2종 오류(β risk)
귀무가설 기각	1종 오류(α risk)	올바른 결정

실무적인 통계는 1종 오류를 중심으로 판정하는 가설검정을 더 선호한다. 귀무가설을 기각함으로써 발생하는 오류가 1종 오류이다. 즉 귀무가설을 기각하면 1종 오류는 크든 작든 발생하게 되어 있으며 오류는 작을수록 좋다. 그림 30-2와 같은 확률분포상에서, 도출된 검정통계량이 위치한 지점에서 꼬리쪽으로의 확률을 유의확률 또는 p-값이라고 부르며, 이 값은 1종 오류를 범할 확률이다.

유의수준α: level of significance은 1종 오류를 범할 수 있는 최대허용가능한 확률이다. 통계적 가설검정은 p-값과 유의수준을 비교함으로써 귀무가설을 기각하거나 채택하게 된다. p-값이 작으면 귀무가설을 기각함으로써 발생할 1종 오류가 작게 된다. 반대로 유의수준보다 p-값이 크다면, 1종 오류가 최대허용치(유의수준)보다 높기 때문에 귀무가설을 채택하는 결정이 더 타당하게 된다. 하지만 p-값을 '귀무가설이 참일 확률'로 해석하지 않도록 주의해야 한다.

> p-값 < 유의수준: 귀무가설 기각
> p-값 > 유의수준: 귀무가설 채택

🔍 더 알아보기 | 일표본 t검정 결과 해석

일표본 t검정에 대한 SPSS 결과를 통계적 가설검정의 개념으로 해석해 보자. 검정통계량 t의 값이 -.722로, p-값은 .471로 나타났다. 모집단의 평균이 3.5라는 가정은 기각할 수가 없다(유의수준 0.05에서).

제시된 자유도 229는 검정통계량이 따르는 확률분포의 자유도이다. t분포이므로 자유도가 제시되어야 그 모양을 규명해 준다. 이와 같이 통계적 가설검정은 '검정통계량-확률분포-유의확률'이 항상 제시된다. 이를 기반으로 귀무가설을 채택 또는 기각할지에 대한 의사결정을 할 수 있다.

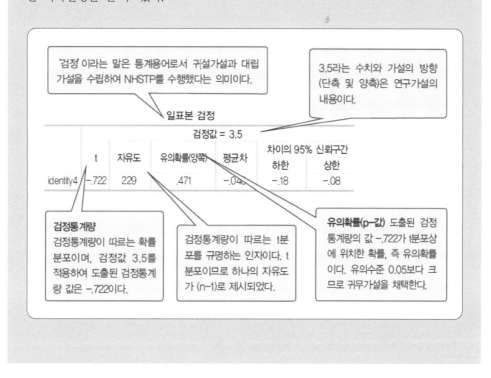

이상으로 NHSTP에서 연구가설, 귀무가설, 대립가설의 역할과 의미를 알아보았다. 요컨대 통계학에서 이미 정해놓은 귀무가설과 대립가설의 검정 논리에, 연구가설을 할당하는 방식이다. 귀무가설 기각여부를 이용하여 연구가설 지지여부supported or unsupported를 판정한다. 연구가설을 이미 통계학에서 정해둔 귀무가설이나 대립가설과 연결해 유의확률(p-값)에 의해 의사결정하게 된다.

그런데 귀무가설과 대립가설은 통계적 방법에 따라 이미 정해져 있어서 임의로 바꿀 수 없다. 다시 말해 대립가설로 설정했던 (모집단 평균≠3.5)를 마음대로 귀무가설로 설정할 수 없다. 귀무가설은 표 30-3에서 보듯 주로 '=', '동일하다', '차이가 없다' 또는 '=0', '의미가 없다' 등의 뜻을 포함해 보수적으로 설정되어 있다. 대다수의 경우에 연구가설은 (모집단 평균≠3.5)와 같은 대립가설과 연결된다. 그래서 아예 연구가설을 대립가설이라고 잘못 아는 경우가 있는데 이것은 다소 위험할 수 있다. 만약 기존 통념이 3.5가 아니라고 알고 있다면, 설문조사 결과가 3.5와 같을 것이라는 연구가설을 수립할 수도 있겠다. 즉 연구맥락에 따라 연구가설은 귀무가설 또는 대립가설 어디에도 배치될 수 있다는 뜻이다.[4]

[표 30-3] 분석방법과 귀무가설

통계분석방법	귀무가설
정규성검정	정규성이다
등분산검정	집단 간의 분산이 동일하다
회귀분석(회귀계수)	회귀계수=0
회귀분석(결정계수, 설명력)	설명력이 없다(R^2=0)
평균차이검정	집단 간의 평균이 동일하다
상관분석	상관이 없다(ρ=0)

🔍눈으로 확인하는 통계

[C.1표본검정_simulation.xlsm] 참조

변수 'identity4'에 대한 일표본 t검정을 시뮬레이션해 보자. 셀 G25의 검정값을 변경하면서 p-값이 변하는 정도와 방향을 확인하자. 셀 C5의 표본평균값도 변경해 보자. 이상의 두 가지 조치는 검정통계량의 분자의 크기를 변경한 것이다. 다음으로 셀 C6의 표본표준편차 수치를 변경하여 검정통계량의 분모를 조정해 보자.

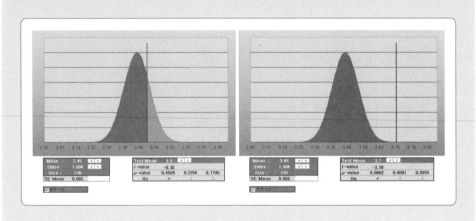

Bulajic, Stamatovic, & Cvetanovic(2012)이 제시한 우수한 가설의 조건은 다음과 같다.

1. 명료성(clarity): 동어반복 없이 간단명료하며, 가설 내 모든 용어는 조작적 정의가 가능해야 한다.

2. 검증가능성(verification): 경험적으로 검증가능하고, 재현가능해야 한다.

3. 한정성(offers an answer or solution to a query): 특정한 연구문제에 대한 잠정적 해답을 제시하는, 즉 변수 간 관계의 방향성 및 긍정/부정이 명시되어야 한다.

4. 가치중립성(must not contain evaluation opinion): 연구자의 주관적 판단과 가치 등은 배제되어야 한다. 가설 자체는 가치중립적이지만 가설 수립 과정은 가치와 경험이 개입될 수밖에 없다.

5. 이론적 근거(based on previous knowledge or experience, or is a part of an already established theory or theoretical system): 선행연구 또는 이론에 근거해야 한다.

31
두 집단에 대한 산포의 분해

기술통계량에서 중심경향과 더불어 산포를 동시에 고려해야 정확한 정보를 획득할 수 있다. 두 집단의 평균을 비교함에 있어서도 마찬가지이다. 심지어 두 집단의 평균차이가 동일하더라도 각 집단의 산포가 크다면, 그 평균차이는 무의미해질 수도 있다. 이러한 관점에서 산포의 분해는 평균차 검정에서 가장 핵심적인 검정논리이다. 두 집단에 대한 산포의 분해를 통해 검정통계량 t와 F의 관계도 알아본다.

신뢰구간의 불편함을 해소하고 검정통계량으로 유의확률을 도출하는 방법에 대하여 살펴보았다. 현재 이 방법은 통계적 가설검정의 대세로 정착하였다.[5] 확률분포와 연계되어 있는 검정통계량은 다음과 같이 일반화할 수 있다. 검정통계량은 검정하고자 하는 차이와 표준오차의 비율로 구성되어 있다.

$$\frac{Difference}{S.E.} = \frac{\text{표본통계량} - \text{검정하려는 수치}}{\text{표본통계량의 표준오차}}$$

그런데 표본이 하나면 검정통계량을 구하기 쉽지만, 여러 개의 표본에 대한 검정통계량을 산출하려면 어려워진다. 이 문제를 신뢰구간으로 생각해 보면, 앞서 두 개의 표본인 남성과 여성의 자료로부터 신뢰구간을 각각 도출하여 평균점수 차이를 검정하였다(그림 28-5 참조). 그런데 열 개의 표본으로부터 열 개의 신뢰구간을 각각 도출하였다고 가정해 보자. 열 개의 신뢰구간이 서로 겹치는지 겹치지 않는지 비교, 파악하기가 쉽지 않다는 뜻이다.

평균에 대한 통계적 검정에서 표본이 하나이면, 표준오차는 $s/\sqrt{n}$ 를 사용한다. 이 표준오차는 손에 쥔 표본으로부터 자연스럽게 획득할 수 있는 표본의 크기와 표준편차만 있으면 산출할 수 있다. 그러나 비교하고자 하는 평균이 여러 집단, 즉 표본이 다수일 때는 표준오차를 포함한 검정통계량 자체를 구하기가 쉽지 않다. 이 장에서는 통계학에서 이 문제를 어떻게 해결하였는지 고찰해 볼 것이다.

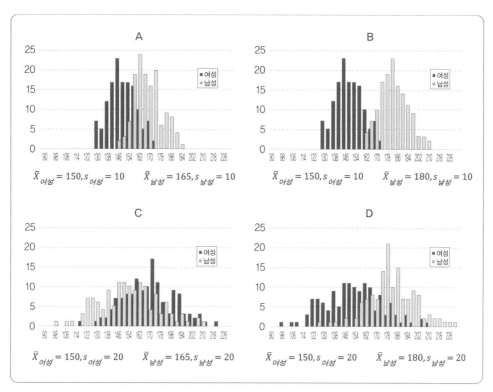

○그림 31-1 두 집단 평균 비교

먼저 두 집단인 경우부터 알아보자. 키에 대한 자료를 남녀를 구분하여 각 138명씩 수집하고 히스토그램을 작성하였다고 하자. 그림 31-1의 네 가지 그림 중 남성의 키가 여성의 키보다 크다고 주장할 수 있는 히스토그램을 선택하여 보자. 그리고 왜 그렇게 판단하였는지 자문해 보자. 아마도 대다수 독자는 B가 남녀 간의 차이가 확실히 나타난다고 생각했을 것이다. 그렇게 판단한 근거는 무엇인가?

우선 남녀 간 평균의 차이가 커야 한다. 당연히 150과 165의 차이보다는 150과 180의 차이에서 남성의 키가 더 크다고 주장할 수 있다. 평균차를 기준으로 판단하는 일은 우리가 일상적으로 접하는 의사결정방식이다. A와 C보다는 B와 D의 차이를 뚜렷하게 생각한다는 의미이다.

다음으로 D보다 B를 선택하였다면 그 이유는 무엇인가? '다르다', '차이가 있다'의 시각적인 표현은 히스토그램의 막대들이 겹치지 않고 차별화된 정도일 것이다. 150과 180의 중간 즈음의 남녀가 뒤섞인 영역이 없이 확실히 구분될 때 우리는 더욱 확신을 갖고 측정된 변수(키)에서 남녀 간에 차이가 있다고 판단한다. 부지불식중에 우리는 앞서 살펴본 기술통계적 표현으로는 표준편차를 적용한 것이다. 각 집단의 표준편차가 작을수록 뒤섞인 영역이 줄어든다는 것을 직감할 수 있다. 이와 같이 동일한 180과 150의 차이값, 30은 산포에 대한 정보가 추가되면 의미가 달라질 수 있다. B의 30은 의미있는 차이이지만, D의 30은 의미가 없는 차이일 수 있다. 산포에 대한 정보가 없는 평균의 정보는 무의미할 수 있다. 그러나 우리의 실상은 수집한 자료의 평균 정보만으로 의사결정함으로써 A와 C, B와 D의 차별을 두지 않는 오류를 범하는 경우가 많다.

이 간단한 사례에서 자료의 기술적 해석과 통계적 검정의 기반이 되는 논리를 도출할 수 있다. 네 가지 그림에 대한 시각적 차이를 수치화할 수는 없을까? 통계학자들이 이 문제를 해결한 기본적인 아이디어는, 우리가 네 가지 그림에서 B를 선택한 근거를 하나의 수식으로 통합한 것이다. 그 아이디어를 쫓아가 보면 이렇다. 먼저 남성의 키가 여성의 키보다 크다고 주장하려면, 남녀 간 키에 대한 평균의 차이가 클수록 주장하기 쉬워진다. 반면에 남녀 자료의 표준편차가 클수록 남녀 간의 키 차이가 있다는 주장을 하기 곤란해진다. 남녀 간 차이가 있다고 주장하는 방향에서 전자는 비례관계이지만, 후자는 비례관계가 아니다. 따라서 전자는 분자에, 후자는 분모에 위치시켰다.

✎ [08.신뢰구간.xlsm] 〈2group〉 참조

	A	B
1	결점수	공법
2	3.3	1
3	3.9	1
4	5.2	1
5	4.4	1
6	5.3	1
7	6.3	1
8	6.9	2
9	8.1	2
10	7.4	2
11	6.1	2
12	8.7	2
13	4.7	2
14	6.3	2
15	7.3	2
16	6.1	2

$$\frac{남녀 \ 간 \ 평균 \ 차이}{남성의 \ 산포 + 여성의 \ 산포}$$

이제 이 수식을 보고 상상해 보자. 남녀 간의 평균 차이가 작으면서 남녀 각각의 표준편차는 큰 경우, 이 결과값은 작아져서 남녀 간의 키 차이가 있다고 주장하기 힘들 것이다. 이것은 네 가지 중 C에 해당한다. 반대로 남녀 간의 평균 차이가 크고 남녀 각각의 표준편차는 작은 경우, 이 결과값은 커져서 남녀

◑그림 31-2 공법별 결점수 자료

간의 키 차이가 있다고 주장하기 쉬워진다. 이것은 네 가지 중 B에 해당한다.

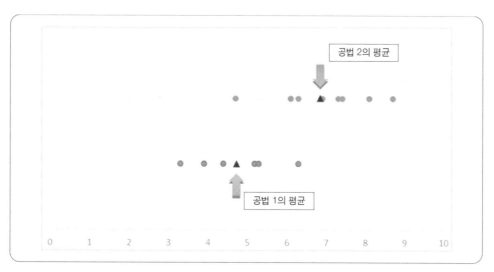

♠그림 31-3 공법별 결점수의 점도표

　　이렇게 이해하고 나면 수식은 의외로 단순한 논리이다. 우리가 네 가지 그림에서 남녀 간 키 차이가 크다고 주장할 수 있는 그림으로 B를 선택할 때 시각적으로 판단한 계산법을 훌륭하게 하나로 통합하였다. 이렇게 만들어진 하나의 수식을 토대로 새로운 개념의 검정통계량을 제시할 수 있다. 통계학에서 이 아이디어를 어떻게 하나의 검정통계량으로 전환하였는지 구체적인 자료로 알아보자.

　　다음 자료는 두 가지 '공법'에 따라 발생한 '결점수'를 수집한 것이다(그림 31-2, 31-3 참조). 두 가지 '공법'은 1과 2로 부호화하였고, '결점수'는 하루의 생산량에서 발생한 '결점수'의 평균을 구한 것이다. 총 15개의 자료가 수집되었다. 일반적으로 두 집단의 평균 차이가 유의미한지 알아보는 검정도구는 이표본 t검정2 sample t-test이다. SPSS에서 이표본 t검정은 다음 메뉴에서 실시할 수 있다(그림 31-4 참조).

[분석] → [평균비교] → [독립표본 T검정]

　　[검정변수]에 분석할 변수인 '결점수'를 선택하고, [집단변수]에 '공법'을 선택한다. 그리고 [집단변수]인 '공법'이 어떤 수치로 부호화되었는지 SPSS에게 알려주어야 한다.

처음에는 그림 31-4와 같이 "공법(?,?)"로 나타난다. 〈집단정의〉 버튼을 클릭하여 '공법'이 1과 2로 부호화되었음을 정의해 준다. 그리고 〈확인〉을 클릭하면 된다.

🌐[10.산포의분해.sav]

🔾그림 31-4 SPSS, 이표본 t검정

🌐[10.산포의분해.sav]

🔾그림 31-5 SPSS, 분산분석

이번에는 동일한 자료를 대상으로 분산분석ANOVA을 실시해 보자.[6] SPSS에서 분산분석은 다음 메뉴에서 실행할 수 있다. [종속변수]에 '결점수'를, [요인]에 '공법'을 선택하고 〈확인〉을 클릭한다(그림 31-5). 이와 같이 수행한 이표본 t검정과 분산분석의 결과는 그림 31-6과 같다.

[분석] → [평균비교] → [일원배치 분산분석]

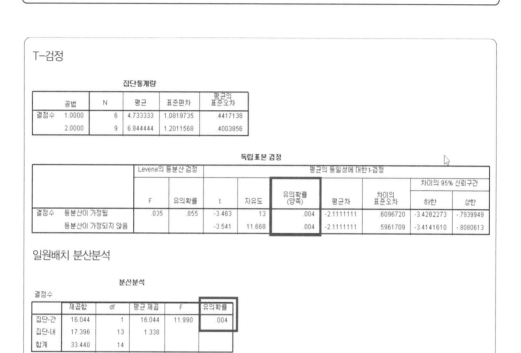

T-검정

집단통계량

	공법	N	평균	표준편차	평균의 표준오차
결점수	1.0000	6	4.733333	1.0819735	.4417138
	2.0000	9	6.844444	1.2011568	.4003856

독립표본 검정

		Levene의 등분산 검정		평균의 동일성에 대한 t-검정					차이의 95% 신뢰구간	
		F	유의확률	t	자유도	유의확률 (양쪽)	평균차	차이의 표준오차	하한	상한
결점수	등분산이 가정됨	.035	.855	-3.463	13	.004	-2.1111111	.6096720	-3.4282273	-.7939949
	등분산이 가정되지 않음			-3.541	11.668	.004	-2.1111111	.5961709	-3.4141610	-.8080613

일원배치 분산분석

분산분석

결점수

	제곱합	df	평균 제곱	F	유의확률
집단-간	16.044	1	16.044	11.990	.004
집단-내	17.396	13	1.338		
합계	33.440	14			

↻그림 31-6 SPSS, 이표분 t검정과 분산분석의 결과

이표본 t검정의 유의확률과 분산분석의 유의확률(p-값)이 모두 .004로 동일하게 도출되었다. 유의수준 0.05에서 유의미하므로, 귀무가설을 기각하여 두 공법으로 발생하는 결점수는 차이가 있다고 할 수 있다.[7] 이제 SPSS의 결과물을 그림 31-7과 같이 엑셀로 옮겨서 산출된 과정을 추적해 보자. SPSS의 결과물과 엑셀은 호환성이 좋은 편이다. SPSS의 결과표 위에 마우스 우측버튼을 클릭하면 간단히 복사할 수 있다. 그림 31-7처럼 세 가지 결과표를 엑셀로 붙여 넣었다.

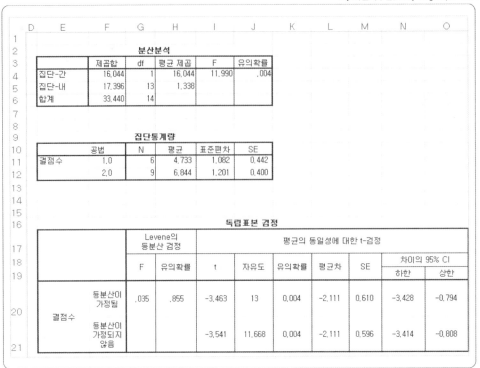

○그림 31-7 이표분 t검정과 분산분석의 결과 추적

	공법	N	평균	표준편차	SE
			집단통계량		
결점수	1.0	=COUNT(A2:A7)	=AVERAGE(A2:A7)	=STDEV.S(A2:A7)	=P11/N11^0.5
	2.0	=COUNT(A8:A16)	=AVERAGE(A8:A16)	=STDEV.S(A8:A16)	=P12/N12^0.5
	전체	=COUNT(A2:A16)	=AVERAGE(A2:A16)	=STDEV.S(A2:A16)	=P13/N13^0.5

○그림 31-8 집단통계량 결과 추적

그림 31-8처럼 9행~13행에 있는 집단별 기술통계량을 엑셀의 함수로 산출하였다. SPSS의 결과와 동일함을 확인할 수 있다. 기술통계량에서 이용한 함수는 앞서 모두 언급된 바 있다. N열은 자료의 수이므로 함수 COUNT( )를 사용하였다. 함수 COUNT( )는 수치 자료가 기입된 셀의 수를 결과값으로 제시한다. 공법1의 자료는 6개, 공법2의 자료는 9개임을 알 수 있다.

	제곱합	df	평균 제곱	F	유의확률
			분산분석		
집단-간	=DEVSQ(C2:C16)	1	=M4/N4	=O4/O5	=1-F.DIST(P4,N4,N5,TRUE)
집단-내	=DEVSQ(A2:A7)+DEVSQ(A8:A16)	13	=M5/N5	=120^2	
합계	=DEVSQ(A2:A16)	=SUM(N4:N5)			

↔그림 31-9 분산분석 결과 추적

O열은 공법별 평균과 전체의 평균을 함수 AVERAGE( )를 사용하여 산출하였다. 공법1의 평균은 약 4.733이고 공법2의 평균은 약 6.844로 나타났다. 그리고 공법의 구분을 고려하지 않은 전체 자료의 평균은 6.000으로 산출되었다. P열은 공법별 표준편차와 전체의 표준편차를 함수 STDEV.S( )를 사용하여 산출하였다. Q열은 표준오차로서 $s/\sqrt{n}$ 의 수식을 반영하여 계산하였다.

그림 31-9와 같이 2~6행에 있는 분산분석표를 아래와 같이 엑셀의 함수로 산출하였다. 역시 SPSS의 결과와 동일함을 확인할 수 있다.

M열은 제곱합을 산출하는 함수 DEVSQ( )를 활용하고 있다.

셀 M4	=DEVSQ(C2:C16)
셀 M5	=DEVSQ(A2:A7)+DEVSQ(A8:A16)

여기서 발상의 전환이 필요한데, 앞서 직관적으로 도출했던 수식을 이 사례에서 아래와 같이 변형하여 생각해 보자.

$$\frac{\text{공법 간 평균차이}}{\text{공법1의 산포} + \text{공법2의 산포}}$$

분자의 내용인 '공법 간 평균차이'는 4.733(공법1의 평균)과 6.844(공법2의 평균)의 차이이다. 이 차이를 다른 관점에서 보면 전체 자료의 평균인 6.000을 형성하고 있는 자료는, 4.733과 6.844라는 두 개의 수치이다. 단, 두 개의 수치가 각각 6번 그리고 9번 반복되었다고 해석할 수 있다. '공법별 평균'을 구한 C열의 자료들을 이용하면 '공법 간 평균차이'를 구할 수 있다는 아이디어이다. 이에 따라 셀 M4는 "=DEVSQ(C2:C16)"으로 공법 간의 제곱합을 산출하였다.

요컨대 C열의 두 집단 평균 자료는 15개의 자료에서 공법1과 공법2의 차이를 발생시킨 정도를 추출한 정보라고 할 수 있다. 이들이 전체 평균 6.000으로부터 떨어진 정도를 제곱합으로 구한 것이다. 이 수치는 각 집단(공법) 사이에서 발생하는 산포이므로 집단 간 제곱합SSW: Sum of Square Within이라고 부른다. 분산분석에서 '집단 간 평균차이'를 '집단 간 산포'라는 개념으로 생각을 전환한 셀 M4의 산출논리를 잘 이해하기 바란다.

	A	B	C	
1	결점수	공법	공법별 평균	
2	3.3	1	4.7333	
3	3.9	1	4.7333	
4	5.2	1	4.7333	
5	4.4	1	4.7333	
6	5.3	1	4.7333	
7	6.3	1	4.7333	
8	6.9	2	6.8444	
9	8.1	2	6.8444	
10	7.4	2	6.8444	
11	6.1	2	6.8444	
12	8.7	2	6.8444	
13	4.7	2	6.8444	
14	6.3	2	6.8444	
15	7.3	2	6.8444	
16	6.1	2	6.8444	

↻그림 31-10 공법별 평균

수식의 분모에 있는 '공법1의 산포 + 공법2의 산포'는 공법별로 제곱합을 구하여 더하였다. 즉 셀 M5는 공법1의 제곱합인 DEVSQ(A2:A7)와 공법2의 제곱합인 DEVSQ(A8:A16)를 더한 것이다. 이 수치는 각 집단(공법) 내에서 발생하는 산포이므로 집단 내 제곱합SSB: Sum of Square Between이라고 부른다.

제곱합을 자유도로 나누어주면 평균제곱합, 즉 분산이 된다고 하였다. 집단 간 제곱합의 자유도는 1이다. 집단 내 제곱합의 자유도는 13이다.[8] 이에 따라 집단 간 그리고 집단 내 분산(평균제곱합)은 셀 O4와 셀 O5에 아래처럼 산출되었다.

셀 O4	=M4/N4
셀 O5	=M5/N5

확률분포에서 잠시 다루었지만, 서로 다른 두 분산의 비율은 F분포를 따른다고 알려져 있다. 통계학자들은 F분포의 이러한 특성을 이용하여 셀 O4를 셀 O5로 나누어줌으로써 새로운 검정통계량을 만들었다(셀 P4). 셀 O4와 셀 O5는 분산이므로, 이들의 비율은 F분포라는 확률분포를 적용하여 유의확률도 셀 Q4와 같이 구할 수 있다. SPSS의 결과와 동일한지 확인하자.

$$\frac{\text{공법 간 평균차이}}{\text{공법1의 산포} + \text{공법2의 산포}} = \frac{\text{집단 간 분산}}{\text{집단 내 분산}} = F \Rightarrow \text{유의확률}$$

셀 Q4	1−F.DIST(P4, N4, N5, TRUE) =1−F.DIST(P4, N4, N5, TRUE)

🔍 더 알아보기 | 검정통계량 F

1. 검정통계량 F는 산포를 나타내는 통계량 중에 분산을 이용한다. 위의 예에서 두 집단에 대하여 알아보았지만, 집단 간 분산과 집단 내 분산을 이용하는 검정통계량 F의 논리를 다수의 k개 집단으로 일반화하여 요약하면 다음 수식과 같다. 검정통계량 F는 세 집단 이상의 평균을 비교하는 핵심적인 방법론이자, 회귀분석까지 연결되는 중요한 개념이다.

$$\frac{\text{집단 간 산포}}{\text{집단1의 산포} + \cdots + \text{집단}k\text{의 산포}} = \frac{\text{집단 간 분산}}{\text{집단 내 분산}} = F \Rightarrow \text{유의확률}$$

2. 이표본 t검정의 검정통계량 -3.463의 제곱값을 구해보자. 분산분석의 F-값과 동일해진다(그림 31-7). 검정하는 방법이 서로 다른 것 같지만 실제로는 동일한 결과를 도출하고 있는 것이다.

$$t^2 = (-3.463)^2 = 11.990 = F$$

실제로 F분포와 t분포는 다음과 같은 관계가 존재한다. F분포의 분자의 자유도(df1)가 1인 경우에만 적용되는 관계이다.

$$F_{(1, df2)} = t^2_{(df2)}$$

아울러 이표본 t검정의 SPSS 결과표에서 '유의확률(양쪽)'이라고 표시되어 있다. 양측검정의 결과라는 의미이다. 그런데 분산분석에서 유의확률을 산출할 때, "= 1-F.DIST(P4, N4, N5, TRUE) = 1-F.DIST(P4, N4, N5, TRUE)"와 같이 F분포에서 우측꼬리의 확률만 구한다(셀 Q4 참조). 따라서 분산분석의 유의확률을 단측검정의 결과로 오해하는 경우가 종종 발생한다. 분산분석의 유의확률 또한 이표본 t검정과 같이 양측검정의 결과이다.

3. SPSS의 이표본 t검정의 결과에서 유의확률은 모두 세 개나 제시되고 있다(그림 31-7). 그 이유는 두 집단의 자료가 분산이 동일한지 여부에 따라 다른 검정방법을 적용하기 때문이다. 두 집단이 등분산이라는 가정이 확인되면 ①의 유의확률 .004를 적용한다. 만약 이 가정이 위배되면 좀더 세밀하게 수리적으로 조정하여 검정통계량을 구하게 된다.[9]

이때는 ②의 유의확률 .004를 적용한다. 이 예의 경우 공교롭게 수치가 0.004로 같지만 다소 차이가 발생하는 것이 더 일반적이다.

독립표본 검정

		Levene의 등분산 검정		평균의 동일성에 대한 t-검정						
		F	유의확률	t	자유도	유의확률 (양측)	평균차	차이의 표준오차	차이의 95% 신뢰구간	
									하한	상한
결점수	등분산이 가정됨	.035	.855	-3.463	13	❶ .004	-2.1111111	.6096720	-3.4282273	-.7939949
	등분산이 가정되지 않음		❸	-3.541	11.668	❷ .004	-2.1111111	.5961709	-3.4141610	-.8080613

그렇다면 두 집단의 등분산 여부를 어떻게 판단할 수 있을까? 결과표의 좌측에 [Levene의 등분산검정]의 결과를 제시해 주고 있다. '등분산검정'이란 분산이 같은지 다른지를 검정하였기 때문에 붙여진 명칭이다. 등분산검정의 귀무가설은 '두 집단의 분산이 서로 같다'이다. 이 귀무가설에 유의확률③은 현재 .855로 나타났다. 따라서 유의수준 0.05보다 크므로 두 집단의 분산이 같다고 판정할 수 있다. 만약 유의수준 0.05보다 작은 유의확률이면 두 집단의 분산이 서로 다르다고 판단한다.

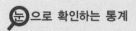으로 확인하는 통계   ×ₐ[C.2표본검정_simulation.xlsm] 참조

아래의 두 그림을 비교하면, 두 집단의 평균이 각각 27, 37로서 동일하지만 이표본 t검정의 검정통계량인 t-값과 유의확률은 차이가 발생한다. 각 집단 내 산포인 표준편차가 다르기 때문이다. 각 집단의 평균과 표준편차를 조정하면서 t-값 또는 유의확률에 어떤 변화가 발생하는지 확인하면 직관력을 높일 수 있다.

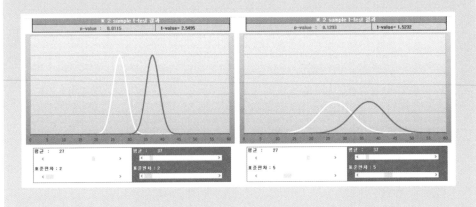

32
산포의 분해와 분산분석

세 집단 이상의 평균을 비교하는 분산분석의 주요한 검정논리는 산포의 분해이다. 13장에서 살펴본 산포를 측정하는 기술통계량의 개념이 산포의 분해에 활용되며, 그 분해과정과 결과는 분산분석표에 기술된다. 산포의 분해를 토대로 제곱합, 자유도, 분산, F통계량으로 이어지는 분산분석의 검정논리를 이해하도록 한다.

두 집단의 평균비교를 이표본 t검정과 분산분석의 결과를 비교하면서 설명하였다. 집단 간 산포와 집단 내 산포의 비율을 활용하면 집단이 3개 이상이 되더라도 통계적 검정이 가능하다. 분산분석ANOVA: analysis of variance은 일반적으로 3개 이상의 모집단 평균을 동시에 비교하여 그 차이가 존재하는지를 검정하는 통계방법이다. 분산분석을 통해 산포의 분해decomposition of variation와 F통계량과의 관계, 가설검정의 논리를 다시 한번 점검해 보고자 한다.

그림 32-1 자료는 4개의 대리점에서 매출액 증가분에 대한 차이가 있는지 검정하는 사례이다. 이에 대한 검정은 4개의 집단에 대한 분산분석을 실시해야 한다. SPSS에서 아래의 절차대로, [종속변수]에 '매출증가'를, [요인]에 '대리점'을 선택하고 〈확인〉을 클릭한다.

[분석] → [평균비교] → [일원배치 분산분석]

그림에서 분산분석표의 유의확률은 .001로 나타났다. 따라서 4개 집단의 평균이 같다는 귀무가설을 기각하고, 대리점별로 매출액증가에서 차이가 있다고 판단할 수 있다.

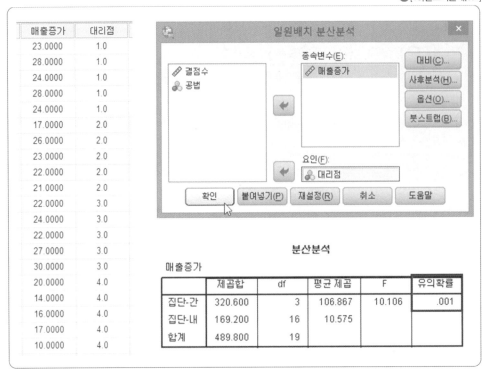

매출증가	대리점
23.0000	1.0
28.0000	1.0
24.0000	1.0
28.0000	1.0
24.0000	1.0
17.0000	2.0
26.0000	2.0
23.0000	2.0
22.0000	2.0
21.0000	2.0
22.0000	3.0
24.0000	3.0
22.0000	3.0
27.0000	3.0
30.0000	3.0
20.0000	4.0
14.0000	4.0
16.0000	4.0
17.0000	4.0
10.0000	4.0

분산분석

매출증가

	제곱합	df	평균 제곱	F	유의확률
집단-간	320.600	3	106.867	10.106	.001
집단-내	169.200	16	10.575		
합계	489.800	19			

❍그림 32-1 SPSS, 대리점별 매출증가 분산분석

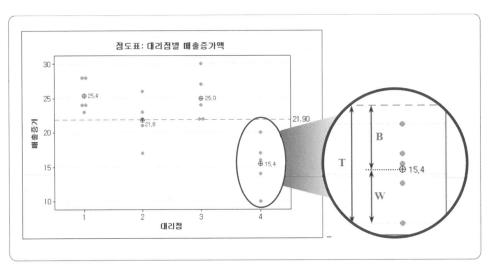

❍그림 32-2 대리점별 점도표

여기에서 실시한 분산분석에 해당하는 귀무가설은 다음과 같다. 도출된 유의확률 (.001)이 유의수준(.05)보다 작으므로 이 귀무가설을 기각하는 판정을 한 것이다.

귀무가설 H_0: $\mu_{대리점1} = \mu_{대리점2} = \mu_{대리점3} = \mu_{대리점4}$

이제 이 분산분석표를 자세히 파악해 보자. 분석한 자료를 점도표로 나타낸 것이 그림 32-2이다. 대리점별로 각 평균은 25.4, 21.8, 25.0, 15.4로 나타났다. 그리고 집단 (대리점)을 고려하지 않은 전체 자료의 평균grand mean은 21.90으로 나타났다.

대리점 4의 자료 중에 10의 값을 갖는 점을 중심으로 상세히 관찰하면, 그림 32-2의 우측에 있는 확대한 그림이다. 이 점이 가진 산포를 화살표처럼 분해할 수 있다. 먼저 T라고 표시된 산포는 전체 자료의 평균 21.90으로부터 떨어진 거리이다. 이 산포는 다시 B와 W로 표시된 산포로 분해할 수 있다. 이 자료가 소속된 집단, 대리점 4의 평균 15.4가 21.90으로부터 떨어진 거리는 B가 된다. 마지막으로 이 자료가 소속된 집단의 평균, 15.4로부터 떨어진 거리는 W가 된다.

모든 자료는 이와 같은 분해 작업이 가능하다. 이 분해법의 중점 아이디어는 두 가지이다. 첫 번째, T, B, W의 거리가 '평균'을 중심으로 산포를 계산하였다는 것이다. T와 B는 전체평균을, W는 해당 집단의 평균을 중심으로 산포를 구했다. 여기서 B는 해당 집단의 평균값을 하나의 자료처럼 생각한 것이다. 즉 대리점별 평균인 25.4, 21.8, 25.0, 15.4를 전체평균 21.90을 구성하는 자료로 간주한 것이다. 두 번째, 평균을 중심 으로 떨어진 산포의 크기를 음수와 양수가 상쇄되지 않도록 제대로 파악하려는 해법 이 제곱합이었다. 13장에서 산포를 측정하는 기술통계량으로 제곱합, 평균제곱합 또 는 분산, 표준편차가 설명되었다.

제곱합을 구하는 과정을 수식으로 표현하면 복잡하다. 따라서 그림 32-3처럼 엑셀 시뮬레이션으로 설명하고자 한다. [08.신뢰구간.xlsm] 〈4group〉의 버튼 〈설명보기〉를 클릭해 보자. 'Within'이라고 표시된 D열이 각 대리점 내의 제곱합을 구하는 과정이다. 이를 집단 내 제곱합SSW: Sum of Square Within이라고 부른다. 'Between'이라고 표시된 E열이 각 대리점 간의 제곱합을 구하는 과정이다. 이를 집단 간 제곱합SSB: Sum of Square Between이라고 부른다. 'Total'이라고 표시된 F열이 전체 자료의 제곱합을 구하는 과정 이다. 각 단계마다 편차를 구하면서 참조하는 평균을 눈여겨 관찰해 보자.

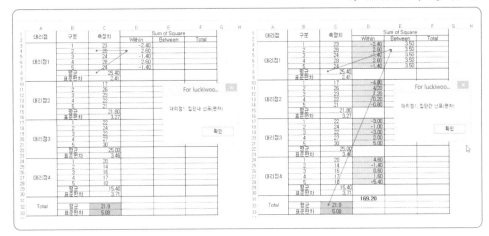

○그림 32-3 분산분석 시뮬레이션

　최종적으로 31행에 도출된 집단 내 제곱합(169.20), 집단 간 제곱합(320.60), 전체 제곱합(489.80)이 SPSS의 결과와 동일한지 살펴보자. 또한 이들은 $169.20 + 320.60 = 489.80$이라는 합의 관계가 있음을 확인할 수 있다. 이 관계는 앞서 그림에서 화살표 T, B, W를 관찰하면 직관적으로 이해할 수 있을 것이다.[10]

　분산분석을 의미하는 ANOVA는 ANalysis Of VAriance의 약자이다. 분산을 분석의 대상으로 삼았다는 의미이다. 우리는 현재 자료의 제곱합까지 분석하였다. 제곱합에서 분산을 구하려면 필요한 정보가 무엇인가? 제곱합을 평균한 것이 분산이며, 통계학에서 평균은 자유도로 나눈다고 하였다.

　먼저 F열의 전체 자료에 대한 제곱합은 기초통계에서 다루었던 자료와 동일하게 생각하면 된다(16장 참조). 집단 구분이 없는 20개의 자료일 뿐이다. 그러므로 자유도는 19이다. 전체평균 21.90을 맞추기 위해 하나의 자료는 구속되기 때문이다. 이에 비해 집단 내 제곱합의 자유도는 16이다(D열). 집단 내 제곱합을 위해 사용한 평균이 대리점별로 4개(25.4, 21.8, 25.0, 15.4)였기 때문이다. 대리점 1을 예로 들면, 5개의 자료가 평균 25.4를 구성하고 있다. 이 평균을 맞추기 위해서 하나의 자료는 구속되어, 대리점 1에서 자유도는 4이다. 나머지 대리점의 자유도 또한 각각의 평균 21.8, 25.0, 15.4를 구성하기 위해서 구속되는 자료가 하나씩 발생한다.

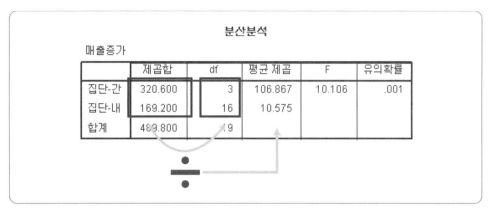

분산분석

매출증가

	제곱합	df	평균 제곱	F	유의확률
집단-간	320.600	3	106.867	10.106	.001
집단-내	169.200	16	10.575		
합계	489.800	19			

◑그림 32-4 SPSS, 분산분석표, 평균제곱합

E열에서 계산된 집단 간 제곱합의 자유도는 일반인이 가장 이해하기 어려워하는 개념이다. 평균을 계산할 수치는 실제로 20개인데 자유도는 고작 3이기 때문이다. 하지만 자료의 구조로 보면 20개의 자료 중에 자유로운 수치는 4개이다. 대리점별로 4개의 평균(25.4, 21.8, 25.0, 15.4) 외에는 다른 수치를 가질 수가 없다. 그리고 한 가지 추가되는 제약은 이 4개 수치의 평균들이 전체 평균 21.90을 형성해야 한다는 것이다. 간단히 말해서 4개의 자료(25.4, 21.8, 25.0, 15.4)가 평균 21.90을 구성하는 형태이다. 따라서 자유도는 3이 된다.

제곱합을 자유도로 나누면 평균제곱합, 즉 분산이다(그림 32-4). 분산분석은 집단 간 분산과 집단 내 분산의 크기를 비교한다. 비교하는 방법은 집단 간 분산을 분자로, 집단 내 분산을 분모로 하는 분수로 전환하였다. 분산분석에서 이 값을 F로 부른다. 이렇게 부른 이유는 확률분포 중에 F분포를 따르기 때문이다.[11] F-값이 1이라면 분모(집단 내 분산)와 분자(집단 간 분산)가 동일하다. F-값이 1보다 크다면 분모(집단 내 분산)보다 분자(집단 간 분산)가 크다는 의미이다. 그렇다면 1보다 어느 정도 더 클 때 유의미하다고 할 수 있을까?

통계학에서 이러한 질문에 대한 판단은 확률로써 대응한다. 검정통계량 F는 F분포를 통해 유의확률을 구할 수 있다. 엑셀에서 F분포의 유의확률은 F.DIST( )를 사용하여 다음과 같이 산출할 수 있다. 더불어 그림 32-5와 같이 예제파일 [C.분포.xlsm]의 〈F〉에서 동일한 유의확률을 구할 수 있는지 확인해 보자. 유의확률은 분자의 자유도가 3, 분모의 자유도가 16인 F분포에서 (10.106, +∞) 내의 확률에 해당한다(그림 30-2 참조).

📄[C.분포.xlsm] 〈F〉 참조

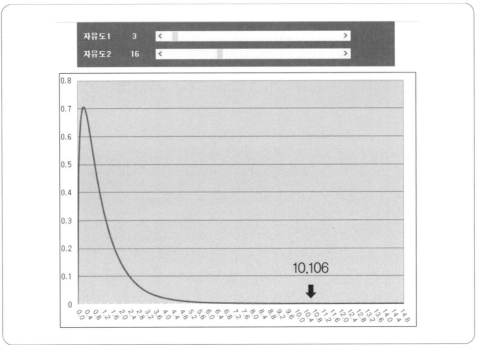

○그림 32-5 검정통계량 F의 유의확률

$$\frac{\text{집단 간 산포}}{\text{집단 내 산포}} \Rightarrow \frac{\text{집단 간 분산}}{\text{집단 내 분산}} = F \Rightarrow \text{유의확률}$$

$$\frac{106.867}{10.575} = 10.106 \Rightarrow 1\text{-F.DIST}(10.106,\ 3,\ 16,\ \text{TRUE})$$

유의확률(p-값)이 유의수준보다 작다면, F-값이 1보다 유의미하게 크다고 판단할 수 있다. 유의확률은 귀무가설인 '집단 간 평균의 차이가 없다'를 부인하면서 야기되는 '1종 오류'의 크기이다. 1종 오류는 오류이므로 작으면 작을수록 좋다. 작으면 작을수록 귀무가설을 기각하여 '집단 간 평균의 차이가 존재한다'고 주장하기에 부담이 적어진다. 일반적으로 유의수준 0.05보다 작은 수치일 때 '집단 간 평균의 차이가 있다'

또는 '집단 간 평균의 차이가 유의미하다'고 판정한다.

F-값이 커지면 집단 내 분산에 비해서 집단 간 분산이 크다는 의미이다. 이것은 분산분석의 귀무가설인 집단 간 평균이 같다는 주장에 반대되는 증거이며 유의확률은 작아지게 된다. F-값 10.106은 이러한 경향이 심해 유의확률이 0.001로 유의수준보다 작은 상태이다. 따라서 귀무가설을 기각하는 판정을 하는 것이다.

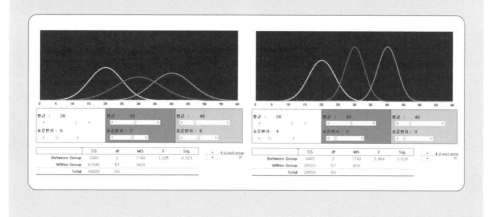

눈으로 확인하는 통계 [C.분산분석_simulation.xlsm] 참조

다음의 두 그림을 비교하면, 세 집단의 평균이 각각 20, 30, 40으로 동일하지만 F-값과 유의확률은 차이가 발생하였다. 집단 내 산포가 달라졌기 때문이다. 각 집단의 평균과 표준편차를 조정하면서 분산분석표의 결과가 변화하는 양상을 시뮬레이션해 보자. F-값과 유의확률에 대한 직관력을 높일 수 있을 것으로 기대한다. 이와 같이 하나의 정보(집단 간 산포)는 클수록, 또 다른 하나의 정보(집단 내 산포)는 작을수록 집단별로 차이가 존재한다고 주장할 수 있도록 만든 지표가 검정통계량 F라고 할 수 있다.

분산분석은 통계학자이자 유전학자인 피셔Ronald. A. Fisher에 의해 1930년대 전후로 완성되었다고 한다. 분산분석은 원래 농작물에 대한 실험조사의 분석을 위해 발전하였으므로 전통적인 통계학이나 현대의 사회과학과는 연구영역이 달랐다. 따라서 동일한 개념을 서로 다르게 명명하고 있어서 처음 접하는 학습자들은 용어의 혼란을 겪게 된다. 더구나 용어의 한글 번역도 학자들마다 제각각이라 이러한 혼란을 더욱 가중시키고 있다. 우선 농업통계연구의 전통에 따라 종속변수를 반응변수response variable, 독립변수를 인자factor라고 부른다. 실험을 위해 요인을 처치(처리)treatment한 조건을 수준level이라고 한다. 독립변수인 인자는 처치의 대상이기 때문에 처치변수treatment variable라고도 한다. 우리가 다루었던 예제에서 인자는 대리점이고, 인자의 수준은 대리점이 4개이므로 4 수준이 된다.

33

둘이서 같이 변화하는
분산, 공분산

분산분석은 이산형 독립변수와 연속형 종속변수의 관계를 밝히는 분석도구이다. 이와 비교하여 독립변수와 종속변수가 모두 연속형 자료일 때 상관분석이나 회귀분석을 사용한다. 연속형인 두 자료의 연관성을 측정하는 공분산은 상관분석 및 회귀분석의 기초가 되는 통계량이다. 두 자료의 수치가 동시에 증가하거나 감소하면 공분산은 양수이고, 그 반대의 경우에는 음수를 갖는다. 그러나 두 자료의 편차를 곱하여 산출되는 공분산은 척도의 영향을 받기 때문에 수치 해석이 곤란하다는 단점이 있다.

분산분석ANOVA은 3개 이상의 집단에 대한 평균 차이가 있는지 여부를 검정하는 분석도구이다. 이는 이산형 독립변수(집단)에 대한 연속형 종속변수의 평균을 비교한다는 의미이다. 여기에서 '3개 이상'을 극단적으로 늘려 나간다고 상상해 보자. 분산분석에서 그렸던 점도표의 변화를 상상해 보자. 이산형 독립변수의 수준의 수를 점점 늘려 나가면 점도표는 어떤 모습으로 변하는가?

X축에 위치한 독립변수의 수준별로 일직선을 이루던 점들은 모두 흩어지는 모습을 보일 것이다.[12] 궁극적으로 X변수의 각 값마다 결과값을 하나씩 갖기 때문이다(그림 33-1). 분산분석에서 이산형 자료이던 X축도 연속화된 그래프가 된다. 독립변수와 종속변수가 모두 연속형 데이터일 때 기존의 분산분석 외에 다른 분석도구가 필요하다는 것을 알 수 있다.

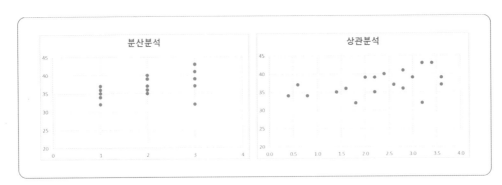

🎧그림 33-1 분산분석과 상관분석

　실제로 독립변수와 종속변수가 모두 연속형 데이터인 경우에는 상관분석correlation analysis과 회귀분석regression analysis을 사용한다. 분산분석이 X축의 수준별 집단 차이를 파악하는 것이라면, 상관분석은 개별 X값에 직결된 Y값을 비교하여 두 변수 간의 관련성을 파악하게 된다.[13] 우리는 이러한 두 변수의 관련성을 실생활 속에서 끊임없이 경험적으로 학습하고 있다. 가령 온도가 올라가면 땀을 흘리게 되고, 온도가 내려가면 땀을 덜 흘릴 것이다. 즉 하나의 변수가 변화하는 동시에 또는 약간의 시간차를 두고 다른 변수가 변하면, 두 변수가 관련성이 있다고 추측하게 된다. '까마귀 날자 배 떨어진다烏飛梨落'는 속담에서도 찾을 수 있다. 두 개의 사건(변화)이 동시에 발생하면 우리는 관련성이 있다고 예상한다. 그리고 그런 공통적인 변화가 반복될수록 그 관련성을 확신하게 된다.

　이제 두 변수에서 공통적인 변화를 측정하는 방법을 수리적으로 찾아보자. 다행히 우리는 하나의 변수가 나타내는 변화와 그 변화크기를 측정할 수 있는 기술통계량을 학습하였다. 대표적인 것이 데이터의 산포를 측정하는 분산이다. 분산은 평균을 중심으로 개별적인 자료들이 흩어진 정도를 측정하는 지표이고 산출공식은 아래와 같다. 분자를 구성하고 있는 $(X_i - \overline{X})$는 평균과 개별 자료의 차이로서 편차를 의미한다. 따라서 분산은 데이터가 변동하는 양이다. 분산은 데이터의 변화량이 얼마나 큰 것인지 측정한 지표이다. 이러한 분산의 특성을 활용하여 두 변수의 공통적인 변화를 측정할 수 없을까?

$$Variance = s^2 = \frac{SS}{n-1} = \frac{\sum (X_i - \overline{X})^2}{n-1}$$

분산의 개념을 활용하여 공분산covariance이라는 개념을 만들 수 있다. 이 용어는 두 변수가 '같이' 그리고 '공동으로' 변화하는 정도를 의미한다. 분산의 의미와 공식을 다시 상기해 보자. 분산의 산출공식에서 $\sum (X_i - \overline{X})^2$은 각 데이터가 평균을 중심으로 움직인 정도, 변화한 정도를 총합한 개념임을 알 수 있다. 여기에 포함된 제곱항 $\sum (X_i - \overline{X})^2$을 두 변수의 편차로 분리시킨 것이 공분산이다.

공분산을 구하려는 두 변수를 X와 Y라고 하면, 공분산을 구하는 산출공식은 분산의 $(X_i - \overline{X}) \cdot (X_i - \overline{X})$를 $(X_i - \overline{X}) \cdot (Y_i - \overline{Y})$로 변경한 것이다. 여기에서 우리는 $(X_i - \overline{X}) \cdot (Y_i - \overline{Y})$가 X, Y라는 두 변수의 공동 변화량을 측정할 수 있는 수리적 표현임을 직관적으로 이해할 수 있다.

공(co) + 분산(variance)

같이 + 변화

$$Variance = s^2 = \frac{SS}{n-1} = \frac{\sum (X_i - \overline{X})^2}{n-1} = \frac{\sum (X_i - \overline{X})(X_i - \overline{X})}{n-1}$$

$$Covariance = Cov(X, Y) = s_{XY} = \frac{\sum (X_i - \overline{X})(Y_i - \overline{Y})}{n-1}$$

공분산은 편차의 제곱합, $\sum (X_i - \overline{X})^2$을 두 변수 X, Y로 각각 분해하여, $\sum (X_i - \overline{X})(Y_i - \overline{Y})$와 같이 X의 편차와 Y의 편차의 곱을 총합한 통계량이다. 즉 공분산은 관계를 파악하고자 하는 두 변수 X, Y의 편차를 곱하고, 데이터 수로 나누어주었기 때문에 '두 변수의 편차곱의 평균'으로 정의한다. 그림 33-2와 같이 예제를 통해 공분산을 계산해 보자. 9개의 자료에 대한 산점도를 그리면 그림 33-2와 같다. 우선 변수 X의 값이 증가할수록 변수 Y의 값이 증가하는 관계성을 눈으로 확인할 수 있다.

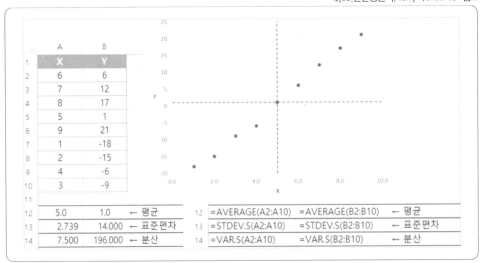

그림 33-2 공분산 (1)

	A	B	C	D	E	F	D	E	F
1	X	Y		편차(X)	편차(Y)	교차곱	편차(X)	편차(Y)	교차곱
2	6	6		1.0	5.0	5	=A2-$A$12	=B2-$B$12	=D2*E2
3	7	12		2.0	11.0	22	=A3-$A$12	=B3-$B$12	=D3*E3
4	8	17		3.0	16.0	48	=A4-$A$12	=B4-$B$12	=D4*E4
5	5	1		0.0	0.0	0	=A5-$A$12	=B5-$B$12	=D5*E5
6	9	21		4.0	20.0	80	=A6-$A$12	=B6-$B$12	=D6*E6
7	1	-18		-4.0	-19.0	76	=A7-$A$12	=B7-$B$12	=D7*E7
8	2	-15		-3.0	-16.0	48	=A8-$A$12	=B8-$B$12	=D8*E8
9	4	-6		-1.0	-7.0	7	=A9-$A$12	=B9-$B$12	=D9*E9
10	3	-9		-2.0	-10.0	20	=A10-$A$12	=B10-$B$12	=D10*E10
11									
12	5.0	1.0	← 평균						
13	2.739	14.000	← 표준편차						
14	7.500	196.000	← 분산						

D2 · : × ✓ fx =A2-$A$12

그림 33-3 공분산 (2)

변수 X와 Y에 대한 대표적인 기술통계량인 평균, 표준편차, 분산을 12~14행에 산출하였다. 이를 산출하는 엑셀 함수는 각각 AVERAGE( ), STDEV.S( ), VAR.S( )를 활용하였다. 공분산을 계산하기 위해서 실제로 필요한 정보는 평균이다. 변수 X의 평균은

5.0(셀 A12), 변수 Y의 평균은 1.0(셀 B12)으로 나타났다. 두 변수의 각 평균은 산점도에서 점선으로 표현되었다. 그림 33-3에서 '편차(X)'로 표시된 D열은 편차 $(X_i - \overline{X})$를 행별로 산출한 것이다. 변수 X의 평균이 산출된 셀이 "\$A\$12"로 절대참조되었다. '편차(Y)'의 E열도 마찬가지로 $(Y_i - \overline{Y})$를 계산한 것이다. '교차곱cross product'의 F열은 '편차(X)'와 '편차(Y)' 즉, D열과 E열을 곱하여 $(X_i - \overline{X})(Y_i - \overline{Y})$를 계산한 것이다.

그림 33-4에서 셀 F11은 교차곱을 모두 합하여 $\sum(X_i - \overline{X})(Y_i - \overline{Y})$를 계산하였다. 그리고 셀 F12는 표본의 수인 9로부터 공분산의 자유도인 (n-1)에 해당하는 8로써 셀 F11을 나눈 값으로, 즉 공분산이 된다. 이상으로 공분산이 직접 계산되는 과정을 단계적으로 수행하였다. 엑셀에서 이러한 번거로운 공분산 계산 과정을 COVARIANCE.S( )라는 통계함수를 활용하여 간단히 도출할 수 있다.[14]

	F	G	H
1	교차곱		
2	5		
3	22		
4	48		
5	0		
6	80		
7	76		
8	48		
9	7		
10	20		
11	=SUM(F2:F10)	← 교차곱의 합	
12	=F11/(9-1)	← 공분산	

♪그림 33-4 공분산 (3)

그림 33-5에서 셀 F14의 예와 같이 공분산분석의 대상이 되는 두 변수를 콤마(,)로 구분하여 지정하면 된다. 셀 F12와 셀 F14의 값이 동일하다는 점을 확인하자.

SPSS의 경우 공분산은 다음 메뉴에서 분석해야 할 변수를 선택하고 [옵션]을 그림 33-6처럼 설정하여 실행하면 구할 수 있다.

[분석] → [상관분석] → [이변량상관계수]

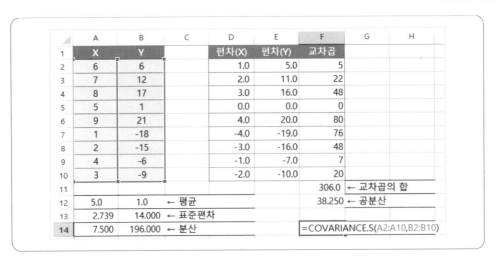

♠그림 33-5 공분산 (4)

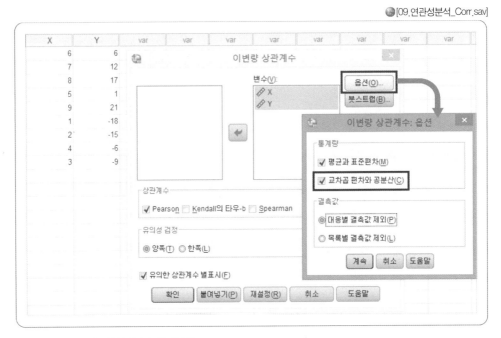

♠그림 33-6 SPSS, 공분산 및 상관분석

SPSS 분석결과는 그림 33-7과 같다. 변수 X와 Y의 교차곱의 합이 306.0으로, 엑셀에서 산출했던 셀 F11의 값과 일치한다. 그리고 공분산이 38.250으로 역시 셀 F12, 셀 F14와 일치한다. 참고로 동일한 변수 간의 공분산, 즉 자신 스스로에 대한 공분산은 분산과 동일하게 된다. 변수 X, 자신의 공분산은 7.50으로 셀 A14와 동일한 결과이다. 변수 Y의 분산은 196.0임을 알 수 있다.

기술통계량

	평균	표준편차	N
X	5.00	2.739	9
Y	1.00	14.000	9

상관계수

		X	Y
X	Pearson 상관계수	1	.998
	유의확률 (양쪽)		.000
	제곱합 및 교차곱	60.000	306.000
	공분산	7.500	38.250
	N	9	9
Y	Pearson 상관계수	.998	1
	유의확률 (양쪽)	.000	
	제곱합 및 교차곱	306.000	1568.000
	공분산	38.250	196.000
	N	9	9

↻그림 33-7 SPSS, 공분산 및 상관분석 결과

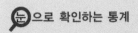

이 자료는 시트의 수식을 재계산하는 단축키인 'Shift+F9'를 한 번씩 누를 때마다 자료가 무작위로 변경되도록 작성되었다. 이에 따라 공분산, 평균, 표준편차와 같은 통계량도 자동으로 계산되고, 산점도에서 점들의 위치도 변경된다. 반복적으로 'Shift+F9'를 누르면서 자료의 형태와 공분산의 관계를 익혀보자.

범위 B2:C6에 엑셀함수 RAND( )를 활용하여 4개 자료가 무작위로 생성되도록 작성되었다. 현재 RAND( )에 모두 10(셀 C12의 값)을 곱하였기 때문에, 범위 B2:C6의 자료는 0과 10 사이의 난수를 발생시키게 된다. 셀 F3에서 산출되는 공분산은 앞서 살펴본 COVARIANCE.S( )를 활용하였다.

> 셀 B3 =RAND( )*$C$12
>
> 셀 F3 =COVARIANCE.S(B3:B7, C3:C7)

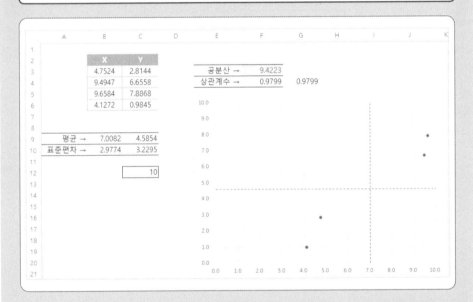

1) 우리는 공분산 값이 양수와 음수가 있으며 이에 따라 산점도에서 점들의 위치가 다르다는 것을 알 수 있다. 그래프의 변화와 공분산을 X의 평균과 Y의 평균을 기준으로 분리한 사분면을 염두에 두고 관찰해 보자.

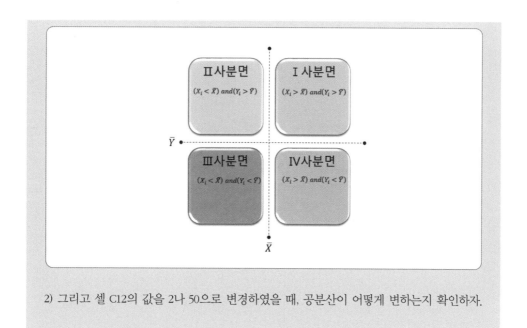

2) 그리고 셀 C12의 값을 2나 50으로 변경하였을 때, 공분산이 어떻게 변하는지 확인하자.

공분산 값의 의미를 자세히 알아보자. 공분산이 양수가 되려면, X의 편차와 Y의 편차가 모두 양수이거나 모두 음수여야 한다. 즉 X가 큰 값일 때 Y도 큰 값을 나타내고, X의 값이 작으면 Y의 값도 작아진다는 것을 의미한다. X, Y가 이러한 관계라면 $(X_i - \overline{X})(Y_i - \overline{Y})$는 양의 값을 기대할 수 있다. 산점도에서는 그림 33-8처럼 두 변수의 평균으로 나누어진 사분면에서 I과 III사분면에 자료가 위치한다. 공분산이 양수이면 X와 Y가 서로 정正, positive의 관계가 있다고 부른다.

이와 반대로 X가 큰 값일 때 Y가 작은 값을 나타내고, X의 값이 작으면 Y는 큰 값을 나타내면 공분산은 음의 값을 갖게 된다. 사분면에서 그림 33-9와 같이 자료들은 II사분면과 IV사분면에 분포하게 된다. 이렇게 공분산이 음수인 경우, X와 Y가 서로 부負, negative의 관계가 있다고 부른다. 그리고 만약 자료가 모든 사분면에 골고루 퍼져 있다면 공분산은 0에 가까워진다. 왜냐하면 I사분면, III사분면의 양수와 II사분면, IV사분면의 음수가 상쇄되기 때문이다.

⁺[09.연관성분석.xlsm] 〈Sheet 3〉 참조

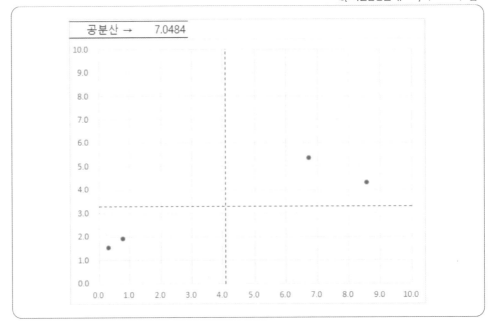

⊕그림 33-8 공분산이 양수인 산점도

⁺[09.연관성분석.xlsm] 〈Sheet 3〉 참조

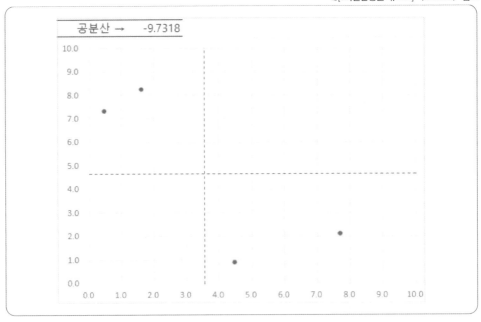

⊕그림 33-9 공분산이 음수인 산점도

이를 기하학적으로 설명하면 $(X_i - \overline{X})(Y_i - \overline{Y})$는 그림 33-10에 있는 사각형들의 면적이 된다.[15] 점선은 X의 평균과 Y의 평균을 나타낸 것이다. 공분산은 이 사각형 면적을 모두 총합한 $\sum(X_i - \overline{X})(Y_i - \overline{Y})$를 구한 후에 평균을 내는 개념이다. Ⅰ사분면과 Ⅲ사분면에 형성된 사각형 면적은 양수이고, Ⅱ사분면과 Ⅳ사분면의 사각형은 음수라는 점에 유의하면 된다.

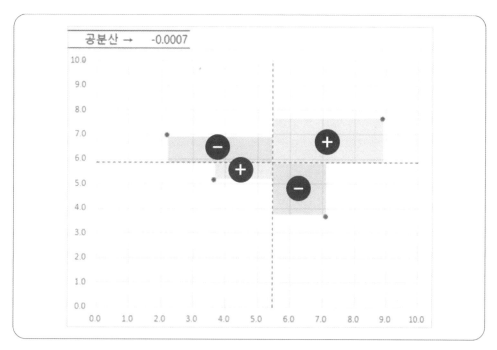

ⓞ그림 33-10 공분산이 0인 산점도

그림 33-10은 양의 면적과 음의 면적이 크기가 거의 유사하기 때문에 $\sum(X_i - \overline{X})(Y_i - \overline{Y})$가 거의 0에 가깝게 되어 공분산은 0에 가까운 예이다. 이는 X와 Y 사이에 관계가 없음을 의미한다. X의 증감에 따라 Y의 선형적인 변화가 파악하기 힘들다는 의미이다.

요컨대 공분산으로 두 변수가 같이 변화하는 방향이나 크기를 가늠하여 관계성을 파악할 수 있게 되었다. 두 변수가 서로 관계가 있다는 것은 '같이 변화한다'는 의미이다. 자료의 '변화'는 산포이므로 분산의 개념을 활용하여 두 변수가 공동으로 변화하는 지표를 만들었는데, 이것이 말 그대로 '공분산'이다.

공분산은 이론적으로 $(-\infty, +\infty)$ 사이의 값을 갖는다. 공분산이 큰 양수를 가질수록 두 변수 간에 강한 양의 직선관계가 있다는 것을 의미한다. 큰 음수의 공분산은 강한 음의 직선관계를 나타낸다. 그리고 공분산이 0에 가깝다면 두 변수 간에 직선적 관계가 없다는 것을 의미한다(여기서 왜 '직선적'이라는 수식어를 사용하였는지는 다시 설명한다).

그런데 공분산은 두 변수 간에 상관관계의 방향이나 존재 여부를 가늠하게 도와주지만, 어느 정도의 상관관계가 존재하는지 파악하는 데 한계가 있다. 공분산은 X와 Y의 측정단위에 영향을 받기 때문에 그 값의 의미를 파악하기 힘들다. 예를 들어 몸무게(kg)와 키(cm)의 공분산을 구했다면, 공분산의 단위는 몸무게와 키의 곱(kg·cm)이라는 다소 기괴한 단위가 창출된다. 더불어 공분산이 이론적으로 가질 수 있는 값은 ±∞이므로, 두 변수 간의 관계성을 평가하거나 절대적인 기준을 제시하기 곤란하다. 즉 얼마 이상이나 이하라는 기준 점수를 제시하여 관계성의 유무를 판단할 수 없다는 단점이 있다.

이러한 단점을 보완하기 위하여, 공분산의 단위를 제거하고 표준화하기 위하여 통계학자인 피어슨Karl Pearson은 몸무게, 키의 표준편차로 공분산을 나누어주는 방법을 선택하였다. 앞서 표준편차의 특성을 학습한 바와 같이 몸무게와 키의 표준편차는 각각의 측정단위인 kg, cm이므로, 몸무게와 키의 곱(kg·cm)이던 공분산의 단위는 상쇄되어 제거된다. 이와 같이 두 변수의 공분산을 각각의 표준편차로 나누어준 지표를 상관계수correlation coefficient라고 하며, 창시자의 이름을 따서 'Pearson의 상관계수'라고도 부른다. 또는 의미를 살려서 적률상관계수product moment correlation coefficient라고 부르기도 한다. 일반적으로 표본의 상관계수는 알파벳 r로 표기하며, 모집단의 상관계수는 ρ로 표기하고 '로rho'라고 읽는다. X와 Y라는 두 변수의 상관계수는 다음과 같다.

$$r_{XY} = \frac{Cov(X, Y)}{s_X \cdot s_Y} = \frac{\sum (X_i - \overline{X}) \cdot (Y_i - \overline{Y})}{s_X \cdot s_Y \cdot (n-1)} = \frac{\sum (Z_X \cdot Z_Y)}{(n-1)}$$

$$= \frac{\sum (X_i - \overline{X}) \cdot (Y_i - \overline{Y})}{\sqrt{\sum (X_i - \overline{X})^2 \cdot \sum (Y_i - \overline{Y})^2}}$$

엑셀에서는 상관계수를 산출하는 함수로 CORREL( )을 제공하고 있다. 그림 33-11의 셀 F4는 이 함수를 활용하여 계산한 상관계수이다. 이와 비교하여 셀 G4는 이미 구한 공분산을 두 변수의 표준편차로 나누어준 결과이다. 그림에서 보듯 셀 G4에는 "=F3/(B10*C10)"으로 기입하였다. 이 두 결과가 동일함을 확인할 수 있다. 공분산의 변화를 'Shift+F9'로 시뮬레이션한 것과 같이 이번에는 상관계수 값의 변화를 확인해 보자. 되도록 'Ctrl + Shift + U'를 눌러서 극적인 사례와 상관계수, 공분산의 변화를 확인해 보자.[16] 그리고 셀 C12를 변경하여 자료의 측정단위를 조절해 보자. 측정단위가 커질수록 공분산의 절댓값은 증대되지만 상관계수는 측정단위에 영향을 받지 않는다.

[09.연관성분석.xlsm] 〈Sheet 3〉 참조

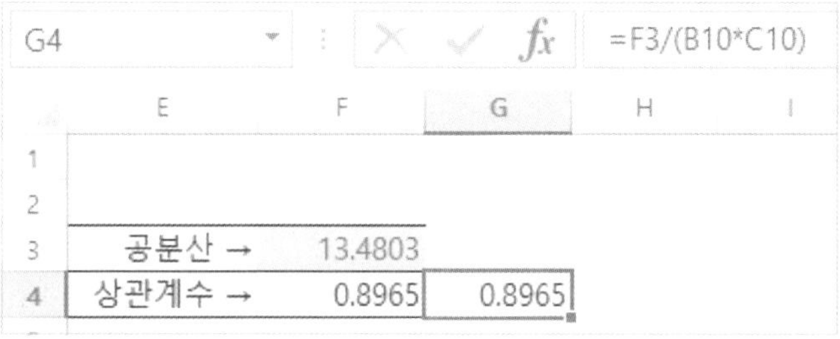

○ 그림 33-11 상관계수

우리는 시뮬레이션에서 관찰된 다양한 산점도를 눈으로 확인하고 두 변수 X, Y의 관계성을 가늠할 수 있다. 상관계수는 산점도보다 정확한 관계를 파악하기 위해서 수리적으로 만든 통계량이라고 이해하면 된다. 또한 상관계수는 공분산을 표준화한 지표이다. 공분산의 범위가 $\pm\infty$인 반면에, 상관계수는 $-1 \leq r \leq 1$의 범위를 갖는다. $r=1$은 완전한 양의 선형 상관관계를, 그리고 $r=-1$은 완전한 음의 선형 상관관계가 존재함을, $r=0$이면 두 변수 간에 선형 상관관계가 없음을 의미한다. 또한 공분산과 달리 그 범위가 ±1이므로, 관련성에 대한 평가기준도 제시할 수 있다. 예컨대 Guilford(1956)와 Cohen(1988)은 상관계수 절댓값을 이용하여 표 33-1과 같은 기준을 제시하고 있다.[17]

○ 표 33-1 상관계수의 평가기준

Guilford(1956)		Cohen(1988)	
$0.9 \leq \mid r \mid \leq 1.0$	매우 강한 상관	$0.5 \leq \mid r \mid \leq 1.0$	강한 상관
$0.7 \leq \mid r \mid < 0.9$	강한 상관		
$0.4 \leq \mid r \mid < 0.7$	중간 상관	$0.3 \leq \mid r \mid < 0.5$	중간 상관
$0.2 \leq \mid r \mid < 0.4$	낮은 상관		
$\mid r \mid < 0.2$	무상관	$0.1 \leq \mid r \mid < 0.3$	낮은 상관

더 알아보기 ┃ 연탄과 얼음 장사를 같이하는 이유

*[09.연관성분석.xlsm] 〈portfolio〉 참조

B~C열에 변수 X, 변수 Y의 자료가 각각 11개가 있다. 14~18행까지 이 자료들의 평균, 분산, 표준편차, 상관계수, 공분산을 각각 산출하였다. 두 변수를 합친 분포는 어떤 형태를 가질까? E열에 X와 Y의 값을 더하여 새로운 분포를 생성함으로써 실제 합친 자료를 구현하였다. 이렇게 두 분포를 합친 분포 E열에 대하여 평균, 분산, 표준편차를 14~16행에 산출하였다. 평균이 0.4888이고, 분산이 약 0.0279로 산출되었다. 이 통계량들의 값이 원자료였던 X와 Y의 특성과 어떤 관련성이 있는지 파악해 보자.

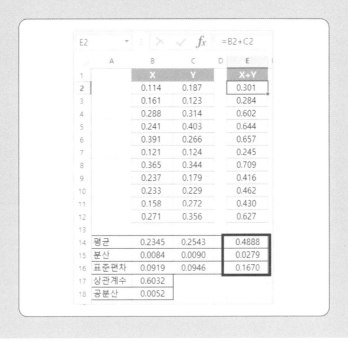

셀 G14는 X의 평균과 Y의 평균을 더한 값이다. 셀 E14의 값과 동일함을 확인할 수 있다. 즉 두 분포를 합쳐서 생성된 분포의 평균은 원래 분포들의 평균을 더한 것과 같다. 식으로 표현하면 다음과 같다.

$$평균(X + Y) = 평균(X) + 평균(Y)$$

〈통계량으로 계산한 결과〉

	F	G	H
12			
13		X+Y	X+Y+2*Cov
14		0.4888	-
15		0.0174	0.0279

	F	G	H
12			
13		X+Y	X+Y+2*Cov
14		=B14+C14	-
15		=B15+C15	=G15+2*B18

그런데 분산의 경우는 다르다. 셀 G15는 X의 분산과 Y의 분산을 더한 값으로 0.0174이다. 그러나 실제로 새로 생성된 분포의 분산은 셀 E15에서 0.0279로 나타났다. 분산은 추가적으로 'X변수와 Y변수의 공분산의 두 배'를 더하여야 0.0279와 동일해진다. 이를 식으로 표현하면 다음과 같다.

$$분산(X + Y) = 분산(X) + 분산(Y) + 2 \cdot 공분산(X, Y)$$

요컨대, 두 가지 분포를 합쳐서 새롭게 생성한 분포의 평균과 분산은 원래의 평균 및 분산에 의해 결정된다. 평균은 원래 평균의 단순한 총합이다. 하지만 분산은 원래 분산의 총합과 더불어 공분산까지 함께 고려되어야 한다.

원래 분산의 총합과 비교할 때, 새로 생성된 분포의 분산은 공분산이 음수이면 더 작고, 공분산이 양수이면 더 크게 된다. 다음의 그림은 위에서 살펴보았던 수리적 관계를 그대로 재현하였고, A와 B의 자료만 RAND( )로 생성하여 시뮬레이션하도록 만든 것이다. 그리고 공분산의 부호 또는 방향을 파악하기 쉽도록 산점도를 추가하였다. 'Shift+F9'를 반복해 누르면서 변화를 관찰해 보자. A와 B의 공분산 셀 O16의 부호에 따라 셀 R15와 셀 T15의 크기를 비교해 보자. 셀 R15는 합쳐진 분포의 실제 분산이고, 셀 T15는 원래의 A와 B의 분산을 단순히 합한 값이다.

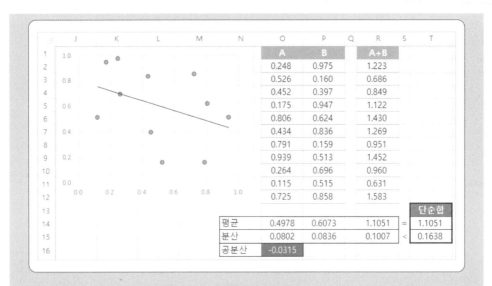

	A	B	A+B
	0.248	0.975	1.223
	0.526	0.160	0.686
	0.452	0.397	0.849
	0.175	0.947	1.122
	0.806	0.624	1.430
	0.434	0.836	1.269
	0.791	0.159	0.951
	0.939	0.513	1.452
	0.264	0.696	0.960
	0.115	0.515	0.631
	0.725	0.858	1.583

	A	B	A+B		단순합
평균	0.4978	0.6073	1.1051	=	1.1051
분산	0.0802	0.0836	0.1007	<	0.1638
공분산	-0.0315				

한편 경영학에서는 산포의 통계량인 분산이나 표준편차를 위험risk으로 자주 해석한다. 위의 예에서 A와 B를, 투자를 고려 중인 펀드상품이라 가정하고 월별 수익률을 수집한 자료라고 하자. 이 자료의 평균은 A펀드와 B펀드의 기대수익률이 된다. 한편, 수익률의 분산과 표준편차는 수익의 불안정한 정도를 나타내기 때문에 위험으로 해석하는 것이다. 앞서 살펴본 공분산의 영향을 반영하여 재무관리의 분산투자와 경영전략의 비관련다각화의 효과성을 설명할 수 있다.[18] 분산투자와 비관련다각화의 내용적인 공통점은 공분산이 낮은, 즉 서로 관련성이 없는 대안들을 결합하여 위험을 낮춘다는 데 있다.

분산(A + B) = 분산(A) + 분산(B) + 2 · 공분산(A, B)
(공분산이 음수일 때, 새로운 전체 분산(A + B)을 낮출 수 있다)

한정된 자금으로 주식 또는 펀드와 같은 투자처를 선택할 때, 수익률도 중요하지만 위험을 최소화하는 전략도 중요하다. 재무관리에서 투자처의 집합을 포트폴리오portfolio라고 부른다. 포트폴리오 전체의 위험, 즉 분산을 최소화하는 방향으로 투자처를 배분해야할 것이다. 전체 분산을 줄이는 효율적인 방법은 투자처 간에 공분산이 음수가 되도록 배분하는 것이다. 개별 투자처 간의 공분산을 낮춘다면 포트폴리오의 위험을 줄일 수 있다. 이를 포트폴리오의 위험분산효과라고 한다. 이른바 "계란을 한 바구니에 담지 마라Don't put all your eggs in one basket"는 투자원칙을 의미한다.

공분산의 영향은 기업단위에서 M&A가 이루어질 때도 적용된다. 두 기업이 합쳐질 때는 이전보다 높은 수익을 획득하는 것도 중요하지만, 위험을 줄이는 것도 중요하다. M&A에서도 위험을 낮추는 방법 중 하나는 서로 관련성이 낮은(=공분산이 낮은) 사업 간에 통합하는 비관련다각화이다. 즉 서로 관련성이 낮은 사업분야로 진출하는 사업확장을 말한다.

예를 들어 우산장사와 모자장사는 제품의 내용 측면에서 관련성이 낮은데도 불구하고 주변에서 종종 병행하는 경우를 목격하게 된다. 날씨가 화창하면 모자를 팔고 비가 오면 우산을 팔 수 있는 장점이 있기 때문이다. 우산장사와 모자장사는 한쪽의 수익이 좋을 때 다른 한쪽의 수익은 좋지 않아서 수익 측면에서 공분산이 음수이다.

이렇게 공분산이 음수인 사업을 복합적으로 운영하면 위험을 줄이고 수익은 좀더 안정적으로 획득할 수 있다. 겨울철에 연탄장사를 하는 업체가 여름에 얼음장사를 하는 경우도 마찬가지이다. 비관련다각화는 특정한 사업이 악조건일 때 기업에 미치는 영향을 완화할 수 있도록 공분산을 이용하여 위험분산효과를 이끌어낸 개념이다.

34
공분산의 표준화, 상관계수

공분산은 두 변수의 정positive 또는 부negative의 관계는 밝혀주지만, 척도의 영향을 받고 이론적으로 (−∞, +∞) 범위의 값이 산출될 수 있다. 공분산의 유의성을 평가할 수 있는 절대적인 판단기준이 없다는 실무적인 단점이 있다. 이를 보완하여 상관계수는 공분산을 두 자료의 표준편차로 나누어서 (-1, +1) 범위의 값을 갖도록 표준화한 통계량이다.

두 연속형 자료를 분석하여 상관계수를 도출하고 그 크기에 따라 변수 간 상관성을 평가할 수 있다. 만약 상관계수가 0.95로 도출되었다면 Guilford(1956)의 기준에 따라 '매우 강한 상관'임을 판정할 수 있다.

🔍눈으로 확인하는 통계 ※ [09.연관성분석.xlsm] 〈r_value〉 참조

산점도 하단의 스크롤바를 움직여서 상관계수의 수치를 확인해 보자. 상관계수는 공분산이 (-1, +1) 범위의 값을 갖도록 표준화한 지수이다. 중학과정에서 배우는 일차방정식은 상관계수가 -1이거나 +1인 경우에 해당된다고 이해할 수 있다.

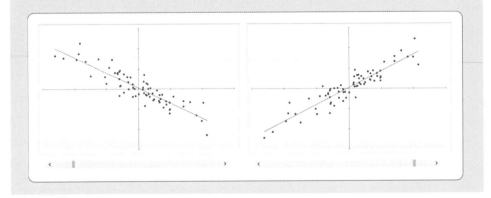

하지만 일반적으로 '상관분석'이라고 하면, 이러한 판정보다는 상관계수의 유의미성을 검정하는 방법을 같이 고려해야 한다. 즉 상관계수 0.95가 절대적인 수치는 높지만 '의미가 있는 수치인가?'라는 질문에도 답해야 한다는 뜻이다.

그림 34-1을 비교해 보자. 두 그림 모두 상관계수는 0.954이다. 가로축은 '교육훈련비용'이고 세로축은 '판매실적'이라고 한다. 기업이 조직구성원의 교육훈련에 지출한비용과 판매실적의 연관성이 0.954라면 상당히 높은 상관계수이다. 그렇다면 어떤 그림의 0.954를 더 믿을 수 있는가? 그리고 그 이유는 무엇인가?

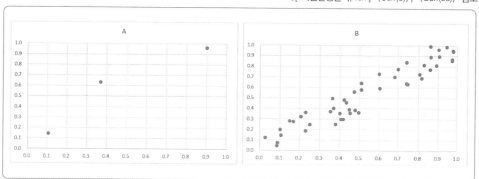

[09.연관성분석.xlsm] 〈Corr(3)〉, 〈Corr(50)〉 참조

⚲그림 34-1 의미없는 상관계수, 의미있는 상관계수

대부분이 직감적으로 그림 B를 선택할 것이다. 그 이유는 그림에 찍힌 점이 많기때문이다. 즉 0.954라는 수치를 지지해 주는 자료가 많기 때문이다. 실제로 그림 A는자료 수가 3개이고, 그림 B는 자료 수가 50개이다. 많은 사람들이 그림 A는 상대적으로 믿음직스럽지 않은 0.954라고 생각한다. 왜냐하면 자료를 좀더 수집하면 지금 산출된 0.954가 변경될 가능성이 높기 때문이다. 그림 A의 상관계수 0.954는 무의미해질가능성이 있는 수치가 되는 것이다. 통계학에서는 그림 A의 상관계수 0.954는 유의미하지 않고non-significant, 그림 B의 상관계수 0.954는 유의미하다significant고 판정한다.이것이 상관계수에 대한 유의성 검정이다.

더불어 극단적인 사례를 이해하는 것도 도움이 된다. 만약 그림 A의 자료보다 하나더 적어져서, 자료가 2개뿐이라면 무조건 상관계수는 +1 또는 -1이 된다. 예제파일

[09.연관성분석.xlsm]의 〈Corr(2)〉에서 'Shift+F9'를 반복적으로 눌러 시뮬레이션해 보면 셀 F4의 상관계수는 항상 +1이거나 -1이 된다. 하지만 완벽한 상관계수 값임에도 불구하고 유의미하게 해석하는 사람은 없을 것이다.

자료 수에 따른 이러한 직관적인 해석을 구체적인 통계학적 방법으로 어떻게 구현하였는지 알아보자. 상관계수에 대한 유의성 검정에서 '검정'이라는 단어가 사용되었으므로 귀무가설과 대립가설이 설정될 것이다. 또한 특정한 확률분포를 따르는 검정통계량이 천재적인 통계학자들에 의해 마련되었을 것이다. 먼저 귀무가설과 대립가설은 모집단의 상관계수(ρ)를 0을 기준으로 설정한다. 상관계수 값이 0이라면 관련성이 없다는 의미임을 상기하자. 따라서 상관계수의 유의미성에 대한 검정에 설정된 가설은 다음과 같다.

> H_0: $\rho = 0$(두 변수는 선형관계가 없다)
> H_1: $\rho \neq 0$(두 변수는 선형관계가 있다)

그리고 상관계수에 대하여 다음 수식의 검정통계량이 자유도가 n-2인 t분포를 따르는 것으로 알려져 있다. 이 검정통계량이 t분포상에서 나타날(위치한) 확률을 계산할 수 있다. 이 복잡한 수식을 직접 계산하거나 증명하는 것은 다루지 않겠지만, 구성하는 변수들은 파악해 두자. 자세히 보면 수식이 상관계수(r)와 자료의 수(n)로 구성되어 있음을 알 수 있다. 즉 상관계수의 유의성은 r의 크기와 n의 크기에 좌우된다. 여기서 n은 관측된 자료 수이다.

$$\frac{r - \rho^*}{S.E.\ of\ r} \Rightarrow \frac{r - 0}{\sqrt{\dfrac{1 - r^2}{n - 2}}} = r\sqrt{\frac{n - 2}{1 - r^2}} \sim t_{n-2}$$

정리하면, 상관계수를 근거로 의사결정할 때 우리는 두 가지 통계적 정보를 모두 활용해야 한다. 통계적으로 유의미성이 확인되지 않았음(p>.05)에도 불구하고, 상관계수의 크기만 보고 판단하는 오류가 흔히 발생한다. 연구 결과를 위해서는 상관계수의 값도 크고 통계적으로도 유의미해야(p<.05) 할 것이다.

이제 엑셀을 활용하여 그림 A(그림 34-1)의 상관계수와 그 유의확률을 구해보면 그림 34-2와 같다. 범위 B3:C5에 있는 3개의 자료를 분석한 결과이다. 셀 F4에 상관계수는 0.954로, 이에 대한 유의확률은 셀 I4에 0.194로 나타났다. 다소 복잡해 보일 수 있지만 셀 H4는 앞서 살펴본 상관계수에 대한 검정통계량의 수식을 그대로 입력한 결과이다. 이 검정통계량은 자유도가 1인 t분포 위에 위치한다. 셀 I4는 셀 H4에서 산출한 t-값이 위치한 영역을 계산한 유의확률이다. 동일한 자료에 대한 SPSS의 상관분석 결과는 그림 34-3과 같다. 상관계수와 유의확률이 엑셀의 결과와 동일함을 확인할 수 있다. SPSS는 t-값(셀 H4)은 제공하지 않는다.

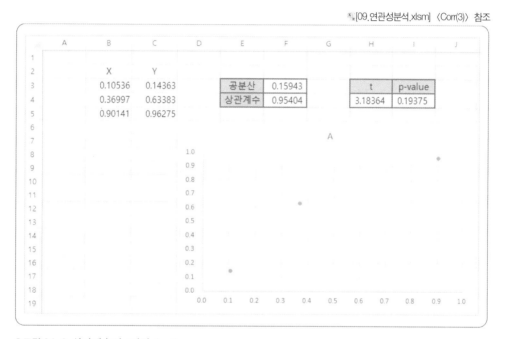

↪[09.연관성분석.xlsm] 〈Corr(3)〉 참조

↻그림 34-2 상관계수의 t검정 (n=3)

셀 F3	= COVARIANCE.S(B3:B5,C3:C5)
셀 H4	= F4*((3−2)/(1−F42))^(1/2)
셀 F4	= CORREL(B3:B5,C3:C5)
셀 I4	= T.DIST.2T(ABS(H4), 3−2)

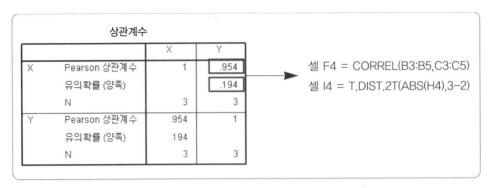

○그림 34-3 SPSS, 상관분석 결과

그림 B(그림 34-1)의 상관계수와 그 유의확률을 구해보면 그림 34-4와 같은데, 그림 34-2와 비교해 보기 바란다.

✕.[09.연관성분석.xlsm] 〈Corr(50)〉 참조

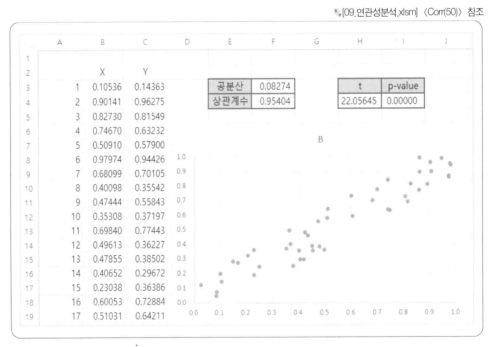

○그림 34-4 상관계수의 t검정 (n=50)

예제파일의 자료들은 5개의 쌍으로 이루어져 있다. 그중 A~H열의 자료들에 대한 상관계수는 모두 약 0.80이다. 그러나 각각의 산점도를 확인해 보면 자료의 특징이 모두 다르다. 즉 상관계수는 이러한 자료 형태를 구분하지 못한다는 단점이 있다.

첫 번째, 공분산과 상관계수는 두 변수 간 관계의 방향과 크기를 측정해 주지만, 선형 linear 관계 또는 직선적straight line 관계에 국한된다. 즉 공분산과 상관계수는 2차 이상의 고차식이나 비선형 관계를 밝혀내지는 못한다. 상관계수와 공분산의 값이 0이라는 의미는 두 변수 간에 아무런 관계가 없다는 의미가 아니다. 선형적 관계가 없다는 뜻으로 비선형 관계는 존재할 수 있다. 앞서 살펴본 산출공식에서, 개별 자료와 평균 간의 직선 거리를 계산한 $(X_i - \overline{X})(Y_i - \overline{Y})$의 정보만 활용하였기 때문이다.

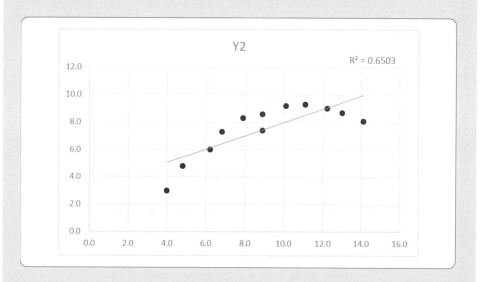

하지만 이러한 한계 때문에 상관계수와 공분산이 무용지물이라는 뜻은 아니다. 사회적 현상에서 나타나는 기본적 속성이 선형적인 경우가 많고, 비선형 관계라고 하더라도 적절한 변수의 변환을 통해 연관성을 검정해 낼 수도 있기 때문에 여전히 상관계수와 공분산은 유용하다. 단, 선형관계만을 측정하는 상관계수와 공분산의 수치로만 판단할 경우 위험하기 때문에 반드시 산점도를 통해 비선형관계의 가능성을 시각적으로 확인할 필요가 있다.

두 번째, 변수의 범위를 인위적으로 제한하면range restriction 상관계수가 왜곡될 수 있다. 가로축의 자료 범위를 A영역 또는 B영역으로 제한하면 상관계수의 부호가 다르게 도출될 수 있다.

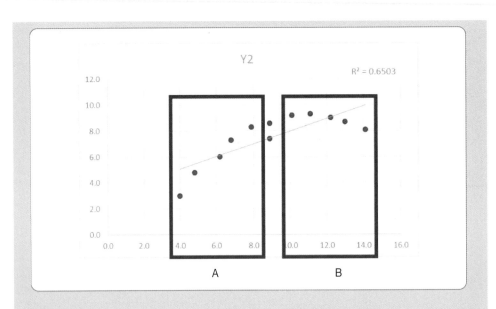

세 번째, X4와 Y4의 산점도와 같이 이상치outlier가 포함되면 상관계수가 왜곡될 수 있다.

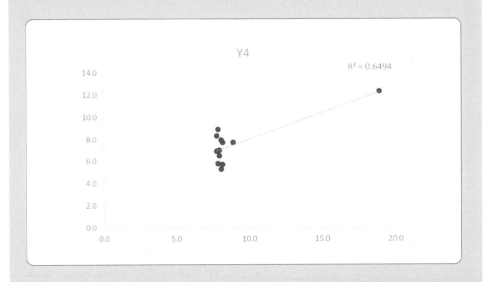

네 번째, 이질적인 집단들이 포함될 경우, 실질적인 상관계수가 왜곡될 수 있다. X5와 Y5의 산점도는 전체적으로 양의 상관계수를 나타내고 있다. 하지만 남성과 여성을 구분한다면 각각 음의 상관계수를 가진 자료가 혼합되어 있으므로 해석에 주의해야 한다.

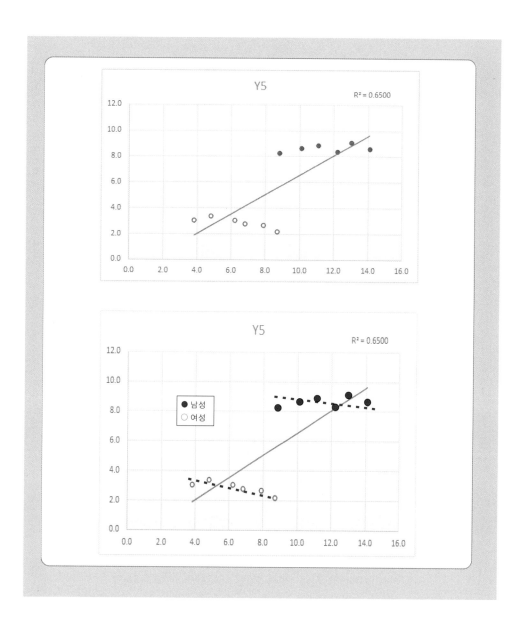

앞서 살펴본 상관계수는 두 변수가 모두 연속형 자료일 때 사용할 수 있다. 연속형이 아니라 서열척도로 수집된 자료라면 스피어만의 서열상관계수rank correlation coefficient를 사용해야 한다. 서열상관계수가 도출되는 과정을 살펴보자. A~B열에 있는 자료의 Pearson의 상관계수는 셀 B11에 함수 CORREL( )를 사용하여 0.930으로 산출할 수 있다.

	A	B	D	E	F	G
1	**X**	**Y**		**RANK.AVG**		
2	1	2		9	9	
3	2	3		7.5	7.5	
4	2	4		7.5	6	
5	3	3		5.5	7.5	
6	3	5		5.5	4.5	
7	4	6		3.5	2.5	
8	4	5		3.5	4.5	
9	5	6		2	2.5	
10	6	8		1	1	
11		0.92967			0.918803	
12		Pearson's ρ			Spearman's ρ	

이 자료에 대한 Spearman의 서열상관계수는 셀 F11에 약 0.919로 산출되었다. 그 과정을 함께 살펴보자.

원자료인 A~B열에 대한 순위정보를 E~F열에 도출하였다. 순위는 엑셀함수 RANK.AVG( )를 활용하였고, 문법은 다음과 같다.

RANK.AVG(해당 자료, 전체 자료, 내림차순 or 오름차순)
　해당 자료: 순위를 구하고자 하는 자료
　전체 자료: 순위를 구하고자 하는 전체 자료
　내림차순 or 오름차순: 0이나 생략되면 내림차순이고, 그 외 값은 오름차순

셀 F11을 보면 엑셀함수 CORREL( )을 활용하고 있다. 결론적으로 Spearman의 서열상관계수는 원자료가 아니라, 순위정보인 E~F열을 대상으로 산출한 'Pearson의 상관계수'이다. 참고로 엑셀에서 순위를 산출하는 함수로는 RANK.EQ( )도 있다. 예제파일을 참조하여 RANK.AVG( )와 어떤 차이가 있는지 탐구해 보기 바란다.

35
분할표를 분석하는
카이제곱(χ^2) 분석

공분산과 상관계수는 연속형 변수의 연관성을 분석하는 통계량이다. 이산형인 두 변수의 연관성은 카이제곱분석으로 검정한다. 이산형인 두 변수의 자료는 주로 분할표로 제시되므로 카이제곱분석에서 분할표가 자주 등장하게 된다. 카이제곱분석은 연구목적에 따라 독립성검정, 동질성검정, 적합성검정에 다양하게 활용되는 유용한 검정방법이다.

상관계수는 연속형 변수들의 관련성을 측정하는 지표이다. 그렇다면 이산형 변수들의 연관성을 측정하는 방법도 있음직하다. 통계학자들은 전자에 대해서 상관성 correlation이라는 단어를, 후자에 대해서는 연관성association이란 단어를 더 선호한다. 그리고 이산형 자료는 표 35-1처럼 표table의 형태로 정리할 수 있다.

이산형 변수이기 때문에 각 셀에 기입된 값은 도수frequency이다. 리더십 유형[19]과 성별을 행row과 열column로 교차시킨 표에, 발생한 또는 관측된 도수를 정리하였다. 이러한 표를 교차표cross tabulation, cross classification라고 하고, 각 셀의 조건에 따라 자료를 분리하였기 때문에 분할표contingency table라고도 부른다. 표 35-1에서는 성별이 2수준, 리더십 유형이 4수준을 갖게 되어 2개의 열과 4개의 행으로 구성되었다. 이러한 분할표를 '4×2 분할표'라고 한다. 즉 R개의 행과 C개의 열을 갖는 경우에는 'R×C 분할표'라고 부른다.

분할표를 작성하면서 연구자가 두 변수 간의 인과관계를 미리 가정할 때도 있다. 이런 경우 독립변수는 열의 제목으로, 종속변수는 행의 제목으로 위치시킨다. 그러나 이 원칙이 항상 지켜지는 것은 아니다. 보고서의 공간이 부족할 경우에 적절하게 행과 열을 바꾸기도 한다. 변수에 대한 이러한 행과 열의 위치 선정이 통계적 분석이나 결과에 영향을 미치지는 않기 때문에 중요하지 않아 보인다. 단, 백분율 정보를 표현할 때는 종속변수 방향으로 기술한다. 그래야 '(독립변수)에 따라서 (종속변수)가 변화하는 비율[20]을 확인하기 쉽다. 예에서 우리는 성별에 따라 리더십 유형의 도수분포가 다른지 백분율을 비교하여 확인할 수 있다. 각 열의 주변합계marginal total가 남성(304명), 여성(238명)으로 모두 100%로 산출되었다.[21]

⊙표 35-1 성별에 따른 리더십 유형 분할표

리더십 유형	성별		합계
	남	여	
위임형	42(13.8%)	48(20.2%)	90(16.6%)
지원형	72(23.7%)	69(29.0%)	141(26.0%)
코치형	162(53.3%)	106(44.5%)	268(49.4%)
지시형	28(9.2%)	15(6.3%)	43(7.9%)
합계	304(100%)	238(100%)	542(100%)

⊙표 35-2 성별에 따른 리더십 유형의 기대도수

리더십 유형	성별		합계
	남	여	
위임형	50.48	39.52	90
지원형	79.08	61.92	141
코치형	150.32	117.68	268
지시형	24.12	18.88	43
합계	304	238	542

이상으로 분할표의 작성방법에 대하여 알아보았다. 분할표의 자료를 분석하여 두 변수의 연관성을 어떻게 측정할 수 있을까? 가설검정의 아이디어를 빌리자면, 연관성이 전혀 없는 상태의 빈도수를 설정하고, 이와 수집된 분할표의 빈도수를 비교하면 어떨까? 우리는 이제 '연관성이 전혀 없는 상태'가 귀무가설로 연결될 것으로 예상할 수 있다. 실제로 여기서 설명하려는 χ^2검정은 귀무가설의 분포를 생성하고 이를 수집한 자료와 비교하는 방법을 사용한다. 통계학에서 두 확률변수가 연관성이 없다는 것은 두 변수의 '독립성'을 의미한다. 따라서 두 변수가 서로 독립이라는 귀무가설을 설정하면 표 35-2를 구성할 수 있다.

먼저 수집된 자료의 크기가 동일해야 하므로 원래의 분할표와 주변합계의 정보는, 수집된 자료인 표 35-1과 일치시킨다. 주변 합계가 정해진 제약조건하에 분할표 내부의 8개 셀에 평균적으로 할당할 수 있는 도수를 산출해 보자. 초등학교 수학에서 배우는 비례식을 활용하면 다음과 같이 산출할 수 있다.

남성, 위임형	$542 : 90 = 304 : x$	$x \fallingdotseq 50.48$
여성, 위임형	$542 : 90 = 238 : x$	$x \fallingdotseq 39.52$
남성, 지원형	$542 : 141 = 304 : x$	$x \fallingdotseq 79.08$
여성, 지원형	$542 : 141 = 238 : x$	$x \fallingdotseq 61.92$
...	...	...
여성, 지원형	$542 : 43 = 238 : x$	$x \fallingdotseq 18.88$

이 비례식은 분할표에서 행과 열의 제목인 변수(리더십 유형, 성별)의 정보를 전혀 활용하고 있지 않다. 비례식에서 남성, 여성을 구분하지 않으며 위임형, 지원형, 코치형, 지시형에 대한 정보는 없다. 단순히 주변합계를 적용하여 자연스럽게(비율에 맞춰서) 각 셀에 도수를 배분한 것이다. 성별과 리더십 유형을 무시하고 분할표 내부의 8개 셀에 무작위로 542개의 구슬을 던져 넣었을 때, 얻을 것으로 기대되는 평균적인 도수이다. 이는 분할표의 두 변수가 서로 연관성이 없다. 즉 독립이라는 의미로 해석할 수 있다. 이렇게 산출된 도수를 기대도수expected frequency라고 부른다. 이에 대응하여 수집된 자료를 분할표로 나타낸 표 35-1에 기술된 도수를 획득도수obtained frequency 또는 관찰도수observed frequency라고 부른다.

> ### 🔍더 알아보기 │ 기대도수
>
> 확률이론에 능숙하다면 기대도수를 독립사건의 특징으로도 설명할 수 있다. A, B가 독립사건이면 다음의 성격을 지닌다.
>
> $$P(A \cap B) = P(A) \cdot P(B)$$

분할표의 첫 번째 셀은 '성별은 남성이고 리더십 유형은 위임형' (남성∩위임형)에 해당한다. 이런 경우가 발생할 확률은 'P(남성∩위임형)'로 표현한다. 성별과 리더십 유형이 독립적인 사건이면 P(남성∩위임형)는 남성일 확률 'P(남성)'와 위임형일 확률 'P(위임형)'의 곱과 같다. 즉, (304/542) · (90/542)이다. 우리가 구하고자 하는 도수를 x라고 할 때, P(남성∩위임형)는 $x/542$로 표현할 수 있다. 이러한 독립사건의 특성을 이용하면 다음과 같은 동일한 결과를 얻을 수 있다.

$$P(남성 \cap 위임형) = x/542 = (304/542) \cdot (90/542) \rightarrow x \fallingdotseq 50.48$$
$$P(여성 \cap 위임형) = x/542 = (238/542) \cdot (90/542) \rightarrow x \fallingdotseq 39.52$$
$$P(남성 \cap 지원형) = x/542 = (304/542) \cdot (141/542) \rightarrow x \fallingdotseq 79.08$$
$$P(여성 \cap 지원형) = x/542 = (238/542) \cdot (141/542) \rightarrow x \fallingdotseq 61.92$$

표 35-2는 귀무가설의 분포, 즉 두 변수의 독립성을 가정한 기대도수를 산출한 것이다. 이와 관측도수를 비교하여 차이의 크기를 계산한다면 연관성이 높은지, 연관성이 없어 서로 독립인지 판단할 수 있을 것이다. 전체적인 차이의 크기는 각각 대응되는 셀 값의 차이에 대한 제곱합sum of square을 구하면 측정할 수 있다. 제곱합은 편차의 종합적인 크기를 구할 때, 음수와 양수가 발생하여 상쇄되는 것을 해결하는 기법으로 사용되었는데, 여기서도 마찬가지이다.

$$(42-50.48)^2 + (48-39.52)^2 + (72-79.08)^2 + \cdots$$
$$\cdots + (106-117.68)^2 + (28-24.12)^2 + (15-18.88)^2$$

이 값은 관측도수와 기대도수의 차이가 클수록 커진다. 이 값이 클수록 두 변수는 독립이 아니라 연관성이 높을 것이다. 이러한 기본 개념에 기초하여 연구를 거듭한 통계학자들은 위의 제곱합의 각 항을 기대도수로 나누어서 더하면 χ^2분포에 근사하다는 것을 밝혔다.

$$\frac{(42-50.48)^2}{50.48} + \frac{(48-39.52)^2}{39.52} + \frac{(72-79.08)^2}{79.08} + \cdots\cdots + \frac{(106-117.68)^2}{117.68}$$
$$+ \frac{(28-24.12)^2}{24.12} + \frac{(15-18.88)^2}{18.88} = \sum \frac{(15-18.88)^2}{18.88} \fallingdotseq 8.18 \sim \chi^2_{(3)}$$

통계적인 유의성을 밝히는 통계적 가설검정은 확률적인 의사결정을 위해서 확률분포에 의존함을 앞에서 학습한 바 있다. 이렇게 제곱합의 각 항을 기대도수로 나누어 근사하는 확률분포를 발굴함으로써 통계적 의사결정에 필요한 p-값을 획득할 수 있다. χ^2분포의 모양은 자유도에 따라 변한다. 따라서 χ^2분포를 활용하기 위해서는 자유도를 파악하고 있어야 한다. 이 예에서 자유도는 3이다. 자유도가 3인 χ^2분포에서 8.18이 위치한 우측꼬리의 확률, 즉 p-값은 엑셀에서 다음과 같이 구할 수 있다.

> = CHISQ.DIST.RT(8.18, 3) 또는 = 1-CHISQ.DIST(8.18, 3, TRUE)[22]

R×C 분할표에서 자유도는 흔히 (R-1) · (C-1)개로 설명된다. 이 예에서 (4-1) · (2-1)이 므로 3이 된다. 기본적으로 자유도는 독자적인 정보를 가진 자료의 수를 의미한다. 분할표에서 주변합계가 주어졌다면 몇몇 셀의 정보들이 무의미해진다. 예컨대 첫째 행에서 위임형이 90으로 주어졌다면, 남성 42와 여성 48 중의 하나는 독자적인 정보가 없다. 두 수의 합이 90이 되어야 하기 때문이다.

[09.연관성분석.xlsm] 〈CHI〉 참조

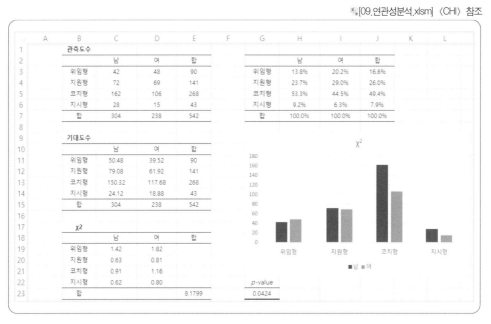

○그림 35-1 성별과 리더십 유형의 연관성 분석

마찬가지로 첫째 열에서 주변합계 304가 주어져 있다. 42, 72, 162, 28 중에 3개의 수가 정해지면 나머지 하나의 수는 정보가 없다. 304라는 합계를 맞추려면 자연히 정해지게 된다. 이런 식으로 제거해 보면 R×C 분할표에서 자유도는 (R-1)·(C-1)개가 된다.

위의 분석 과정을 엑셀에서 구현한 내용은 그림 35-1과 같다. 먼저 범위 B2:E7은 관측된 자료의 분할표이다. 이 분할표의 정보를 기반으로 기대도수를 도출한 것이 범위 B10:E15의 내용이다. 예를 들어, 셀 C11의 값은 "=(C$7*$E3)/$E$7"로 구해졌으며 구체적인 산식은 (304×90)/542가 된다.

다음으로 도출된 기대도수와 관측도수의 차이를 χ^2근사시키기 위한 전환 과정을 범위 B18:D22에서 도출하였다. 셀 C19를 예로 보면, "=(C3-C11)^2/C11"로서 구체적인 수식은 (42-50.48)2/50.48이다. 그리고 이 범위의 자료를 모두 합한 것이 셀 E23이다. 셀 E23의 수식은 "=SUM(C19:D22)"로 입력되었고, 이 수치는 χ^2분포를 따른다. 마지막으로 p-값은 셀 G23에 "=CHISQ.DIST.RT(E23, 3)"을 통해 산출하였다.

[09.연관성분석_CHI.sav]

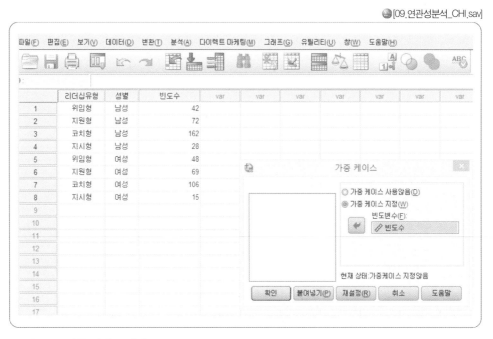

⊙그림 35-2 가중 케이스 정의

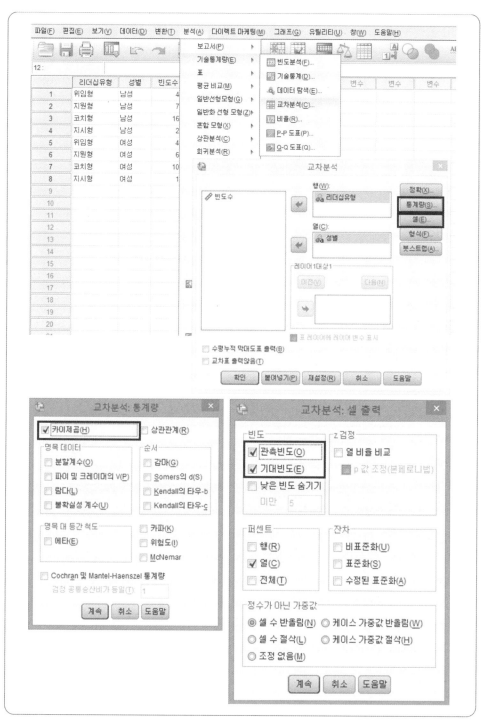

○그림 35-3 SPSS 교차분석

위의 내용을 SPSS로 분석하는 절차는 다음과 같다. 먼저 그림 35-2와 같이 분할표가 정리되어야 한다. 그림 35-2에서 각 행의 리더십 유형과 성별 조건에 따라 분할표의 각 셀에 있는 관찰도수가 기입되어 있다. 주의할 점은 데이터시트의 자료가 분할표 형식으로 작성했음을 정의해야 한다. SPSS에게 자료를 인식시키는 작업이라고 보면 된다. 분할표 형식을 SPSS의 용어로는 '가중 케이스weighted case'라고 한다. 다음의 메뉴를 실행하고 그림 35-2와 같이 [가중 케이스] 창에서 [빈도변수]에 '빈도수'를 설정한다.

> [데이터] → [가중 케이스]

이렇게 분할표를 데이터시트에 정의한 후에, χ^2검정은 다음 메뉴에서 실시할 수 있다. 행과 열을 그림 35-3처럼 선택하고, [통계량]에서 '카이제곱'을 도출하도록 설정한다.[23] 그리고 [셀]에서 관측도수(관측빈도), 기대도수(기대빈도), 백분율(퍼센트) 등의 원하는 통계량이 산출되도록 설정하면 된다.

리더십유형 * 성별 교차표

			성별		전체
			남성	여성	
리더십유형	위임형	빈도	42	48	90
		기대빈도	50.5	39.5	90.0
		성별 중 %	13.8%	20.2%	16.6%
	지시형	빈도	28	15	43
		기대빈도	24.1	18.9	43.0
		성별 중 %	9.2%	6.3%	7.9%
	지원형	빈도	72	69	141
		기대빈도	79.1	61.9	141.0
		성별 중 %	23.7%	29.0%	26.0%
	코치형	빈도	162	106	268
		기대빈도	150.3	117.7	268.0
		성별 중 %	53.3%	44.5%	49.4%
전체		빈도	304	238	542
		기대빈도	304.0	238.0	542.0
		성별 중 %	100.0%	100.0%	100.0%

카이제곱 검정

	값	자유도	점근 유의확률 (양측검정)
Pearson 카이제곱	8.180a	3	.042
우도비	8.188	3	.042
유효 케이스 수	542		

a 0 셀 (.0%)은(는) 5보다 작은 기대 빈도를 가지는 셀입니다. 최소 기대빈도는 18.88입니다.

∩그림 35-4 SPSS, 교차분석 결과

그림 35-4는 SPSS의 분석결과이다. 분석 자료의 〈리더십유형×성별 교차표〉에서 관측빈도, 기대빈도, 백분율이 산출되었고, 엑셀에서 산출한 값과 동일함을 알 수 있다. 〈카이제곱 검정〉에서 $\chi^2_{(df=3)} = 8.180$, p-값이 .042로 도출되었다. 앞서 설명한 엑셀의 결과와 동일함을 확인할 수 있다. SPSS 결과물에 'Pearson 카이제곱'이라고 표현하는 이유는 χ^2검정이 피어슨Karl Pearson에 의해 창안되었기 때문이다.[24]

SPSS 결과물의 주석에서 '0셀(0%)은 5보다 작은 기대빈도를 가지는 셀입니다. 최소 기대빈도는 18.88입니다.'라는 의미를 살펴보자. SPSS의 번역이 매끄럽지 않지만 두 가지 정보를 나열하고 있다. 분할표에서 기대도수가 5보다 작은 셀이 없다(SPSS에서 '0셀'로 표현됨)는 점과, 8개 셀의 기대도수 중에 최솟값이 18.88이라는 설명이다. 이 주석문은 분할표의 기대도수가 5보다 작은 셀이 있다면 χ^2검정의 결과해석에 유의하라는 경고이다.

χ^2적합한 자료가 갖추어야 할 두 가지 조건이 있다(Cochran, 1954). 첫째, 기대도수가 5보다 작은 셀이 전체 셀의 20% 이하여야 한다.[25] 둘째, 모든 셀의 기대도수가 1 이상이어야 한다. 많은 연구자들이 이 조건의 대상을 기대도수가 아니라 관측도수로 오해하고 있다. 이 조건의 대상이 관측도수가 아니라 기대도수임에 유의하자. 이러한 조건을 충족시키기 위하여 자료수집 이전에 연구설계를 면밀하게 해야 한다.

이런 조건에 위배된다는 주석문을 만나더라도 자료수집을 추가로 할 수 있다면 문제가 없을 것이다. 자료의 양을 더 늘려서 기대도수를 증가시킬 수 있기 때문이다. 하지만 대부분의 경우에 자료를 추가적으로 수집하기란 쉬운 일이 아니다. 이를 해결하는 방법으로는 행이나 열을 합쳐서 해당되는 셀의 기대도수를 높여주는 방법이 있다. 하지만 이 방법도 2×2 분할표처럼 각 변수의 수준이 작을 경우에 적용하기는 곤란하다. 행이나 열을 합칠 경우 1×2 분할표나 2×1 분할표로 변해서 두 변수의 연관성을 파악하기에 부적절하기 때문이다.

이러한 한계는 통계학자들도 불편했던 것 같다. 몇몇 학자들이 χ^2 검정이 요구하는 두 가지 조건을 충족시키지 못 하였을 때 적용할 수 있는 방법들을 고안하였다. 그중에서 통계학 관점에서 가장 많이 사용하는 것은 Fisher의 정확한 검정Fisher's exact test, Fisher-Irwin exact test이다. 이 방법은 초기하분포에 근거하여 2×2 분할표를 분석하기 위해 개발되었으나, 일반적인 분할표도 분석이 가능하도록 발전하였다. 이를 수행하기 위해서는 [분석] → [기술통계량] → [교차분석]에서 〈정확〉 버튼을 클릭하여, 그림 35-5처럼 디폴트로 설정되어 있는 〈점근적 검정〉을 〈정확한 검정〉으로 변경하여 선택하면 된다.

[분석] → [기술통계량] → [교차분석] → 〈정확〉

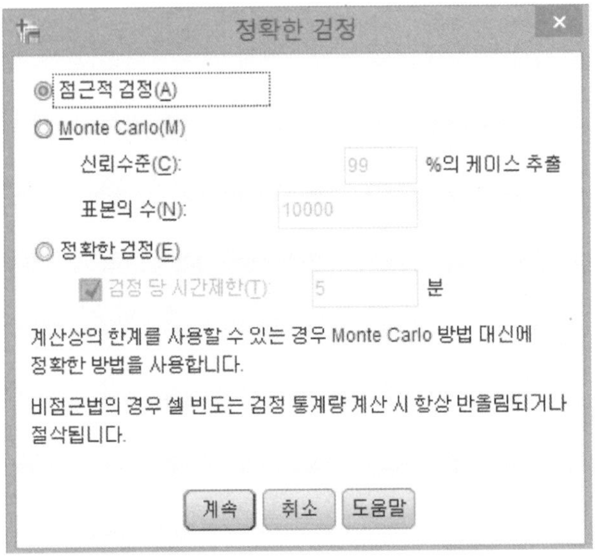

∩그림 35-5 SPSS, 정확한 검정exact test

χ^2검정에서 흔히 나타나는 실수나 자주 질문하는 내용은 다음과 같다.

1. 퍼센트percentages 정보를 분석해서는 안 된다. 관측된 도수 자료를 분석해야 한다.

2. 각 셀의 도수는 독립적이어야 한다. 어떤 셀에 해당되었다면 다른 셀에는 중복되어 해당될 수 없다. 앞의 예에서 응답자가 남자이면서 여자일 수는 없다는 뜻이다. 설문 문항을 다중선택문항multiple response으로 작성하고 χ^2검정을 시도하는 사례가 종종 있다. 이 경우, 한 명의 응답자가 여러 셀에 중복될 수 있기 때문에 χ^2검정은 부적절하다.

3. 기본적으로 양측검정이다. χ^2의 산식을 보면 기대도수와 관측도수의 일치도를 평가하는 과정에서 기대도수보다 높은지 낮은지는 구분하지 않는다.

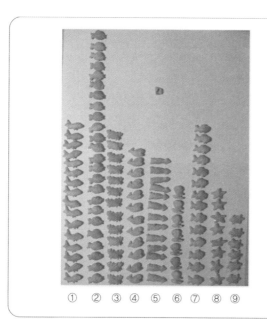

1: 상어 16마리

2: 복어 24마리

3: 꽃게 13마리

4: 고래 12마리

5: 오징어 13마리

6: 문어 7마리

7: 붕어 14마리

8: 불가사리 8마리

9: 거북이 6마리

총 113마리 (불량 어류 1개 제외)

출처: http://owlpark.egloos.com/5989379

↑그림 35-6 어종별 막대그래프

분할표를 작성하는 방법을 시작으로 행과 열을 구성하는 변수 간에 연관성을 파악하는 χ^2검정에 대하여 알아보았다. 다음 문제를 χ^2검정으로 해결할 수 있는지 생각해 보자. 그림 35-6은 시중에 판매되는 '고래밥'이라는 과자의 내용물이다. 한 봉지에는 다양한 해양생물 모양으로 제조된 과자들이 섞여 있다. 이 그림은 이를 어종별로 분류하여 막대그래프를 실물로 작성한 것이다. 바다생물의 종류는 9개로 나타났다. 만약 이 과자의 생산지침이 모든 어종이 동일한 수로 포장되도록 수립되어 있다고 하자. 현재 수집된 자료 113개를 통해 이 생산지침이 실제로 지켜졌는지 검정할 수 없을까?

과자 한 봉지에 어종이 동일하게 포장되었는지 검정하기 위하여 그림 35-7과 같이 χ^2검정을 실시하였다. B열은 수집된 자료인 관측도수이다. C열의 기대도수는 9종의 어종이 동일하게 포장되어야 하므로, 전체 관측도수 113을 9로 나누었다. 한 봉지에 9개 어종이 각각 약 12.6개씩 포장되었을 때 동일하게 포장되었다고 볼 수 있다. 여기서도 기대도수는 '모든 어종이 동일한 수로 포장되었다'는 귀무가설과 연계된 개념이다.

[09.연관성분석.xlsm] 〈fit_test〉 참조

	A	B	C	D	E
1	어종	관측도수	기대도수		χ^2
2	상어	16	12.556		0.945
3	복어	24	12.556		10.432
4	꽃게	13	12.556		0.016
5	고래	12	12.556		0.025
6	오징어	13	12.556		0.016
7	문어	7	12.556		2.458
8	붕어	14	12.556		0.166
9	불가사리	8	12.556		1.653
10	거북	6	12.556		3.423
11	총합	113	113		19.1327
12					
13			p-value		0.01417

	A	B	C	D	E
1	어종	관측도수	기대도수		χ^2
2	상어	16	=$B$11/9		=(B2-C2)^2/C2
3	복어	24	=$B$11/9		=(B3-C3)^2/C3
4	꽃게	13	=$B$11/9		=(B4-C4)^2/C4
5	고래	12	=$B$11/9		=(B5-C5)^2/C5
6	오징어	13	=$B$11/9		=(B6-C6)^2/C6
7	문어	7	=$B$11/9		=(B7-C7)^2/C7
8	붕어	14	=$B$11/9		=(B8-C8)^2/C8
9	불가사리	8	=$B$11/9		=(B9-C9)^2/C9
10	거북	6	=$B$11/9		=(B10-C10)^2/C10
11	총합	=SUM(B2:B10)	=SUM(C2:C10)		=SUM(E2:E10)
12					
13			p-value		=CHISQ.DIST.RT(E11,9-1)

↑그림 35-7 카이제곱분석, 적합도 검정

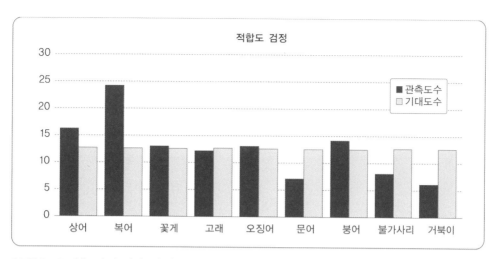

적합도 검정

♬그림 35-8 관측도수와 기대도수의 막대그래프

　　E열의 각 셀에서 χ^2-값을 구성하는 항을 산출하였고, 이들의 총합을 구한 셀 E11은 약 19.13으로 나타났다. 셀 E11의 19.13은 자유도 8인 χ^2분포를 따르는 전체 분할표의 검정통계량이다. 따라서 셀 E13과 같이 함수 CHISQ.DIST.RT( )를 활용하여 p-값을 산출할 수 있으며, 그 결과값은 약 .014로 산출되었다. p-값, .014가 유의수준 0.05보다 작으므로 '모든 어종이 동일한 수로 포장되었다'는 귀무가설을 기각할 수 있다.

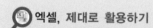 엑셀, 제대로 활용하기

χ^2검정 과정은 함수 CHISQ.TEST( )를 활용하여 유의확률을 직접 산출할 수도 있다. 다음과 같이 관측도수와 기대도수의 범위를 각각 순서대로 인수로 설정하면 된다.

CHISQ.TEST(관측도수, 기대도수)

예를 들어, 시트 〈fit_test〉에서 적합도 검정의 유의확률은 다음과 같이 산출한다.

CHISQ.TEST(B2:B10, C2:C10) = 0.014

동일한 방식으로, 시트 〈CHI〉에서 살펴본 독립성 검정의 유의확률은 다음과 같이 산출한다.

CHISQ.TEST(C3:D6, C11:D14) = 0.042

그런데 이 사례는 χ^2검정을 동일하게 수행하였지만, 앞서 리더십유형과 성별의 연관성을 분석한 사례와는 다소 차이가 있다. 그림 35-8은 고래밥 사례에 대한 분할표의 도수를 막대그래프로 작성한 것이다. 두 변수의 연관성을 분석하지 않았으며 심지어 두 변수가 아니라 변수가 하나밖에 없는 사례이다. 결과적으로 그림 35-8을 보면 두 개의 분포가 잘 들어맞는지 분석한 것이다. 즉 수집한 자료가 특정한 분포에 적합fit 한지 파악하는 분석에 χ^2검정이 적용될 수 있다. 이처럼 χ^2검정은 교차분석뿐만 아니라 다음과 같이 다양한 영역에서 이용되는 분석방법이다.

🔍 더 알아보기 | 카이제곱분석의 다양한 활용

비교적 단순해 보이는 통계검정이지만, χ^2검정을 적용하는 용도에 따라 세 가지로 구분할 수 있다. 하지만 이 구분에 따라 분석 방법이나 결과가 달라지는 것이 아니므로 실용적인 측면에서 그렇게 중요한 구분은 아니다. 다만 적용하는 관점의 차이 정도는 이해할 필요가 있겠다.

앞의 예에서 성별과 리더십 유형이라는 두 변수의 연관성 여부를 검증하는 것을 '독립성 검정independency test'이라고 한다. 귀무가설은 '행과 열의 변수는 서로 독립이다' 또는 '행과 열의 변수는 서로 관련이 없다'이다. 자료수집은 단일모집단을 가정하고 전체 조사할 도수(분할표의 grand total)를 미리 결정하고 자료를 수집하는 방식a single random sampling 으로 이루어진다.

독립성 검정과 달리, 성별에 따라 리더십 유형이 차이가 있는지 없는지 검증할 때, '동질성 검정homogeneity test'이라고 한다. '~에 따라'라는 표현을 사용하였기 때문에 독립변수와 종속변수가 설정되었음을 의미한다. 귀무가설은 '성별에 따라 리더십 유형의 차이가 없다' 또는 '성별에 따라 리더십 유형의 분포가 동일하다'가 된다. 자료수집은 복수의 부차모집단sub population으로 분리하여 표본을 구성한다. 즉 성별에 따라 각각의 모집단을 설정한 후 남성은 300명, 여성은 200명과 같이 수집할 자료 수를 미리 결정하는 방식separate random sampling이다.

셋째, 수집된 자료에 의한 관측도수가 연구가설에서 설정한 특정한 분포에 부합하는 정도를 파악하는 '적합도 검정goodness-of-fit test'이 있다. 앞에서 고래밥 사례는 적합도 검정에 해당한다.

36
측정도구의 정밀성, 신뢰도

신뢰도와 타당도는 측정도구에 의해 발생하는 오차를 측정하는 개념이다. 반복적으로 측정하여 결과가 동일하게 나타날 때 그 측정도구의 신뢰도가 높다고 한다. 다양한 신뢰도 지표가 개발되었지만, 설문지의 신뢰도는 Cronbach's α가 가장 많이 활용되고 있다.

신뢰도reliability는 측정하고자 하는 개념을 얼마나 일관되게 재고 있느냐의 문제이다. 즉 반복적으로 측정한 결과가 동일하게 나타났을 때 신뢰도가 높다고 한다. 결과가 동일하다는 의미는 측정오차measurement error가 작다는 의미이다. 따라서 신뢰도는 설문지를 포함한 측정도구의 정밀성precision을 대변하는 지표이다.

🔍 더 알아보기 | 오차

올바른 의사결정을 위해 모집단의 속성을 올곧게 자료로 수집하는 작업이 통계분석보다 중요할 수 있다. 아무리 우수한 통계분석법도 GIGOgarbage-in garbage-out원칙을 능가할 수는 없다. 자료에 내포된 오차는 다음과 같이 두 군데에서 발생한다고 보고 있다. 표본을 추출하는 과정에서 발생하는 오차, 표집오차sampling error라고 한다. 표집오차는 모집단 전체의 자료를 수집하지 않고 그 일부인 표본의 자료로 모수를 추정하면서 발생하는 오차이다. 따라서 표본을 기반으로 수행되는 추론통계에서는 필연적으로 발생하는 오차이다. 모집단 특성을 그대로 지닌 표본을 추출함으로써 표집오차를 최대한 줄이기 위한 효과적인 표본추출기법이 연구되고 있다.

그리고 표본에 대한 관찰, 실험, 설문 등의 방법으로 측정하는 과정에서도 오차가 발생하는데, 이는 측정오차measurement error라고 한다. 신뢰도와 타당도는 측정오차에 관련된 논의이다. 신뢰도와 타당도는 주로 측정도구에 집중된 문제이므로 조사연구에서 대표적으로 사용되는 설문지를 예로 생각하면 이해하기 쉽다. 측정오차는 전수조사와 표본조사 모두에서 발생할 수 있다.

측정오차와 비표집오차non-sampling error를 혼용하는 경우도 있지만, 비표집오차는 측정도구뿐만 아니라 측정과정도 포함하여 무응답, 응답거절, 거짓말, 작성오류 등을 고려하는 넓은 개념으로 사용된다. 글자 그대로, 비표집오차는 표집오차 외의 모든 오차를 일컫는다.

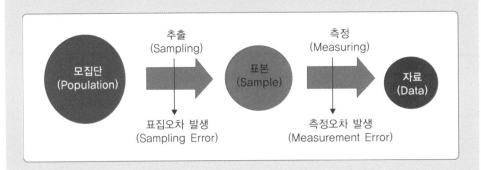

측정오차는 다시 체계적 오차systematic error와 비체계적 오차non-systematic error로 구분된다. 체계적 오차는 측정대상 및 측정과정에 편향된(biased) 영향을 미치는 오류로서 타당도와 관련된다. 예를 들어, 설문조사 시 신분, 지식 및 교육 정도와 같은 사회경제적 특성에 따라 보수정당에 대한 지지도는 한쪽으로 치우치는 경향이 나타난다. 비체계적 오차는 무작위 오차random error라고도 부른다. 측정자, 측정대상, 측정도구 등에서 일시적 상황에 의해 야기되는 오류이며 신뢰도와 관련된다. 일관성 없는 비체계적 오차는 미리 알 수 없어 통제도 어려운 편이다.

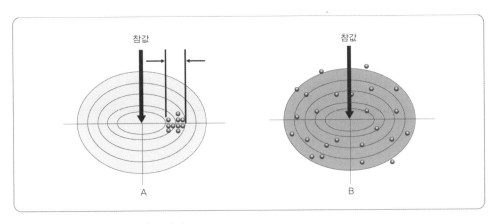

◑그림 36-1 높은 신뢰도와 낮은 신뢰도

과녁을 맞히는 사격에 비유하자면 그림 36-1의 A와 B로 비교가 가능하다. A의 경우 모든 결과가 정중앙의 목표로부터는 벗어나서 정확도는 낮다. 하지만 반복된 사격의 결과가 한 곳에 몰려 있기 때문에 신뢰도가 높다. B의 경우는 여러 번 사격한 결과가 많이 흩어져 있기 때문에 신뢰도가 낮다. 참고로 측정하려고 하는 개념을 얼마나 정확하게 측정하였느냐의 문제는 타당도validity라고 부른다. 의도했던 개념이나 속성을 그림 36-1에서 과녁의 정중앙에 비유한다면 A는 타당도는 낮지만, 신뢰도가 높다.

- 신뢰도reliability: 측정하고자 하는 개념을 얼마나 일관되게 재고 있느냐
- 타당도validity: 측정하려고 하는 개념을 얼마나 정확하게 측정하였느냐

따라서 신뢰도를 분석하는 기본적인 방법은 반복하여 측정하고 그 결과의 유사성을 파악하는 것이다. 반복측정을 보다 효율적으로 실현하거나 대체할 수 있는 방법은 다음과 같이 다양하게 알려져 있다. 개개 문항 간의 연관성에 기반한 Cronbach's α가 가장 널리 활용되고 있는데, 이번 장에서는 이를 집중적으로 살펴보겠다.

- 검사-재검사 신뢰도test-retest reliability: 동일한 설문지를 반복해서 실시하여 그 결과의 유사성을 평가
- 유사양식 신뢰도parallel-form reliability: 검사-재검사 신뢰도의 경우 기억과 학습에 의한 왜곡이 발생하는데, 이를 방지하기 위해 유사한 설문지를 준비하여 서로의 결과를 평가
- 반분 검사 신뢰도split-half reliability: 하나의 설문지 문항을 주로 순서의 전반부와 후반부로 나누어 그 결과의 유사성을 평가
- 내적 일관성 신뢰도internal-consistency reliability: 개별적인 문항 간의 일관성을 평가하는 것으로 KR-20, KR-21, Hoyt reliability 등이 있지만 Cronbach's α를 가장 많이 사용
- 평가자 간 신뢰도inter-rater reliability, inter-observer reliability: 다수의 평가자가 있을 경우 평가자 간 설문결과의 유사성을 평가(38장에서 설명함)

대부분의 설문지가 리커트 척도Likert Scale를 사용하여 만들어진다. 각 설문 문항을 5점이나 7점 척도로 작성만 하면 리커트 척도를 설계한 것으로 잘못 알고 있는 경우가 빈번하다. 하지만 질문 문항을 몇 점 척도로 구성하느냐가 리커트 척도의 핵심 특성이 아니다. 리커트 척도의 핵심 특성은 총화평정법summated rating method이라고 불리는 데(Trochim Donnelly, & Arora, 2015) 있다. 즉 다수의 문항으로 하나의 구성개념 또는 구인construct[26]을 측정하고, 각 문항들에 대한 측정치를 통합summation하여 구성개념에 대한 점수로 산정한다.

가령 직무특성이론과 직무성과에 관한 설문지에서 '직무중요성'이라는 추상적인 구성개념은 그림 36-2처럼 4개의 문항[27]으로 측정된다.[28] '직무중요성'의 점수를 산출하는 통합방법summation method은 4개 문항의 총합계, 평균값, 최빈수, 중위수 등이 가능하다. 각 문항들이 구성개념을 제대로 측정하고 있다는 타당성이 확보된다면 이 문항들은 서로 높은 상관성을 갖게 될 것이다.

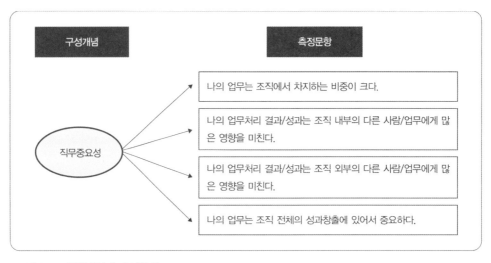

⌒그림 36-2 구성개념과 측정문항

리커트 척도로 구성된 설문지라면 설문지가 신뢰성 있게 작성되었다는 증거로 Cronbach's α를 일반적으로 제시하고 있다. 그럼에도 불구하고 Cronbach's α의 정확한 산출논리를 파악하는 경우는 드물다. 우선 SPSS의 결과를 먼저 해석하고 엑셀로 그 논리를 확인해 보자. SPSS에서 Cronbach's α를 구하는 방법은 다음과 같다(그림 36-3).

[분석] → [척도] → [신뢰도 분석]

●[12.다중회귀분석_JCT.sav]

파일(F) 편집(E) 보기(V) 데이터(D) 변환(T)	분석(A) 다이렉트 마케팅(M) 그래프(G) 유틸리티(U) 창(W) 도움말(H)

보고서(P) ▶
기술통계량(E) ▶
표 ▶
평균 비교(M) ▶
일반선형모형(G) ▶
일반화 선형 모형(Z) ▶
혼합 모형(X) ▶
상관분석(C) ▶
회귀분석(R) ▶
로그선형분석(O) ▶
신경망(W) ▶
분류분석(Y) ▶
차원 감소(D) ▶
척도(A) ▶
비모수 검정(N) ▶
예측(T) ▶
생존확률(S) ▶
다중응답(U) ▶

7 : s_vriety2   3

	CaseNo	s_vriety1		vriety3	s_vriety4	identity1	identity2	identity3
1	1			2	6	4	5	5
2	2			3	5	4	6	5
3	3			4	3	6	5	5
4	5			7	1	6	6	6
5	6			5	3	4	6	4
6	7			4	4	6	6	6
7	9			3	4	5	4	5
8	10			4	4	4	5	4
9	11			5	3	6	7	7
10	12			4	4	5	6	6
11	13					4	6	4
12	14					6	6	6
13	16					6	7	6
14	17					5	6	5
15	19					2	6	4
16	20			4	4	5	6	4

척도(A) ▶   📊 신뢰도분석(R)...
                    📊 다차원 확장(PREFSCAL)(U)..
                    📊 다차원척도법(PROXSCAL)(P)...
                    📊 다차원척도법(ALSCAL)(M)...

⋒그림 36-3 SPSS, 신뢰도 분석

'직무중요성'에 해당하는 4개 변수 'significance1'~'significance4'를 선택하고, 〈통계량〉을 클릭하여 구하고자 하는 통계량을 그림 36-4처럼 선택한다.

⋒그림 36-4 SPSS, 신뢰도분석 통계량

PART 3 산포의 분해를 활용한, **가설검정** 283

신뢰도분석 결과, 그림 36-5에서 Cronbach's α는 .793이고 0.70 이상이므로 우수한 편이다. 즉 4개의 설문항목이 하나의 공통적인 구성개념 '직무중요성'을 잘 측정하고 있다는 의미이다.

Cronbach의 알파	Cronbach's Alpha Based on Standardized Items	항목 수
.793	.818	4

⋒그림 36-5 SPSS, 신뢰도분석 결과 (1)

SPSS는 추가적으로 Cronbach's Alpha Based on Standardized Items(표준화된 Cronbach's α) 를 .818로 산출해 주는데, 이는 측정항목들의 척도가 서로 다를 경우에 사용한다. 다음으로 참고해야 하는 결과표는 그림 36-6의 〈항목 총계 통계량〉이며, 이에 대한 간략한 설명은 다음과 같다. SPSS는 '직무중요성'의 측정항목들의 총합계를 디폴트로 적용한 정보를 제공한다.

- 항목이 삭제된 경우 척도 평균Scale Mean if Item Deleted: 해당 문항을 제외한 총합척도의 평균
- 항목이 삭제된 경우 척도 분산Scale Variance if Item Deleted: 해당 문항을 제외한 총합척도의 분산
- 수정된 항목-전체 상관관계Corrected Item-Total Correlation: 해당 문항을 제외한 총합척도와 해당 문항의 상관계수 최소 0.40 이상 권고
- 제곱 다중 상관관계Squared Multiple Correlation: 해당 문항을 종속변수로, 나머지 문항들을 독립변수로 설정한 다중회귀분석의 결정계수로서 최소 0.40 이상 권고
- 항목이 삭제된 경우 Cronbach 알파Cronbach's Alpha if Item Deleted: 해당 문항을 제외하고 산출한 Cronbach's α

가장 유용하게 활용되는 통계량은 '항목이 삭제된 경우 Cronbach 알파'이다. 첫 행의 significance1 문항에 대한 .869의 수치를 해석해 보자. 'significance1'을 제외한 3개의 항목(significance2, significance3, significance4)으로만 신뢰도분석을 다시 실시하면

Cronbach's α가 .869가 산출된다는 의미이다. 만약 'significance3'을 제외한 3개의 문항 (significance1, significance2, significance4)으로 신뢰도분석을 다시 실시하면 Cronbach's α가 .687이 도출된다.

현재 4개의 문항에 대한 신뢰도가 .793으로 도출되었는데 'significance3'을 제거하여 신뢰도를 0.687로 낮출 필요는 없다. 만약 신뢰도 판정기준을 0.80로 엄격히 적용할 경우에는, 'significance1'을 제거하여 신뢰도를 .867로 높이는 방법을 선택할 수 있겠다. 이와 같이 '항목이 삭제된 경우 Cronbach 알파'의 수치가 높은 항목은 나머지 문항과 잘 어울리지 못하는 항목이라고 할 수 있다. 따라서 '항목이 삭제된 경우 Cronbach 알파'는 전체 신뢰도를 떨어뜨리는 문항을 찾아내는 편리한 통계량이다. 이 통계량이 없다면 우리는 한 번에 문항을 하나씩 제거하면서 총 4번의 신뢰도분석을 실시해야 하는 불편을 겪어야 할 것이다.

항목 총계 통계량					
	항목이 삭제된 경우 척도평균	항목이 삭제된 경우 척도분산	수정된 항목-전체 상관관계	제곱 다중 상관관계	항목이 삭제된 경우 Cronbach 알파
significance1	15.89	6.756	.417	.182	.869
significance2	15.15	7.218	.643	.467	.727
significance3	15.15	6.785	.725	.691	.682
significance4	15.23	6.835	.728	.662	.687

↻그림 36-6 SPSS, 신뢰도분석 결과 (2)

다음으로 '수정된 항목-전체 상관관계'는 해당 문항을 제외한 총합척도와 해당 문항 간의 상관계수를 나타낸다. 이 수치가 높다면 해당 문항이 구성개념을 측정하는 데 많은 기여를 하고 있다는 뜻이다. 일반적으로 0.4 이하이면 해당 문항이 문제가 있다고 판단한다(Blunch, 2013). 특히 음수가 발생하는지 주의 깊게 확인하여야 한다. '직무 중요성'의 경우에 'significance4'가 .728로 가장 높으며 'significance1'이 .417로 가장 낮다. 이처럼 '수정된 항목-전체 상관관계'는 특정한 하나의 문항과 나머지 문항과의 관계를 종합적으로 판단할 수 있다. 이와 유사한 목적으로 다중회귀분석을 활용한 '제곱 다중 상관관계'가 있다. 이 값은 특정한 문항을 종속변수로, 나머지 문항들을 독립변수로 설정한 다중회귀분석의 결정계수이다.

만약 Cronbach's α를 .793에서 만족하고 4개의 문항으로 '직무중요성'이라는 구성개념이 신뢰성 높게 측정되었다면, 이제 연구의 궁극적 관심사인 '직무중요성'이라는 변수를 생성해야 한다. 이미 우리는 4개의 문항에 대한 평균이나 총점을 활용하는 데 익숙해 있다. 더불어 학문적인 연구에는 표 36-1에 정리된 방법도 활용되고 있으니 참고하기 바란다.

Ｏ표 36-1 구성개념의 계량화 방법

총합척도 (summated scale)	해당 문항들의 평균이나 총합계를 이용한다. 측정하려는 모든 구성개념이 동일한 수의 문항으로 이루어졌다면 총점을 사용해도 무관하다. 하지만 이는 일반적이지 않기 때문에 평균을 주로 사용하게 된다. 개별 측정문항과 구성개념 간의 상관성을 고려하지 않고 모든 측정문항에 동일한 가중치가 적용된다는 단점이 있다.
대용변수 (a surrogate variable)	해당 문항들에서 측정하려는 구성개념을 대표할 수 있는 하나의 문항을 선택하는 것이다. 예를 들어, 신뢰도분석 결과에서 '수정된 항목-전체 상관관계'가 제일 높은 항목인 'significance4'를 선택하거나, '제곱 다중 상관관계'를 기준으로 'significance3'을 선택하는 방법이 가능하다. 만약 요인분석을 실시하였다면 요인적재량이 가장 높은 항목을 선택하면 된다.
요인점수 (factor score)	요인분석의 결과로서 요인점수를 산출하는 방법이다. 이 방법은 구성개념과 밀접한 문항에 더 높은 가중치를, 반대의 경우에는 낮은 가중치를 적용한다. 즉, 각 문항에 적절한 가중치를 부여하여 정확도를 높일 수 있다.

Cronbach's α는 높을수록 바람직하지만 수용판정기준은 명확하지 않다. 아래와 같이 유명 학술지의 연구에서도 다양한 기준이 사용됨을 알 수 있다(Fabrigar, Wegener, MacCallum & Strahan, 1999).

실무에서는 아무리 작아도 0.60 이상을 만족하는 것이 좋겠고, 학술연구라면 0.70 이상이면 수용가능하고 0.80 이상이면 바람직한 수준으로 판단하고 있다.

	Journal of Personality and Social Psychology		Journal of Applied Psychology	
Average reliability of variables	N	%	N	%
less than .60	3	1.9	2	3.4
.60–.69	6	3.8	5	8.6
.70–.79	33	20.8	9	15.5
.80–.89	33	20.8	11	19.0
.90–1.00	14	8.8	9	15.5
Unknown	70	44.0	22	37.9

37

혼자 노는 것보다 같이 놀아야
좋아지는 Cronbach's α

Cronbach's α가 널리 활용되는 만큼 저조한 결과값에 대한 원인과 대처방안 등의 문제도 자주 발생하게 된다. Cronbach's α의 산출논리를 이해한다면 대다수의 문제는 해결방안을 찾을 수 있다. 알고 보면 Cronbach's α는 공분산 행렬 또는 상관 행렬을 기반으로 의외로 어렵지 않은 직관적 논리로 산출된다.

이제 Cronbach's α의 논리에 접근해 보도록 하자. 하나의 구성개념을 측정하려는 측정문항들 간의 상관성이 높을 때, Cronbach's α는 높아질 것이다. '직무중요성'을 예로 들어 알아보자. 4개 문항(significance1~significance4)은 '직무중요성'을 공통적으로 측정하려는 목적으로 제작되었다. 공통적인 개념을 측정한다면 이들의 상관성은 높게 되고 신뢰도는 높게 평가되어야 한다. 반대로 문항 간의 상관성이 낮다면 공통적인 개념을 측정하였다고 믿기 힘들 것이다. 이때 신뢰도는 낮게 평가되어야 한다.

구성개념과 측정문항의 관계가 이해하기 힘들다면, '영어능력'이라는 추상적인 개념과 이를 측정하기 위해 개발된 영어시험들을 생각해 보자. TOEIC, TOEFL, TEPS 등의 각종 시험은 '영어능력'을 평가하기 위한 측정도구이다. 이들은 공통적인 개념을 측정하기 때문에 상관성이 높다. 만약 새롭게 개발된 Z라는 영어시험이 시장에 출시되었다고 하자. 그런데 이 시험의 점수가 TOEIC, TOEFL, TEPS 등과 상관성이 떨어진다면 어떤 현상이 발생할까. 신뢰할 수 없게 된다. 영어능력을 제대로 측정하는 시험인지 의심받는 것이다.

	significance1	significance2	significance3	significance4
significance1	1.807	.472	.465	.465
significance2	.472	.928	.628	.564
significance3	.465	.628	.970	.766
significance4	.518	.564	.766	.943

○ 그림 37-1 항목 간 공분산 행렬

상관성이 높고 낮음을 측정하는 통계량으로 우리는 '공분산'과 '상관계수'를 살펴보았다. 이들을 활용하면 Cronbach's α를 제작할 수 있을 것이다. 이런 직관적인 논리로부터 크론바흐Lee J. Cronbach는 〈항목 간 공분산 행렬〉에서 대각요소들을 뺀 나머지 부분과 대각요소를 비교하는 방법을 개발하였다.

그림 37-1은 SPSS의 결과 중에서 〈항목 간 공분산 행렬〉이다. 각 문항 간의 공분산은 엑셀에서 COVARIANCE.S( )를 활용하면 동일한 결과를 얻을 수 있다. 대각요소들을 뺀 나머지 부분은 그림 37-1의 삼각형 부분의 공분산을 말한다. 이들 공분산은 서로 다른 항목들 간의 상관성을 측정한 것이다. 이 수치들이 충분히 크다면 문항들이 서로 잘 어울려서 하나의 개념을 측정하고 있다고 해석할 수 있다. 그런데 '크다' 또는 '작다'를 평가하는 기준은 무엇으로 설정하면 좋을까?

Cronbach's α에서는 이 행렬의 대각요소인 (1.807, .928, .970, .943)을 그 기준으로 사용한다. 이들 수치는 자신과의 공분산이므로 분산이 된다. 분산은 한 항목이 가진 스스로의 산포이다. 쉽게 말해서 삼각형 내의 대각요소들을 뺀 나머지 부분은 '다른 항목과 같이 노는' 공분산이고 대각요소는 '혼자 노는' 분산이다. '혼자 노는' 분산과 비교해서 '다른 항목과 같이 노는' 공분산이 크다면, 서로 잘 어울려서 논다고 할 수 있겠다. 이것이 Cronbach's α의 기본 논리이다. 그리고 비교는 분수로 하였다. 구체적으로 Cronbach's α는 공분산 행렬에서 대각요소인 (1.807, .928, .970, .943)가 차지하는 비중으로 계산된다. 이 비중이 다음 공식에서 $\sum V_i / V_t$에 해당한다. 이를 1에서 빼준 이유는 신뢰도가 높을수록 Cronbach's α의 값이 커지도록 조정한 것뿐이다. 마지막으로 $n/(n-1)$을 곱해서, 구성개념을 측정하는 항목 수를 반영하였다.

$$\alpha = \frac{n}{n-1}\left(1 - \frac{\sum V_i}{V_t}\right)$$

이를 엑셀에서 구하면 그림 37-2와 같다. 범위 C9:C12에서 사용한 엑셀수식은 E9:E12에 표시하였다. 사칙연산 외에는 어려운 수학이 동원되지 않았음을 알 수 있다. 먼저 전체 공분산 V_t은 "항목 간 공분산 행렬"에 있는 모든 공분산을 합한 값으로 셀 C11에 11.473으로 산출되었다. $\sum V_i$는 공분산 행렬의 대각원소, 각 문항에 대한 분산의 합으로 셀 C10에 4.648로 산출되었다.

[10.신뢰도분석.xlsm] 〈rel(1)〉 참조

	A	B	C	D	E	F
1						
2			항목간 공분산 행렬			
3			significance1	significance2	significance3	significance4
4		significance1	1.807	.472	.465	.518
5		significance2	.472	.928	.628	.564
6		significance3	.465	.628	.970	.766
7		significance4	.518	.564	.766	.943
8						
9		문항수	4			
10		$\sum V_i$	4.648		=SUM(C4,D5,E6,F7)	
11		V_t	11.473		=SUM(C4:F7)	
12		alpha	0.793196633		=C9/(C9-1)*(1-C10/C11)	

↻그림 37-2 Cronbach's α구하기: 공분산 행렬

공분산 행렬에서 대각요소가 차지하는 비중인 $\sum V_i/V_t$는 클수록 '혼자 노는' 상태이고, 작을수록 '다른 항목과 같이 노는' 상태이다. 신뢰도가 높을수록 Cronbach's α의 값이 커지도록 1에서 빼주고, 문항 수 4를 반영한 것이 셀 C12에 산출된 값이다. SPSS의 결과와 동일한지 확인해 보자.

이제 SPSS의 결과물에 나타나는 또 하나의 Cronbach's α, 'Cronbach's Alpha Based on Standardized Items'의 의미를 알아보자. Cronbach's α를 설명하면서 항목 간의 '상관성'을 이용한다고 설명하였다. 우리는 상관성을 측정하는 방법이 공분산 외에도 상관

계수가 있다는 것을 알고 있다. 그렇다면 공분산 행렬이 아니라 상관 행렬을 사용해도 동일하게 Cronbach's α를 구할 수 있을 것이다. 그림 37-3처럼 대상 행렬만 변경하면 동일한 논리로 Cronbach's α를 도출할 수 있다. SPSS의 결과와 동일한지 확인해보자.

[10.신뢰도분석.xlsm] 〈rel(2)〉 참조

	A	B	C	D	E	F
1						
2			항목간 상관행렬			
3			significance1	significance2	significance3	significance4
4		significance1	1,000	,364	,351	,397
5		significance2	,364	1,000	,662	,603
6		significance3	,351	,662	1,000	,800
7		significance4	,397	,603	,800	1,000
8						
9		문항수	4			
10		ΣV_i	4.000		=SUM(C4,D5,E6,F7)	
11		V_t	10.356		=SUM(C4:F7)	
12		alpha	0.818326755		=C9/(C9-1)*(1-C10/C11)	

↻그림 37-3 Cronbach's α구하기: 상관행렬

상관계수는 공분산을 표준화한 것이다. 따라서 측정항목들이 서로 다른 척도를 사용하였다면 표준화가 필요하므로 상관행렬로부터 산출된 Cronbach's α를 적용하고, 측정항목이 모두 동일한 척도를 사용하였다면 디폴트인 공분산 행렬로부터 산출된 Cronbach's α를 적용한다.

이상으로 측정도구(측정문항)가 구성개념을 일관되게 측정하는지 점검할 수 있는 신뢰도 분석을 Cronbach's α중심으로 살펴보았다. 마지막으로 신뢰도 분석에서 유의할 사항 및 자주 질문하는 이슈를 정리하면 다음과 같다.

1. 각각의 구성개념별로 해당되는 문항들을 선택하여 신뢰도 분석을 실시한다. 직무특성이론과 직무성과에 관한 설문지에서 6개의 구성개념(기술다양성, 직무정체성, 직무중요성, 자율성, 피드백, 직무성과)별로 신뢰도 분석을 6회 실시하게 된다. 이와 달리 요인분석에서는 모든 문항을 선택하여 1회만 실시한다는 차이

점이 있으니 유의해야 한다.

2. 역방향으로 질문된 문항reversed item은 다른 문항들과 방향이 동일하도록 변환한 후에 신뢰도 분석을 실시한다. SPSS에서 음수의 공분산이나 상관계수가 포함되면 경고 메시지를 제시한다. 이와 달리 요인분석에서는 산출과정에서 음수의 요인적재량으로 전환해 주기 때문에, 역으로 질문된 문항이 분석 결과에 영향을 미치지는 않는다. 하지만 분석의 일관성을 위해서 요인분석에서도 역방향으로 질문된 문항은 변환한 후에 실시할 것을 추천한다.

3. 분석의 목적이나 필요성으로 볼 때 요인분석과 Cronbach's α는 동시에 분석하는 경우가 많다. 일반적으로 요인분석을 신뢰도 분석보다 먼저 실시한다. 요인분석을 통해 요인(구성개념)과 이를 측정하는 문항들을 선정한 후에, 요인별로 동질적인 문항들이 묶였는지 신뢰도 분석을 하는 순서이다.

4. Cronbach's α는 문항 수가 많아지면 증가하는 경향이 있다(Cortina, 1993; Shevlin, Miles, Davies & Walker, 2000). 이것은 통계학자들이 싫어하는 Cronbach's α의 단점이다. 반대로 해석하면, 우수한 Cronbach's α를 얻기 원한다면 문항 수를 늘리면 된다. 하지만 너무 많은 수의 문항은 비경제적일 뿐 아니라 중언부언하는 설문지로 응답자를 피곤하게 할 수 있다.

5. 측정도구의 신뢰도를 높이기 위해 '항목이 삭제된 경우 Cronbach 알파Cronbach's Alpha if Item Deleted'가 높은 문항을 분석에서 제거하게 된다. 이때 여러 문항을 한꺼번에 제거하지 말고 한 번에 한 문항씩 제거해 나가는 것을 추천한다.

6. Cronbach's α는 표본의 크기와 척도점수에도 영향을 받는다(Churchill & Peter, 1984). 표본을 많이 수집할수록 Cronbach's α는 작아지는 경향이 있고, 7점 척도보다 5점 척도로 구성된 설문문항에서 Cronbach's α는 더 작아지게 된다.

38
이구동성을 판정하는 r_{wg}와 ICC

일반적으로 팀장의 리더십 및 역량은 팀원들의 의견을 면담이나 설문으로 수집하여 평가한다. 그런데 팀원들의 의견이 이구동성으로 일치할 수도 있지만, 팀원들이 제각기 다른 의견을 제시해서 오리무중으로 파악하기 곤란한 경우도 발생한다. 만약 팀원들의 일치되지 않은 의견을 평균 등으로 통합하여 팀장의 점수로 해석한다면 심각한 왜곡이 나타난다. 이렇게 수집된 자료를 상위 수준으로 통합하기 위해서 자료의 일관성을 먼저 점검할 필요가 있다. 이와 관련된 r_{wg}, η^2, ICC(1), ICC(2) 등의 지수에 대한 개념과 활용법을 살펴보자.

문항들 사이의 일관성을 측정했던 Cronbach's α와는 달리, 응답자들 사이의 일관성에 관심을 가져야 할 때도 있다. 그림 38-1은 이러한 차이를 설명하기 위해 예제파일 [12.다중회귀분석_JCT.sav]의 일부 자료를 순서만 편집한 것이다. 여기에서 '직무정체성'에 대한 설문문항(identity1~identity4)이나 '기술다양성'에 대한 설문문항(s_variety1~s_variety4)은 서로 높은 상관이어야 신뢰도가 높은 설문구조이다. 이는 37장에서 살펴본 문항 간 신뢰도에 해당한다.

그런데 하나의 사업부문(biz_unit) 내의 직무특성이 유사하다고 가정하면, 해당 사업부문에 조직구성원들의 응답 내용이 유사할 것이다. '생산부문의 직무가 ~하다', '조직구성원들이 생산부문의 직무를 ~게 생각한다'고 주장하려면 응답자들 간에도 신뢰성이 확보되어야 한다.

그림 38-1, 1행~4행의 자료는 생산부문에 소속된 조직구성원 4명이 응답한 자료이다. 이 4명의 응답 내용이 유사해야 생산부문의 자료를 신뢰할 수 있다. 예를 들어 생산부문의 변수 's_variety4'의 경우 응답자 4명이 모두 다른 점수로 평정하고 있다. 평가자 간 신뢰도interrater reliability가 낮기 때문에 생산부문의 진정한 기술다양성 수준을 파악하기 힘들다. 반면에 직무정체성을 질의하는 변수 'identity3'의 경우에는 모

두 5점으로 평정하고 있다. 평가자 간 신뢰도가 높기 때문에 변수 'identity3'에 해당하는 생산부문의 직무정체성 수준이 5점이라고 쉽게 결정할 수 있다.

		문항 간 신뢰도					문항 간 신뢰도		
biz_unit	s_variety1	s_variety2	s_variety3	s_variety4	identity1	identity2	identity3	identity4	significance1
생산	2	2	2	6	4	5	5	4	4
생산	3	3	3	5	4	6	5	3	5
생산	4	4	4	3	6	5	5	4	6
생산	4	4	4	4	5	5	5	3	4
연구개발	5	5	5	1	4	6	4	4	5
연구개발	4	4	4	4	4	4	4	4	6
연구개발	7	7	7	1	6	6	6	3	6
연구개발	5	5	5	3	4	5	4	2	6
품질관리	4	4	4	4	6	6	6	3	6
품질관리	4	4	4	4	5	4	5	4	3
품질관리	3	5	4	4	4	5	4	3	6
품질관리	4	4	5	3	6	7	7	2	6
품질관리	4	4	4	4	5	6	6	2	6
기획본부	4	4	4	3	5	6	5	4	6
기획본부	4	4	4	4	4	2	6	6	2
기획본부	4	4	4	4	5	6	4	2	3
기획본부	4	4	4	3	6	7	5	3	6
기획본부	4	4	4	4	5	5	4	4	6

(세로 레이블: 평가자 간 신뢰도)

⊙그림 38-1 문항 간 신뢰도와 평가자 간 신뢰도

평가자 간 신뢰도는 응답의 일관성뿐만 아니라, 자료의 수준level 관점에서도 중요한 의미를 지닌다. 자료수집의 시점과 대상이 동일하더라도 수집된 자료가 담고 있는 내용 측면에서 수준이 서로 다를 수 있다. 가령 고등학교 학생들에게 설문하면서 개개인의 성별 및 의견을 물을 수도 있지만, 소속된 학급이나 담임 선생님에 대한 정보를 묻거나 학년에 대한 정보 또는 학교에 대한 느낌을 물어볼 수도 있다. 기업의 경우에도 조직구성원들에게 설문이나 인터뷰를 하면서 본인의 성향, 태도, 자질 등을 물을 수도 있지만 소속된 팀, 팀장에 대한 정보를 물을 수도 있고 해당 기업의 전략 방향에 대한 의견이나 CEO에 대한 평판을 물을 수도 있다.

이처럼 분석해야 할 자료가 다양한 수준을 갖게 되는 현상은 연구주제가 고도화될수록 일반적인 현상이 되었다. 이러한 자료를 다수준 자료multilevel data라고 부른다. 기업에서 수집하는 자료는 개인, 집단, 조직의 수준에서 어느 정도는 혼재된 다수준

자료이다. 연구에서 고려해야 할 수준의 종류로는 이론수준level of theory, 측정수준 level of measurement, 분석수준level of analysis이 있고, 이 수준들이 서로 일치하지 않으면 문제가 발생하게 되는데, 이를 수준이슈level issue라고 부른다(Klein, Dansereau & Hall, 1994).

가장 대표적인 수준이슈는 통합aggregation에 대한 타당성 문제이다. 하위 수준의 자료를 통합하여 상위 수준의 요인값으로 사용하는 경우에 해당한다. 기업에서 팀장의 리더십을 파악하기 위하여 조직구성원들에게 설문을 실시하였다고 하자. 이 자료의 구조는 한 명의 팀장에게 다수의 팀원들이 소속되어 있다. 어느 한 팀장의 리더십은 해당 팀원들이 제시한 점수를 합치거나 평균을 내는 방법으로 통합된다. 그러나 그림 38-1에서 생산부문의 변수 s_variety4의 자료를 평균 등의 값으로 통합하고 그 값을 생산부문을 대표하는 값으로 상정하는 분석은 부적절하다. 하위 수준의 점수를 통합한 측정값이 상위 수준의 특성을 적절히 반영하는지 여부를 검증할 필요가 있다.

표 38-1은 '나의 팀장은 내가 자율적인 의사결정을 할 수 있도록 위임한다'라는 질문에 A팀과 B팀의 팀원들이 평가한 자료이다. 설문문항은 10점 척도를 사용하였다. 각 6명씩 구성된 팀원들의 평균점수는 7.5로 두 명의 팀장 점수는 동일하다. 이처럼 팀원 개인의 점수를 통합하여 팀장의 권한위임점수로 사용한다면 어떤 문제가 있는가?

A팀의 경우 7.5와 거의 유사한 평가를 6명의 팀원들이 7점 또는 8점으로 피력했기 때문에 팀장의 점수로 평균 7.5를 사용하는 데 큰 무리가 없어 보인다. 상대적이긴 하지만 B팀의 경우에는 어떤 팀원은 5점, 어떤 팀원은 10점을 부여하였다. 6명이 서로 통일된 의견을 제시하지 않았다는 의미이다. 이 경우 개인 수준의 점수를 통합하더라도 의미가 없거나 평균 7.5가 팀장의 권한위임 정도를 제대로 측정한 수치가 아닐 위험이 있다.

⊕표 38-1 서로 다른 두 자료의 통합

A팀 : 8, 7, 8, 7, 8, 7	평균 : 7.5, 표준편차 : 0.548
B팀 : 10, 8, 7, 10, 5, 5	평균 : 7.5, 표준편차 : 2.258

아마도 이제 통계적 사고에 눈을 어느 정도 뜬 독자라면 해법을 찾았을 것이다. 13장에서 배운 산포의 통계량, 즉 표준편차나 분산을 고려하면 해결대안을 찾을 수

있다. 이러한 관점에서 하위 수준의 자료를 통합하는 분석이 타당한지 평가하는 통계적 지수로 r_{wg}, η^2, ICC(1), ICC(2) 등이 통계학자들에 의해 제시되어 있다. 하지만 이를 직접 산출해 주는 통계소프트웨어는 드물기 때문에 검증을 간과하거나 오용이 많으니 주의할 필요가 있다.

먼저, r_{wg}는 James, Demaree & Wolf(1983)에 의해 개발되었다. r_{wg}의 산출공식은 다소 복잡해 보이지만 아이디어는 의외로 간단하다.

$$r_{wg} = 1 - \frac{s_x^2}{\sigma_{EU}^2}$$

표 38-1의 B팀, 즉 모든 팀원들이 제각각 다른 의견을 진술한 경우를 극단적으로 상상해 보자. 10점 척도이므로 1점부터 10점까지 고르게 의견을 제시할 것이다. 이런 자료의 모양은 그림 38-2와 같이 모든 선택가능한 점수에서 발생할 확률이 동일한 분포이다. 통계학에서는 일양분포균등분포, 균일분포: uniform distribution라고 부른다. 10점 척도에서 일양분포는 주사위 눈이 1~10인 주사위를 던지는 행위와 동일한 결과이다.

[14.수준이슈.xlsm] 〈Sheet 1〉 참조

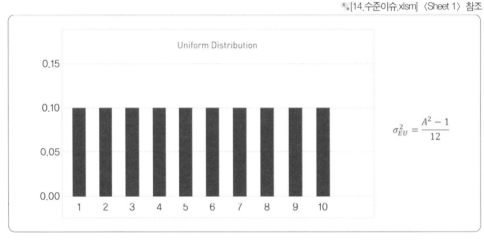

○그림 38-2 일양분포의 모양과 분산

일양분포의 분산은 확률분포를 다루지 않는 이 책의 범위를 벗어나기 때문에 자세한 설명은 생략하겠지만, 그림 38-2의 공식에 준해서 σ_{EU}^2를 어렵지 않게 산출할 수 있다. 다음과 같이 10점 척도의 경우 8.25이다(공식의 A는 척도 수이다).

$$\sigma^2_{EU} = \frac{A^2-1}{12} = \frac{10^2-1}{12} = 8.25$$

만약 수집된 자료의 분산이 일양분포의 분산과 비슷하면 의견이 너무 분분하여 자료를 통합하더라도 의미가 없고, 일양분포의 분산보다 작으면 자료들의 의견이 어느 정도 수렴되었다고 판단할 수 있다. 즉 일양분포는 평가자 간 신뢰도가 가장 낮은 결과를 설정한 결과이다. 그림 38-2와 같은 자료의 평균을 팀장의 점수로 사용하는 것은 부적절하다. 이를 평가자 간 신뢰도가 낮다고 평가할 수 있다.

이와 같이 r_{wg}는 극단적인 일양분포의 분산과 수집된 자료의 분산을 비교하여 차이가 있는지 밝히려는 시도이다.[29] 표 38-1의 자료에 대한 r_{wg}를 직접 산출해 보자(그림 38-3 참조). 8행과 9행에는 수집된 자료의 평균과 분산을 각각 산출하였다. 10행은 위에서 살펴본 10점 척도의 일양분포의 분산이다. 결과적으로 r_{wg}는 A팀은 0.96, B팀은 0.38로 나타났다. A팀의 팀장을 평가한 6개 자료에 대한 평균 7.50을 더 신뢰할 수 있다는 결론이다. 일반적으로 r_{wg}의 수치가 0.7(Klein & Kozlowski, 2000) 또는 0.6(Glick, 1985)보다 크면 자료 통합이 타당하다고 판단한다.

[14.수준이슈.xlsm] 〈Sheet 2〉 참조

ㅇ그림 38-3 r_{wg}(1) 산출하기: 일양분포 기준

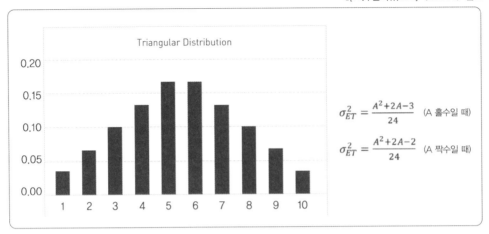

그림 38-4 삼각분포의 모양과 분산

그런데 일양분포를 비교 대상으로 설정한 방법은 검정력이 약하다는 비판이 있다. 설문문항뿐만 아니라 일반적인 자료들은 모종의 값을 중심으로 모이는 경향이 뚜렷하기 때문에 일양분포는 현실적이지 않다는 주장이다. 따라서 r_{wg}를 구할 때 좀더 현실적인 분포인 삼각분포triangular distribution를 기준으로 산출하여 통합에 대한 타당성을 보다 보수적으로 결정하는 방법을 사용하기도 한다. 그림 38-4처럼 삼각분포는 극단적인 수치에서 발생확률이 낮게 나타난다. 일양분포와 달리 삼각분포의 분산 σ^2_{ET}는 척도가 홀수냐 짝수냐에 따라 산출식이 다르다는 점에 주의하도록 하자.

표 38-1의 자료에 대한 r_{wg}를 삼각분포를 기준으로 직접 산출해 보자(그림 38-5 참조). 8행과 9행에는 수집된 자료의 평균과 분산을 각각 산출하였다. 10행은 위에서 살펴본 10점 척도의 삼각분포의 분산이다. 결과적으로 r_{wg}는 A팀은 0.94, B팀은 -0.04로 나타나 그림 38-3의 결과보다 뚜렷한 차이를 보여준다.

셀 B10과 셀 D10에서 사용한 함수 ISODD( )는 인수가 홀수이면 TRUE 값을, 짝수이면 FALSE 값을 반환하는 함수이다. 즉 엑셀에서 "=ISODD(3)"의 결과값은 TRUE이고, "=ISODD(28)"은 FALSE이다. 반대의 결과를 원한다면 함수 ISEVEN( )를 이용하면 된다.

◑그림 38-5 $r_{wg}(1)$ 산출하기: 삼각분포 기준

　지금까지 하나의 질문문항에 대한 r_{wg}를 산출하였다. 그러나 일반적인 연구는 다수의 문항으로 구성된다. 그림 38-6의 예제는 팀장의 리더십 스타일을 질문하는 6개 문항을 팀원 10명이 응답한 자료이다.[30] 이때의 r_{wg}는 $r_{wg}(6)$으로 표시하고, 앞서 그림 38-3에서 1개 문항의 자료에서 도출한 r_{wg}는 $r_{wg}(1)$로 표시하여 구분한다. K개 문항에 대한 $r_{wg}(K)$는 다음과 같이 산출된다.

$$r_{wg}(K) = \frac{K\left(1 - \dfrac{\overline{s_{xj}^2}}{\sigma_{EU}^2}\right)}{K\left(1 - \dfrac{\overline{s_{xj}^2}}{\sigma_{EU}^2}\right) + \dfrac{\overline{s_{xj}^2}}{\sigma_{EU}^2}}$$

　그림 38-6의 자료로 $r_{wg}(6)$을 직접 산출해 보자. 범위 L3:L8은 함수 VAR.S( )를 이용하여 문항별 분산을 산출하였다. 그리고 셀 L9는 범위 L3:L8에서 산출한 분산들의 평균, $\overline{s_{xj}^2}$으로 0.272로 산출되었다. 5점 척도의 문항에 대한 일양분포 분산, σ_{EU}^2는 2.0으로 셀 C13에 산출되었다(그림 38-7). 이 정보를 산출식에 그대로 적용하여 셀 C15에 산출한 $r_{wg}(6)$은 0.974로 나타났다. 0.70 이상으로 우수한 평가자 간 신뢰도로 확인되었다.

※[14.수준이슈.xlsm] 〈Sheet 4〉 참조

	A	B	C	D	E	F	G	H	I	J	K	L
1							Raters					
2	**Item**	Rater1	Rater2	Rater3	Rater4	Rater5	Rater6	Rater7	Rater8	Rater9	Rater10	*Var*
3	**1**	5	4	5	4	5	4	5	4	5	4	*0.278*
4	**2**	4	5	4	5	4	5	4	5	4	5	*0.278*
5	**3**	5	5	5	5	5	4	4	4	4	4	*0.278*
6	**4**	4	4	5	5	4	4	5	5	4	4	*0.267*
7	**5**	5	4	4	5	5	5	4	5	4	5	*0.267*
8	**6**	5	4	4	5	4	4	5	5	4	4	*0.267*
9												0.272

⋒그림 38-6 $r_{wg}(6)$ 산출하기 (1)

※[14.수준이슈.xlsm] 〈Sheet 4〉 참조

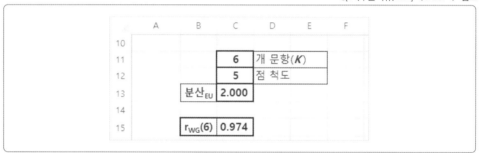

⋒그림 38-7 $r_{wg}(6)$ 산출하기 (2)

셀 C13	= (C12^2−1)/12
셀 C15	= (C11*(1−L9/C13))/((C11*(1−L9/C13))+(L9/C13))

살펴본 바와 같이 r_{wg} 상위 수준 관점에서 하위 수준의 자료에서 일치성agreement 또는 신뢰도reliability를 파악하는 지수이다. 표 38-1의 예에서 팀장의 리더십을 평가한 팀원들의 의견이 어느 정도 일치하는지 r_{wg}를 활용하여 통계적으로 비교할 수 있다. r_{wg}의 개념은 설문지뿐만 아니라 품질공학의 측정시스템분석MSA: Measurement System Analysis에서도 활용될 수 있다. 그림 38-6의 문항item은 품질을 측정하기 위한 6개 시료sample이고, 이에 대한 품질점수를 10명의 작업자가 평가하였다고 가정해 보자. 이

런 실험적 연구에서 r_{wg}는 작업자들이 사용한 품질측정도구나 작업자들의 측정능력이 얼마나 일치하는지 파악하는 지수가 된다.

이제 r_{wg}의 단점을 보완하여 제시된 지수들을 알아보도록 한다. 한 기업의 조직구성원을 대상으로 실시한 설문자료는 통상 여러 팀을 포함하게 된다. 즉 그림 38-6과 같은 자료 형태가 여러 개 존재하여 그림 38-1과 같은 형태가 일반적이다. 그러나 r_{wg}는 상위 수준의 각 집단별로 측정해야 하는 번거로움이 있다. 각 팀마다 하나의 r_{wg}가 산출되기 때문이다.[31] 그래서 다수의 상위조직이 포함된 자료는 각 집단별 r_{wg}를 산출한 후 그 중위수를 0.70 기준으로 판정하는 방법을 사용하고 있다.

[14.수준이슈.xlsm] 〈Sheet 5〉 참조

biz_unit_code					
	code	빈도	퍼센트	유효 퍼센트	누적퍼센트
기획본부	1	18	7.8	7.8	7.8
마케팅	2	38	16.5	16.5	24.3
물류센터	3	17	7.4	7.4	31.7
사업기획	4	14	6.1	6.1	37.8
생산	5	28	12.2	12.2	50.0
신제품개발	6	30	1.0	13.0	63.0
연구개발	7	30	13.0	13.0	76.1
정보관리	8	18	7.8	7.8	83.9
품질관리	9	37	16.1	16.1	100.0
합 계		230	100.0	100.0	

⋂그림 38-8 사업부문별 빈도분석

지금부터 살펴볼 η^2, ICC(1), ICC(2)는 r_{wg}와 달리 분산분석을 적용하여 일치성을 파악하는 방법이다. 이들 지수를 이용하여 '기술다양성'의 4개 문항을 예로, 9개의 사업부문별로 통합하여 대푯값을 생성해도 되는지 검증해 보자. 기초자료가 되는 분산분석을 위해 사업부문을 1에서 9까지 수치로 변환하여 변수 'biz_unit_code'를 생성하였다. 사업부문별 빈도분석한 결과는 그림 38-8과 같다.

○그림 38-9 SPSS, 기술다양성에 대한 분산분석

분산분석

		제곱합	df	평균 제곱	F	유의확률
s_variety1	집단-간	16.336	8	2.042	2.264	.024
	집단-내	199.355	221	.902		
	합계	215.691	229			
s_variety2	집단-간	11.501	8	1.438	1.824	.074
	집단-내	174.173	221	.788		
	합계	185.674	229			
s_variety3	집단-간	12.907	8	1.613	2.192	.029
	집단-내	162.675	221	.736		
	합계	175.583	229			
s_variety4	집단-간	26.031	8	3.254	3.517	.001
	집단-내	204.491	221	.925		
	합계	230.522	229			

○그림 38-10 SPSS, 기술다양성에 대한 분산분석 결과

'기술다양성' 문항(s_variety1~s_variety4)에 대한 분산분석을 그림 38-9와 같이 실시하고, [요인]에는 상위 수준의 집단인 사업부문, 'biz_unit_code'를 입력하였다. 그림 38-10은 분산분석의 결과이다. 먼저 변수 's_variety1', 's_variety3', 's_variety4'의 유의확률이 0.05보다 작아서 부문별 차이가 있음을 확인할 수 있다. 분산분석의 해석이나 기본적인 용어는 32장을 참고하기 바란다.

각 변수의 분석방법은 동일하기 때문에 먼저 변수 's_variety1'에 대해서 η^2, ICC(1), ICC(2)를 산출해 보면 그림 38-11과 같다. 셀 I3의 η^2은 에타제곱eta-squared이라고 부르며 산출식은 다음과 같다.

$$\eta^2 = \frac{SS_{Between}}{SS_{Total}} = \frac{\text{집단 간 제곱합}}{\text{전체 제곱합}} \leftarrow \text{셀 I3}$$

이에 따라서 변수 's_variety1'에 대한 η^2은 16.336/215.691이며, 셀 I3에 0.076으로 산출되었다.

셀 I3	η^2	=D3/D5

η^2은 회귀분석의 결정계수(R^2)와 동일한 개념이다. 다중회귀분석에서 독립변수의 수가 많아질수록 결정계수가 커지는 문제가 η^2에도 나타난다. 즉 400명의 자료가 40개 팀으로 구성된 경우에 10개 팀인 경우보다 값이 커진다. 이러한 불안정성 때문에 분산분석의 유의확률과 다른 지수들을 함께 고려하여 해석하여야 한다.

근본적으로 η^2은 집단의 효과크기effect size에 집중한 개념이다. 사업부문별로 's_variety1'의 차이가 있는지 파악하는 것이 원래의 목적이라는 의미이다. 이러한 특징 때문에 Cohen(1988)이 주장한 판정기준점(0.02 ~ small, 0.13 ~ medium, 0.26 ~ large)을 적용하여 해석하기도 한다. 이 기준으로 's_variety1'은 η^2이 중간 수준이라고 판정할 수 있다.

η^2과 달리, 평가자들의 응답에 대한 일치성을 평가하려는 목적으로 ICC(1)이 개발되었다. η^2은 제곱합을 이용하지만, ICC(1)은 다음과 같이 집단 간 분산과 집단 내 분산을 이용하여 산출된다. 수식에서 n은 집단의 평균 자료 수이다. 전체 자료 수를 집단의 수로 나누어서 구할 수 있는데, 여기서는 분산분석표의 자유도를 활용하여 셀 H5에 25.56명으로 산출되었다. 사업부문별 평균 인원이 25.56이라는 의미이다.

[14.수준이슈.xlsm] 〈Sheet 5〉 참조

	A	B	C	D	E	F	G	H	I	J	K
1				분산분석							
2				제곱합	df	평균 제곱	F	유의확률	η2	ICC(1)	ICC(2)
3		s_variety1	집단-간	16.336	8	2.042	2.264	.024	0.076	0.047	0.558
4			집단-내	199.355	221	.902					0.558
5			합계	215.691	229			25.56			
6		s_variety2	집단-간	11.501	8	1.438	1.824	.074	0.062	0.031	0.452
7			집단-내	174.173	221	.788					0.452
8			합계	185.674	229			25.56			
9		s_variety3	집단-간	12.907	8	1.613	2.192	.029	0.074	0.045	0.544
10			집단-내	162.675	221	.736					0.544
11			합계	175.583	229			25.56			
12		s_variety4	집단-간	26.031	8	3.254	3.517	.001	0.113	0.090	0.716
13			집단-내	204.491	221	.925					0.716
14			합계	230.522	229			25.56			

그림 38-11 기술다양성의 분산분석과 η^2, ICC(1), ICC(2)

ICC(1)은 셀 J3에 0.047로 산출되었다. ICC(1)은 −1에서 1 사이의 값을 가지며 값이 커질수록 응답 일치성이 높다고 해석한다. ICC(1)에 대한 특정한 판정기준점은 아직 없지만, 일반적인 기업연구에서 ICC(1)은 0.05~0.20에 분포하는 것으로 알려져 있다(Bliese, 2000). 이 기준에 의하면 변수 's_variety1'은 0.05 이하로서 낮은 수치에 해당한다.

$$ICC(1) = \frac{MS_{Between} - MS_{Within}}{MS_{Between} + (n-1)MS_{Within}} \leftarrow \text{셀 J3}$$

셀 H5	집단의 평균 자료 수	=(E5+1)/(E3+1)
셀 J3	ICC(1)	=(F3−F4)/(F3+(H5−1)*F4)

집단의 크기를 고려하여 ICC(1)을 보완한 지수가 ICC(2)이다. ICC(1)이 집단 내 상관성으로 해석된다면,[32] ICC(2)는 집단별로 통합한 대표점수에 대한 신뢰도의 의미를 가진다. ICC(2)의 값은 다음 공식에 의해 셀 K3에 0.558로 산출되었다.

$$ICC(2) = \frac{n \cdot ICC(1)}{1+(n-1) \cdot ICC(1)} \leftarrow \text{셀 K3}$$

ICC(2)를 분산을 활용하여 다음과 같이 산출할 수도 있다. 셀 K4에 0.558로 산출되었다. ICC(2)는 일반적으로 0.7 이상이어야 양호하다고 판단한다.

$$ICC(2) = \frac{MS_{Between} - MS_{Within}}{MS_{Between}} \quad \leftarrow \text{셀 K4(Spearman - Brown방식)}$$

셀 K3	ICC(2)	=(H5*J3)/(1+(H5−1)*J3)
셀 K4	ICC(2)	=(F3−F4)/F3

그림 38-11은 동일한 방법으로 기술다양성에 대한 4문항들을 분석한 결과이다. 변수 's_variety4'의 ICC(2)는 0.716으로서 0.7 이상이고, 분산분석의 유의확률이 0.05 이하로 유의미하게 나타났다. η^2과 ICC(1)의 값도 다른 변수들보다 우수하게 나타났다. 따라서 변수 's_variety4'의 경우, 평균이나 총점으로 통합하여 사업부문을 대표하는 점수로 안정적으로 사용할 수 있다. 나머지 변수들은 판정기준에 미달하므로 지수들의 수치를 높이는 방안을 강구하는 것이 바람직하다.

39
상관관계로는 불충분한, 인과관계

변수 간의 상관성이 높다는 것이 인과관계를 의미하지 않는다. 인과관계는 상관성뿐만 아니라 원인이 결과보다 시간적으로 먼저 발생해야 하는 시간적 선행성, 제3의 변수의 영향을 배제하는 비허위성이라는 세 가지 조건이 필요하다. 회귀분석은 이러한 인과관계의 요건을 갖춘 독립변수와 종속변수가 수립되었을 때 적용할 수 있다.

높은 상관이 나타난 두 변인에 대하여 영향의 방향을 설정하거나 하나의 변인으로 나머지 변인을 예측 또는 설명할 수 있다면 보다 실질적인 의미가 있다. 그림 39-1은 아이스크림 판매량과 익사자 수에 대한 가상적인 산점도이다. 상관계수는 0.94로 상당히 높은 편이다. 그렇다면 아이스크림 판매량이 높아졌기 때문에 익사자 수가 증가했다고 설명할 수 있을까? 이 사례는 상관계수를 인과관계cause-and-effect relationship로 해석해서는 안 된다는 대표적인 사례이다(Babbie, 2015).

실무적 연구에서는 인과관계를 밝힘으로써 더욱 강력한 조치와 예측을 할 수 있기 때문에 상관계수보다 인과관계로 해석하는 것을 선호하게 된다. 어불성설이지만, 위의 예에서 아이스크림 판매량을 조절하여 익사자 수를 줄이겠다는 정책도 나올 수 있고, 아이스크림 판매량에 따라 익사자 수를 예측할 수도 있다는 뜻이다.

하지만 높은 상관성은 두 변수를 각각 원인과 결과로 해석할 수 있는 조건 중 하나일 뿐이다. 두 변수 간의 인과관계란 하나의 변수(원인변수)가 다른 변수(결과변수)의 변화 및 발현에 원인을 제공하는 영향력을 가졌음을 의미한다. 변수들 간의 원인과 결과를 유추할 수 있는 인과관계의 성립조건은 일반적으로 세 가지로 정리된다.

첫 번째 조건은 원인변수와 결과변수 간에 상관관계가 존재해야 한다는 것이다. 상관관계는 원인변수의 변화가 결과변수의 변화와 동시에 존재해야 한다는 의미로 동시적인 변화concomitant variations라고도 부른다.

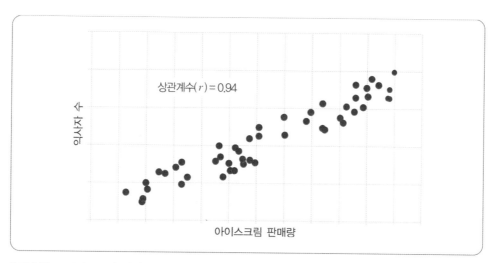

상관계수(r) = 0.94

익사자 수

아이스크림 판매량

↻그림 39-1 아이스크림 판매량과 익사자 수의 산점도, 상관계수

두 번째 조건은 시간적 선행성time precedence으로 원인이 결과보다 시간적으로 앞서서 발생해야 한다. 즉 원인이 먼저 발생하고 결과가 연쇄적으로 이후에 발생해야한다는 것이다. 청소년이 액션영화에 노출되는 시간이 많아지면 폭력성이 증가한다는 주장이 있다. 이에 대한 대표적인 반론은, 실제로는 원래 폭력성이 강했던 청소년이 액션영화를 선호하기 때문에 나타나는 착시라는 주장이다. 시간적으로 선후관계를 두고 벌어지는 논쟁이라고 할 수 있다.

세 번째 조건은 관찰된 상관관계가 제3의 변수의 영향으로 설명되어서는 안 된다. 제3의 변수의 영향을 받아 상관이 높을 경우를 허위적 상관spurious correlation이라고 한다(그림 39-2). 아이스크림 판매량과 익사자 수의 예에서 기온 및 더위라는 제3의 변수의 영향을 감안하지 못하고 있다. 일례로 흡연과 폐암과의 관계를 담배회사들이 방어했던 대표적인 논리가 있다. 담배회사들은 흡연량과 폐암발생률이 모두 스트레스의 영향을 받는다고 주장하였다. 스트레스라는 제3의 변수 때문에 흡연과 폐암의 연관성이 높게 나타난다는 논리였다.

세 가지 조건을 만족하면 두 변수의 인과관계를 주장할 수 있다.[33] 원인과 결과의 관계로 규명된 두 변수는 설명변수explanatory variable와 결과변수outcome variable라는 용어로 구분된다. 이와 비교하여 상관분석 및 공분산분석은 두 변수의 연관성을 다루지만 설명변수 또는 결과변수로 구분하지 않는다.

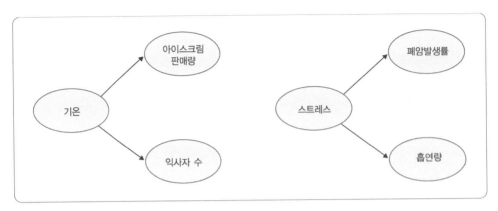

○그림 39-2 제3의 변수에 의한 허위적 상관

○표 39-1 설명변수와 결과변수의 다양한 명칭

설명변수(explanatory variable)	결과변수(outcome variable)
독립변수(independent variable) 예측변수(predictive variable, predictor) 원인변수(cause) 처치변수(treatment variable) 조정변수(manipulated variable) 요인, 인자(factor)	종속변수(dependent variable) 반응변수(response variable) 목적변수(criterion variable) 결과변수(effect)

　　그래서 엑셀함수에서도 CORREL( )과 COVARIANCE.S( )에 입력될 두 변수의 순서가 달라져도 결과값은 변하지 않았다. 표 39-1과 같이 설명변수와 결과변수는 다양하게 불리지만 사회과학에서 가장 흔히 사용하는 것은 독립변수와 종속변수이다.

　　또한 종속변수에 영향을 미치는 변수로서 독립변수와 외생변수extraneous variable를 구분할 필요가 있다. 외생변수란 독립변수 외에 종속변수에 영향을 미치는 변수로 가외변수, 외재변수라고도 불린다. 독립변수는 연구자의 관심사이므로 독립변수가 종속변수에 미치는 순수한 영향을 파악하기 위해서는 외생변수를 통제하여야 한다. 외생변수를 통제한다는 의미는 종속변수에 대한 외생변수의 영향을 제거한다는 의미이다. '통제된 외생변수'를 통제변수control variable[34]라고 한다.

　　중간관리자의 리더십(독립변수)이 조직구성원 만족도(종속변수)에 미치는 영향을 연구한다고 하자. 이런 경우 일반적으로 조직구성원 만족도에 영향을 미칠 수 있는 나이, 성별, 직급 등이 통제되고 있다. 이들의 영향을 제거한 후에 리더십의 영향을 순수하게 밝혀야 연구결과의 설명력을 제고할 수 있기 때문이다. 통제변수를 묘사할 때 그림 39-3과 같이 종속변수의 하단에 일반적으로 표시한다.

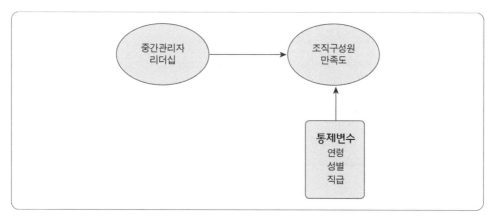

○그림 39-3 통제변수의 도식

🔍 **더 알아보기 ▌ 통계학의 역할**

원인과 결과의 관계를 통계학 기법이 해결해 줄 것으로 오해하는 경우가 많다. 하지만 통계학은 인과관계의 유무정도를 파악해 주는 역할을 수행하는 것이지 인과관계를 정립해 주지는 못한다. 예를 들어 기업의 수익과 R&D집중도의 관계를 표현한 회귀식은 인과관계의 설정에 따라 다음과 같이 달라진다.

$$\text{수익} = 5 \times \text{R\&D집중도} + 3$$
$$\text{R\&D집중도} = 1/5 \times \text{수익} - 3/5$$

통계학이 두 가지 중에서 더 우월하고 합당한 것을 선택해 줄 수 없다. 통계학은 수집된 자료를 통해 5, 3, 1/5, 3/5과 같은 수치를 산출해 준다. 그리고 통계적 가설검정은 이들 수치가 확률적으로 유의미한지 판단할 수 있도록 도와준다. 두 회귀식에서 하나를 선택하는 것은 연구자의 몫이다.

40
회귀선,
어디로 되돌아가는 선이지?

인과관계가 설정된 독립변수와 종속변수의 산점도상에 점으로 표현된 자료들을 최적으로 설명하는 평균적인 직선을 회귀선이라고 한다. 인과관계 분석의 목적은 독립변수가 종속변수에 미치는 영향의 크기와 방향을 파악하는 것이다. 회귀선의 기울기와 절편에 대한 통계적 검정을 통해 이를 파악할 수 있다.

다음은 인터넷상에서 부모의 키로 자녀의 키를 예측한다고 알려진 공식이다.

남자아이의 예상 키 = (아버지 키 + 어머니 키)/2 + 6.5

여자아이의 예상 키 = (아버지 키 + 어머니 키)/2 − 6.5

19세기 후반에도 이 주제에 관심을 갖고 연구한 사람이 있었다. 갤턴Francis Galton은 진화론을 체계화한 다윈Charles R. Darwin의 사촌이다. 갤턴은 우생학eugenics을 신봉하여 인간의 천재성이 유전된다고 믿었다. 하지만 당시로서는 천재성과 같은 추상적 개념을 측정할 수 있는 방법을 찾지 못했고, 비교적 쉽게 측정할 수 있는 인간의 키를 연구하게 되었다. 하지만 연구결과는 그의 가설을 지지하지 않았다. 부모의 키가 크면 아들의 키는 대체적으로 크지만, 부모의 키와 비교해서 아들의 키는 다소 작아져서 평균으로 복귀하는 경향이 있다는 사실을 밝혔다(Galton, 1886). 마찬가지로 부모의 키가 작으면 아들의 키는 대체적으로 작지만, 부모의 키만큼 작지는 않고 다소 커지는 경향이 있다. 그는 이러한 현상을 평범으로의 회귀regression toward mediocrity라고 불렀고, 오늘날 평균으로의 회귀regression toward the mean로 널리 알려져 있다.

한편 갤턴은 이 연구에서 부모와 아들의 키에 대한 자료를 산점도로 나타내고, 이를 가장 잘 설명할 수 있는 평균적인 직선을 산출하였다. 이 직선은 그의 연구내용을 반영하여 회귀선regression line이라고 부른다. 회귀선을 수식으로 나타내면 회귀식

regression formula이다. 갤턴의 연구는 지속적으로 발전하여 변수들 간의 관계를 구체적인 회귀식으로 해석하고 종속변수를 예측하기 위한 도구로 정착하면서 회귀분석 regression analysis으로 불리고 있다.

아래의 〈더 알아보기: 원가행동과 회귀선〉과 같이 두 변수 간의 관계를 추정하는 함수(직선)를 도출하는 방법은 다양하게 생각해 볼 수 있다. 갤턴도 최적의 회귀선을 찾기 위해 이런 아이디어를 모두 고려하였을 것이다. 결과적으로 갤턴이 회귀선을 찾아낸 방법은 최소자승법의 기초가 되었다.

🔍 더 알아보기 ┃ 원가행동과 회귀선

[11.단순회귀분석.xlsm] 〈Sheet 1〉 참조

조업도volume는 기업이 보유한 자원의 활용정도 또는 활동수준을 의미한다. 산출량 측면에서 생산량이나 판매량, 투입량 측면에서는 작업시간, 가동시간 등으로 측정된다. 조업도에 따라 기업이 사용하는 비용이 달라지고, 이는 제품의 원가에 영향을 미치게 된다. 조업도에 따른 총원가의 변화형태를 원가행태cost behavior라고 부른다. 따라서 원가행태를 분석하는 기초자료는 조업도와 지출된 비용으로 작성된 산점도이다. 이 산점도를 중심으로 조업도와 총원가의 관계를 예측할 수 있는 직선, 원가추정선estimated line of cost behavior을 도출하는 아이디어를 생각해 보자. 이러한 개념들과 관련하여 원가행태, 조업도, 이익의 관계를 연구하는 분야는 관리회계의 CVP분석cost-volume-profit analysis이다.

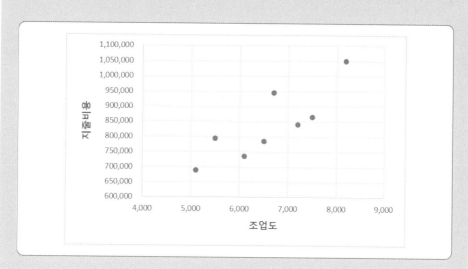

지금까지 발전해 온 원가추정방법은 다음 세 가지이다. 참고로 도출된 원가추정선의 절편은 고정원가, 기울기는 변동원가를 의미하게 된다. 고정원가는 조업도와 관계없이 발생하지만 변동원가는 조업도에 비례하여 발생하기 때문이다.

1. 고저점법high-low method

　　최대조업도와 최저조업도의 자료를 직선으로 연결하는 방법이다. 점 A와 점 B를 연결하여 원가추정선을 도출한다.

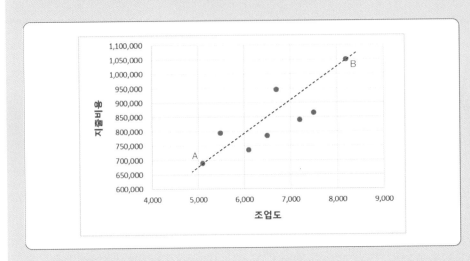

2. 산점도법scattergraph method

　　산점도에서 자료가 가장 밀집된 부분을 지나도록 원가추정선을 구하며, 원가추정선의 상·하에 동일한 수의 자료가 놓이도록 어림하여 설정한다.

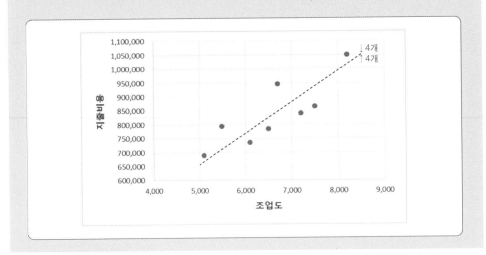

3. 최소자승법least squares method

시각적 어림으로 설정하지 않고 오차를 최소화하여 예측할 수 있는 원가추정선을 구한다.

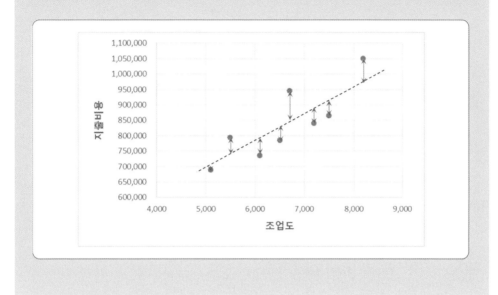

회귀분석의 최소자승법은 '제곱합의 값을 최소로 만든다'는 의미이다. 그리고 그 대상은 오차error 또는 잔차residual이다.[35] 오차는 두 변수의 관계를 나타내고 있는 산점도의 각 자료로부터 회귀선까지의 직선거리이다. 즉 그림 40-1에서 쌍방향화살표의 크기에 해당된다. 독립변수의 변화에 따라 종속변수의 값을 예측하는 회귀선의 관점에서는 예측하지 못하고 남은 부분이 오차이다.

우리가 중학교 수학에서 배우는 일차방정식과 동일한 직선이 회귀선이지만, 회귀선은 오차를 가진다는 차이가 있다. 중학교 수학 수업에서는 직선을 벗어나는 자료가 없는 즉 오차가 없는 직선을 배웠고, 통계는 현실의 자료이므로 항상 오차가 어느 정도는 발생하는 것이 정상이다. 오차는 그리스 문자 ϵ(epsilon)으로, 잔차는 영문자 e로 표현한다.[36]

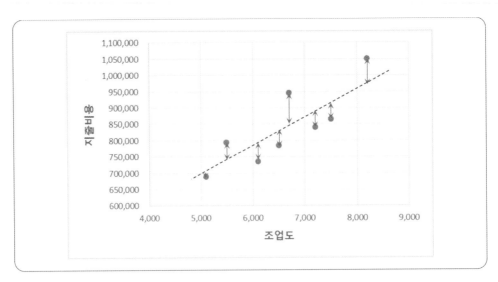

○그림 40-1 회귀선의 오차

더 알아보기 | 함수적 관계와 확률적 관계

$$중학교\ 수학,\ 일차방정식\ \leftarrow\ Y=b+aX$$
$$통계학,\ 회귀식\ \leftarrow\ Y=\beta_0+\beta_1X+\epsilon$$

b와 β_0를 절편계수intercept coefficient, constant라고 하고, a와 β_1은 기울기계수slope coefficient, gradient라고 한다. 절편계수는 독립변수가 0일 때 Y값이다. 기울기계수는 직선의 기울기로, 독립변수 X가 1단위 증가할 때 종속변수 Y의 변화량을 의미한다.

중학교 수학의 일차방정식은 독립변수의 값을 알면 종속변수의 값을 정확하게 알 수 있기 때문에 독립변수와 종속변수가 함수적 의존관계functional dependence이다. 함수적 의존관계에서 특정한 독립변수의 값에 대응하는 종속변수의 값은 단 하나이다. 만약 함수적 관계인 두 변수의 산점도를 그린다면 모든 자료들(점들)이 일직선상에 놓이게 될 것이다. 이에 비해 통계학의 회귀식은 독립변수와 종속변수를 확률적 의존관계stochastic dependence로 본다. 오차의 영향으로 특정한 독립변수의 값에 대응하는 종속변수의 값을 정확하게 파악할 수 없고 확률적으로 예측해야 한다.

최소자승법이란 오차의 크기를 최소로 하는 β_0과 β_1을 찾는 방법이다. 수리적으로는 편미분을 사용해야 구할 수 있지만, 이 책에서는 엑셀의 [목표값 찾기], [해 찾기]를 이용하여 설명하고자 한다. 회귀선이 산점도에 흩어진 자료들의 특성을 '평균'적으로 나타낸 직선이라고 가정하면, 오차는 편차$(X_i - \overline{X})$와 유사한 개념이 된다. 그림 40-2에서 편차와 오차를 산점도에서 쌍방향 화살표로 표기하여 비교하였다.

먼저 편차의 관점에서 평균의 특성을 좀더 자세히 알아보자. 10장의 그림 10-3에서 살펴본 바와 같이 (1, 4, 5, 6, 7, 10)의 자료와 그 평균인 5.5의 관계에서 편차$(X_i - \overline{X})$의 총합은 항상 0이다. 평균 중심으로 음수와 양수가 상쇄되기 때문이다. 또 하나의 다른 관점에서 편차들의 절댓값, 평균과 각 자료의 거리를 최소화하는 지점이 평균임을 직관적으로 이해할 수 있다. 이를 위해서는 편차의 제곱합을 최소로 하는 지점을 찾으면 평균이 될 것이다. 이를 엑셀의 [목표값 찾기]를 활용하여 시뮬레이션해 보자.

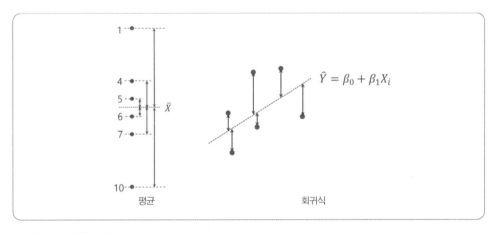

Ω그림 40-2 편차와 오차

그림 40-3에서 A열은 분석할 자료 (1, 4, 5, 6, 7, 10)이고, 셀 A9는 이들의 평균이다. 우선 시뮬레이션을 위해 셀 C9에 임의로 가상의 평균값을 1로 설정하였다. 즉 시뮬레이션을 마치면 셀 C9의 값이 평균 5.5로 제대로 구해져서 변경되어야 한다. 범위 C1:C6에는 가상의 평균인 셀 C9와 각 자료와의 편차를 계산하였다. 셀 C7은 함수 SUM( )을 이용하여 편차들의 총합을 구하였다. 다음과 같이 엑셀 메뉴에서 [목표값 찾기]를 실행한다.

[데이터] → [데이터 도구] → [가상분석] → [목표값 찾기]

그림 40-3과 같이 [목표값 찾기] 대화창에 "셀 C9의 값을 시뮬레이션으로 변경하여 셀 C7의 값이 0이 되도록 하라"는 의미로 [수식 셀], [찾는 값], [값을 바꿀 셀]에 각각 그림 40-3과 같이 입력한다. 〈확인〉을 클릭하면 셀 C9에 평균 5.5를 찾아주는 것을 확인할 수 있다.

[11.단순회귀분석.xlsm] 〈Sheet 2〉 참조

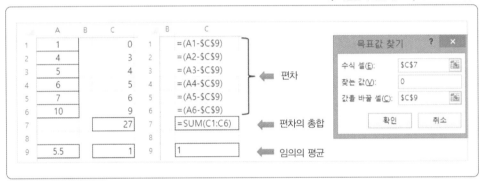

ⓞ그림 40-3 목표값 찾기, 평균

[11.단순회귀분석.xlsm] 〈Sheet 3〉 참조

ⓞ그림 40-4 도해 찾기, 평균 (1)

이제 0이라는 목표값을 탐색했던 부분을 조금 수정하여, 편차의 제곱합을 최소로 하는 지점도 평균임을 확인해 보자. 그림 40-4는 기존에 그림 40-3의 셀 C7만 "=SUM(C1:C6)"에서 "=SUMSQ(C1:C6)"로 변경한 것이다. 다음과 같은 엑셀 메뉴에서 [해 찾기]를 실행해 보자.

[데이터] → [분석] → [해 찾기]

ᴖ그림 40-5 해 찾기, 평균 (2)

그림 40-5를 참조하여, [해 찾기] 대화창에 "셀 C9의 값을 시뮬레이션으로 변경하여 셀 C7의 값이 최소가 되도록 하라"는 의미로 [목표설정], [변수셀 변경]에 각각 그림과 같이 입력하고, [대상은 '최소'를 선택한다. 〈확인〉을 클릭하면 셀 C9에 평균 5.5를 찾아주는 것을 확인할 수 있다.

엑셀의 [목표값 찾기], [해 찾기]를 통해 해를 탐색해 본 결과, 평균에 대한 수리적 의미를 다음과 같이 정리할 수 있다.[37]

자료와의 편차에 대한 총합을 0으로 하는 값	$\sum\left(X_i - \overline{X}\right) \Rightarrow 0$
자료와의 편차에 대한 제곱합을 최소화하는 값	$Minimize\left(\sum\left(X_i - \overline{X}\right)^2\right)$

그림 40-2에서 평균에서의 편차와 회귀선에서의 오차가 유사한 개념임을 시각적으로 확인하였다. 평균의 수리적 특징을 오차에 적용하면 다음과 같이 정리할 수 있다. 이를 [목표값 찾기], [해 찾기]를 이용하여 확인해 보자.

오차에 대한 총합을 0으로 하는 직선	$\sum\left(e_i\right) \Rightarrow 0$
오차에 대한 제곱합을 최소화하는 직선	$Minimize\left(\sum\left(e_i^2\right)\right)$

그림 40-6에서 A열과 B열은 분석할 자료로서, 조업도가 독립변수이고 지출비용이 종속변수이다. 셀 A11과 셀 B11은 이들의 평균이다. 우선 셀 E12와 셀 E13에 회귀식의 기울기와 절편을 각각 구성하였다. 셀 E12에 임의로 가상의 기울기값을 '70'으로 설정하였다. 셀 E13은 절편을 "=B11−E12*A11"로 입력하였다. 이는 회귀선이 항상 독립변수의 평균과 종속변수의 평균인 점 $\left(\overline{X}, \overline{Y}\right)$를 지나게 하려는 조치이다. 이 점을 기준으로 독립변수의 편차합도 0이 되고, 종속변수의 편차합도 0이 된다. 궁극적으로 오차에 대한 총합을 0으로 적합시키는 절편의 속성이다.

그림 40-7과 같이 범위 E2:E9에는 예측값($\widehat{Y}$)을 산출하였다. 예측값이란 회귀식에 의해 독립변수로 종속변수를 산출한 값이다. 즉 예측값은 회귀선상에 존재하며 중학 수학에서 배우는 일차방정식의 개념이다. 그리고 예측값은 $\widehat{Y}$으로 표기하고, '와이햇 Yhat'으로 읽는다. 현재는 임의로 설정된 기울기 70, 절편 376,125를 적용한 회귀식에 의해 산출되어 있다.

	A	B	C	D	E
1	조업도(작업시간)	지출비용			Y_hat
2	7,200	840,000			880,125.0
3	5,500	795,000			761,125.0
4	7,500	865,000			901,125.0
5	5,100	690,000			733,125.0
6	6,500	785,000			831,125.0
7	8,200	1,050,000			950,125.0
8	6,100	735,000			803,125.0
9	6,700	945,000			845,125.0
10					
11	6,600	838,125			
12				slope	70.00000	⟵ 기울기
13				intercept	=B11-E12*A11	⟵ 절편

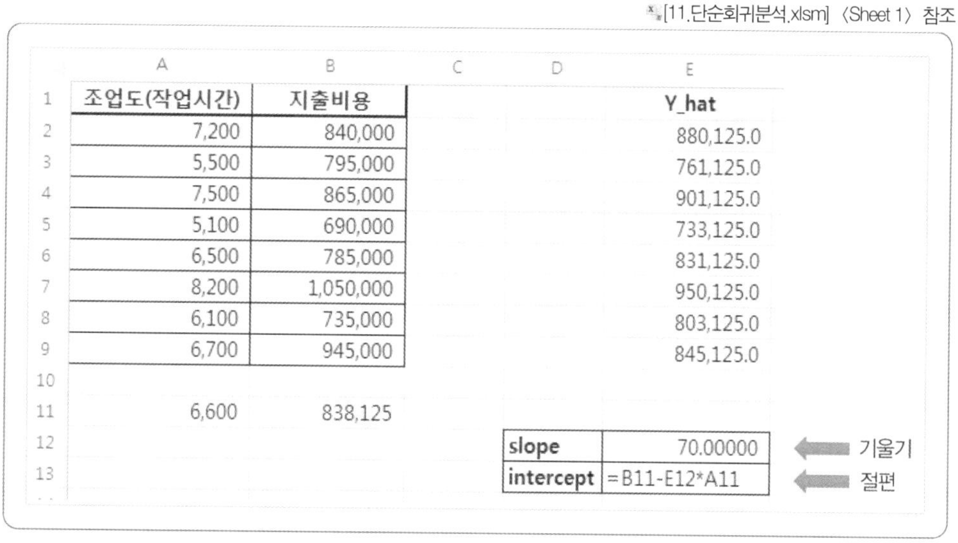

⋒그림 40-6 해 찾기, 회귀선 (1)

	A	B	C	D	E
1	조업도(작업시간)	지출비용			Y_hat
2	7,200	840,000			=$E$12*A2+$E$13
3	5,500	795,000			761,125.0
4	7,500	865,000			901,125.0
5	5,100	690,000			733,125.0
6	6,500	785,000			831,125.0	⟵ 예측값
7	8,200	1,050,000			950,125.0
8	6,100	735,000			803,125.0
9	6,700	945,000			845,125.0
10					
11	6,600	838,125			
12				slope	70.00000
13				intercept	376,125.00000

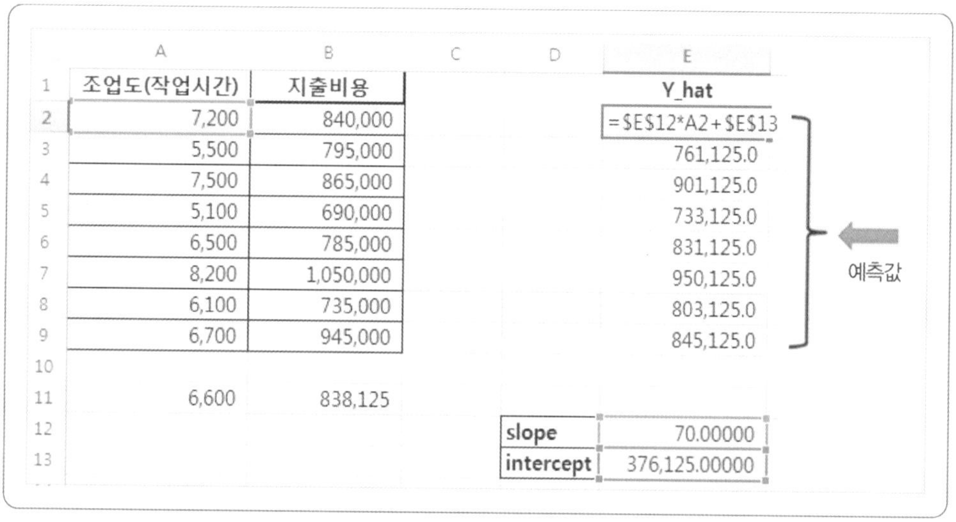

⋒그림 40-7 해 찾기, 회귀선 (2)

그림 40-8과 같이 범위 G2:G9에는 오차를 산출하였다. B열의 종속변수와 E열의 예측값의 차이가 오차이다. 셀 G10에는 SUM( )을 이용하여 오차의 총합을 산출하였다. 오차의 총합은 0이 된다. 회귀식의 절편을 설정한 셀 E13이, $(\overline{X}, \overline{Y})$를 지나도록 조치한 결과이다. 여기서 셀 E12의 기울기를 임의의 수치로 변경해 보자. 어떤 수로 변경

해도 오차의 총합은 0이 됨을 확인할 수 있다. 즉 $(\overline{X}, \overline{Y})$를 지나는 모든 직선에서의 오차는 음수와 양수가 상쇄되어 그 총합이 0이 된다.

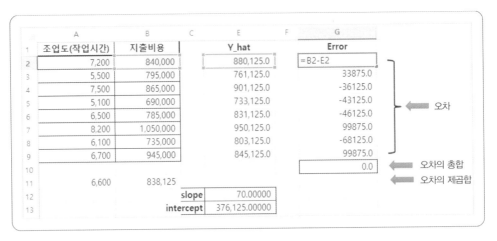

∩그림 40-8 해 찾기, 회귀선 (3)

다음으로 회귀식의 두 번째 조건이었던 '오차에 대한 제곱합을 최소화하는 직선'을 충족시키는 회귀선을 탐색해 보자. 셀 G11에 "=SUMSQ(G2:G9)"로 입력하여 오차의 제곱합을 산출하였다. 회귀선의 절편인 셀 E13은 속성이 정해졌기 때문에 셀 G11의 값을 최소화하는 셀 E12의 값을 찾으면 된다.

[해 찾기] 대화창에 "셀 E12의 값을 변경하여 셀 G11의 값이 최소가 되도록 하라"는 의미로 [목표설정], [변수 셀 변경]에 각각 그림 40-9처럼 입력하고 [대상은 '최소'를 선택한다. 〈확인〉을 클릭하면 시뮬레이션을 통해 셀 E12의 값이 94.03으로 도출됨을 확인할 수 있다.

이상으로 엑셀의 [목표값 찾기], [해 찾기]를 이용하여 회귀식의 기울기와 절편을 도출하였다. 이로써 자료들의 중앙을 경유하면서 오차를 최소화하는 회귀선의 특징을 확인하였다. 독립변수로서 종속변수를 예측한다는 목적으로 보면 회귀선의 이러한 특징은 합리적이고 당연한 것이다.

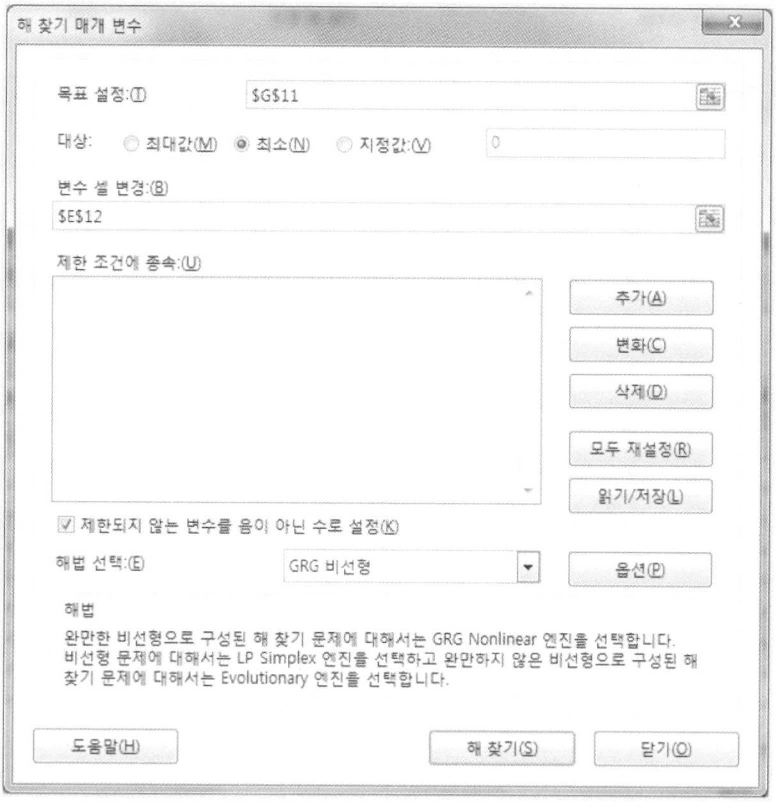

○그림 40-9 해 찾기, 회귀선 (4)

마지막으로 엑셀에서 β_0와 β_1는 엑셀함수를 사용하여 쉽게 도출할 수 있다. 기울기는 SLOPE( ), 절편은 INTERCEPT( )이다. 셀 G12, 셀 G13에 아래와 같은 문법으로 종속변수와 독립변수의 자료범위를 각각 입력하였다. 공분산 함수 COVARIANCE.S( )와 상관계수 함수 CORREL( )과 달리, 종속변수와 독립변수의 입력순서를 구분한다는 점에 유의하도록 하자.

| SLOPE(종속변수, 독립변수) | 셀 G12 = SLOPE(B2:B9, A2:A9) |
| INTERCEPT(종속변수, 독립변수) | 셀 G13 = INTERCEPT(B2:B9, A2:A9) |

[목표값 찾기], [해 찾기]를 이용하여 최소자승법을 구현한 값과 동일함을 확인할 수 있다. 또한 산점도에서 그림 40-10과 같이 [차트 요소 추가 → [추세선]에서 〈선형 예측〉을 선택하면 회귀선을 간단하게 차트에 추가할 수 있다. 더불어 [추세선 옵션]에서 회귀식과 결정계수(R2)를 추가할 수도 있다.

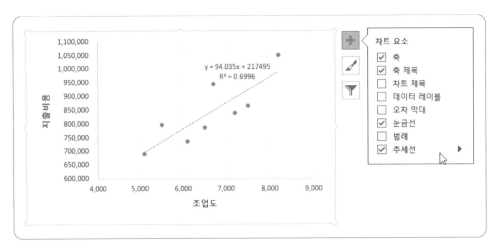

◑그림 40-10 산점도에 회귀선 추가

있는데, 이것은 1초에 10억 번의 연산을 수행할 수 있다는 의미이다. 즉 수치 맞추기 게임으로는 1초에 10억 번의 질문을 할 수 있다. 이러한 성능에 힘입어 엑셀에서는 어려운 고차방정식을 수리적으로 답을 찾지 않고 시행착오를 통해 최적의 해답을 점진적으로 탐색하여 도출한다.

엑셀함수 중에 내부수익률을 구해주는 IRR( )이 대표적인 예이다. 가끔 엑셀함수 IRR( )이 고차방정식을 해결하는 일반화된 공식이 무엇인지 질문받기도 하는데, 별도의 해법이 존재하는 것이 아니라 시행착오를 통해 답을 찾는 함수이다.

엑셀, 제대로 활용하기

엑셀의 메뉴에서 [해 찾기] 기능을 찾을 수 없다면 이 기능이 비활성화되어 있기 때문이다. 다음과 같은 절차로 메뉴에 추가할 수 있다. [Excel 옵션] 창의 [추가 기능]에서 〈해 찾기 추가기능〉을 선택하고 〈이동〉을 클릭한다.

팝업된 [추가 기능] 창에서 〈해 찾기 추가기능〉을 선택하고, 〈확인〉을 클릭한다.

41
단순하지만은 않은, 단순회귀분석

___

단순회귀분석은 하나의 독립변수와 하나의 종속변수 간의 선형관계를 회귀식으로 추정한다. 단순회귀분석은 두 변수의 일대일 관련성을 밝힌다는 점에서 상관분석과, 산포의 분해라는 측면에서 분산분석과 밀접한 관련이 있다. 실제로 독립변수의 표준화회귀계수는 상관계수와 동일하며, 결정계수는 상관계수의 제곱과 동일하다. 또한 회귀식의 전반적인 유의성은 분산분석의 유의확률로 판단한다.

SPSS에서 그림 41-1과 같이 다음의 메뉴와 절차에 따라 회귀분석을 실시할 수 있다. [독립변수]에 '조업도'를, [종속변수]에 '지출비용'을 선택하고 〈확인〉을 클릭하면 그림 41-2와 같은 결과가 도출된다.

[11.단순회귀분석_Sheet 1.sav]

○그림 41-1 SPSS, 회귀분석 창

[분석] → [회귀분석] → [선형]

40장에서 엑셀을 통해 회귀식의 기울기, 절편만을 도출하였다. 이에 비해 SPSS의 회귀분석 결과는 좀더 다양한 정보를 제공하고 있다. 그림 41-2에서 〈비표준화 계수〉의 'B'를 읽으면 엑셀에서 도출한 결과와 동일하다.

계수ª

모형		비표준화 계수		표준화 계수	t	유의확률
		B	표준오차	베타		
1	(상수)	217494.973	167815.697		1.296	.243
	조업도	94.035	25.159	.836	3.738	.010

a. 종속변수: 지출비용

● 그림 41-2 SPSS, 회귀분석 결과

지출비용 = 217494.973 + 94.035×조업도

비표준화회귀계수unstandardized regression coefficient는 SPSS에 입력된 자료의 단위를 수정하지 않고 분석하여, 측정단위가 그대로 의미가 있다. 제품생산활동을 전혀 하지 않은 상태(조업도=0)의 지출비용은 약 217,494.973원으로 예상된다. 그리고 조업도의 단위시간을 1시간 늘릴수록 지출비용은 약 94.035원씩 증가한다는 의미이다. SPSS에서 회귀분석의 비표준화회귀계수는 'B'로 표기한다.

이에 비해 표준화회귀계수standardized regression coefficient는 변수들을 모두 표준화점수로 변경한 후, 회귀분석을 실시한 결과이다. SPSS에서 표준화회귀계수는 'β'로 표기한다.[38] 앞서 살펴본 함수 STANDARDIZE( )를 이용하여 독립변수와 종속변수를 표준화점수로 바꿀 수 있다. 그림 41-3에서 D열, E열에 계산된 'Z조업도'와 'Z지출비용'이 원자료인 조업도(A열)와 지출비용(B열)을 표준화한 결과이다.

	원자료			표준화자료		
	A	B	C	D	E	F
1	조업도(작업시간)	지출비용		Z조업도	Z지출비용	
2	7,200	840,000		0.5812	0.0162	
3	5,500	795,000		-1.0655	-0.3716	
4	7,500	865,000		0.8718	0.2316	
5	5,100	690,000		-1.4530	-1.2762	
6	6,500	785,000		-0.0969	-0.4577	
7	8,200	1,050,000		1.5499	1.8255	
8	6,100	735,000		-0.4843	-0.8885	
9	6,700	945,000		0.0969	0.9208	
10						
11	6,600	838,125	평균		0.8364	기울기
12	1032.334387	116064.56	표준편차		0.0000	절편
13					0.8364	상관계수

◑그림 41-3 표준화점수와 표준화회귀계수

셀 D2	= STANDARDIZE(A2, $A$11, $A$12)
셀 E2	= STANDARDIZE(B2, $B$11, $B$12)
셀 E11	= SLOPE(E2:E9, D2:D9)
셀 E12	= INTERCEPT(E2:E9, D2:D9)
셀 E13	= CORREL(A2:A9, B2:B9)

'Z조업도'와 'Z지출비용'에 대한 회귀식을 구해 보자. 셀 E11에는 함수 SLOPE( )를 사용하여 기울기를 구하고, 셀 E12에 함수 INTERCEPT( )를 사용하여 절편을 구하였다. 기울기는 0.8364이고 절편은 0으로 나타났다. 이 회귀식은 그림 41-4에 점선으로 표현되어 있다. 기울기 0.8364가 원자료인 조업도와 지출비용의 회귀분석에서 표준화회귀계수에 해당한다. 한 가지 흥미로운 사실은 셀 E13에서 두 변수의 상관계수를 도출한 결과, 이 표준화회귀계수와 동일하게 나타났다는 사실이다. 즉 독립변수가 하나인 단순회귀분석에서 표준화회귀계수는 독립변수와 종속변수의 상관계수와 동일한 값이다.

표준화회귀계수에서 절편이 0인 이유가 궁금할 수도 있는데, 'Z조업도'와 'Z지출비용'에 대하여 산점도를 그리면 그림 41-4와 같다. 회귀선이 원점을 지나고 있다. 앞에서 살펴본 것처럼 회귀선은 $(\overline{X}, \overline{Y})$를 지나는 특징이 있다([11.단순회귀분석.xlsm]〈r_n_beta〉참조). 그런데 표준화점수의 평균은 항상 0이다. 그러므로 표준화점수에 대한 회귀선은 (0, 0)을 항상 지나간다. 표준화회귀계수로 표현한 회귀식은 다음과 같다.

$$지출비용 = 0.836 \cdot 조업도$$

표준화점수는 표준편차의 몇 배수냐를 표현한다(18장 참조). 이 회귀식을 해석하면 조업도의 1표준편차가 증가하면 지출비용은 표준편차 0.836배로 증가한다는 의미가 된다. 또한 측정단위의 의미를 없앤 표준화점수를 활용하였으므로 다중회귀분석에서 독립변수들 간 영향의 크기를 서로 비교할 때 표준화회귀계수를 활용한다. 독립변수들의 측정단위가 서로 다르더라도 표준화하였기 때문에 표준화회귀계수의 절댓값을 기준으로 어떤 독립변수의 영향력이 더 강한지 비교할 수 있다.

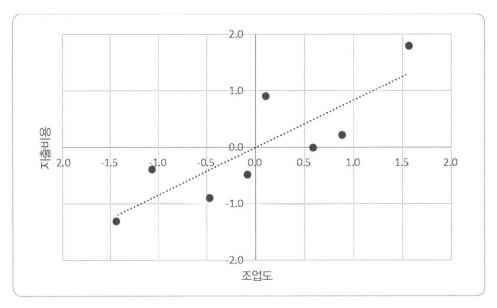

⋂그림 41-4 표준화점수를 활용한 회귀분석 결과

다음으로 비표준화계수에 제시된 표준오차에 대하여 알아보자. 표준오차는 표집분포로부터 도출된 통계량의 표준편차라고 하였다. 통계적 가설검정의 근간을 이루는 이 관점은 회귀분석에서도 적용된다. 절편과 기울기를 표집분포의 통계량으로 간주하면 표준오차를 가정할 수 있다. 절편과 기울기의 표준오차는 각각 167815.697, 25.159로 산출되었다(그림 41-2). 이로써 β_0과 β_1에 대한 신뢰구간 또는 유의성을 확률적으로 예측할 수 있다. 즉 검정통계량을 활용하여 가설검정을 수행할 수 있다.[39]

SPSS의 결과(그림 41-2)를 해석하면 다음과 같다. 회귀계수에 대한 검정통계량은 자유도가 (n-2)인 t분포를 따른다.[40] 일반적으로 회귀계수에 대해 궁금해 하는 것은 혹시 무의미한 수치가 아니냐는 것이다. 즉 0이 아니냐는 것이다. 특히 기울기가 0이면 독립변수가 종속변수에 미치는 영향이 없다고 할 수 있다. 따라서 표 41-1에 제시한 수식에 검정하려는 모수값 β_0^*, β_1^*에 0을 대입하면 일반적인 검정통계량이 산출된다. 절편의 검정통계량은 1.296이고, 기울기의 검정통계량은 3.738이다. 이에 대한 p-값은 엑셀함수 T.DIST.2T( )로 구할 수 있다. 표준화계수의 유의확률은 비표준화계수와 동일하기 때문에 SPSS에서 별도로 제시되지 않는다.

○표 41-1 회귀계수의 유의성 검정

검정통계량과 분포	검정통계량 t-값	유의확률
$\dfrac{b_0 - \beta_0^*}{S.E.(b_0)} \sim t_{(n-2)}$	$\dfrac{b_0 - 0}{S.E.(b_0)} = \dfrac{217494.973}{167815.697} = 1.296$	T.DIST.2T(ABS(1.296), 8-2)=.243
$\dfrac{b_1 - \beta_1^*}{S.E.(b_1)} \sim t_{(n-2)}$	$\dfrac{b_1 - 0}{S.E.(b_1)} = \dfrac{94.035}{25.159} = 3.738$	T.DIST.2T(ABS(3.738), 8-2)=.010

〈표준오차－검정통계량－확률분포－유의확률〉로 이어지는 논리적 과정을 다시 확인하자. t검정, 분산분석의 논리가 회귀분석에서도 적용되고 있다. 궁극적으로 SPSS의 결과로부터 정선해야 할 중요한 정보는 다음과 같이 유의확률에 대한 통계적 가설이다. 95% 신뢰수준에서 절편은 의미가 없지만(0이다), 기울기는 유의미하다(0이 아니다)고 판단할 수 있다.

귀무가설: $\beta_0 = 0$	p-값=.243
대립가설: $\beta_0 \neq 0$	
귀무가설: $\beta_1 = 0$	p-값=.010
대립가설: $\beta_1 \neq 0$	

이상으로 회귀계수에 대한 SPSS 결과를 해석하였다. 이제 그림 41-5의 분산분석표를 해석해 보자. 이는 분산분석에서 다룬 변동의 분해를 그대로 적용한 결과이다. 만약 독립변수(조업도)가 종속변수(지출비용)에 전혀 영향을 미치지 않는다는 회귀식은 어떤 모습일까? 독립변수에 관계없이(무시하고) 종속변수만을 예측해야 하므로 종속변수의 평균이 될 것이다. 회귀식 관점에서는 독립변수의 영향력이 0이므로 기울기가 0이고, $(\overline{X}, \overline{Y})$는 지나야 하므로 종속변수의 평균이 된다. 결과는 그림 41-6에서 수평선($Y = \overline{Y}$)이 독립변수가 종속변수에 영향을 미치지 않았을 때의 회귀선이 된다.[41]

그렇다면 수집한 자료의 회귀선의 기울기는 왜 0이 아니라 가파르게 되었는가? 그것은 조업도가 지출비용에 미친 영향이라고 해석할 수 있다. 따라서 가장 우측에 있는 하나의 자료를 대상으로 그 수치를 분해해 보면, 쌍방향화살표 A($\overline{Y}$와 $\hat{Y}$의 차이)는 조업도가 지출비용에 미친 영향이다. 쌍방향화살표 B는 실제 현실에서 지출된 비용과 예측값의 차이(Y_i와 $\hat{Y}$의 차이)이므로 오차이다. 이러한 분해를 각 점(자료)마다 계산해 보자.

분산분석[b]

모형		제곱합	자유도	평균 제곱	F	유의확률
1	회귀 모형	65,965,449,062	1	65,965,449,062	13.970	.010[a]
	잔차	28,331,425,938	6	4,721,904,323		
	합계	94,296,875,000	7			

a. 예측값: (상수), 조업도
b. 종속변수: 지출비용

⋂그림 41-5 SPSS, 회귀분석의 분산분석표

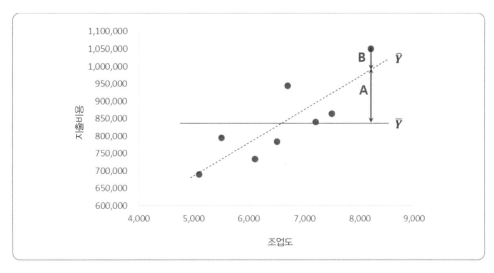

ⓝ그림 41-6 회귀분석, 산포의 분해 (1)

그림 41-7에서 회귀식의 기울기와 절편을 셀 E12와 셀 E13에 각각 SLOPE( )와 INTERCEPT( )를 활용하여 산출하였다. 이 계수들로 구성된 회귀식을 적용하여 각 독립변수(조업도) 값에 대한 예측값($\hat{Y}$)을 범위 E2:E9에 산출하였다.

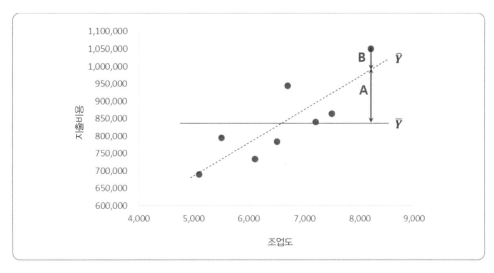

[11.단순회귀분석.xlsm] 〈Sheet 5〉 참조

	A	B	C	D	E	
1	조업도(작업시간)	지출비용			Y_hat	
2	7,200	840,000			=$E$12*A2+$E$13	셀 E2 =$E$12*A2+$E$13
3	5,500	795,000			734,686.7	
4	7,500	865,000			922,756.4	
5	5,100	690,000			697,072.7	
6	6,500	785,000			828,721.5	
7	8,200	1,050,000			988,580.8	
8	6,100	735,000			791,107.6	
9	6,700	945,000			847,528.5	
10				셀 B11: =AVERAGE(B2:B9)		
11	6,600	838,125				
12				slope	94.03485	셀 E12 =SLOPE(B2:B9, A2:A9)
13				intercept	217,494.97319	셀 E13 =INTERCEPT(B2:B9, A2:A9)

ⓝ그림 41-7 회귀분석, 산포의 분해 (2)

셀 A11	= AVERAGE(A2:A9)
셀 B11	= AVERAGE(B2:B9)
셀 E2	= $E$12*A2+$E$13
셀 E12	= SLOPE(B2:B9, A2:A9)
셀 E13	= INTERCEPT(B2:B9, A2:A9)

	F	G	H	
1		회귀모형	오차	
2		56,420.9	-54,545.9	⬅ 셀 G2 = E2-$B$11
3		-103,438.3	60,313.3	셀 H2 = B2-E2
4		84,631.4	-57,756.4	
5		-141,052.3	-7,072.7	
6		-9,403.5	-43,721.5	
7		150,455.8	61,419.2	
8		-47,017.4	-56,107.6	셀 G10 =SUMSQ(G2:G9)
9		9,403.5	97,471.5	셀 H10 =SUMSQ(H2:H9)
10	제곱합	65,965,449,062	28,331,425,938	⬅

◑그림 41-8 회귀분석, 산포의 분해 (3)

　이 예측값을 기반으로 그림 41-8에서는 조업도가 지출비용에 영향을 미친다는 '회귀모형이 설명하는 부분'과 '회귀모형이 설명하지 못하는 부분'을 각각 G열과 H열에 산출하였다. 회귀모형의 설명부분인 G열은, E열의 각 값에서 종속변수(지출비용)의 평균인 셀 B11의 838,125원을 차감한 결과이다.

　'회귀모형이 설명하지 못하는 부분' 즉 오차를 산출한 H열은 종속변수인 B열에서 예측값인 E열의 값을 차감한 결과이다. 그림 41-6에 비유하면 G열은 쌍방향화살표 A에, H열은 쌍방향화살표 B에 해당하고, E열은 점선의 회귀선이다.

　이 값들은 음수와 양수가 혼재되어 있으므로 전체 크기를 측정하기 위해서 셀 G10과 셀 H10에 제곱합을 각각 구하였다. 이 값들이 분산분석표의 첫 번째 칸인 〈제곱합〉의 수치와 일치함을 확인할 수 있다. 결과적으로 종속변수(지출비용)의 편차를 '독립변수(조업도)가 설명하는 영역'과 '설명을 못한 영역'으로 나눈 것이다. 그리고 음수와 양수를 고려한 영역의 크기를 산출하기 위해서 제곱합을 구하였다. 이에 대한 용어와 개념을 정리하면 표 41-2와 같다. 31, 32장에서 살펴본 '산포의 분해'와 비교하면서 이해하기 바란다.

● 표 41-2 제곱합의 분해

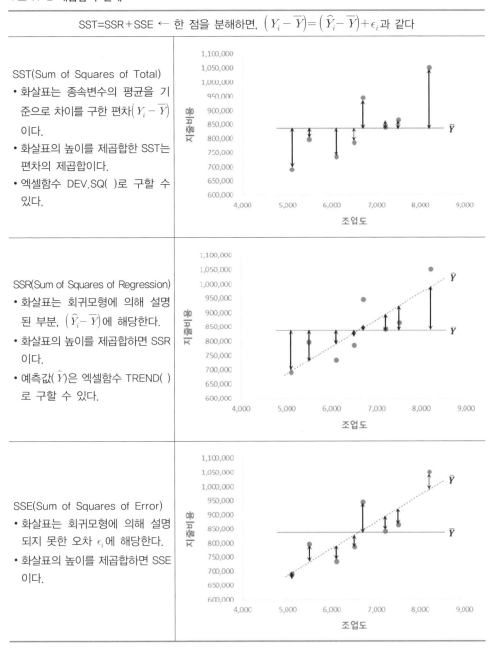

SST=SSR+SSE ← 한 점을 분해하면, $\left(Y_i - \overline{Y}\right) = \left(\widehat{Y_i} - \overline{Y}\right) + \epsilon_i$과 같다

SST(Sum of Squares of Total)
- 화살표는 종속변수의 평균을 기준으로 차이를 구한 편차$\left(Y_i - \overline{Y}\right)$이다.
- 화살표의 높이를 제곱합한 SST는 편차의 제곱합이다.
- 엑셀함수 DEV.SQ( )로 구할 수 있다.

SSR(Sum of Squares of Regression)
- 화살표는 회귀모형에 의해 설명된 부분, $\left(\widehat{Y_i} - \overline{Y}\right)$에 해당한다.
- 화살표의 높이를 제곱합하면 SSR이다.
- 예측값($\widehat{Y}$)은 엑셀함수 TREND( )로 구할 수 있다.

SSE(Sum of Squares of Error)
- 화살표는 회귀모형에 의해 설명되지 못한 오차 ϵ_i에 해당한다.
- 화살표의 높이를 제곱합하면 SSE이다.

이제 그림 41-9의 두 그림을 비교해 보자. 동일한 회귀식이지만 그림 A는 오차가 작은 반면에 그림 B는 오차가 크다. 종속변수의 평균선과 회귀식이 동일하므로 회귀 모형이 설명하는 부분은 동일하다. 종속변수에 대한 독립변수의 예측력 또는 영향력을 평가한다는 관점에서 어떤 그림의 회귀식이 더 우수한가? 오차가 적은 그림 A가 더 우수한 예측력을 가진 회귀식이다. 이러한 직관적인 의사결정을 계량화할 수는 없을까?

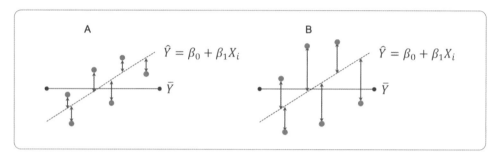

○그림 41-9 R^2이 서로 다른 회귀선

통계학자들은 위에서 구한 제곱합의 값을 활용하여 회귀모형이 설명하는 양과 오차의 양을 비교하는 방법을 강구하였다. 두 수치를 공평하게 비교하기 위해서는 총합보다는 평균을 구해서 비교해야 한다. 그래서 자유도로 각각의 제곱합을 나눔으로써 평균제곱합을 구하였다. 최종적으로 두 개의 평균제곱합(분산)을 분자와 분모에 두고 크기를 비교하는데, 이 검정통계량은 F분포를 따른다.

검정통계량과 분포	검정통계량 F-값	유의확률
$\dfrac{분산1_{(df1)}}{분산2_{(df2)}} \sim F_{(df1,df2)}$	$\dfrac{65,965,449,062/1}{28,331,425,938/6} = 13.970$	=F.DIST.RT(13.970,1,6)

그림 41-9의 A는 오차(분모)가 작아서 F-값이 크고, 그림 B는 오차(분모)가 커서 F-값이 작게 된다. F-값은 F분포를 따르는 검정통계량이므로, 값이 커질수록 우측꼬리확률인 p-값이 작아지게 된다. 따라서 그림 A의 회귀선이 그림 B의 회귀선보다 통계적으로 유의미할 가능성이 높다.

이상의 정보로 분산분석표에서 정선해야 할 통계적 가설과 유의확률에 대한 해석법은 다음과 같다. 결과적으로 이 예는 95% 신뢰수준에서 도출된 회귀식이 유의미하다고 판단할 수 있다.[42]

귀무가설 : 회귀식이 유의하지 않다($R^2=0$).	p-값=.010
대립가설 : 회귀식이 유의하다($R^2\neq0$).	

회귀식의 유의미성에 대한 평가는 R^2으로 대변될 수 있다. R^2은 결정계수coefficient of determination 또는 설명력이라고 한다. 독립변수가 종속변수를 설명하는 정도 또는 결정하는 정도를 나타내기 때문이다. 결정계수는 종속변수의 편차에서 회귀모형이 설명하는 부분의 비율로서 계산된다. 산식은 다음과 같다. SST 중에서 SSR이 차지하는 부분이 많을수록 회귀선의 적합도goodness of fit는 높아진다. R2는 엑셀함수를 사용하여 TREND( )÷DEV.SQ( )의 수식으로 쉽게 구할 수 있다(표 41-2 참조).

$$R^2 = \frac{SSR}{SST} = 1 - \frac{SSE}{SST}, \ \text{예:} \ \frac{65,965,449,062}{94,296,875,000} = 0.700$$

결정계수는 $0 \leq R^2 \leq 1$의 값을 가지며 음수는 나타나지 않는다. R^2=1은 독립변수와 종속변수 간에 완벽한 선형관계를 의미한다. R^2=0은 독립변수와 종속변수 간에 회귀선이 적합하지 않음을 나타낸다.

SPSS에서 R^2은 〈모형 요약〉에서 그림 41-10과 같이 제공된다. $R = \sqrt{R^2} = .836$도 같이 제시되어 있다. 〈추정값의 표준오차Std. Error of the Estimate〉는 $\sqrt{MSE} = \sqrt{4,721,904,323}$이다. 기술통계의 개념으로 오차의 평균제곱합 4,721,904,323은 분산, $\sqrt{4,721,904,323}$은 표준편차에 해당한다. 따라서 〈추정값의 표준오차〉는 예측된 회귀식으로부터 발생하는 평균적인 오차 수준이라고 해석할 수 있다.

모형 요약				
모형	R	R제곱	수정된 R제곱	추정값의 표준오차
1	.836[a]	.700	.649	68716.11399

a. 예측값 : (상수), 조업도

⋂그림 41-10 SPSS, 결정계수(모형 요약)

회귀분석의 결과는 다수의 유의확률, 통계량들이 제시되기 때문에 해석순서에 주의할 필요가 있다. 다음 순서에 따라 결과를 해석한다면 오류를 최소화할 수 있을 것이다.

1. 산점도를 작성한다. 독립변수와 종속변수가 비선형관계인지 확인한다.

2. 회귀식을 작성한다. 비표준화계수(B)를 확인한다.

3. 회귀식의 정확도를 확인한다. 모형요약표의 '추정값의 표준오차Std. Error of the Estimate' 가 오차의 크기를 나타낸다.

4. 회귀식의 유의성을 확인한다. 분산분석표의 검정통계량 F, 유의확률을 확인한다.

5. 회귀식의 설명력을 확인한다. 모형요약표의 R^2의 크기를 확인한다.

6. 회귀식의 회귀계수를 확인한다. 절편과 기울기에 대한 검정통계량 t, 유의확률을 각각 확인한다.

42

통제하고 제거하고
남은 나머지, 오차

제3의 변수를 통제하는 방법에 따라 0차 상관계수, 편상관계수, 준편상관계수가 존재한다. 0차 상관계수는 제3의 변수를 고려하지 않는다. 편상관계수는 독립변수와 종속변수 모두에서 제3의 변수를 통제하지만, 준편상관계수는 독립변수에서만 제3의 변수를 통제한다. 회귀분석의 오차는 제3의 변수에 대한 통제와 밀접한 관련이 있는 중요한 개념이다. 오차를 이용하면 편상관계수와 준편상관계수를 쉽게 산출할 수 있다.

회귀분석에서 가장 간단한 모형인 단순회귀분석simple regression analysis의 개념과 결과해석 방법을 알아보았다. 단순회귀분석은 종속변수에 영향을 미치는 하나의 독립변수의 영향을 분석하는 것이다. 그러나 복잡한 사회현상은 다수의 독립변수가 종속변수에 영향을 미친다. 이렇게 설정된 회귀분석을 다중회귀분석multiple regression analysis이라고 한다. 다중회귀분석을 살펴보기 전에 이와 관련된 상관계수의 유형을 파악할 필요가 있다. 상관계수는 두 변수의 상관성을 파악하는 지표이다. 따라서 이변량상관계수bivariate correlation라고도 부르는 이유이다.

세 개 이상의 변수들의 상관성은 어떻게 나타낼 수 있을까? 그림 42-1에서 독립변수 X가 하나일 때는 종속변수를 설명하는 부분과 설명하지 못하는 부분이 명확하였다. 설명하는 부분을 통계적으로 상관계수(r) 또는 결정계수(R^2)로 표현할 수 있다. 종속변수의 영역에서 독립변수가 설명 못하고 남은 부분을 오차error라고 부른다.

하지만 종속변수를 설명하려는 독립변수가 2개 이상이면 독립변수들이 설명하는 부분(그림에서 겹치는 부분)이 좀 복잡해진다. 그림 42-2는 겹치는 영역에 개별적인 이름을 붙여보았다. 우선 독립변수 X1과 종속변수 Y의 관계를 중심으로 보았을 때, 이변량상관계수는 다음 수식과 같이 Y의 전체 영역에서 X1이 설명하는 영역으로 표현할 수 있다. 이변량상관계수는 또 다른 변수인 X2는 고려하지 않은 개념이다.

$$Y에\ 대한\ X1의\ 이변량상관계수 = \frac{B+C}{A+B+C+D}$$

한편 X2의 영향을 제거하고 순수하게 X1이 Y를 설명하는 부분은 두 가지로 생각할 수 있다. 먼저 제3의 변수인 X2와 관계된, 즉 X2가 설명하는 부분인 D, C, K를 배제하고 계산하는 것이다. Y에 대한 X2의 영향인 D, C를 제거하고, X1에 대한 X2의 영향인 C, K를 제거한다. 여기에서 그림으로 표현하는 한계로, X1의 C와 Y의 C가 겹쳐 있음을 감안하기 바란다. 이러한 방법으로 산출된 X1과 Y의 상관계수를 편상관계수partial correlation라고 부른다.

$$Y에\ 대한\ X1의\ 편상관계수 = \frac{B}{A+B}$$

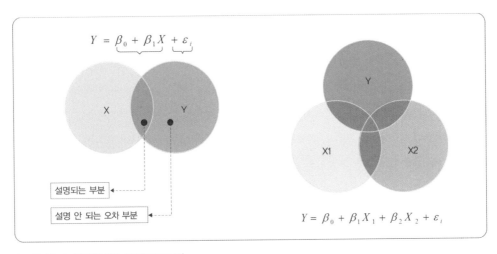

◑그림 42-1 상관분석과 벤다이어그램

두 번째 방법은, 독립변수 X1과 X2의 겹치는 부분만 X1으로부터 제거한다. 즉 X2와 관계된 X1의 부분 C, K를 배제하고 계산하는 것이다. 이때 종속변수 Y는 그대로 유지한다. 그림으로는 겹쳐 있어 표현이 어렵지만, X1의 C는 제거하고 Y의 C는 그대로 둔다는 의미이다. 따라서 분모는 이변량상관계수와 동일하고 분자는 편상관계수와 동일한 다음 수식으로 정리된다. 이러한 방법으로 산출된 X1과 Y의 상관계수를 준편상관계수semi-partial correlation 또는 부분상관계수part correlation라고 부른다.[43] 준편상관
계수와 이를 제곱한 준편결정계수는 Yule(1897)이 제안했으니 역사가 꽤 오래되었다.

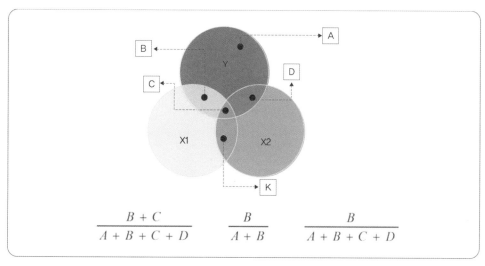

◑그림 42-2 X1과 Y의 다양한 상관

$$Y\text{에 대한 X1의 준편상관계수} = \frac{B}{A+B+C+D}$$

편상관계수와 준편상관계수도 두 변수 간의 선형관계를 산출한다는 점은 이변량상
관계수와 동일하다. 하지만 이들은 두 변수 외에 존재하는 제3의 변수들의 효과를
통제한다는 차이가 있다. 앞서 살펴본 사례와 같이, 통제하는 제3의 변수가 하나이면
1차first order 편상관계수라고 부른다. 만약 두 개이면 2차second order 편상관계수라고
부르게 된다. 이런 점에서 이변량상관계수는 항상 0차zero order이다. 이제 1차 편상관
계수와 1차 준편상관계수를 엑셀에서 산출해 보자. 우선 그림 42-3과 같이 독립변수에
의해 설명되지 않는 부분이 오차항임을 다시 확인하자.

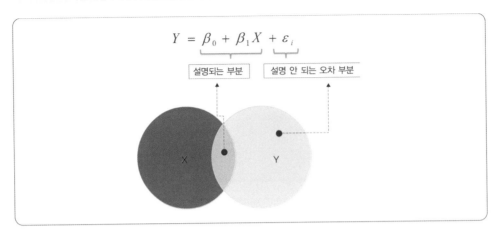

$$Y = \beta_0 + \beta_1 X + \varepsilon_i$$

설명되는 부분　설명 안 되는 오차 부분

X　　Y

○그림 42-3 벤다이어그램과 회귀식

🔍 **엑셀, 제대로 활용하기**

[11.단순회귀분석.xlsm] 〈Sheet 6〉 참조

147개 자료로 구성된 종속변수 Y, 독립변수 X에 대한 예측값($\hat{Y}$)은 D열에 산출하였다. 그리고 오차($Y_i - \hat{Y}$)는 E열에 산출하였다.

	A	B	C	D	E
1	**Y**	**X**		**Y_hat**	**Error**
2	3	2		2.54146327	0.45853673
3	2	2		2.54146327	-0.5414633
4	4	5		4.73735913	-0.7373591
5	4	4		4.00539384	-0.0053938
6	3	4		4.00539384	-1.0053938

D열에 예측값($\hat{Y}$)을 산출하는 방법은 앞서 살펴본 SLOPE( )와 INTERCEPT( )를 이용하였다. 셀 D2의 예를 들면 다음과 같다. 이 방법은 회귀식, $\hat{Y} = \beta_0 + \beta_1 X$를 그대로 반영한 것이다.

셀 D2 = INTERCEPT($A$2:$A$148, $B$2:$B$148)
　　　　+ SLOPE($A$2:$A$148, $B$2:$B$148)*B2

이보다 간결한 방법은 함수 TREND( )를 활용하는 것이다. TREND( )는 선형회귀분석의 예측값($\hat{Y}$)을 산출해 주는 편리한 함수이다. SLOPE( ), INTERCEPT( )와 같이 종속변수와 독립변수의 범위를 먼저 지정해 주는 문법은 동일하다. 세 번째 인수에, 사용자가 예측값을 구하고자 하는 특정한 독립변수의 값을 입력하는 점만 다르다. TREND( )를 활용한 G열의 결과는 D열과 동일함을 확인할 수 있다. TREND( )는 여러 활용법이 있으므로 이 장의 마지막 부분에서 더 자세히 다루기로 한다.

TREND(종속변수, 독립변수, 특정 독립변수 값, 절편)

1) 종속변수: 종속변수의 범위를 입력한다.

2) 독립변수: 독립변수의 범위를 입력한다. 생략되면, 1단위씩 증가하는 독립변수를 임의로 적용한다. 다중회귀분석도 처리가 가능하므로 다수의 독립변수를 입력할 수 있다. 이와 달리 SLOPE( ), INTERCEPT( )는 단순회귀분석만을 지원한다.

3) 특정 독립변수 값: 예측하고자 하는 독립변수의 값을 입력한다. 생략되면 독립변수와 같다고 간주한다.

4) 절편: 회귀식에서 절편을 사용하지 않으려면(절편을 0으로 설정하고 싶다면) FALSE를 입력하고, 절편을 사용하려면 TRUE를 입력하거나 생략한다.

X2를 고려한 X1과 Y의 편상관계수를 구해 보자. 편상관계수는 X2의 영향을 X1과 Y 모두에서 통제한(제거한) 상관계수이다. 먼저 Y에서 X2의 영향을 제거한 나머지

부분, 오차를 구해 보면 그림 42-4에서 E열에 해당한다. 다음으로 X1에서 X2의 영향을 제거한 오차는 F열에 산출하였다.

이제 E열과 F열은 그림 42-2에서 D, C, K를 제거한 새로운 Y와 X1이 생성된 것으로 생각하면 된다. 이 둘의 상관계수를 함수 CORREL( )을 이용하여 구하면 편상관계수이다. 엄밀한 표현으로는 'X2를 통제한 X1과 Y의 1차 편상관계수'가 된다. 그림 42-5에 나타난 바와 같이 셀 I2에 0.612로 산출되었다.

이제 X2를 고려한 X1과 Y의 준편상관계수를 구해 보자. 준편상관계수는 X2의 영향을 X1에서만 통제한(제거한) 상관계수이다. Y는 원자료를 그대로 사용하면 된다. X1에서 X2의 영향을 제거한 나머지 부분, 오차를 구해 보면 그림 42-4에서 F열에 해당한다. F열에 산출된 오차는 X1에서 C, K를 제거한 결과로 이해하면 된다. 이 F열과 Y의 원자료 A열을 대상으로 함수 CORREL( )을 이용하여 상관계수를 구하면 준편상관계수이다. 엄밀한 표현으로는 'X2를 통제한 X1과 Y의 1차 준편상관계수'가 된다. 셀 I3에 0.493으로 산출되었다.

[11.단순회귀분석.xlsm] 〈Sheet 7〉 참조

○그림 42-4 오차와 편상관계수

셀 I1 = CORREL(A2:A148, B2:B148)
셀 I2 = CORREL(E2:E148, F2:F148)
셀 I3 = CORREL(A2:A148, F2:F148)

○그림 42-5 편상관계수와 준편상관계수

이제 엑셀에서 산출한 편상관계수와 준편상관계수를 SPSS에서 구해 보자. 우선 다음 메뉴에서 회귀분석을 실행한다.

[분석] → [회귀분석] → [선형]

그림 42-6과 같이 [독립변수]에 X1과 X2를 동시에 투입한다. 그리고 〈통계량〉 버튼을 클릭하여, 편상관계수와 준편상관계수가 산출되도록 그림 42-7과 같이 '부분상관 및 편상관계수'를 체크하여 설정한다.

그림 42-8에서, Y에 대한 X1의 세 가지 상관계수를 확인할 수 있다. 엑셀에서 산출한 그림 42-5의 결과와 동일함을 확인하자. 물론 X2를 중심으로 X1을 통제하여도 3가지 상관계수를 각각 구할 수 있다. 그림 42-8과 같이 SPSS에서는 X1과 X2에 대한 6개의 상관계수를 모두 제시해 준다.

[11.단순회귀분석_Sheet 7.sav]

○그림 42-6 세 가지 상관계수 구하기 (1)

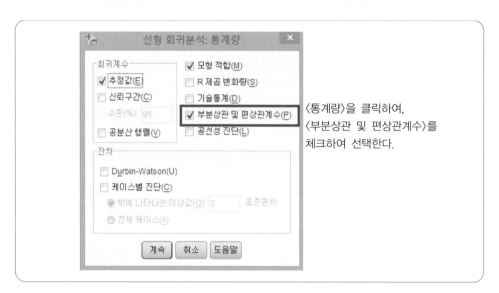

〈통계량〉을 클릭하여, 〈부분상관 및 편상관계수〉를 체크하여 선택한다.

↑그림 42-7 세 가지 상관계수 구하기 (2)

계수[a]

모형		비표준화 계수		표준화 계수	t	유의확률	상관계수		
		B	표준오차	베타			0차	편상관	부분상관
1	(상수)	.593	.323		1.838	.068			
	X1	.621	.067	.643	9.275	.000	.758	.612	.493
	X2	.198	.077	.179	2.579	.011	.592	.210	.137

a. 종속변수: Y

↑그림 42-8 세 가지 상관계수 구하기 (3)

　세 가지 상관계수를 도출하는 과정에서 유념해 둘 표현이 있다. 'X변수의 영향을 제거한다', 'X변수의 영향을 통제한다'라는 표현이다. 그리고 이 표현이 수리적으로는 '오차항'과 관련이 있었다. 이러한 결론은 엑셀과 같은 도구를 활용하여 직접 구해 보고 눈으로 확인하는 것이 효율적이다. 말이나 텍스트 설명으로는 이해하기 힘들다.

0차 상관계수	제3의 변수를 고려하지 않고, 관심의 대상인 두 변수만의 상관계수이다.
편상관계수	종속변수(Y)와 관심의 대상인 독립변수(X1), 두 변수로부터 제3의 변수들의 영향을 제거한 후의 상관계수이다. 제3의 변수들의 영향을 제거한 해당 독립변수의 순수한 영향이므로 다중회귀분석에서 독립변수들 간의 상대적인 중요도를 판단하는 데 사용한다.
준편상관계수	관심의 대상인 독립변수(X1)로부터 제3의 변수들의 영향을 제거한 후, 그 결과와 종속변수(Y)의 상관계수이다. 다중회귀분석에서 ΔR^2와 같은 의미로, 회귀모형에 해당 독립변수(X1)가 추가되었을 때의 기여도 증가분을 평가하는 데 사용한다.

엑셀, 제대로 활용하기

[11.단순회귀분석.xlsm] 〈Sheet6〉, 〈Sheet 7〉 참조

앞서 TREND( )를 사용한 "=TREND($A$2:$A$148, $B$2:$B$148, B2)"와 같이 예측값을 구하려는 특정 독립변수값, 즉 세 번째 인수를 지정해 주었다. 하지만 세 번째 인수를 지정하지 않아도 동일한 결과를 얻을 수 있다. 먼저, 예측값을 구할 범위 H2:H148을 선택한다. 그리고 셀 H2에 다음과 같이 입력한다.

셀 H2 = TREND(A2:A148, B2:B148)

〈Sheet 6〉

TREND		✕ ✓ f_x		=TREND(A2:A148,B2:B148)	
	A	B	C	G	H
1	**Y**	**X**		**TREND( )**	**Y_hat**
2	3	2		2.54146327	,B2:B148)
3	2	2		2.54146327	
4	4	5		4.73735913	
5	4	4		4.00539384	
6	3	4		4.00539384	
7	5	6		5.46932441	
8	4	4		4.00539384	

마지막으로 'Enter'가 아니라 'Ctrl + Shift + Enter'를 입력한다는 것에 유의하자. 'Ctrl + Shift + Enter'를 입력하는 방식은, 배열을 활용해 다수의 결과값을 얻기 위한 방법이다. 2장에서 살펴본 FRERQENCY( )도 배열을 활용하였다. 입력된 수식이 중괄회{ }로 쌓이면서 동일한 결과를 얻게 된다. 주의할 점은 'Ctrl + Shift + Enter'를 입력해야지 강제로 중괄회{ }를 입력해서는 안 된다는 점이다.

여기서 세 번째 인수를 생략하고 입력하지 않은 이유는, TREND( )는 세 번째 인수가 생략되면 범위 B2:B148에 있는 독립변수를 세 번째 인수로 간주하기 때문이다. 실제로 다음 두 식은 동일한 결과를 도출해 준다.

$$\{\text{TREND(A2:A148, B2:B148)}\} \equiv \{\text{TREND(A2:A148, B2:B148, B2:B148)}\}$$

TREND( )를 활용하면 오차도 좀더 간단한 수식으로 구할 수 있다. 위와 동일한 방법으로 셀 J2에 그림과 같이 입력한 후, 'Ctrl + Shift + Enter'를 입력한다.

$$\text{셀 J열= }\{\text{A2:A148-TREND(A2:A148,B2:B148)}\}$$

〈Sheet 6〉

TREND			fx	=A2:A148-TREND(A2:A148,B2:B148)	
	A	B	C	J	K	L
1	Y	X		Error		
2	3	2		,B2:B148)		
3	2	3				
4	4	5				
5	4	4				
6	3	4				

TREND( )를 이용하여 편상관계수와 준편상관계수도 〈Sheet7〉과 같이 직접 구할 수 있다. 위에서 오차를 생성하여 간접적으로 구한 상관계수와 아래의 셀 I5, 셀 I6의 값이 각각 동일함을 확인할 수 있다.

〈Sheet 7〉

	A	B	C	D	H	I
1	Y	X1	X2		zero order	0.75816536
2	3	2	3		partial	0.61153523
3	2	2	2		part	0.49273352
4	4	5	5			
5	4	4	4		partial	0.61153523
6	3	4	3		part	0.49273352

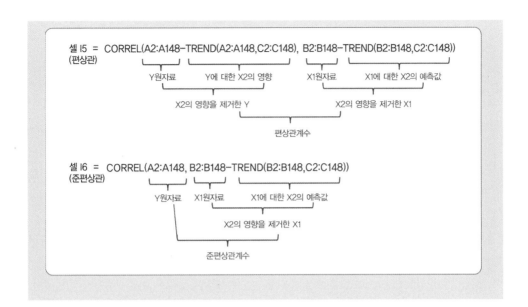

가까운 직관, 먼 진실

앞서 38장에서 살펴본 인과관계가 갖추어야 할 세 가지 조건은 영국의 정치경제학자 밀John S. Mill의 주장이다. 이 조건이 간단해 보이지만 원인과 결과를 밝히는 일은 말처럼 쉬운 일은 아니다. 인간은 손에 잡히지 않는 모집단의 진실을 탐구하지 않고 자신이 직접 맞닥뜨린 표본으로부터 얻은 감각과 직관에 의존하는 경우가 많다. 따라서 인과관계를 검증하기 위한 실험설계법을 개발하고 과학계가 이를 수용하는 데 생각보다 상당한 기간이 소요되었다.

의학은 인간의 생사와 건강에 영향을 미치기 때문에 치료법 및 처방은 엄중하게 검증되리라고 믿는다. 하지만 그 역사를 현대의 시각으로 살펴보면 터무니없는 사례로 가득하다. 예를 들면, 17~18세기에 괴혈병은 바다를 주름잡던 유럽강국에게 해적을 능가하는 실질적인 강적이었다. 1740년에 1,955명의 영국선단이 식민지개척을 위해 출발하였지만 4년 동안의 항해에서 997명을 괴혈병으로 잃었고, 영국과 프랑스의 7년 전쟁(1756~1763년)에서 전투에 의한 사망은 1,512명이었지만 괴혈병사망자는 10만 명에 이르렀다고 한다.

괴혈병은 비타민C의 부족으로 뼈, 피부가 괴사하여 사망에 이르는 병이다. 과일을 먹어 비타민C를 섭취하면 되지만 당시에 이 치료법을 찾는 데 어려움이 많았다. 당시 의사들에게 만능치료법으로 알려진 사혈처방이 가장 흔하게 시행되었고 식초, 황산, 소금물을 처방하기도 했다. 관찰된 근거를 갖고 시행된 치료법에는 환자들에게 중노동을 강제로 시키는 것도 있었다. 괴혈병 환자들을 관찰한 결과, 환자들이 다른 선원들보다 게으르다는 사실을 발견한 것이다. 따라서 게으름을 피우지 못하게 처방을 내린 것이다. 하지만 이것은 원인과 결과를 뒤바꾸어 오판한 것이다. 게을러서 괴혈병이 걸린 것이 아니라, 괴혈병 증상으로 기력이 없어 게으르게 보인 것이다.

인과관계에 대한 어처구니없는 오류가 과거에만 존재하는 것은 아니다. 행동경제학의 창시자 트버스키Amos N. Tversky와 카네만Danial Kahneman이 이스라엘에서 전투기 조종사를 대상으로 실시한 연구도 흥미롭다. 조종사들의 교육을 담당하는 교관들은 조종사들에게 칭찬해 주면 다음 비행성적이 떨어지고, 질타를 하면 비행성적이 좋아진다고 주장하였다. 이들은 '칭찬은 고래도 춤추게 한다' 식의 명구는 실효성이 없는 뻔한 이야기라고 폄하했다. 모름지기 이러한 주장은 한국의 군대에도 널리 통용되어 있다.

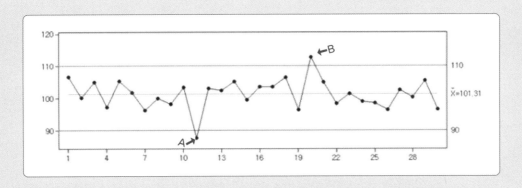

이 연구의 결론은 19세기에 갤턴Francis Galton이 제시한 '평균으로의 회귀'에서 답을 찾았다. 이에 따르면, 조종사의 실력이 100이라면 비행실력이 항상 100이 발휘되는 것이 아니라 100을 중심으로 오차를 형성하게 된다. 그리고 아주 높거나 아주 낮은 점수를 받는 특이한 사건이 발생하면 그 다음은 평균으로 회귀하여 그 특이성이 없는 방향으로 실력이 발휘된다는 것이다.

교관이 조종사를 질타하는 경우는 그림에서 A인데, 그 다음 비행성적은 '평균으로의 회귀'에 의해 확률적으로 A보다는 좋은 성적을 발휘하게 된다. 그림에서 B는 조종사를 칭찬하는 경우로, 그 다음 비행성적은 확률적으로 B보다는 나쁜 성적을 발휘하게 된다. 따라서 A와 B를 기준으로 그 다음의 비행성적은 교관들의 질타와 칭찬과는 관계가 없다. 하지만 교관들은 자신들이 직접 경험하고 목격한 감각에만 의존하여 '평균으로의 회귀'를 자신이 행한 칭찬과 질타의 효과로 착각한 것이었다.

PART
4

핵심원인을 찾아라,
회귀분석의 진화

통계학자의 유일한 가치는
예측을 통해 실천적 행동의 토대를 마련해 주는 것이다.
The only useful function of a statistician is to make predictions,
and thus to provide a basis for action.
- W. Edwards Deming -

통계는 불확실성을 극복하는 현명한 의사결정방법의 결정체이다.
Statistics may be defined as a body of methods for making wise
decisions in the face of uncertainty.
- W. Allen Wallis -

43

다중회귀분석,
독립변수 다 덤벼!

상관분석은 오로지 일대일의 두 변수 분석만 가능하다. 이에 비해 회귀분석은 다수의 독립변수가 종속변수에 미치는 영향을 다중회귀분석으로 동시에 검정할 수도 있다. 다중회귀분석은 종속변수에 대한 독립변수의 영향력을 파악한다는 기본적인 목적도 있지만, 외생변수를 통제하는 의도로 사용될 수도 있다.

앞의 41장에서 종속변수를 설명하는 독립변수가 하나인 단순회귀분석을 살펴보았다. 그러나 실무적으로는 하나의 종속변수에 영향을 미치는 독립변수가 다수인 경우가 일반적이다. 따라서 단순회귀분석과 비교하여 2개 이상의 독립변수를 포함한 다중회귀분석multiple regression analysis이 보다 실제적인 연구모델이다. 다중회귀분석의 기본적인 통계적 개념은 단순회귀분석과 동일하다.

SPSS를 이용하여 직무특성이론의 다섯 가지 변수들이 직무성과에 미치는 영향을 분석해 보자. 단순회귀분석과 다중회귀분석은 통계학적인 구분일 뿐, SPSS에서 실행하는 방법은 동일하다. 먼저 다음 메뉴를 실행한다.

[분석] → [회귀] → [선형]

그림 43-1과 같이 [독립변수]에 다섯 개의 독립변수들을 동시에 입력하였다. '직무성과performance'를 설명하는 독립변수는 '기술다양성s_variety', '직무정체성identity', '직무중요성significance', '자율성autonomy', '피드백feedback'이다.

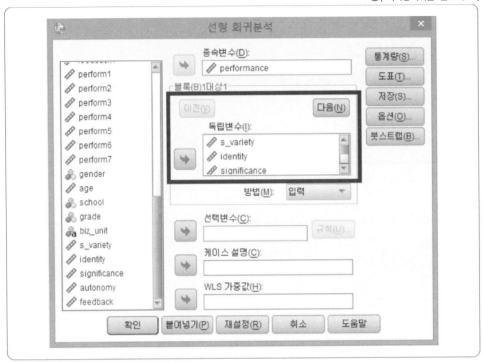

↷그림 43-1 SPSS, 다중회귀분석

예측하려는 회귀모형을 기술하면 다음과 같다. 우선 〈확인〉을 클릭하여 결과를 확인해 보자.

$$직무성과 = \beta_0 + \beta_1 \times 기술다양성 + \beta_2 \times 직무정체성 + \beta_3 \times$$
$$직무중요성 + \beta_4 \times 자율성 + \beta_5 \times 피드백 + \epsilon$$

개별 회귀계수에 대한 유의성 검정의 결과는 그림 43-2와 같다. 비표준화계수를 이용하여 회귀식을 수식으로 표현하면 다음과 같다. 이 중에 95% 신뢰수준에서 통계적으로 유의미한 회귀계수는 '기술다양성', '자율성'으로 나타났다.[1]

$$직무성과 = 1.419 + .263 \times 기술다양성 + .119 \times 직무정체성 + .104 \times$$
$$직무중요성 + .244 \times 자율성 - .041 \times 피드백$$

그림 43-3에서 결정계수 R^2이 20.2%이므로, 회귀모형에 투입된 5개의 독립변수가 직무성과를 20.2%를 설명하는 것으로 해석된다. 20.2%가 의미 있는 수치인지는 분산분석의 유의확률로 판단해야 한다. 그림 43-4에서 분산분석의 유의확률이 .000으로 나타났으므로 R^2=0이라는 귀무가설을 기각한다. 위에서 도출된 회귀식이 유의미하다는 의미이다.

계수ᵃ

모형		비표준화 계수		표준화 계수	t	유의확률
		B	표준오차	베타		
1	(상수)	1.419	.578		2.455	.015
	s_variety	.263	.064	.254	4.127	.000
	identity	.119	.069	.109	1.719	.087
	significance	.104	.066	.101	1.569	.118
	autonomy	.244	.076	.212	3.229	.001
	feedback	-.041	.076	-.032	-.536	.593

a. 종속변수: performance

◑그림 43-2 SPSS, 다중회귀분석 결과 (1)

모형 요약

모형	R	R 제곱	수정된 R 제곱	추정값의 표준오차
1	.449ᵃ	.202	.184	.7867046

a. 예측값: (상수), feedback, s_variety, significance, identity, autonomy

◑그림 43-3 SPSS, 다중회귀분석 결과 (2)

그림 43-4의 분산분석표는 전체적인 회귀모형의 통계적 유의성을 검정한 결과이다. 분산분석의 귀무가설을 좀더 자세히 기술하면 다음과 같다. 모든 독립변수의 영향력(기울기)이 무의미한 0이므로 설정한 회귀모형의 설명력이 전혀 없다는 것과 같은 의미가 된다.

$$\beta_0 = \beta_1 = \beta_2 = \beta_3 = \beta_4 = \beta_5 = 0 \ \ \text{또는} \ \ R^2 = 0$$

분산분석[b]

모형		제곱합	자유도	평균 제곱	F	유의확률
1	회귀 모형	35.098	5	7.020	11.342	.000[a]
	잔차	138.635	224	.619		
	합계	173.732	229			

a. 예측값: (상수), feedback, s_variety, significance, identity, autonomy
b. 종속변수: performance

○그림 43-4 SPSS, 다중회귀분석 결과 (3)

여기서 회귀분석의 분산분석표를 일반화하면 표 43-1과 같다. 여기서 k는 다중회귀분석에 투입된 독립변수의 개수이다. 엑셀을 활용하여 그림 43-4의 분산분석표를 산출해 보자.

○표 43-1 다중회귀분석 분산분석표의 구성

변동의 원천	제곱합(SS)	자유도(df)	평균제곱합(MS)	F	p-value
회귀	SSR	k	MSR=SSR/df	MSR/MSE	=F.DIST.RT( )
잔차	SSE	n−(k+1)	MSE=SSE/df		
합계	SST	n−1			

그림 43-5에서 B~F열은 독립변수들이고, G열은 종속변수인 '직무성과'이다. H열에는 함수 TREND( )를 활용하여 예측값 $\hat{Y}$을 산출하였다. 이와 같이 함수 TREND( )는 다중회귀분석에서도 활용할 수 있는 편리한 함수이다.

H열 = {=TREND(G2:G231, B2:F231)}

I열은 오차를 산출한 것으로 종속변수(G열)에서 회귀식이 예측한 값(H열)을 차감하였다. 이 자료를 기초로 하여 분산분석표를 작성하면 그림 43-6과 같다.

I열 = G열 − H열

	A	B	C	D	E	F	G	H	I
1	CaseNo	s_variety	identity	significance	autonomy	feedback	performance	Y_hat	Error
2	1	2.0000	4.5000	5.0000	4.2500	4.5000	5.1429	3.8589	1.2840
3	2	3.0000	5.0000	5.2500	3.2500	5.2500	2.5714	3.9323	-1.3609
4	3	4.2500	5.0000	6.2500	4.7500	4.0000	2.8571	4.7828	-1.9256
5	5	7.0000	5.7500	6.7500	6.0000	4.2500	5.2857	5.9424	-0.6567
6	6	5.0000	5.0000	5.5000	6.0000	4.2500	6.0000	5.1970	0.8030
7	7	4.0000	5.7500	5.2500	5.2500	3.2500	4.2857	4.8552	0.5695

○그림 43-5 다중회귀분석의 분산분석표 (1)

	J	K	L	M	N	O	P
1							
2							
3			제곱합	자유도	평균 제곱	F	유의확률
4	회귀 모형		=DEVSQ(H2:H231)	5	=L4/M4	=N4/N5	=F.DIST.RT(O4,M4,M5)
5	잔차		=SUMSQ(I2:I231)	=230-(M4+1)	=L5/M5		
6	합계		=DEVSQ(G2:G231)	=230-1			

○그림 43-6 다중회귀분석의 분산분석표 (2)

'산포의 분해' 관점으로 31, 32장에서 분산분석표의 작성과 논리는 이미 살펴보았으므로, 그림 43-6에 대한 설명은 엑셀수식을 중심으로 다음과 같이 정리하였다. 수식의 표현에서 { }로 둘러싸인 경우, 'Enter'가 아닌 'Ctrl + Shift + Enter'를 입력한 수식이다.

○표 43-2 제곱합의 분해

SSR	=DEVSQ(H2:H231) ≒ 35.098	회귀모형이 설명하는 부분의 제곱합은 종속변수의 평균과 예측값의 차이다. 예측값의 평균과 종속변수의 평균은 어차피 동일하기 때문에 계산의 편의상 간명한 수식을 사용하여 산출하였다. 원래의 의미를 반영하자면 다음 수식을 적용해야 한다. ={SUMSQ(AVERAGE(G2:G231)−H2:H231)} 다음과 같이 함수 TREND( )를 사용하여도 결과는 동일하다. ={DEVSQ(TREND(G2:G231,B2:F231))} ={SUMSQ(AVERAGE(G2:G231)−(TREND(G2:G231,B2:F231)))}
SSE	=SUMSQ(I2:I231) ≒ 138.635	개별자료별로 오차를 구한 I열을 제곱합한 것이 SSE이다. 다음과 같이 함수 TREND( )를 사용하여도 결과는 동일하다. ={SUMSQ(G2:G231−TREND(G2:G231,B2:F231))}
SST	=DEVSQ(G2:G231) ≒ 173.732	종속변수의 전체 산포를 의미하기 때문에 단일변수의 제곱합을 구하는 방식과 동일하다.

df_R	k=5	결과적으로 다중회귀분석에서 SSR에 대한 자유도는 독립변수의 수와 동일하다. 직선의 정의는 두 점(두 개의 자료)으로 이루어지고, 단순회귀분석에서 회귀선이 항상 $(\overline{X}, \overline{Y})$를 지나도록 구속되었던 점을 상기해 보자. 따라서 독립변수가 1개인 단순회귀분석은 자유도가 1이다.
df_E	n−(k+1)=224	다중회귀분석에서 추정해야 할 모수는 (k+1)이다. 위의 사례에서는 독립변수는 5개, 추정해야 할 모수는 β_0, β_1, β_2, β_3, β_4, β_5로 6개이다. 이를 표본의 크기에서 빼주면 오차의 자유도가 된다.
df_T	n−1=230−1=229	종속변수를 단일변수와 동일하게 간주하면, 제곱합은 전체 평균을 적용하기 때문에 (n−1)이다.

표본의 크기가 230, 독립변수가 5개인 다중회귀분석의 분산분석에 적용되는 자유도 또한 세 가지로 분해된다. k는 독립변수의 수이다. M~P열에서 제곱합을 자유도로 나누어 평균제곱합을 구하고 F검정을 통한 유의확률을 산출하는 과정은 분산분석, 단순회귀분석과 동일하다.

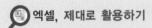

엑셀, 제대로 활용하기 [12.다중회귀분석.xlsm] 〈JCT〉 참조

엑셀함수 중 다중회귀분석을 지원하는 LINEST( )에 대하여 알아보자. 아마도 LINEST( )는 가장 사용하기 불편하고 혼란스럽게 제작된 엑셀함수일 것이다. 하지만 원자료를 수정, 보완하면서 다중회귀분석의 결과를 시뮬레이션해 보는 데 아주 유용한 함수이다. 기본적인 문법은 다음과 같다.

LINEST(종속변수, 독립변수, 절편, 회귀통계량)

1) 종속변수: 종속변수의 범위를 입력한다.
2) 독립변수: 독립변수의 범위를 입력한다. 생략되면, 1단위씩 증가하는 독립변수를 임의로 적용한다. 다중회귀분석도 처리가 가능하므로 다수의 독립변수를 입력할 수 있다.
3) 절편: 회귀식에서 절편을 사용하지 않으려면(절편을 0으로 설정하고 싶다면) FALSE를 입력하고, 생략되면 절편을 사용하는 TRUE로 처리한다.
4) 회귀통계량: 비표준화회귀계수 외에 추가적인 회귀통계량을 구하고 싶다면 TRUE로 입력하고, 생략되거나 FALSE를 입력하면 회귀계수만을 구한다.

함수 LINEST( )의 3, 4번째 인수인 절편, 회귀통계량을 모두 TRUE로 설정하여 실행해 보자. 독립변수가 5개인 경우, LINEST( )의 결과는 다음과 같은 형태로 제공된다. 이러한 결과물 형태에 대한 설명이 부족하므로 사용자가 숙지하고 있어야 한다. 여기서 회귀계수의 번호가 우측에서 좌측으로 증가하는 순서임을 눈여겨 확인하자. 그리고 결과물 형태는 5개의 행과 6개의 열로서 구성된 행렬Matrix로 표현할 수도 있다. 예컨대 3행 1열은 결정계수 R^2이다.

b_5	b_4	b_3	b_2	b_1	b_0
S.E. of b_5	S.E. of b_4	S.E. of b_3	S.E. of b_2	S.E. of b_1	S.E. of b_0
R^2	S.E. of $\hat{Y}$				
F	df of SSE				
SSR	SSE				

LINEST( )의 4번째 인수가 FALSE이면 산출되는 회귀통계량

LINEST( )의 4번째 인수가 TRUE이면 추가로 산출되는 회귀통계량

LINEST( )를 사용하려면 이 결과가 도출될 공간을 우선 지정해야 한다. 여기서는 최소한 5개 행과 6개의 열을 선택해야 한다. 6개의 열은 추정할 회귀계수가 6개이기 때문이다. 그림 43-7과 같이 K13:P17의 범위를 선택한 상태에서, "=LINEST(G2:G231, B2:F231, TRUE, TRUE)"를 입력한다. 그리고 'Ctrl+Shift+Enter'를 누르면 된다.

그림 43-8의 결과가 앞서 SPSS의 회귀식과 결과가 동일함을 확인하자. 단, 결과해석에 주의할 점은 회귀계수의 순서가 자료의 순서와는 반대라는 것이다. 그리고 '#N/A'로 나타난 셀들은 잘못 계산된 것이 아니라, 원래 내용이 없는 부분이다.

직무성과 = 1.419 + .263×기술다양성 + .119×기술정체성 + .104× 직무중요성 + .244×자율성 − .041×피드백

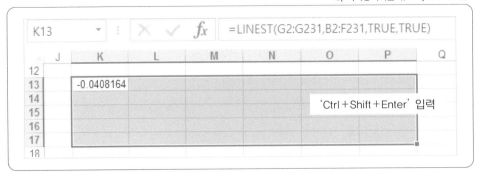

○그림 43-7 LINEST( )를 활용한 다중회귀분석

J	K	L	M	N	O	P	Q
12							
13	-0.0408164	0.2444503	0.1042662	0.1194481	0.2627563	1.4192605	
14	0.0761564	0.0757158	0.0664476	0.069495	0.0636745	0.5780735	
15	0.2020225	0.7867046	#N/A	#N/A	#N/A	#N/A	
16	11.341935	224	#N/A	#N/A	#N/A	#N/A	
17	35.097853	138.63453	#N/A	#N/A	#N/A	#N/A	
18							

○그림 43-8 LINEST( )를 활용한 다중회귀분석 결과

아울러 함수 LINEST( )의 결과는 행렬로 처리된다. 즉, LINEST(G2:G231, B2:F231, TRUE, TRUE) 자체가 위의 결과치를 행렬의 형태로 보관하고 있다. 그래서 함수 INDEX( )를 활용하여 원하는 정보만 뽑아서 사용할 수 있다. 결과행렬에서 결정계수 (R^2)는 3행1열에 위치하고, '추정값의 표준오차(S.E. of $\hat{Y}$)'는 3행2열에 위치한다. 이 결과치만 가져오는 방법은 다음과 같다.

> R^2 : INDEX(LINEST(G2:G231, B2:F231, TRUE, TRUE), 3, 1)=0.2020225
>
> S.E. of $\hat{Y}$: INDEX(LINEST(G2:G231, B2:F231, TRUE, TRUE), 3, 2)=0.7867046

이제 시험 삼아 원자료에서 독립변수나 종속변수의 값을 변경해 보자. 함수 LINEST( )는 자료와 연결되어 있으므로, 즉시 그 변화를 반영하여 회귀분석결과를 산출해 준다. 이처럼 자료변화에 따른 다중회귀분석 결과를 즉각적으로 확인하면서 시뮬레이션할 수 있는 기능은 LINEST( )의 특장점이다. 하지만 표준화회귀계수를 제시하지 않는다는 점은 또 하나의 불편한 점이다.

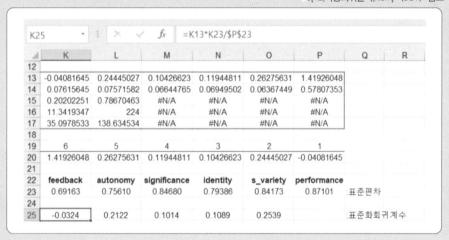

44
다중회귀분석의
활용 및 점검

다수의 변수를 다루는 다중회귀분석은 단순회귀분석보다 고려해야 할 사항이 많다. 오차항에 대한 기본 가정뿐만 아니라 표본의 크기, 수정된 결정계수, 다중공선성 등에 대한 요건이 만족되어야 올바른 회귀분석 결과를 얻을 수 있다.

다중회귀분석은 단순회귀분석의 기본적인 개념을 이해하면 분석하는 데 큰 어려움은 없다. 하지만 다중회귀분석을 적용하고 결과를 해석할 때 고려해야 할 몇 가지 이슈들이 있는데, 이에 대하여 알아보자.

먼저 표본의 크기이다. 독립변수의 수가 많아지면 추정해야 할 회귀계수들이 많아지기 때문에 많은 표본을 요구하게 된다. 학문적인 합의가 이루어지지 않았지만 표본 크기의 기준으로 자주 언급되는 참고자료는 다음과 같다.

- 독립변수 수의 15배 이상(Stevens, 1996)
- 독립변수 수의 8배＋최소 50개(Fidell, 1996)

둘째, 수정된 결정계수adjusted coefficient of determination이다. 독립변수의 수가 늘어나면 R^2의 값이 실제보다 무조건 증가하는 경향이 있다. 결정계수가 SSR/SST로 정의되는데, 독립변수 수가 증가하더라도 SST에는 영향을 미치지 않는다. 게다가 SST는 종속변수가 애초에 보유한 편차제곱합이므로 고정되어 있다. 따라서 독립변수의 수가 늘어날수록 원래의 R^2 수치를 그만큼 축소하도록 조정한 결정계수, Adjusted R^2를 고안하였다.

곧 Adjusted R^2은 R^2보다 작은 것이 일반적이다. 이러한 목적에 비추어 Adjusted R^2은 다중회귀분석에서 R^2을 대신하여 사용된다. 특히 여러 다중회귀모형의 적합도를 비교할 때, R^2보다 Adjusted R^2이 더 적합한 평가기준이다. 또한 R^2과 Adjusted R^2의 차이가 클수록, 무의미한 독립변수가 모형에 포함되었을 가능성이 있다. 그러나 Adjusted R^2는 다소 기계적인 방식으로 R^2의 축소방법으로서 가끔 음수가 도출되기도 한다. 독립변수가 k개일 때, Adjusted R^2의 산출식은 다음과 같다.

$$Adjusted\,R^2 = 1 - \frac{SSE/(n-k-1)}{SST/(n-1)}$$

셋째, 다중공선성multicollinearity 문제이다. 다중공선성은 독립변수들 간에 높은 상관관계가 존재하는 것을 의미한다. 그림 44-1에서 독립변수인 X1과 X2의 상관이 높아서 겹치는 부분이 넓게 나타나고 있다. 이런 경우에 종속변수에 대한 특정 독립변수의 기여도를 분리해 내는 일이 쉽지 않다.[2]

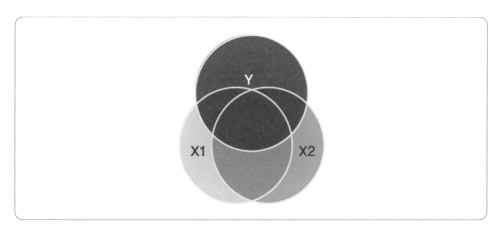

○그림 44-1 높은 다중공선성의 벤다이어그램

이것은 각 독립변수의 회귀계수를 추정하는 데 어려움이 발생한다는 의미이다. 극단적으로 결정계수가 유의미하게 크지만, 유의미한 개별 회귀계수는 발견되지 않는 경우가 발생하게 된다. 예를 들어 R^2이 0.90으로 높은데, 독립변수들의 회귀계수는 모두 유의미하지 않다면 다중공선성을 의심해야 한다.

다중공선성은 설문지를 측정도구로 사용할 때 자주 발생하는 문제이다. 그림 44-2

에서 분석할 예제자료의 설문지(부록C 참고)에서도 '직무정체성'을 긍정적으로 응답한 사람이 '직무중요성'이나 '기술다양성'을 높게 평가할 가능성이 높다. 심각한 다중공선성이 존재하는지 판단하는 방법은 다양하게 제시되어 있다. 가장 기본적이고 단순한 방법은 독립변수들 간의 상관행렬에서 상관계수가 0.8 이상인 경우를 의심해 보는 것이다.

하지만 상관계수는 두 개의 변수만을 분석하므로 한계가 있다. 다중공선성을 판정하기 위해 VIFvariance inflation factor를 가장 많이 활용한다. 일반적으로 VIF의 판정기준은 10이다. VIF가 10보다 크다면 해당 변수가 다른 독립변수들에 의해 90% 이상이 설명되고 있다는 의미이다. VIF와 공차tolerance는 역수의 관계이므로 결과 보고서에서 굳이 모두 제시할 필요는 없다.

더 알아보기 | 다중공선성의 판정

- 분산팽창인자variance inflation factor: 가장 큰 VIF가 10보다 큰 경우 또는 VIF의 평균이 1보다 상당히 큰 경우(Bowerman & O'Connel, 2000)
- 공차tolerance: 0.1보다 작은 경우
- 분산비율variance proportion: 상태지수condition index[3]가 15 이상이고, 그 상태지수에서 분산비율이 90% 이상인 독립변수가 두 개 이상인 경우

SPSS에서 다중공선성에 대한 정보를 얻기 위해서는 다음과 같은 절차에 따라 실행한다.

[분석] → [회귀분석] → [선형] → [통계량]

그림 43-1에서 〈통계량〉 버튼을 클릭하여 그림 44-2와 같이 '공선성 진단'을 선택한 후, 회귀분석을 실행한다. SPSS의 회귀분석 결과로는 그림 44-3, 그림 44-4와 같이 두 가지 다중공선성 정보가 제시된다.

먼저 그림 44-3의 〈공선성 진단〉을 해석해 보자. 상태지수가 15 이상으로 나타난 경우가 많기 때문에 해당 분산비율을 점검할 필요가 있다. 90% 이상의 분산비율을 두 개 이상을 가진 상태지수는 없으므로 다중공선성에 문제가 없다고 판단할 수 있다.

[12.다중회귀분석_JCT.sav]

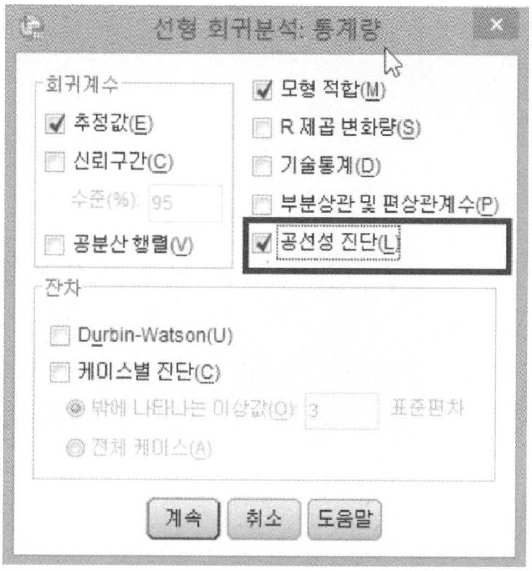

그림 44-2 SPSS, 다중공선성 진단

공선성 진단a

모형	차원	고유값	상태지수	분산비율					
				(상수)	s_variety	identity	significance	autonomy	feedback
1	1	5.901	1.000	.00	.00	.00	.00	.00	.00
	2	.032	13.551	.00	.81	.05	.00	.00	.13
	3	.026	15.053	.00	.10	.00	.29	.10	.37
	4	.019	17.517	.00	.00	.82	.23	.00	.12
	5	.015	19.648	.01	.03	.09	.42	.74	.00
	6	.007	30.125	.99	.05	.04	.05	.16	.38

a. 종속변수: performance

그림 44-3 다중공선성 진단 결과, 분산비율

계수ᵃ

모형		비표준화 계수		표준화 계수	t	유의확률	공선성 통계량	
		B	표준오차	베타			공차	VIF
1	(상수)	1.419	.578		2.455	.015		
	s_variety	.263	.064	.254	4.127	.000	.941	1.063
	identity	.119	.069	.109	1.719	.087	.888	1.126
	significance	.104	.066	.101	1.569	.118	.854	1.171
	autonomy	.244	.076	.212	3.229	.001	.825	1.213
	feedback	-.041	.076	-.032	-.536	.593	.974	1.027

a. 종속변수: performance

◑그림 44-4 다중공선성 진단 결과, 공차와 VIF

그림 44-4에서 다중공선성을 판단하는 기준으로 가장 많이 활용되는 VIF에 대해 해석해 보자. 모든 공차가 0.1보다 크고, VIF가 10 이하이므로 다중공선성 문제는 없는 것으로 판단할 수 있다.

공차와 VIF는 종속변수를 제외한 독립변수들 간의 결정계수 R^2을 이용한 개념이다. 다중공선성이 없다면 이 결정계수는 낮을 것이다. 특정 독립변수 X_i를 종속변수로 간주한 후, 나머지 독립변수와 다중회귀분석을 실시하여 도출한 결정계수를 R_i^2라고 가정하자. 특정 독립변수에 대한 공차와 VIF는 다음과 같이 정의될 수 있다.

$$\frac{1}{\left(1 - R_i^2\right)} = \frac{1}{Tolerance} = VIF$$

예를 들어 기술다양성s_variety과 피드백feedback의 공차와 VIF를 직접 구해 보자. 그림 44-5와 같이 공차와 VIF를 J열과 K열에 각각 산출하였다. 그림 44-4에서 's_variety'와 'feedback'의 공차, VIF의 값과 동일함을 확인할 수 있다.

○그림 44-5 공차와 VIF 구하기

셀 I2	기술다양성을 종속변수로, 나머지 변수들을 독립변수로 회귀분석을 실시한 R2 산출 =INDEX(LINEST(B2:B231, C2:F231, TRUE, TRUE), 3, 1)
셀 J2	셀 I2에서 구한 결정계수를 1에서 차감하여 공차를 산출 =1−I2
셀 K2	셀 J2에서 산출한 공차의 역수를 취하여 VIF를 산출 =1/J2

다중공선성 문제가 있다면 그 해결방법은 독립변수들 간의 상관성을 낮추는 것이다(Kalnins, 2018). 먼저 상관성이 높은 변수들을 찾아서 어느 하나를 모형에서 제거할 수 있는지 점검한다. 변수 간 상관성이 높다는 것은 동일한 개념을 측정하므로 굳이 중복으로 모형에 투입할 이유가 없기 때문이다. 또 다른 방법은 상관성이 높은 변수들을 결합하는 것이다. 결합할 때, 단순한 평균을 사용하는 경우가 많지만 선행연구를 참고하여 가중치를 주거나, 요인분석의 요인점수factor score를 활용할 수도 있다. 마지막으로, 아예 다중공선성을 직접 해결할 수 있는 특수한 회귀분석 방법을 적용하기도 한다. 능형회귀분석ridge regression, 주성분회귀분석principal component regression, 부분최소자승법회귀분석partial least square regression 등이 여기에 해당한다.

넷째, 오차항에 대한 가정을 충족하느냐의 문제이다. 회귀분석은 오차항 ϵ_i에 대한 몇 가지 특성을 전제하고 있다. 회귀분석의 결과를 엄밀하게 해석하고 적용하려면 이 가정을 충족하였는지 점검해야 한다. 회귀분석결과에 종종 영향을 미치는 가정들을 정리하면 표 44-1과 같다. 오차항은 평균이 0인 정규분포이고 독립변수의 모든 수준에서 분산이 동일하다는 가정이다. 그림 44-6의 좌측은 독립변수의 수준에 따라 분산이 같지만, 우측은 분산이 다른 경우이다. 또한 오차항 간에 상관성이 존재하지 않아야 한다. 이런 가정들이 심각하게 위배되면 회귀분석 결과에 왜곡이 발생할 수 있다. 가장 전통적인 점검은 오차의 산점도를 작성하여 경향 및 대칭성을 파악하는 것이다.

○표 44-1 오차항에 대한 가정

가정	점검 및 대안
오차항은 평균이 0인 정규분포를 따른다.	오차항에 대하여 정규성검정을 실시하고, 정규성을 확보하지 못 하면 오차항의 형태에 따라 적절한 변수변환을 한다. 자주 사용되는 변수변환법은 15장에서 간단히 설명되었다.
오차항은 등분산성 (homoscedasticity)이다.	등분산성이란, 그림 44-6과 같이 독립변수의 수준에 관계없이 오차항의 분산이 동일함을 의미한다. VMR(Variance to Mean Ratio)로 확인할 수 있다. 변수변환을 실시하거나 가중최소자승법으로 분석한다. 최근에는 포아송회귀분석과 음이항회귀분석을 적용하는 사례도 많다.
오차항은 자기상관 (autocorrelation)이 없다.	자기상관을 측정하는 Durbin-Watson통계량의 이론적 가능 범위는 0~4이며, 이 값이 2에 근접할수록 자기상관이 없다.

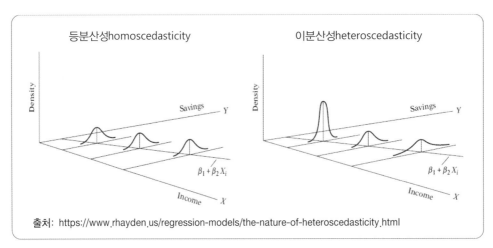

출처: https://www.rhayden.us/regression-models/the-nature-of-heteroscedasticity.html

◑그림 44-6 오차항의 등분산성homoscedasticity과 이분산성heteroscedasticity

45
이산형 자료로의
회귀분석 확장, 더미변수

기본적으로 회귀분석은 독립변수와 종속변수가 모두 연속형 자료일 때 사용하는 기법이다. 그러나 독립변수가 이산형 자료라면 더미변수로 전환하여 회귀분석을 수행할 수 있다. 0과 1로만 부호화되는 더미변수는 이산형 자료가 가질 수 있는 범주의 수보다 1개 적게 생성된다.

회귀분석은 독립변수와 종속변수가 모두 연속형 자료일 때 적용하는 통계분석방법이다. 그런데 일상적인 독립변수에는 성별, 거주지역, 취미 등과 같은 명목척도nominal scale가 많다. 범주를 나타내는 명목척도를 연속화하는 방법으로, 0과 1만으로 표현하는 더미변수dummy variable를 가장 많이 사용한다. 이를 가변수, 지시변수indicator variable라고도 부른다. 예를 들어, 성별 변수를 (남성＝1, 여성＝0)로 부호화하는 방법이다. 더미변수를 활용하면 명목척도로 측정된 변수도 회귀분석의 독립변수로 사용할 수 있다.

더미부호화dummy coding에서 어느 범주에 1이나 0을 부과해야 한다는 특별한 원칙은 없다. 단, 0이 부과되는 범주가 항상 비교의 기준이 된다. 이를 기준값reference value이라고 부른다. 효과를 설명할 때는 항상 기준값을 중심으로 기술하면 편리하다. 성별더미(남성＝1, 여성＝0)의 회귀계수가 3.4로 도출되면, 여성에 비해 남성이 종속변수에서 3.4만큼 높은 경향이 나타난다는 의미이다. 더미변수는 SPSS에서 [다른 변수로 코딩변경]이나 [같은 변수로 코딩변경]을 활용하면 생성할 수 있다.

[변환] → [다른 변수로 코딩변경]
[변환] → [같은 변수로 코딩변경]

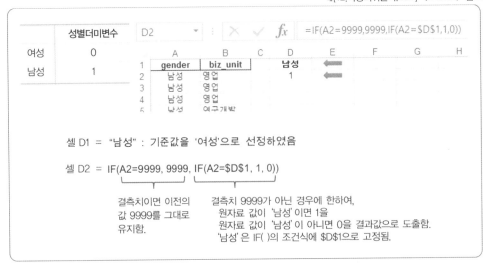

○그림 45-1 성별더미변수 생성

하지만 엑셀함수 IF( )를 활용하면 더미부호화 과정에서 발생할 수 있는 오류를 더 줄일 수 있다는 장점이 있다. 성별 변수를 더미부호화하는 방법을 알아보자. 그림 45-1과 같이 성별 변수가 가질 수 있는 값은 남성, 여성으로 2개이다. 이 값 중에서 기준값을 정해야 한다(참고로 성별 변수에 입력된 '9999'는 자료수집이 되지 않은 결측치이다). 여기서는 여성을 기준값으로 정하여 0으로 부호화하기로 한다. 먼저 변수명이 입력되는 첫 행에 "남성"을 입력한다. 그림 45-1과 같이 함수 IF( )를 입력한 후, 나머지 케이스들은 셀 D2를 복사하면 된다.

 엑셀, 제대로 활용하기 | 조건에 따른 결과도출

IF(조건식, 참인 경우, 거짓인 경우)
해당 셀의 값을 조건에 따라 다르게 설정하려면 함수IF( )를 사용한다. 자세한 용법은 〈부록 E〉를 참조하라.
1) 조건식: 큰지, 작은지, 같은지(<, >, =) 등의 조건식
2) 참인 경우: 조건식이 참인 경우에, 도출하고자 하는 결과값
3) 거짓인 경우: 조건식이 거짓인 경우에, 도출하고자 하는 결과값

성별 변수의 경우, 가질 수 있는 값은 남성, 여성으로 2개이다. 직급변수가 사원, 대리, 과장, 부장으로 4개의 값을 가진다면 더미변수는 어떻게 처리해야 할까? 더미변수도 4개로 생성하는 오류가 종종 발생하므로 주의해야 한다. 성별 변수에서 남성, 여성이라는 2개의 값을 가졌기 때문에 하나의 더미변수가 필요했다. 직급변수가 4개의 값을 가질 수 있다면 3개의 더미변수가 필요하다.

따라서 k개 범주를 구분하는 변수라면 (k-1)개의 더미변수를 사용해야 한다.[4] 그림 45-2와 같이 직급변수를 예로 3개의 더미변수를 생성해 보자. 기준값은 '사원'으로 정하였다고 가정하자. 먼저 변수명이 입력되는 첫 행에 기준값을 제외한 '대리', '과장', '부장'을 입력한다. 셀 F2에 함수 IF( )를 입력한다. 나머지 케이스들은 셀 F2를 복사하면 된다(그림 45-3 참조).

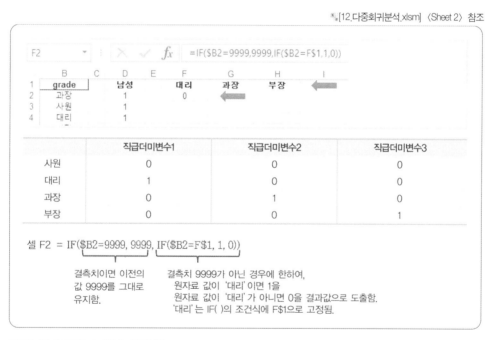

✎ [12.다중회귀분석.xlsm] 〈Sheet 2〉 참조

	직급더미변수1	직급더미변수2	직급더미변수3
사원	0	0	0
대리	1	0	0
과장	0	1	0
부장	0	0	1

셀 F2 = IF($B2=9999, 9999, IF($B2=F$1, 1, 0))

결측치이면 이전의 값 9999를 그대로 유지함.

결측치 9999가 아닌 경우에 한하여, 원자료 값이 '대리'이면 1을 원자료 값이 '대리'가 아니면 0을 결과값으로 도출함. '대리'는 IF( )의 조건식에 F$1으로 고정됨.

Ω그림 45-2 직급더미변수 생성 (1)

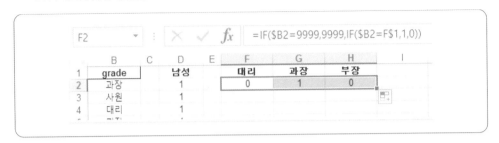

●그림 45-3 직급더미변수 생성 (2)

	B	C	D	E	F	G	H	I
1	grade		남성		대리	과장	부장	
2	과장		1		0	1	0	
3	사원		1		0	0	0	
4	대리		1		1	0	0	
5	과장		1		0	1	0	
6	대리		1		1	0	0	
7	부장		1		0	0	1	
8	과장		1		0	1	0	
9	대리		1					
10	부장		0					

F2 = IF($B2=9999,9999,IF($B2=F$1,1,0))

●그림 45-4 직급더미변수 생성 (3)

셀 B2를 참조할 때 '$B2'로, 셀 F1을 참조할 때 'F$1'로 $표시가 다르게 기입되어 있다. G열(과장)과 H열(부장)로 손쉽게 복사할 수 있도록 혼합참조를 사용하였다. 혼합참조를 이해하지 못했더라도, 채우기핸들fill handle을 우측으로 드래그해서 그림 45-3과 같이 복사된 결과를 우선 확인해 보자. 제시된 바와 같이 제대로 '$'를 기입하지 않았을 때 어떤 문제가 발생하는지 결과를 먼저 확인하는 것이 혼합참조를 쉽게 이해하는 방법일 수도 있다. 이제 채우기핸들을 아래로 드래그하여 그림 45-4와 같이 복사한 결과를 확인해 보자.

결과적으로 더미변수는 다수의 변수조합으로 하나의 범주형 자료를 표현하는 방법이다. 즉, 대리는 1-0-0으로, 사원은 0-0-0으로, 과장은 0-1-0, 부장은 0-0-1로 정의되었음을 알 수 있다. 실험조사 등에서는 0과 1이 아닌 -1, 0, 1 등의 더욱 다양한 수를 활용하여 효과부호화effect coding나 대비부호화contrast coding를 사용하기도 한다.[5] 그러나 가장 일반적인 방법은 0, 1로만 부호화하는 더미변수이다.

46

같으면서 다른 개념,
상관계수와 표준화회귀계수

단순회귀분석에서 독립변수의 표준화회귀계수는 종속변수와의 상관계수와 동일하다. 하지만 다중회귀분석의 표준화회귀계수는 이 규칙이 일반적으로 적용되지 않는다. 독립변수 간의 상관성이 반영되기 때문이다. 만약 독립변수 간의 상관성이 전무한 독립관계라면 다중회귀분석에서도 상관계수와 표준화회귀계수는 동일하다. 그러나 이런 경우라면 다중회귀분석을 수행할 이유가 없다.

회귀분석을 통해 도출되는 결과 중에 가장 중요한 정보는 회귀계수와 결정계수라고 할 수 있다. 전자는 개별 독립변수가 종속변수에 미치는 영향의 크기와 유의미성을 결정짓는다. 후자인 결정계수는 도출된 회귀모형이 종속변수를 설명하는 또는 결정하는 정도를 수치로 표현해 주는 지표이다. 그렇다면 회귀계수와 결정계수는 어떤 관계를 가지고 있을까?

그림 46-1과 같은 극단적인 사례를 통해 회귀계수와 결정계수의 관계를 파악해 보자. 좌측 〈Sheet3-1〉의 그림은 독립변수 X1, X2의 상관계수가 0이다. 우측 〈Sheet3-2〉의 그림은 X1, X2의 상관계수가 .273이다. 예제파일에서 11~13행의 매트릭스는 함수 CORREL( )을 활용하여 상관행렬을 작성한 것이다.

상관행렬에서 종속변수 Y에 미치는 X1의 영향은 .494, X2의 영향은 .268로서 〈Sheet3-1〉과 〈Sheet3-2〉가 동일하다는 점에 주목하자. 이들 변수에 대해 각각 단순회귀분석을 실시하면, 회귀계수 및 결정계수의 결과가 동일하다는 의미이기도 하다. 요컨대 개별 독립변수로서 X1, X2의 설명력은 〈Sheet3-1〉과 〈Sheet3-2〉에서 차이가 없다. 이제 두 가지 자료를 각각 다중회귀분석을 실시한 결과를 비교해 보자. 표 46-1에는 주요한 결과를 요약하였고 자세한 결과는 그림 46-2에 나타나 있다. X1, X2가 동시에 투입된 다중회귀분석에서 결정계수와 회귀계수에 차이가 나타남을 확인할 수 있다.

먼저 독립변수들 간의 상관이 없는 경우, 표준화회귀계수가 .494와 .268로 상관계수와 동일함을 알 수 있다. 벤다이어그램상으로도 종속변수에 각자 독자적인 영향을 미치기 때문에 다른 독립변수를 고려하지 않고도 순수한 영향력을 분석할 수 있다. 하지만 독립변수들 간에 상관이 .273으로 존재하는 경우, 독자적으로 종속변수에 미치는 순수한 영향을 추출하기 위해서는 종속변수를 공동으로 설명하는 부분, 즉 벤다이어그램상에 종속변수와 서로 겹쳐 있는 부분에 대한 몫을 고민해야 한다. 이 부분을 공통변량common variation이라고도 부른다. 이에 대하여 좀더 자세히 살펴보자.

[12.다중회귀분석.xlsm] 〈Sheet 3-1〉, 〈Sheet 3-2〉 참조

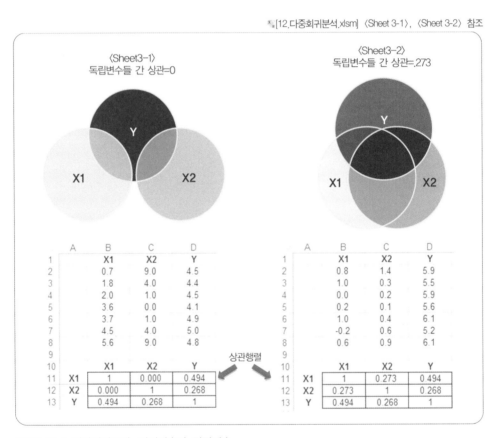

♪그림 46-1 벤다이어그램: 회귀계수와 결정계수

구분	〈Sheet3-1〉 독립변수들 간 상관 = 0	〈Sheet3-2〉 독립변수들 간 상관 = .273
R^2	.316	.263
β_1	.494	.455
β_2	.268	.144

결정계수는 각 독립변수에 해당하는 상관계수와 표준화회귀계수를 곱하여 합산한 값이다. 이와 비교해서 상관계수는 단순히 두 변수만의 관계를 나타내는 지표이다. 이때 다른 독립변수를 고려하지 않은 점을 강조하여 0차 상관계수라고도 부른다. 독립변수 간의 상관성이 없는 〈Sheet3-1〉의 경우, 다음과 같이 결정계수가 산출된다 (그림 46-2 참조). $r_{x1 \cdot y}$는 X1과 Y의 상관계수이고 $r_{x2 \cdot y}$는 X2와 Y의 상관계수를 의미한다.

$$r_{x1 \cdot y} \times \beta_1 + r_{x2 \cdot y} \times \beta_2 = 0.494 \times 0.494 + 0.268 \times 0.268 = 0.316$$

그러나 독립변수 간의 상관이 존재해서 공통변량이 존재하는 경우, 개별 독립변수의 독자적인 상관계수를 온전히 결정계수로 반영하기는 곤란하다. 따라서 어느 정도 차감을 해주는데, 그 가중치 역할을 표준화회귀계수가 하게 된다. 독립변수 간의 상관성이 있는 〈Sheet3-2〉의 경우, 다음과 같이 결정계수가 산출된다(그림 46-2 참조).

$$r_{x1 \cdot y} \times \beta_1 + r_{x2 \cdot y} \times \beta_2 = 0.494 \times 0.455 + 0.268 \times 0.144 = 0.263$$

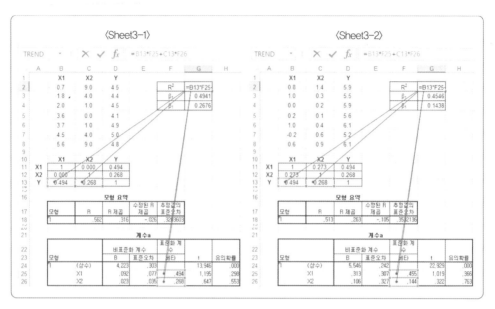

○그림 46-2 다중회귀분석 결과 비교: 결정계수

그렇다면 표준화회귀계수는 어떻게 산출될까? 단순회귀분석에서 표준화회귀계수는 상관계수와 동일하였다([11.단순회귀분석.xlsml 〈r_n_beta〉 참조). 다중회귀분석에서도 독립변수들 간에 상관성이 없다면, 표준화회귀계수는 상관계수와 동일하다. 하지만 다중회귀분석에서 공통변량이 발생하면 다른 독립변수가 공동으로 설명하는 부분을 어느 정도는 차감해야 한다. β_1을 예를 들면, 독립변수들 간의 상관계수($r_{x1 \cdot x2}$)에 다른 독립변수의 표준화회귀계수(β_2)를 곱하여 차감한다. 그림 46-3을 참조하기 바란다. 〈Sheet3-1〉과 같이 독립변수들 간의 상관계수($r_{x1 \cdot x2}$)가 0이면 차감하는 값이 0이 되어 다음과 같은 결과가 도출된다(그림 46-3 참조).

$$\beta_1 = r_{x1 \cdot y} - r_{x1 \cdot x2} \times \beta_2 = 0.494 - 0 \times 0.268 = 0.494$$

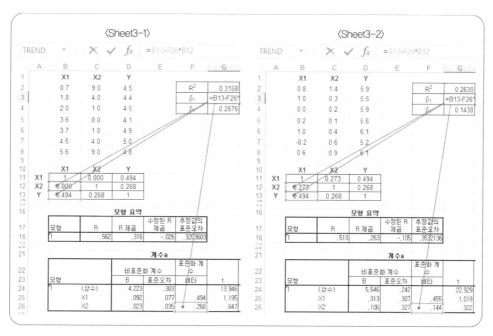

○ 그림 46-3 다중회귀분석 결과 비교: 회귀계수 (1)

그러나 독립변수 간의 상관이 존재해서 공통변량이 존재한다면, $r_{x1 \cdot x2} \times \beta_2$는 0이 아니다. 따라서 〈Sheet3-2〉에서의 회귀계수는 원래의 종속변수와의 상관($r_{x1 \cdot y}$)보다 작아지게 된다(그림 46-3 참조).

$$\beta_1 = r_{x1 \cdot y} - r_{x1 \cdot x2} \times \beta_2 = 0.494 - 0.273 \times 0.144 = 0.455$$

또한 그림 46-4와 같이 X2의 표준화회귀계수(β_2)도 마찬가지 방식으로 다음과 같이 구할 수 있다.

〈Sheet 3-1〉	$\beta_2 = r_{x2 \cdot y} - r_{x1 \cdot x2} \times \beta_1 = 0.268 - 0 \times 0.494 = 0.268$
〈Sheet 3-2〉	$\beta_2 = r_{x2 \cdot y} - r_{x1 \cdot x2} \times \beta_1 = 0.268 - 0.273 \times 0.455 = 0.144$

그림 46-5는 더욱 극단적인 자료의 예이다. 독립변수 X2와 종속변수 Y의 상관계수는 +.267이었다. 하지만 독립변수 X1과의 상관계수가 +.747로서 높게 발생하면서

정작 다중회귀분석의 표준화회귀계수는 음수인 -.231로 나타났다. 이러한 부호의 역전은 다중공선성이 야기하는 대표적인 문제점이기도 하다.

수집된 자료에 대한 상관행렬은 표 46-2의 형식으로 학술적 논문에서는 기본적으로 제시되고 있다. 상관행렬이 지닌 의미가 단순히 기술적 정보에 국한되지 않는다. 다중회귀분석을 분석도구로 사용하였다면, 상관행렬의 정보와 회귀계수 및 결정계수가 밀접하게 연결되어 있다. 이해타당성nomological validity, lawlike validity[6] 관점에서 상관행렬의 정보가 연구가설을 지지할 수 있어야 한다. 하지만 이러한 의미를 간과하고 상관행렬의 정보와 부합하지 않는 분석결과가 많으므로 유의할 필요가 있다.

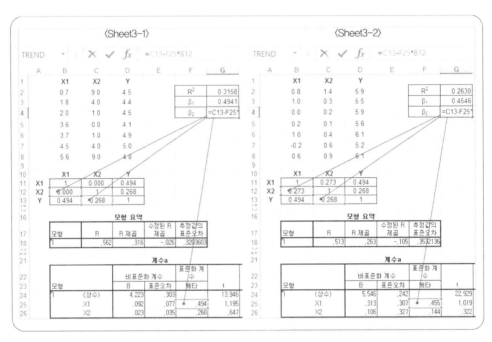

◑그림 46-4 다중회귀분석 결과 비교: 회귀계수 (2)

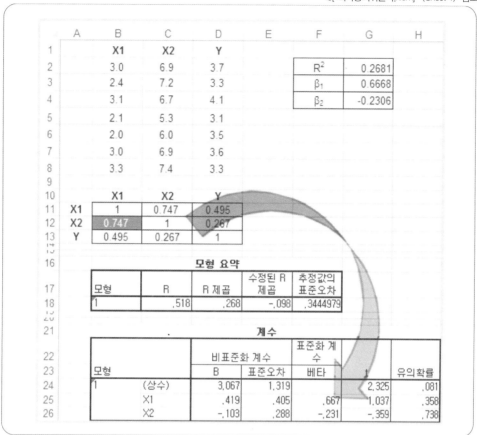

○그림 46-5 부호가 역전되는 상관계수와 표준화회귀계수

표 46-2는 상관분석과 다중회귀분석의 결과를 보고서에 제시하는 일반적인 양식의 예이다. 이 두 가지 정보가 어떠한 관계에 있는지 살펴보자. 그림 46-6은 상관행렬을 이용하여 결정계수와 표준화회귀계수를 J열에 직접 산출한 결과이다.

○표 46-2 상관행렬과 다중회귀분석 결과

상관행렬(n=147)

	자율	지원	지지	균형	성과
자율	1				
지원	.070	1			
지지	−.038	.139	1		
균형	.162	.256**	−.100	1	
성과	.441**	.235**	−.173*	.299**	1
평균	3.069	3.912	3.337	4.526	3.311
표준편차	.807	1.217	1.011	1.007	.489

* $p < .05$, ** $p < .01$

회귀분석결과(종속변수=성과)

	비표준화계수		표준화계수	t
	B	S.E.	β	
절편	2.180	0.238		9.16**
자율	0.239	0.043	.394	5.53**
지원	0.075	0.030	.187	2.53*
지지	−0.081	0.035	−.167	−2.33*
균형	0.083	0.036	−.171	2.29*
R²	29.8%			
F	15.058**			

* $p < .05$, ** $p < .01$

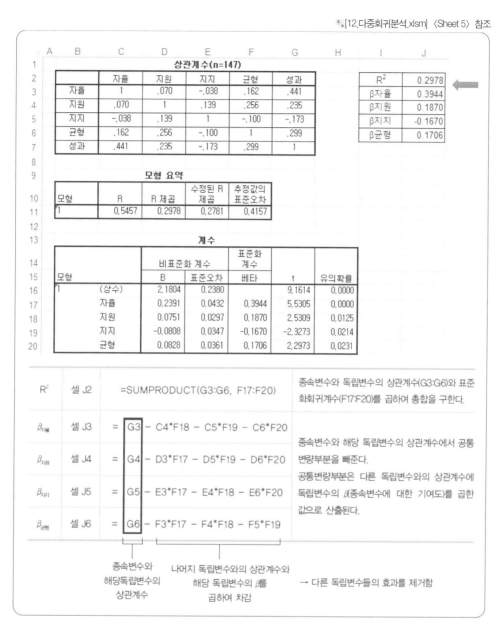

상관계수(n=147)

	자율	지원	지지	균형	성과
자율	1	.070	-.038	.162	.441
지원	.070	1	.139	.256	.235
지지	-.038	.139	1	-.100	-.173
균형	.162	.256	-.100	1	.299
성과	.441	.235	-.173	.299	1

R^2	0.2978
β자율	0.3944
β지원	0.1870
β지지	-0.1670
β균형	0.1706

모형 요약

모형	R	R 제곱	수정된 R 제곱	추정값의 표준오차
1	0.5457	0.2978	0.2781	0.4157

계수

모형		비표준화 계수		표준화 계수	t	유의확률
		B	표준오차	베타		
1	(상수)	2.1804	0.2380		9.1614	0.0000
	자율	0.2391	0.0432	0.3944	5.5305	0.0000
	지원	0.0751	0.0297	0.1870	2.5309	0.0125
	지지	-0.0808	0.0347	-0.1670	-2.3273	0.0214
	균형	0.0828	0.0361	0.1706	2.2973	0.0231

R^2	셀 J2	=SUMPRODUCT(G3:G6, F17:F20)	종속변수와 독립변수의 상관계수(G3:G6)와 표준화회귀계수(F17:F20)를 곱하여 총합을 구한다.
$\beta_{x_{\text{자율}}}$	셀 J3	= G3 − C4*F18 − C5*F19 − C6*F20	종속변수와 해당 독립변수의 상관계수에서 공통변량부분을 빼준다.
$\beta_{\text{지원}}$	셀 J4	= G4 − D3*F17 − D5*F19 − D6*F20	공통변량부분은 다른 독립변수와의 상관계수에 독립변수의 β(종속변수에 대한 기여도)를 곱한 값으로 산출된다.
$\beta_{x_{\text{지지}}}$	셀 J5	= G5 − E3*F17 − E4*F18 − E6*F20	
$\beta_{\text{균형}}$	셀 J6	= G6 − F3*F17 − F4*F18 − F5*F19	

종속변수와 해당독립변수의 상관계수

나머지 독립변수와의 상관계수와 해당 독립변수의 β를 곱하여 차감

→ 다른 독립변수들의 효과를 제거함

○그림 46-6 상관행렬과 표준화회귀계수

다중회귀분석의 회귀계수는 다른 독립변수들의 효과를 제거한 후의 독자적인 기여도 또는 설명력을 추출한 것이다. 이 점에서 회귀계수를 편회귀계수partial coefficient라고도 부른다. 더불어 이와 비슷한 용어이기는 하지만 편상관계수partial correlation와는 효과 제거방법이 다르니 주의할 필요가 있다. 편partial이란 다른 독립변수들을 통제한 상태에서 종속변수와 해당 독립변수만의 관계를 반영하였다는 의미일 뿐이다. 이에 대한 주요한 사항을 단순회귀분석부터 정리하면 다음과 같다.

> • 단순회귀분석에서 상관계수의 크기는 결정계수의 제곱근($\sqrt{R^2}$)과 동일하다.
> • 단순회귀분석에서 상관계수의 부호는 회귀계수와 동일하다.
> • 단순회귀분석에서 상관계수는 표준화회귀계수와 동일하다.

위의 세 가지 특징은 종속변수와의 관계에서 다른 독립변수들을 고려하지 않고, 독자적인 관계를 온전히 결정계수나 회귀계수로 전환하기 때문이다. 단순회귀분석에 대한 이러한 개념을 다중회귀분석으로 확장하면 다음과 같은 주요한 이슈를 정리할 수 있다. 다중회귀분석에서 도출된 회귀계수는 다른 독립변수들의 효과를 제거하였다. 다음과 같은 다양한 표현방식에 익숙해질 필요가 있다. 위의 다중회귀분석 결과에서 '성과'에 대한 '자율'의 비표준화회귀계수 .2391는, '자율' 1점이 증가하면 '성과'는 0.2391점이 증가함을 의미한다. 그러나 이러한 해석이 '지원', '지지', '균형'을 포함한 다중회귀분석이므로 다음의 조건이 내포되어 있다는 점에 유의하자.

> • '지원', '지지', '균형'을 통제한 상태에서(controlling for the effects of …)
> • '지원', '지지', '균형'을 고려한 상태에서(once … are taken into account)
> • '지원', '지지', '균형'의 효과를 제거한 상태에서(removed the effects of …)
> • '지원', '지지', '균형'의 효과를 분리한 상태에서(partialed out the effects of …)
> • '지원', '지지', '균형'의 수준이 고정되었을 때(hold constant the effects of …)

실용적 측면에서 뒤집어 표현하면 이렇다. "효과를 제거하거나 통제하고 싶은 변수가 있다면 회귀모형에 독립변수로 포함시켜야 한다." 요컨대 다중회귀모델에 '독립변수로 포함한다', '그 효과를 제거한다', '그 효과를 통제한다'는 표현이 모두 동일한 의미이다. 결국, 독립변수의 입장에서 회귀모형에 포함된다는 의미는 외생변수에서 독립변수로 신분을 탈바꿈하는 것이다.

SUMPRODUCT(자료범위1, 자료범위2)

함수 SUMPRODUCT( )는 가중총합weighted sum이나 가중평균weighted mean을 구할 때 편리하게 사용된다. 앞서 그림 46-6의 셀 J2와 같이, 두 개의 범위를 지정하면 쌍pair별로 곱한 결과의 총합을 구해준다. 따라서 수식을 풀면 다음과 동일하게 된다.

SUMPRODUCT(G3:G6, F17:F20)=(G3*F17)+(G4*F18)+(G5*F19)+(G6*F20)

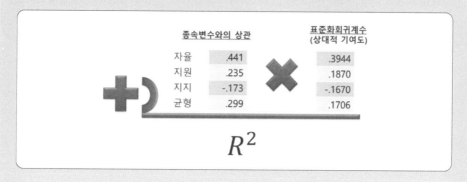

	종속변수와의 상관		표준화회귀계수 (상대적 기여도)
자율	.441		.3944
지원	.235		.1870
지지	-.173		-.1670
균형	.299		.1706

R^2

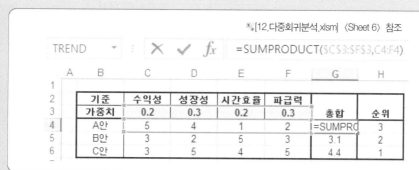

[12.다중회귀분석.xlsm] 〈Sheet 6〉 참조

=SUMPRODUCT($C$3:$F$3,C4:F4)

기준	수익성	성장성	시간효율	파급력	총합	순위
가중치	0.2	0.3	0.2	0.3		
A안	5	4	1	2	=SUMPRO	3
B안	3	2	5	3	3.1	2
C안	3	5	4	5	4.4	1

실무에서 다수의 대안들을 평가하여 최적의 대안을 선정하면서 예제자료와 같은 평가시트를 작성할 때도 이용할 수 있다. 2행과 3행은 대안들을 평가하려는 기준과 가중치이다. 여기에서 수익성(0.2), 성장성(0.3), 시간효율(0.2), 파급력(0.3)으로 평가기준과 가중치를 정하였다. 이 기준에 따라 각 대안을 5점 척도로 평가한 결과는 일반적으로 가중총합이나 가중평균을 산출해서 활용한다.

G열과 같이 가중총합을 구한다면, SUMPRODUCT( )를 사용하면 편리하다. 만약 가중평균을 구하고 싶다면, 이 예와 같이 가중치를 부여할 때 가중치들의 총합이 100%가 되도록 비율을 입력하면 된다.

47
다중회귀분석의
모형 선택

독립변수의 수를 늘릴수록 다중회귀분석의 결정계수는 증가한다. 반면에 분석결과를 이해하기 어려워지고 실용성이 떨어질 수 있다. 따라서 중요하고 유의미한 독립변수만을 잘 선택해서 간명한 회귀모형을 도출하는 방법이 고안되었다. 동시적 회귀분석, 단계적 회귀분석, 위계적 회귀분석이 대표적인데 학문적인 연구에는 주로 위계적 회귀분석이 사용된다.

다수의 독립변수를 포함하는 다중회귀분석의 경우, 최적의 모형을 도출하기 위한 전략이 필요하다. 가능한 모형 중에서 무조건 R^2이 큰 모형을 선택하면 된다고 생각할 수 있다. 하지만 R^2은 독립변수 수가 많아지면 커지는 성향이 있다. 회귀모형에 독립변수를 하나씩 투입하면서, R^2의 변화량을 파악하는 것이 바람직하다. 하지만 이 작업은 독립변수의 수가 많으면 방대해지고 비효율적이다. 따라서 다중회귀분석에서 최적모형을 선택하는 전략은 두 가지 관점에서 중요한 의미가 있다.

먼저 모형에 포함할 독립변수와 모형에서 제거할 변수를 선택하는 결정이다. 독립변수가 많다면 결정계수를 최대화할 수는 있다. 반면에 다중공선성이 발생할 가능성 때문에 회귀모형의 안정성과 신뢰성에 해가 될 수도 있다. 그리고 자료수집 측면에서나 실무에서 회귀모형을 관리하는 데 시간과 비용이 과다하게 발생하여 비경제적이다. 실제로 10개 이상의 독립변수가 투입되면 결정계수 값은 거의 변화가 없는 것으로 알려져 있다.

두 번째는 공통변량common variation을 어떤 독립변수의 몫으로 처리하느냐의 문제이다. 이 문제는 회귀계수의 크기에 영향을 미쳐 독립변수의 중요도나 영향력을 평가할 때 중요한 이슈이다.

이를 해결하기 위한 대표적인 모형선택 전략에는 다음 세 가지가 있다. 첫째, 동시적 다중회귀분석simultaneous multiple regression, standard multiple regression이다. 43장에서 예시로 다루었던 기본적인 방법이다. 모든 독립변수가 동시에 회귀모형에 투입되는 전략이다. 종속변수에 대한 독립변수 간의 모든 공통변량은 회귀방정식에 포함되지 않고 제외된다는 단점이 있다. SPSS의 수행 방법은 그림 47-1과 같이 "입력Enter"을 선택하고 모든 독립변수를 투입하면 된다.

[12.다중회귀분석_JCT.sav]

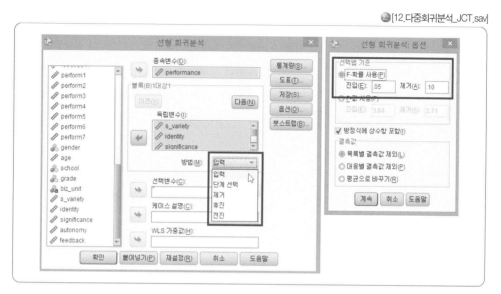

◑그림 47-1 SPSS, 다중회귀분석의 모형선택

◑표 47-1 단계적 다중회귀분석의 유형

후진	모형에서 제거하였을 때 R^2 감소가 가장 작은 독립변수를 하나씩 제거해 나가는 방법이다. 모든 독립변수를 포함한 완전모델full model에서 시작한다. 그림 47-1에서 〈후진〉을 선택하며, SPSS의 디폴트는 F검정의 유의확률이 0.10보다 큰 변수가 없다면 중단한다.
전진	모형에 투입하였을 때 R^2이 가장 많이 증가하는 독립변수를 하나씩 모형에 투입해 나가는 방법이다. 독립변수가 없는 영모델null model에서 시작한다. 그림 47-1에서 〈전진〉을 선택하며, SPSS의 디폴트는 F검정의 유의확률이 0.05보다 작은 변수가 없다면 중단한다.
단계선택	'후진'은 일단 제거된 변수는 다시 모형에 포함되지 않고, '전진'은 일단 모형에 포함된 변수는 다시 제거되지 않는 단점이 있다. 이를 보완하기 위해 '전진'으로 시작하며 매 단계마다 투입될 변수와 제거할 변수를 동시에 검토하는 방법이다. 그림 47-1에서 〈단계 선택〉을 선택한다.
모든 가능한 회귀	SPSS에서 지원하지 않는 방법이다. 먼저 하나의 독립변수를 포함한 모형에서 최적모형을 찾고, 다음으로 독립변수의 수를 하나씩 늘려가며 가능한 모든 회귀모형을 제시하여 사용자가 비교, 선택하는 방법이다.

둘째, 단계적 다중회귀분석stepwise multiple regression이다. 상관계수 및 결정계수와 같은 통계적 정보에 의해 적합한 독립변수를 제거하거나 투입하는 방법이다. 논리적 또는 이론적 근거에 기반하지 않기 때문에 학문적 연구에서는 기피하는 방법이다. 그러나 연구의 목적이 설명이 아니라 예측이거나 탐색적인 연구에서는 효율적인 전략이다. 이 방법에는 다시 후진backward elimination, 전진forward selection, 단계선택 stepwise selection, 모든 가능한 회귀all possible subset가 있다(표 47-1 참조).

마지막으로 위계적 다중회귀분석hierarchical multiple regression, sequential multiple regression이다. 회귀모형에 투입되는 독립변수의 순서를 이론적, 논리적 기준으로 정하는 방법이다. 종속변수에 대한 독립변수 간의 공통변량은 회귀모형에 순서상으로 먼저 투입된 독립변수의 기여로 처리된다.

🔍 더 알아보기 │ 독립변수 투입 순서

위계적 다중회귀분석에서 독립변수를 회귀모형에 투입하는 순서는 다음과 같은 기준이 있다.

첫째, 연구자의 관심사가 아니라서 중요도가 낮은 변수를 먼저 투입한다. 설문도구를 활용할 경우 응답자의 성별, 나이, 직급 등과 같은 배경과 관련된 변수를 먼저 모형에 투입한다. 또는 선행연구에서 종속변수에 영향을 미친다고 검증된 변수를 먼저 투입한다. 이러한 변수들을 통제한 후에 관심의 대상인 변수를 검정함으로써 도출된 효과를 보수적으로 주장하게 된다. 여기서 먼저 투입되는 변수를 통제변수control variable라고 부른다.

둘째, 발생하는 순서나 논리적인 순서에 맞춰서 독립변수를 투입한다. 독립변수 중에 부모의 학력과 자녀의 학업성적이 있다면, 부모의 학력이 먼저 투입되는 식이다. 또한 학업성적은 취업 후의 직무성과나 급여수준보다 시간적으로 앞서기 때문에 먼저 투입되는 것이 타당하다.

셋째, 수리적으로 고차항은 뒤에 투입한다. 예를 들어, 조절효과를 검정하기 위해 독립변수들을 곱해서 만들어진 항product term을 모형에 투입할 때 고차항이므로 나중에 투입한다. 마찬가지로 2차 상호작용항도 3차 상호작용항보다는 먼저 투입된다.

예제파일 [12.다중회귀분석_JCT.sav]를 활용하여 위계적 회귀분석을 실시해 보자. 표 47-2와 같이 위계적 회귀분석을 세 단계로 설계하였다고 가정하자. 1단계의 독립변수들은 직무성과에 일반적으로 영향을 미칠 수 있는 개인적인 특성들이다. 2단계는 업무에 대한 의미를 부여하는 데 영향을 미치는 '기술다양성', '직무정체성', '직무중요성'을 독립변수로 투입한다. 마지막 단계에는 '자율성'과 '피드백'을 투입한다.

○표 47-2 위계적 회귀분석 실행 단계   ◉[12.다중회귀분석_JCT.sav]

	독립변수	종속변수
1단계	연령, 성별, 직급	
2단계	기술다양성, 직무정체성, 직무중요성	직무성과
3단계	자율성, 피드백	

○그림 47-2 SPSS, 위계적 회귀분석: 블록 설정(1단계)

○그림 47-3 SPSS, 위계적 회귀분석: 블록 설정(2단계)

○그림 47-4 SPSS, 위계적 회귀분석: 블록 설정(3단계)

♠그림 47-5 SPSS, 위계적 회귀분석: 통계량 설정

    그림 47-2와 같이, 위계적 회귀분석은 SPSS에서 [블록block]으로 구현할 수 있다. [블록의 〈이전〉 또는 〈다음〉 버튼을 이용하여 각 단계마다 투입될 독립변수를 설정하면 된다. 1단계에서 '연령', '성별', '직급'을 독립변수로 설정한다. 회귀분석은 독립변수와 종속변수의 속성이 연속형이어야 하므로, 앞서 살펴본 바와 같이 '성별'과 '직급'은 더미변수를 투입하였다. 〈다음〉을 클릭한다.

    2단계에서 그림 47-3과 같이 '기술다양성', '직무정체성', '직무중요성'을 투입하고 〈다음〉을 클릭한다.

    3단계에서 그림 47-4와 같이 '자율성'과 '피드백'을 투입하면 위계적 회귀분석을 위한 변수설정은 완료된 것이다. SPSS 용어로는 [블록]이 3개가 만들어졌음을 확인하자. 그리고 〈이전〉, 〈다음〉을 클릭하여 설정된 독립변수를 확인하거나 수정도 가능하다.

    마지막으로 위계적 회귀분서과 관련된 통계량으로 ΔR^2을 결과에 포함해야 하므로, 〈통계량〉을 클릭하여 그림 47-5와 같이 'R제곱 변화량(ΔR^2)'을 선택한다.[7] 여기에서는 다수의 독립변수를 포함하는 다중회귀분석이므로 '공선성 진단'도 함께 선택하였다.

위와 같이 실시한 위계적 회귀분석의 결과를 확인해 보자. 그림 47-6은 〈분산분석〉결과로, 3개의 회귀모형에 대한 유의성을 확인할 수 있다. 1단계는 유의미하지 않고 (p=.679), 2단계(p=.000)와 3단계(p=.000)가 유의미하다는 것을 알 수 있다. 이러한 유의확률은 그림 47-7에서 1단계 회귀모형의 R^2인 .015는 유의미하지 않지만, 2단계와 3단계의 R^2인 .152, .184는 유의미한 결정계수임을 의미한다.

분산분석[d]

모형		제곱합	자유도	평균 제곱	F	유의확률
1	회귀 모형	2.376	5	.475	.627	.679[a]
	잔차	155.370	205	.758		
	합계	157.745	210			
2	회귀 모형	23.960	8	2.995	4.522	.000[b]
	잔차	133.785	202	.662		
	합계	157.745	210			
3	회귀 모형	28.986	10	2.899	4.502	.000[c]
	잔차	128.759	200	.644		
	합계	157.745	210			

a. 예측값: (상수), dummy_부장, dummy_남성, dummy_대리, dummy_과장, age
b. 예측값: (상수), dummy_부장, dummy_남성, dummy_대리, dummy_과장, age, significance, s_variety, identity
c. 예측값: (상수), dummy_부장, dummy_남성, dummy_대리, dummy_과장, age, significance, s_variety, identity, feedback, autonomy
d. 종속변수: performance

↻그림 47-6 SPSS, 위계적 회귀분석 결과: 분산분석

모형 요약

모형	R	R 제곱	수정된 R 제곱	추정값의 표준오차	통계량 변화량				
					R 제곱 변화량	F 변화량	df1	df2	유의확률 F 변화량
1	.123[a]	.015	-.009	.8705753	.015	.627	5	205	.679
2	.390[b]	.152	.118	.8138204	.137	10.863	3	202	.000
3	.429[c]	.184	.143	.8023696	.032	3.903	2	200	.022

a. 예측값: (상수), dummy_부장, dummy_남성, dummy_대리, dummy_과장, age
b. 예측값: (상수), dummy_부장, dummy_남성, dummy_대리, dummy_과장, age, significance, s_variety, identity
c. 예측값: (상수), dummy_부장, dummy_남성, dummy_대리, dummy_과장, age, significance, s_variety, identity, feedback, autonomy

↻그림 47-7 SPSS, 위계적 회귀분석 결과: 모형 요약

위계적 회귀분석을 SPSS에서 어떤 방식으로 처리하였는지 그림 47-8의 내용을 확인하면 더욱 명확해진다. 1단계에서 연령, 성별, 직급의 독립변수는 통계적으로 유의미

하지 않았다. 연령의 유의확률은 .739로 유의수준 0.05보다 높았다. 성별은 기준값 reference value인 여성에 비해 남성의 직무성과가 .010 정도 높은 것으로 나타났지만 유의확률 .942로 통계적으로 유의미한 수치는 아니다. 각 직급 더미변수도 이렇게 해석하면 된다. 기준값인 사원에 비해 대리의 직무성과가 .074 정도 낮은 것으로 나타났지만 유의확률 .684로 통계적으로 유의미한 수치는 아니다.

계수ᵃ

모형		비표준화 계수		표준화 계수	t	유의확률	공선성 통계량	
		B	표준오차	베타			공차	VIF
1	(상수)	4.440	.754		5.889	.000		
	age	.009	.028	.050	.334	.739	.214	4.675
	dummy_남성	.010	.143	.006	.073	.942	.708	1.412
	dummy_대리	-.074	.182	-.040	-.407	.684	.510	1.961
	dummy_과장	-.115	.259	-.062	-.446	.656	.247	4.045
	dummy_부장	.219	.405	.071	.542	.589	.280	3.565
2	(상수)	2.287	.826		2.768	.006		
	age	-.005	.027	-.028	-.201	.841	.212	4.726
	dummy_남성	.029	.135	.017	.215	.830	.691	1.447
	dummy_대리	-.036	.173	-.019	-.206	.837	.494	2.025
	dummy_과장	-.087	.244	-.047	-.354	.724	.243	4.119
	dummy_부장	.123	.385	.040	.320	.749	.271	3.687
	s_variety	.286	.068	.283	4.194	.000	.923	1.083
	identity	.135	.078	.121	1.721	.087	.845	1.183
	significance	.143	.070	.139	2.036	.043	.906	1.104
3	(상수)	1.683	.926		1.817	.071		
	age	-.001	.026	-.005	-.035	.972	.211	4.748
	dummy_남성	-.011	.134	-.006	-.080	.936	.683	1.464
	dummy_대리	-.008	.171	-.005	-.050	.961	.491	2.037
	dummy_과장	-.114	.241	-.061	-.471	.638	.242	4.137
	dummy_부장	.001	.383	.000	.003	.998	.267	3.746
	s_variety	.260	.068	.257	3.834	.000	.906	1.104
	identity	.114	.079	.102	1.439	.152	.812	1.231
	significance	.092	.072	.090	1.292	.198	.844	1.185
	autonomy	.222	.082	.195	2.723	.007	.800	1.251
	feedback	-.035	.081	-.028	-.426	.671	.956	1.046

a. 종속변수: performance

〇그림 47-8 SPSS, 위계적 회귀분석 결과: 계수

2단계에서 추가로 투입된 '기술다양성'(p=.000<.05)과 '직무중요성'(p=.043<.05)은 통계적으로 유의미하게 나타났지만 '직무정체성'(p=.087>.05)은 유의미하지 않았다. 3단계에서 추가로 투입된 '자율성'(p=.007<.05)은 통계적으로 유의미하게 나타났지만 '피드백'(p=.671>.05)은 유의미하지 않았다. 그리고 VIF값이 모두 10 이하이므로 다중공선성 문제는 없다고 판단할 수 있다.

이러한 SPSS 결과를 일반적으로 표 47-3과 같은 형태로 보고서를 작성하게 된다. 위계적 회귀분석에서는 R^2과 ΔR^2을 기술하여야 한다. R^2은 각 단계별 회귀분석의 전반적인 적합도를 평가하는 지표이자, 해당 회귀모형이 종속변수를 설명하는 양(%)으로 해석할 수 있다.

Ο표 47-3 위계적 회귀분석의 보고 양식

	모형 1		모형 2		모형 3	
	B	β	B	β	B	β
절편	4.440**		2.287**		1.683	
연령	.009	.050	−.005	−.028	−.001	−.005
성별더미(남성=1)[1]	.010	.006	.029	.017	−.011	−.006
직급더미(대리=1)[2]	−.074	−.040	−.036	−.019	−.008	−.005
직급더미(과장=1)[2]	−.115	−.062	−.087	−.047	−.114	−.061
직급더미(부장=1)[2]	.219	.071	.123	.040	.001	.000
기술다양성			.286**	.283	.260**	.257
직무정체성			.135	.121	.114	.102
직무중요성			.143*	.139	.092	.090
자율성					.222**	.195
피드백					−.035	−.028
R^2	.015		.152		.184	
F(df1,df2)	.627(5,205)		4.522(8,202)**		4.502(10,200)**	
ΔR^2	−		.137		.032	
ΔF(df1,df2)	−		10.863(3,202)**		3.903(2,200)*	

* p < .05, ** p < .01
1) 여성을 기준값으로 부호화한 더미변수 2) 사원을 기준값으로 부호화한 더미변수

이에 비해 ΔR^2은 각 단계에서 추가된 독립변수들의 적합도를 평가하는 지표이다. ΔR^2(R제곱 변화량)은 각 단계별로 결정계수의 증가량을 나타낸다. 2단계에서 ΔR^2= .137

(p<.01)의 의미는, 이 단계에서 추가로 투입된 '기술다양성', '직무정체성', '직무중요성'으로 인한 적합도의 증가분이 유의미하다는 결론이다. 3단계의 회귀모형에 '자율성', '피드백'을 추가로 투입한 결과도 ΔR^2=.032 (p<.05)가 되어 유의미하게 나타났다.

R^2과 ΔR^2의 통계적 검정은 분산분석을 통해 검정통계량 F로 제시하면 된다. ΔR^2의 유의성을 검정하는 검정통계량 ΔF의 자유도에 주의하자. R^2의 검정통계량 F와 비교하여 분모의 자유도는 같지만, 분자의 자유도는 각 단계에서 추가로 투입된 독립변수의 수이다. 그 이유는 차이(Δ)에 대한 평가이기 때문이다. ΔF에 대한 유의확률은 그림 47-7에서 〈유의확률 F변화량〉으로 산출되며, 이에 대한 귀무가설과 대립가설은 다음과 같다.

$$H_0:\ \Delta R^2 = 0$$
$$H_1:\ \Delta R^2 \neq 0$$

더불어 연구의 목적에 따라 모형3을 모형1과 비교하여 R^2을 제시하는 경우가 종종 발생한다. 이때는 SPSS의 [블록]을 2단계로 재설정해서 구하면 된다. 즉 1단계는 지금과 동일하게 2단계는 5개 독립변수(기술다양성, 직무정체성, 직무중요성, 자율성, 피드백)를 투입하여 R^2과 F를 산출하면 된다. 참고로 F와 ΔF의 산출식을 비교하면 다음과 같다.

$$F = \frac{MS_{회귀}}{MS_{오차}} = \frac{\dfrac{SS_{회귀}}{k}}{\dfrac{SS_{오차}}{n-k-1}} = \frac{\dfrac{R^2}{k}}{\dfrac{1-R^2}{n-k-1}} \sim F_{(k,\,n-k-1)}$$

$$\Delta F = \frac{\dfrac{\Delta R^2}{\Delta k}}{\dfrac{1-R^2}{n-k-1}} \sim F_{(\Delta k,\,n-k-1)}$$

48
입체적인 회귀분석, 매개효과

회귀분석의 논리와 검정기법을 이용하면 보다 복잡한 모형을 연구할 수 있다. 앞서 독립변수가 종속변수에 미치는 직접적인 영향을 다루었지만, 복잡한 사회현상에서 독립변수가 제3의 변수에 영향을 미치고, 제3의 변수가 다시 종속변수에 영향을 미치는 간접효과가 나타날 수 있다. 이때 간접효과를 매개효과라고 하며, 제3의 변수를 매개변수라고 부른다.

연속형 자료는 이산형 자료보다 더 많은 정보를 갖고 있으며, 보다 강건한robust 통계적 검정을 수행할 수 있다. 이산형 자료가 중위수 및 최빈수를 사용할 수 있다면, 연속형 자료는 이러한 통계량뿐만 아니라 평균이나 분산과 같은 통계량도 사용할 수 있다. 따라서 독립변수와 종속변수가 모두 연속형 자료일 때 적용되는 회귀분석은 연구자들이 가정 선호하는 분석 도구이다.

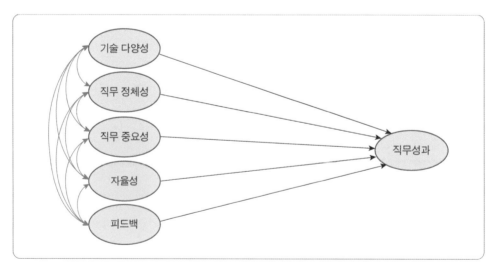

⋂그림 48-1 다중회귀분석의 경로도

그럼에도 불구하고 지금까지 살펴본 다중회귀분석은 변수들 간의 다양한 영향관계를 반영하기에는 너무 단순하다. 앞서 그림 43-2에서 종속변수인 '직무성과'를 설명하는 다섯 개의 독립변수와의 영향관계를 다음과 같은 회귀식으로 도출하였다. 이 회귀식을 경로도로 표현하면 그림 48-1과 같다. 독립변수들이 하나의 방향으로 종속변수에 영향을 미치는 단편적인 구조이다.

$$직무성과 = \beta_0 + \beta_1 \times 기술다양성 + \beta_2 \times 직무정체성 + \beta_3 \times 직무중요성 + \beta_4 \times 자율성 + \beta_5 \times 피드백 + \epsilon$$

하지만 현실에서 독립변수들과 종속변수의 관계는 보다 복잡하고 다양할 수 있다. 대표적으로 그림 48-2에 경로도로 표현된 매개mediating관계와 조절moderating관계이다. 지금까지 살펴본 회귀분석에 대한 지식을 다양하게 적용하여 이러한 효과를 검정할 수 있다. 매개효과란 독립변수 X가 매개변수(Me)에 영향을 미치고, 매개변수가 다시 종속변수 Y에 영향을 미치는 효과를 말한다. 독립변수의 관점에서, 매개변수를 거쳐서 종속변수에 영향을 미치는 간접효과indirect effect가 매개효과이다. 즉 매개변수mediating variable, mediator의 역할은 독립변수 X가 종속변수 Y에 미치는 영향을 전달해 주는 것이다.

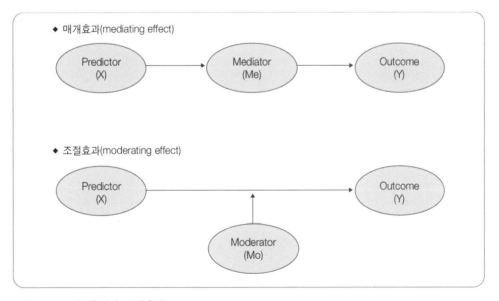

♠그림 48-2 매개효과와 조절효과

49장에서 알아볼 조절효과는 X가 Y에 미치는 영향이 조절변수(Mo)에 따라 달라지는 것을 말한다. 조절변수moderating variable, moderator에 의해 X가 Y에 미치는 영향이 약해지거나 강해지기도 하고, 아예 영향의 방향(음과 양)이 변화하는 경우가 조절효과이다.

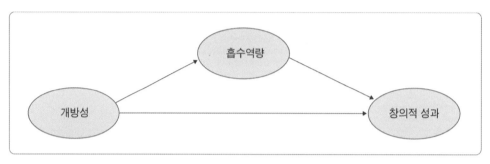

🎧그림 48-3 흡수역량의 매개효과

이 장에서는 매개효과를 살펴보고자 한다. 개인의 '개방성openness'이 '창의적 성과creativity'에 영향을 미치는데, '흡수역량absorptive capacity'이 그림 48-3과 같이 매개역할을 한다고 가정하자. 매개효과검정의 가장 고전적인 분석방법은 Baron & Kenny(1986)의 주장에 근거한다. 그들의 주장을 발전시킨 후속연구(Zhao, Lynch & Chen, 2010)를 토대로 분석절차를 정리하면 다음의 매개효과 검정 절차와 같다.

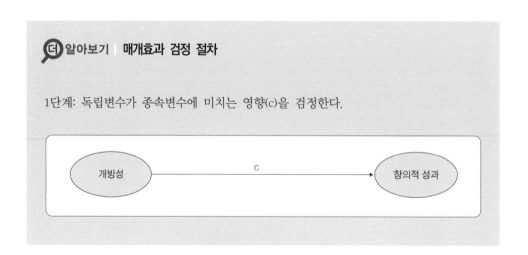

2단계: 독립변수가 매개변수에 미치는 영향(a)을 검정한다.

3단계: 종속변수에 대하여 독립변수와 매개변수를 투입하여 다중회귀분석한다. 이는
독립변수를 통제한 상태에서 매개변수의 효과, b를 검정하기 위한 분석이다.

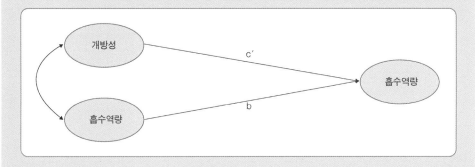

4단계: 다음 두 가지 조건이 만족되어야 매개효과가 있다고 해석할 수 있다.
1) c, a, b가 모두 유의미해야 한다.
2) c가 c'보다 상당히 커야 한다(c>c').

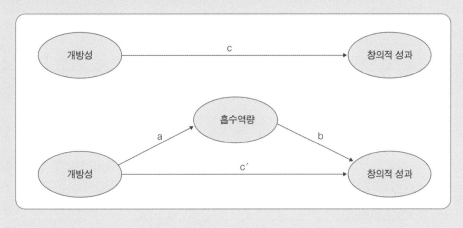

Baron & Kenny(1986)가 제안한 회귀분석을 3회 실시하여 보자. 첫 번째 회귀분석은 '창의적 성과'를 종속변수로, '개방성'을 독립변수로 회귀분석을 한 결과이다. 그림 48-4에서 B=.192, β =.268이 도출되었다. 이것이 c의 값이다.

두 번째 회귀분석은 매개변수인 '흡수역량'을 종속변수로, '개방성'을 독립변수로 회귀분석한 결과이다. 그림 48-5에서 B=.334, β =.590이 도출되었다. 이것이 a의 값이다.

[13.매개조절_Creativity.sav]

계수ᵃ

모형		비표준화 계수		표준화 계수	t	유의확률
		B	표준오차	베타		
1	(상수)	2.366	.273		8.657	.000
	개방성	.192	.050	.268	3.848	.000

a. 종속변수: 창의적 성과

⋂그림 48-4 SPSS, Baron & Kenny 검정 (1)

계수ᵃ

모형		비표준화 계수		표준화 계수	t	유의확률
		B	표준오차	베타		
1	(상수)	1.568	.181		8.666	.000
	개방성	.334	.033	.590	10.127	.000

a. 종속변수: 흡수역량

⋂그림 48-5 SPSS, Baron & Kenny 검정 (2)

세 번째 회귀분석은 '창의적 성과'를 종속변수로, '개방성'과 '흡수역량'을 독립변수로 회귀분석을 한 결과이다. 그림 48-6에서 c'의 값(B=.074, β =.103)과 b의 값(B=.353, β =.279)이 도출되었다.

계수ª

모형		비표준화 계수		표준화 계수	t	유의확률
		B	표준오차	베타		
1	(상수)	1.813	.314		5.770	.000
	개방성	.074	.060	.103	1.229	.221
	흡수역량	.353	.106	.279	3.318	.001

a. 종속변수: 창의적 성과

ↂ그림 48-6 SPSS, Baron & Kenny 검정 (3)

　　회귀분석 결과를 그림으로 정리하면 그림 48-7과 같다. 화살표 위의 수치는 회귀계
수이며, 괄호 안의 수치는 표준화회귀계수이다. a, b, c가 모두 유의미한 영향이 확인
되었다. 그리고 c가 유의미한 반면에 c′는 유의미하지 않으므로 그 차이가 상당할
것으로 예상할 수 있다. 따라서 '개방성'과 '창의적 성과'의 관계에서 '흡수역량'의 매개
효과가 유의미하다고 주장할 수 있겠다.

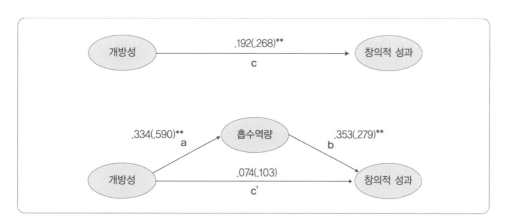

ↂ그림 48-7 Baron & Kenny 검정 (4)

ↂ표 48-1 매개효과의 수리적 관계

효과	수리적 관계	비표준화	표준화
간접효과(매개효과)	a·b	.334×.353 = .118	.590×.279 = .164
직접효과	c′	.074	.103
총효과	c	.192	.268

독립변수 및 매개변수의 수리적인 관계를 자세히 확인해 보자. '개방성'의 영향을 '창의적 성과'로 전달하는 '흡수역량'의 매개효과는 a×b이다. 이는 기하평균에서 다룬 양동이 물을 다시 떠올려보면 된다. '개방성'에서 '흡수역량'으로 .334의 영향(a)이 주어졌고, 그 영향(a)의 35.3%(b)가 '창의적 성과'에 영향을 미친 것이다. 따라서 매개효과를 간접효과indirect effect라고도 부른다. 이와 같이 매개효과는 표 48-1과 같이 비표준화효과 .118, 표준화효과 .164로 산출된다.

간접효과에 대응하여 c'를 직접효과direct effect라고 부른다. 간접효과와 직접효과의 합은 종속변수에 대한 총효과가 되는데, 이 크기는 애초에 독립변수 '개방성'이 종속변수 '창의적 성과'에 독자적으로 미치는 영향 c와 동일하다.

$$\text{총효과} = \text{직접효과} + \text{간접효과}[8]$$
$$c = c' + a \cdot b$$

이러한 관계에서 $(c-c')$가 곧 간접효과임을 유추할 수 있다. c의 관점에서는 원래 자신의 영향을 $a \cdot b$로 전환해 준 결과이다. 결국 $(c-c')$의 크기를 검정하는 것은 간접효과 $a \cdot b$를 검정하는 것과 동일하다.

$$(c - c') = a \cdot b$$

한편 애초에 $(c-c')$가 상당히 커야 한다는 Baron & Kenny(1986)의 주장은 다소 모호하다. 살펴본 예와 같이 c가 유의미하고 c'가 유의미하지 않으면 상당한 차이가 있다고 예측할 수도 있다. 하지만 c와 c'가 모두 유의미하면서 그 차이는 상당히 클 수 있다. 그리고 첫 번째 단계에서 독립변수와 종속변수의 영향인 c가 유의미해야 한다는 조건은 지나치게 엄격하다는 주장도 있어 왔다.

따라서 최근에 학자들은 $a \cdot b$에 대한 유의성 검정을 직접 실시하는 데 합의에 이른 것으로 보인다(Frazier, Tix & Barron, 2004; Keith, 2006; MacKinnon, 2008; Zhao, Lynch & Chen, 2010). 현재 많은 연구들은 그림 48-8의 로드맵에 따라 매개효과를 검정하고 있다.[9] 매개효과는 크게, c'가 유의미하지 않은 완전매개complete mediation, full mediation와, c'가 유의미한 부분매개 또는 불완전매개partial mediation로 분류할 수 있다.

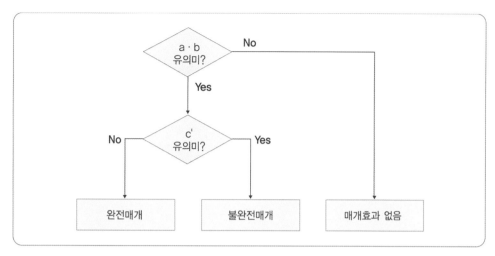

🔵그림 48-8 매개효과검정 로드맵

	ab	S.E.	z	p	
a	S.E. of a	b	S.E. of b		
0.334	0.033	0.353	0.106		

ab	S.E.	z	p	
0.117902	0.037271	3.163354	0.001560	Sobel test
0.117902	0.037435	3.149513	0.001635	Aroian test
0.117902	0.037107	3.177379	0.001486	Goodman test

http://quantpsy.org/sobel/sobel.htm
http://davidakenny.net/cm/mediate.htm

🔵그림 48-9 다양한 간접효과검정

최근의 매개효과 검정은 a, b, c의 유의미성을 다루기보다 a·b에 대한 검정에 집중한다(Hayes, 2017). 그림 48-9와 같이 매개효과인 a·b의 유의미성 검정 방법들이 다양하게 개발되어 있다. 계산에 a와 b의 회귀계수와 표준오차가 필요하다. 셀 A3과 셀 C3에 회귀계수 .334(a)와 .353(b)를 입력한다. 셀 B3과 셀 D3에 각 회귀계수의 표준오차인 .033(S.E. of a), .106(S.E. of b)을 입력하였다. 이 정보는 SPSS의 회귀분석 결과인 그림 48-5, 그림 48-6에서 확인할 수 있다. 매개효과의 유의성을 검정하는 Soble검정, Aroian검정, Goodman검성의 결과가 범위 F2:J5에 도출되었다. Sobel검정 결과, 유의확률이 .002로 유의미하게 나타났다.[10]

이상으로 매개효과의 개념과 가장 단순한 매개모형을 알아보았다. 이를 기반으로 그림 48-10과 같은 다소 복잡한 연구모형을 분석해 보자. 화살표를 한 번이라도 받고 있는 변수가 있다면, 종속변수로 설정하고 회귀분석을 실시한다는 기본적인 접근법을 미리 염두에 두자.

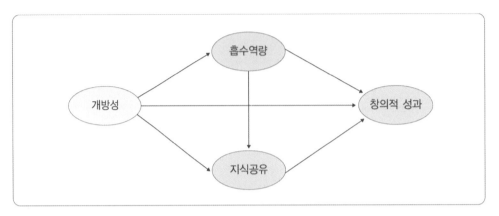

◐그림 48-10 흡수역량, 지식공유의 매개효과검정

표 48-2와 같이 '흡수역량', '지식공유', '창의적 성과'를 각각 종속변수로 하는 회귀분석을 실시하였다. SPSS의 회귀분석 결과는 그림 48-11과 같다. 이 내용을 경로도로 정리하면 그림 48-12와 같다. 화살표 위의 수치는 회귀계수이며, 괄호 안의 수치는 표준화회귀계수이다.

표준화회귀계수를 기준으로 효과를 분해하면 표 48-3과 같다. 비표준화회귀계수도 동일한 방법으로 구할 수 있다. 간접효과의 값이 산출된 배경을 세분하면 다음과 같다. 기하평균에서 다루었던 양동이 물을 다시 생각해 보면 곱셈하는 이유를 쉽게 이해할 수 있다.

◑표 48-2 회귀분석의 구성

회귀분석	독립변수	종속변수
1단계	개방성	흡수역량
2단계	개방성, 흡수역량	지식공유
3단계	개방성, 흡수역량, 지식공유	창의적 성과

계수^a

모형		비표준화계수		표준화계수	t	유의확률
		B	표준오차	베타		
1	(상수)	1.568	.181		8.666	.000
	개방성	.334	.033	.590	10.127	.000

a. 종속변수 : 흡수역량

계수^a

모형		비표준화계수		표준화계수	t	유의확률
		B	표준오차	베타		
1	(상수)	.860	.377		2.281	.024
	개방성	.117	.072	.116	1.626	.106
	흡수역량	.951	.128	.531	7.459	.000

a. 종속변수 : 지식공유

계수^a

모형		비표준화계수		표준화계수	t	유의확률
		B	표준오차	베타		
1	(상수)	1.638	.310		5.290	.000
	개방성	.050	.059	.070	.849	.397
	흡수역량	.159	.117	.126	1.354	.177
	지식공유	.204	.059	.288	3.472	.001

a. 종속변수 : 창의적 성과

⊙그림 48-11 SPSS, 흡수역량, 지식공유의 매개효과검정 결과

한편 직접효과는 SPSS의 회귀분석 결과에 있는 표준오차를 통해 유의성 검정을 할 수 있다. 하지만 간접효과의 표준오차를 구하고, 유의성을 검정하는 분석은 이 책의 범위를 넘어서는 수리적 해석이 필요하다. 앞서 살펴본 Sobel검정도 기본적으로 하나의 매개변수를 대상으로 가능하다. 다수의 매개변수가 결합된 매개효과에 대한 표준오차는 산출하기 곤란하다. 더욱 복잡한 매개효과의 검정은 경로분석path analysis을 지원하는 AMOS, LISREL, SmartPLS 등과 같은 전문 통계소프트웨어를 통해 표준오차와 유의확률을 산출힐 수 있다.

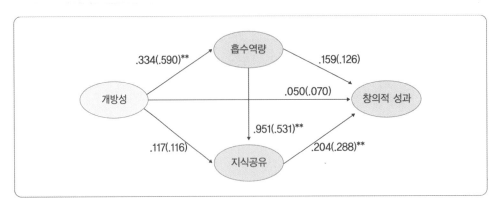

○그림 48-12 흡수역량, 지식공유의 매개효과검정 결과

○표 48-3 개방성이 창의적 성과에 미치는 효과 분해(표준화회귀계수)

종속변수	직접효과	간접효과	총효과
흡수역량	.590(개방성)	–	.590(개방성)
지식공유	.116(개방성)	.314(개방성)[a]	.429(개방성)
	.531(흡수역량)	–	.531(흡수역량)
	.647	.314	.960
창의적 성과	.070(개방성)	.198(개방성)[b]	.268(개방성)
	.126(흡수역량)	.153(흡수역량)[c]	.279(흡수역량)
	.288(지식공유)	–	.288(지식공유)
	.484	.351	.835

a. 지식공유에 대한 개방성의 간접효과
= (개방성 → 흡수역량 → 지식공유) = .590 × .531 ≒ .314

b. 창의적 성과에 대한 개방성의 간접효과
=(개방성 → 흡수역량 → 창의적 성과) + (개방성 → 지식공유 → 창의적 성과)
+ (개방성 → 흡수역량 → 지식공유 → 창의적 성과)
= .590 × .126 + .116 × .288 + .590 × .531 × .288 ≒ .198

c. 창의적 성과에 대한 흡수역량의 간접효과
= (흡수역량 → 지식공유 → 창의적 성과) = .531 × .288 ≒ .153

49

독립변수의 기울기를 바꾸는, 조절효과

회귀분석의 검정논리를 이용하면 보다 복잡한 모형을 연구할 수 있다. 독립변수와 종속변수 간의 인과관계의 방향이나 크기가 제3의 변수에 의해 바뀔 때, 제3의 변수를 조절변수라고 부른다. 조절효과는 수리적으로 독립변수와 조절변수를 곱한 상호작용항으로 해석된다.

조절변수moderating variable, moderator는 종속변수 Y에 미치는 독립변수 X의 영향에 작용하여 그 영향의 방향을 바꾸거나 영향의 크기를 변하게 한다. 여기에서 '종속변수에 미치는 독립변수의 영향을 수리적으로 표현한 대표적인 통계량은 회귀계수이다 (그림 49-1). 즉 조절변수는 이 회귀계수의 크기와 방향(음수냐 양수냐)에 영향을 미치는 제3의 변수이다. 조절변수에 의해 독립변수가 종속변수에 미치는 영향이 약해지거나 강해지기도 하고, 아예 영향의 방향(음과 양)이 변화하는 경우가 조절효과moderating effect이다.[11]

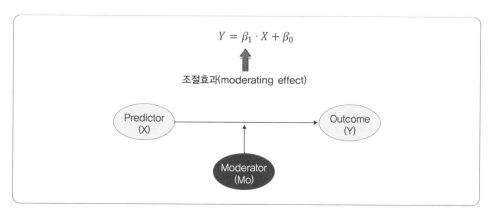

♩그림 49-1 조절효과의 개념

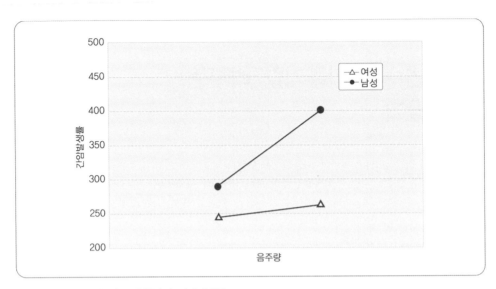

○그림 49-2 성별에 따른 음주량과 간암발생률

따라서 독립변수의 회귀계수에 영향을 미치는 조절효과는 평행선검정parallelism test을 통해 파악할 수 있다. 음주량(X)이 간암발생률(Y)에 영향을 미친다고 가정하자. 하지만 이 영향이 남성에게는 강하고, 여성에게는 약하다면 그림 49-2와 같은 회귀선이 각각 그려질 것이다. 남성의 기울기는 크고, 여성의 기울기는 작다. 조절효과는 이 기울기의 차이가 크다면 유의미하고, 기울기 차이가 없어 두 회귀선이 평행하다면 조절효과는 없다.

회귀모형에서 평행선검정을 수리적으로 표현하면 곱항product term이 추가되어야한다. 곱항이란 독립변수와 조절변수를 곱하여 생성된 것으로 상호작용항interaction term 또는 교호작용항이라고도 부른다. 논리학이나 공학에서는 AND 연산자로만 구성된 항을 의미한다.

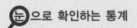으로 확인하는 통계　　　　　　　　※ [13.매개조절.xlsm] 〈Interaction〉 참조

조절변수의 영향이 수식에서 왜 상호작용항으로 표현되는지 알아보자. 종속변수에 영향을 미치는 두 변수 Column과 Row가 있다고 하자.

예제자료는 Column과 Row의 2수준(-1, +1)에서 종속변수의 변화를 그래프로 나타내었다. 3개의 스크롤바를 움직이면서 그래프의 변화를 확인하자.

첫 번째 그림은 Column과 Row가 종속변수에 영향을 미치지 못할 때의 그래프이다. 모든 선의 기울기가 0이라는 의미는 가로축의 변수에 의해 종속변수가 변하지 않는다는 의미이다. 이 경우는 회귀식에서 절편인 300만 의미가 있다.

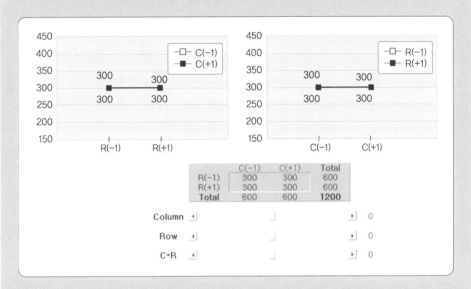

두 번째 그림은 Column이 종속변수에 영향을 미치는 경우의 그래프이다. 변수 Row에 따른 기울기 변화가 거의 없음을 확인하자. 그리고 회귀선들이 서로 평행함을 알 수 있다.

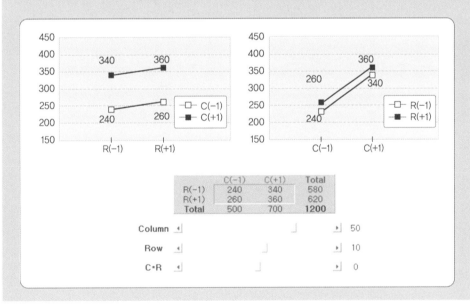

세 번째 그림은 Row가 종속변수에 영향을 미치는 경우의 그래프이다. 변수 Column에 따른 기울기 변화가 거의 없음을 확인하자.

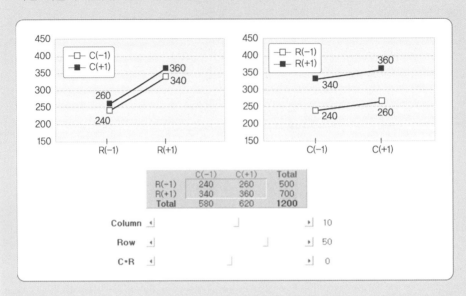

마지막 두 그래프는 상호작용항 Column × Row가 종속변수에 영향을 미치는 경우의 그래프이다. 각각의 경우에 기울기가 서로 다름을 알 수 있다. 즉 상호작용항의 영향이 유의미하다는 것은 두 가지로 해석할 수 있다. 첫째, 변수 Column이 종속변수에 미치는 영향이 Row의 수준에 따라 다르다는 의미이다. 둘째, 변수 Row가 종속변수에 미치는 영향이 Column의 수준에 따라 다르다는 의미이다.

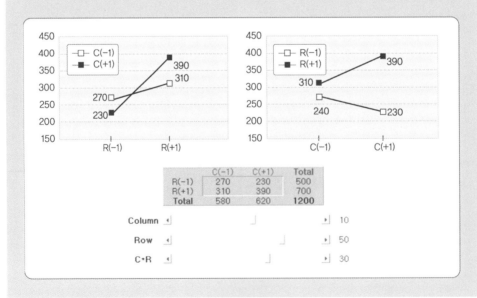

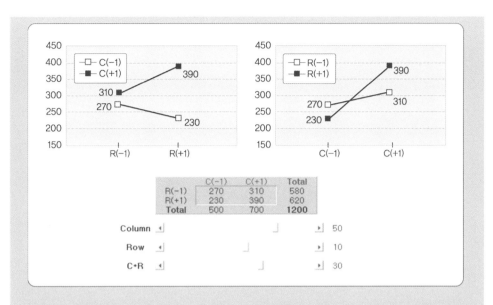

이처럼 수식으로서 상호작용항은 독립변수와 조절변수를 구분할 수는 없다. 하지만 일반적인 연구는 어느 한 변수를 독립변수로, 다른 한 변수를 조절변수로 설정하여 추진하게 된다.

조절효과검정은 표 49-1과 같이 독립변수와 조절변수의 측정수준에 따라 접근법에 다소 차이가 있다. 하지만 상호작용항의 부호와 크기에 대한 검정이 핵심적인 부분이다. 이 책에서는 독립변수가 연속형인 두 가지 경우만 다룬다. 살펴볼 연구모형은 그림 49-3, 그림 49-10, 그림 49-15이다.

❶표 49-1 조절효과 검정방법

	연속형 조절변수	이산형 조절변수
연속형 독립변수	• 독립변수와 조절변수의 편차를 사용 • 상호작용항 검정	• 조절변수를 더미변수로 전환 • 독립변수의 편차를 사용 • 상호작용항 검정
이산형 독립변수	• 독립변수를 더미변수로 전환 • 조절변수의 편차를 사용 • 상호작용항 검정	• 다원분산분석으로 상호작용항 검정

먼저 독립변수와 조절변수가 모두 연속형인 경우를 보자. '개방성'이 '창의적 성과'에 영향을 미칠 때, '리더십'의 조절효과를 분석하는 연구이다. 이 변수들의 관계를

경로도로 나타내면 그림 49-3과 같다.

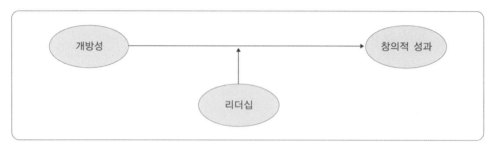

○그림 49-3 리더십의 조절효과 경로도

매개효과검정과 같이 조절효과의 고전적인 분석방법도 Baron & Kenny(1986)의 주장에 근거하여 다음과 같은 절차로 실시한다.

🔍더알아보기 ┃ 조절효과 검정 절차

조절효과검정은 아래 그림과 같이 독립변수, 조절변수, 독립변수와 조절변수의 상호작용항으로 구성된 다중회귀분석을 사용한다. 회귀계수 c가 유의미하면 조절변수의 조절효과가 존재한다고 할 수 있다.

$$Y = d + a \cdot X + b \cdot Mo + c \cdot X \cdot Mo$$

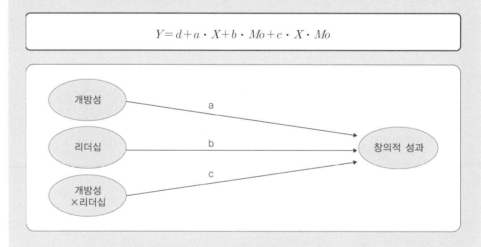

다음과 같이 2단계의 위계적 회귀분석을 실시하여 조절효과를 검정한다. 두 번째 회귀분석에서 상호작용항의 회귀계수 c의 유의미성 여부로서 조절효과를 판정한다.

- 1단계: 독립변수와 조절변수를 투입한 회귀분석을 실시한다.

$$Y = d + a \cdot X + b \cdot Mo$$

- 2단계: 1단계에 상호작용항을 추가로 투입한 회귀분석을 실시한다.

$$Y = d + a \cdot X + b \cdot Mo + c \cdot X \cdot Mo$$

Baron & Kenny(1986)는 상호작용항의 영향 c에만 집중하였지만, 최근에는 독립변수 및 조절변수의 유의성을 함께 고려하고 있다. 즉 매개효과를 완전매개효과와 불완전매개효과로 구분하였던 것처럼, 조절효과도 구분할 수 있다. b가 무의미하고 c는 유의미한 경우는 순수조절변수pure moderator라고 하며, b도 유의미하면서 c도 유의미하다면 의사조절변수quasi moderator라고 부른다(Sharma, Durand & Gur-Arie, 1981). 하지만 조절효과는 나타나는 현상이 복잡하여 몇 가지 분류방식으로는 포괄적인 설명이 곤란한 측면이 있다.

먼저 독립변수와 조절변수를 대상으로 평균중심화mean centering를 실시한다. 여기서 종속변수는 평균중심화의 대상이 아니라는 점에 주의하자. 평균중심화란 원자료에서 평균을 빼서, 편차로 전환하는 것을 말한다. 먼저 독립변수 '개방성'을 평균중심화해 보자. 그림 49-4와 같이 편차deviation는 셀 I2와 같이 함수 AVERAGE( )를 활용하면 쉽게 구할 수 있다. 모든 개별 자료에서 동일한 평균을 차감해야 하므로 AVERAGE( ) 안의 범위는 '$'를 붙여 절대참조를 하였다.

이렇게 생성된 변수는 'C.개방성'으로 명명하였다. 동일한 방법으로 조절변수인 '리더십'도 평균중심화하여 'C.리더십'이라는 변수를 J열에 생성하였다. 다음으로 평균중심화된 'C.개방성'과 'C.리더십'을 곱하여 K열에 변수를 생성한다. 이는 상호작용항으로 'M.개방.리더'로 명명하였다. 즉 K열은 I열과 J열의 곱으로 계산되었다.

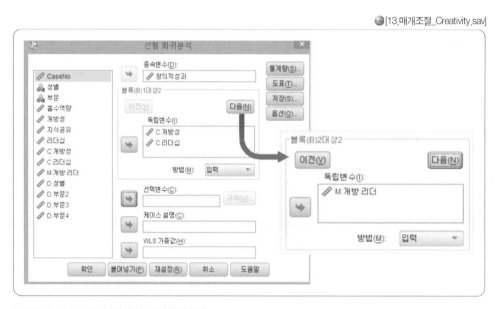

◖그림 49-4 평균중심화

셀 I2	= E2 − AVERAGE($E$2:$E$195)
셀 J2	= G2 − AVERAGE($G$2:$G$195)
셀 K2	= I2*J2

◖그림 49-5 SPSS, 리더십의 조절효과검정

평균중심화 처리로 새롭게 생성된 엑셀자료를 SPSS 데이터파일, [13.매개조절
_Creativity.sav]로 복사하였다. '창의적 성과'를 종속변수로, 'C.개방성', 'C.리더십', 'M.개방.
리더'를 대상으로 그림 49-5와 같이 위계적 회귀분석을 실시한다. 1단계에서 'C.개방성',
'C.리더십'을 투입하고, 2단계에서 상호작용항인 'M.개방.리더'를 회귀모형에 투입한다.

그림 49-6은 위계적 회귀분석을 실시한 결과이다. '개방성'과 '리더십'의 상호작용항
은 B=.126, β =.192 (p<.01)로서 유의미한 결과가 도출되었다. 따라서 '개방성'이 '창
의적 성과'에 미치는 영향이 '리더십'에 의해 달라지는 조절효과가 유의미하다고 판단
할 수 있다.

계수ᵃ

| 모형 | | 비표준화 계수 | | 표준화 계수 | t | 유의확률 | 공선성 통계량 | |
		B	표준오차	베타			공차	VIF
1	(상수)	3.398	.052		64.804	.000		
	C.개방성	.196	.050	.274	3.906	.000	.985	1.015
	C.리더십	.039	.052	.053	.749	.455	.985	1.015
2	(상수)	3.414	.052		65.687	.000		
	C.개방성	.155	.052	.216	2.991	.003	.897	1.114
	C.리더십	.041	.051	.056	.808	.420	.985	1.016
	M.개방.리더	.126	.047	.192	2.671	.008	.908	1.101

a. 종속변수: 창의적 성과

⋂그림 49-6 SPSS, 리더십의 조절효과검정 결과

그림 49-7은 이 결과를 다중회귀분석의 형식으로 표현한 경로도이다. 조절효과가
확인되면 이를 시각적으로 확인하기 쉽도록 그래프를 제시할 것을 권고하고 있다
(Aiken & West, 1991; Rogosa, 1981). 독립변수와 조절변수의 평균과 ±1표준편차에 해
당하는 지점의 자료로 그래프를 작성한다. 이를 단순기울기분석simple slope analysis이
라고 부른다(Aiken & West, 1991).

리더십의 조절효과에 대한 단순기울기분석을 실시해 보자. 그림 49-9와 같은 도표
를 작성하기 위해서 우선 평균과 표준편차 등의 기술통계량을 산출하여야 한다. 그림
49-8은 SPSS를 활용하여 도출한 기술통계량이다. 'C.개방성'과 'C.리더십'의 평균이 거
의 0인 이유는 '개방성'과 '리더십'의 원자료를 평균중심화하였기 때문이다.

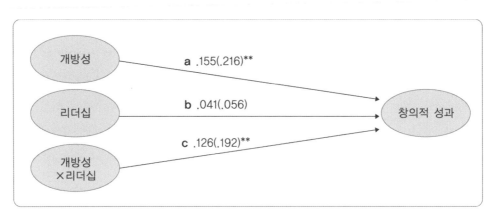

◑그림 49-7 리더십의 조절효과검정 경로도

다음은 기술통계량을 활용하여 도표작성에 필요한 9개 지점의 정보를 파악한다. 각 변수의 평균과 ±1표준편차에 해당하는 지점은 '개방성'은 (-1.053, 0, +1.053)이고 '리더십'은 (-1.016, 0, +1.016)이다. 이 수치들의 9개 조합을 아래의 회귀식에 대입한다. 앞서 위계적 회귀분석 결과로 확인된 그림 49-6의 비표준화된 회귀식이다.

$$창의적 성과 = 3.414 + 0.155 \cdot 개방성 + 0.041 \cdot 리더십 + 0.126 \cdot 개방성 \cdot 리더십$$

기술통계량

	N	최솟값	최댓값	평균	표준편차
C. 개방성	194	-3.570	1.699	.000	1.053
C. 리더십	194	-2.890	2.210	.000	1.016
유효수(목록별)	194				

◑그림 49-8 SPSS, 독립변수와 조절변수의 기술통계량

◑표 49-2 리더십의 조절효과 검정을 위한 단순기울기분석 자료

리더십 \ 개방성	−1표준편차	평균	+1표준편차
+1표준편차	3.158	3.456	3.754
평균	3.251	3.414	3.577
−1표준편차	3.344	3.372	3.401

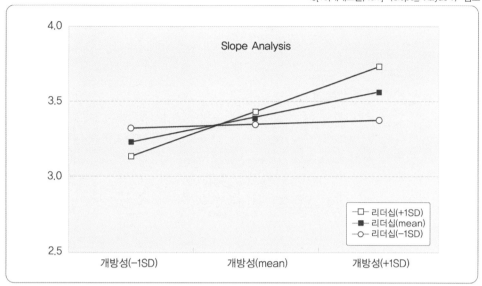

ↆ그림 49-9 리더십의 조절효과에 대한 단순기울기분석

　9개 조합을 대입한 결과 산출된 종속변수, '창의적 성과'의 수치는 표 49-2와 같다. 이 표의 자료를 활용하여 단순기울기분석을 위한 그래프를 작성한 것이 그림 49-9이다.

　'개방성'이 '창의적 성과'에 미치는 영향, 기울기의 변화를 쉽게 감지할 수 있을 것이다. '리더십'의 수준이 높아질수록 그 영향이 강화되는 것을 알 수 있다. 단순기울기분석의 그래프 작성은 제공된 엑셀시트 〈Slop_Analysis1〉을 활용하면 쉽게 작성할 수 있다.[12]

🔍 더 알아보기 ┃ 평균중심화mean centering가 필요한 이유　　🌐[13.매개조절.Creativity.sav]

SPSS에서도 [변환] → [변수 계산] 메뉴에서도 상호작용항을 생성할 수 있다. 다음과 같이 독립변수인 '개방성'과 조절변수인 '리더십'을 곱하여 'M.개방성.리더십'이라는 변수를 새로 생성한다. 'M.개방성.리더십'은 '개방성'과 '리더십'에 대한 평균중심화 처리를 하지 않은 곱항이다.

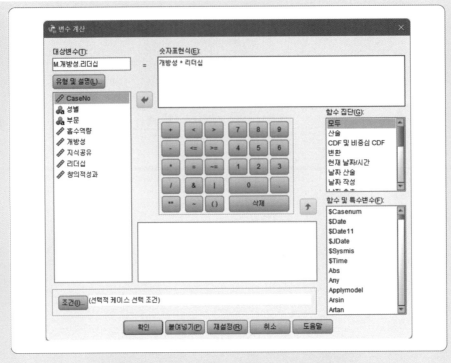

이 상호작용항을 이용하여 조절효과검정을 위한 최종회귀모형을 분석해 보자. 독립변수, 조절변수, 상호작용항을 모두 투입한 다중회귀분석의 결과는 다음과 같다. 여기서 평균중심화 처리를 하지 않은 원자료의 '개방성', '리더십'을 이용하여 상호작용항을 생성했다는 점에 주목하자.

계수ª

| 모형 | 비표준화 계수 | | 표준화 계수 | t | 유의확률 | 공선성 통계량 | |
	B	표준오차	베타			공차	VIF
1 (상수)	5.187	1.182		4.387	.000		
개방성	-.361	.215	-.504	-1.683	.094	.052	19.067
리더십	-.638	.258	-.858	-2.467	.015	.039	25.767
M.개방성.리더십	.126	.047	1.137	2.671	.008	.026	38.612

a. 종속변수: 창의적 성과

〈공선성 통계량〉에서 VIF가 10 이상으로 다중공선성 문제가 심각한 것으로 나타난다. 그 이유는 독립변수와 조절변수를 곱하여 생성한 상호작용항이, 독립변수 및 조절변수와 상관성이 높기 때문이다. 이 결과를 그림 49-6과 비교해 보자.

이처럼 상호작용항이 가진 다중공선성 문제를 해결하기 위한 조치가 평균중심화, 즉 편차를 활용하는 방법이다. 평균중심화의 필요성은 아직 논란이 되고 있다. 평균중심화는 불필요하며 원자료를 이용하여 분석하여도 결과는 동일하다는 주장도 있다(Echambadi & Hess, 2007; Jose, 2013). 그리고 편차를 이용하는 평균중심화가 아니라, 아예 척도도 제거하는 표준화점수를 사용하는 경우도 있다. 하지만 평균중심화는 이미 정착되어 조절효과검정에는 전통적으로 적용하고 있으므로 이 책에서는 평균중심화를 사용하였다. 아울러 평균중심화에서 주의할 점은 종속변수와 더미변수는 대상이 아니라는 것이다

다음으로 조절변수가 이산형일 때 분석방법을 살펴보자. 이산형 자료를 더미변수로 전환해서 회귀분석에 포함하면 된다. 단, 연속형인 독립변수만 평균중심화 처리하고 더미변수는 제외한다. 나머지 절차 및 방법은 조절변수가 연속형일 때와 동일하다. '성별'의 조절효과를 가정한 그림 49-10의 연구모형을 분석해 보자.

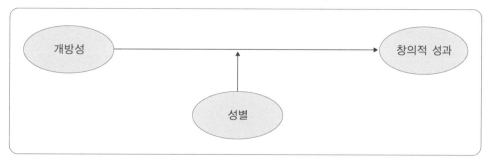

⋔그림 49-10 성별의 조절효과 경로도

그림 49-11에서 I열에 독립변수 '개방성'을 평균중심화를 하여 'C.개방성'이라는 변수를 생성하였다. L열에는 '성별'을 여성을 0, 남성을 1로 더미변수화하여 'D.성별'을 생성하였다. I열과 L열의 자료를 각각 곱하여 상호작용항 'M.개방.성별'을 M열에 생성하였다. 이 자료를 대상으로 SPSS에서 그림 49-12와 같이 위계적 회귀분석을 실시한다.

[13.매개조절.xlsm] 〈Sheet 1〉 참조

I2 =E2-AVERAGE($E$2:$E$195)

	B	E	F	G	H	I	L	M
1	성별	개방성	지식공유	리더십	창의적성과	C.개방성	D.성별	M.개방.성별
2	여성	5.03	5.19	4.3000	1.67	-0.3454	0.0	0.0000
3	남성	5.00	2.91	3.1000	2.46	-0.3755	1.0	-0.3755
4	남성	7.05	7.07	3.4000	4.05	1.6746	1.0	1.6746
5	남성	6.09	5.39	4.6000	5.57	0.7075	1.0	0.7075
6	남성	5.07	4.54	4.9000	3.21	-0.3119	1.0	-0.3119
7	남성	7.08	6.93	4.9000	4.81	1.6994	1.0	1.6994
8	여성	4.74	4.63	3.8000	2.64	-0.6441	0.0	0.0000

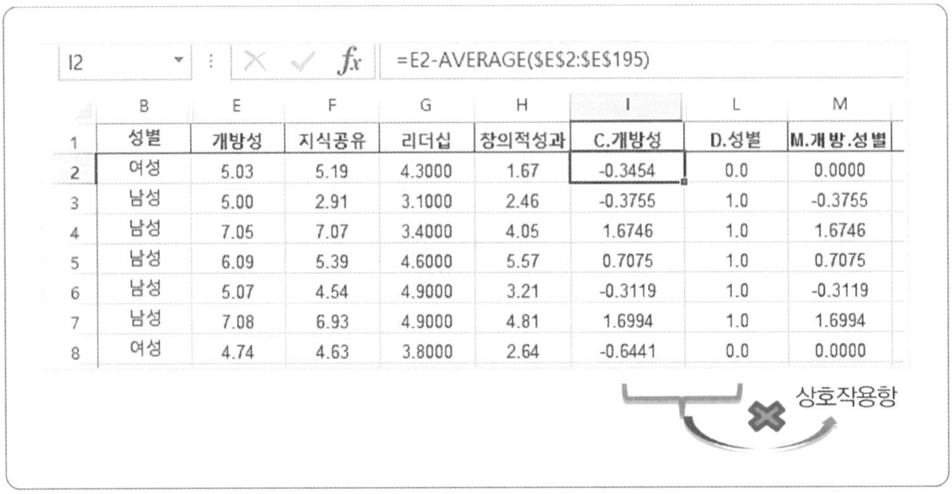

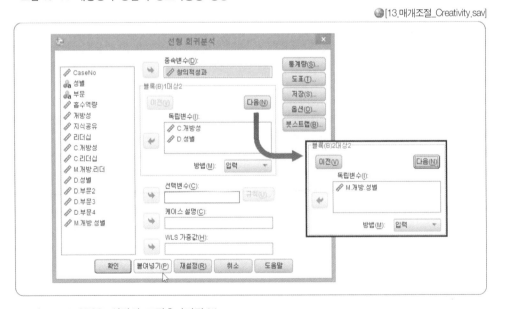

그림 49-11 개방성과 성별의 상호작용항 생성

[13.매개조절_Creativity.sav]

그림 49-12 SPSS, 성별의 조절효과검정 (1)

위계적 회귀분석의 결과는 그림 49-13과 같다. '개방성'과 '성별'의 상호작용항은 B =.208, β =.212 (p<.05)로서 유의미한 결과가 도출되었다. 따라서 '개방성'이 '창의적 성과'에 미치는 영향이 '성별'에 의해 달라지는 조절효과가 유의미하다고 판단할 수 있다.

도출된 비표준화 회귀식에 '개방성'은 (-1.053, 0, +1.053)과 '성별'은 (0, 1)의 조합을 대입하여 표 49-3의 '창의적 성과' 값을 산출하였다. '개방성'의 세 지점(-1.053, 0, +1.053)은 평균과 ±1표준편차에 해당하는 지점이다. 표 49-3을 이용하여 단순기울기 분석을 실시한 결과는 그림 49-14이다. '창의적 성과'에 미치는 '개방성'의 영향이 여성보다 남성에서[13] 더 크다. 개방성과 성별의 상호작용항의 회귀계수가 .208로서 양수라는 점과 그래프의 회귀선 기울기가 남성에서 더 가파르다는 점으로 확인할 수 있다.

계수ª

모형		비표준화 계수		표준화 계수		
		B	표준오차	베타	t	유의확률
1	(상수)	3.418	.073		46.902	.000
	C.개방성	.188	.051	.263	3.720	.000
	D.성별	-.042	.107	-.028	-.398	.691
2	(상수)	3.437	.073		47.193	.000
	C.개방성	.076	.074	.106	1.026	.306
	D.성별	-.043	.106	-.029	-.411	.682
	M.개방.성별	.208	.101	.212	2.066	.040

a. 종속변수: 창의적 성과

Ω그림 49-13 SPSS, 성별의 조절효과검정 (2)

Ω표 49-3 단순기울기분석 자료 [13.매개조절.xlsm] 〈Slope_Analysis 2〉 참조

성별 ＼ 개방성	-1표준편차	평균	+1표준편차
(남성 = 1)	3.095	3.394	3.693
(여성 = 0)	3.357	3.437	3.517

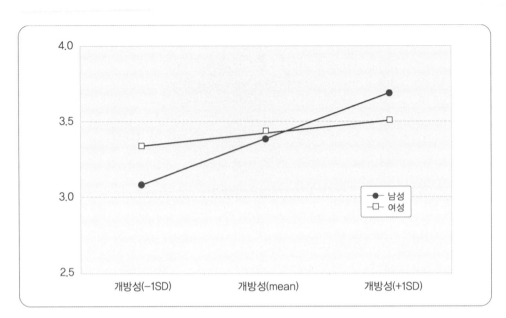

○그림 49-14 성별의 조절효과에 대한 단순기울기분석

　　대다수의 통계서적에서 성별과 같은 2수준 변수만을 이산형 조절변수의 사례로 다루고 있다. 그래서 다수준의 더미변수에 대한 조절효과분석에 애로를 겪는 경우가 많다. 이번 예제에서 4수준의 이산형 변수 '부문'이 조절변수로 작용하는 그림 49-15의 연구모형을 분석해 보자. 설문 응답자가 소속된 '부문'은 마케팅, 생산, 경영지원, 물류로 구분되었다. 이 '부문'에 따라 '개방성'이 '창의적 성과'에 미치는 영향이 달라질 것이라는 연구가설을 다음과 같은 절차로 검정할 수 있다.

　　원자료가 4수준이므로 '부문'의 더미변수는 3개가 필요하다. 그림 49-16과 같이 '마케팅'을 기준값으로 더미변수 'D.부문1', 'D.부문2', 'D.부문3'을 각각 N열, O열, P열에 생성하였다. 더미변수의 부호화 구조는 표 49-4와 같다. 'D.부문1'은 생산부문, 'D.부문2'는 물류부문, 'D.부문3'은 경영지원부문을 나타낸다.

　　그림 49-16은 생성된 '부문'의 더미변수(N열, O열, P열)와 독립변수 '개방성'의 상호작용항을 생성한 결과이다. 연속형 독립변수 '개방성'은 평균중심화 처리된 I열 'C.개방성'을 이용한다. 결과적으로 I열과 N열의 자료를 곱하여 'M.개방.부문1'을 Q열에 생성하고, I열과 O열의 자료를 곱하여 'M.개방.부문2'를 R열에 생성하고, I열과 P열의 자료를 곱하여 'M.개방.부문3'을 S열에 생성하였다.

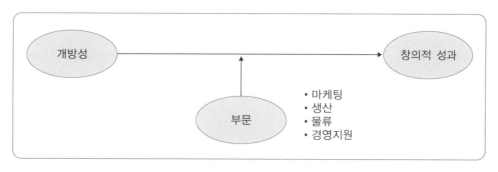

⟲그림 49-15 부문의 조절효과 경로도

⤴[13.매개조절.xlsm] 〈Sheet 1〉 참조

	부문	개방성	창의적성과	C.개방성	D.부문1	D.부문2	D.부문3	M.개방.부문1	M.개방.부문2	M.개방.부문3
2	마케팅	5.03	1.67	-0.3454	0.00	0.00	0.00	0.0000	0.0000	0.0000
3	마케팅	5.00	2.46	-0.3755	0.00	0.00	0.00	0.0000	0.0000	0.0000
4	생산	7.05	4.05	1.6746	1.00	0.00	0.00	1.6746	0.0000	0.0000
5	마케팅	6.09	5.57	0.7075	0.00	0.00	0.00	0.0000	0.0000	0.0000
6	경영지원	5.07	3.21	-0.3119	0.00	0.00	1.00	0.0000	0.0000	-0.3119
7	마케팅	7.08	4.81	1.6994	0.00	0.00	0.00	0.0000	0.0000	0.0000

Q2 ▾ : ✕ ✓ fx =$I2*N2

'부문'에 대한 더미변수   '개방성'과 '부문'의 상호작용항

⟲그림 49-16 부문과 개방성의 상호작용항 생성

⟳표 49-4 부문의 더미변수

	D.부문1	D.부문2	D.부문3
마케팅	0	0	0
생산	1	0	0
물류	0	1	0
경영지원	0	0	1

그림 49-17과 같이, 독립변수와 조절변수를 투입한 1단계와 상호작용항을 추가로 투입한 2단계로 위계적 회귀분석을 실시한다.

그림 49-18은 위계적 회귀분석의 결과이다. '개방성'과 '창의적 성과'의 관계를 조절하는 '부문'의 조절효과는 다음 두 가지 유의미한 결과를 얻었다. 마케팅부문보다 생산부문에서

'개방성'이 '창의적 성과'에 미치는 영향이 더 크다(B=.271, p<.05). 그리고 마케팅부문보다 경영지원부문에서 '개방성'이 '창의적 성과'에 미치는 영향이 더 크다(B=.362, p<.05).

Jose(2013)는 유의미하게 도출된 조절효과에 대한 그림 49-19와 같이 별도의 분석 omnibus regression을 실시하고 결과를 제시하도록 권장하고 있다.

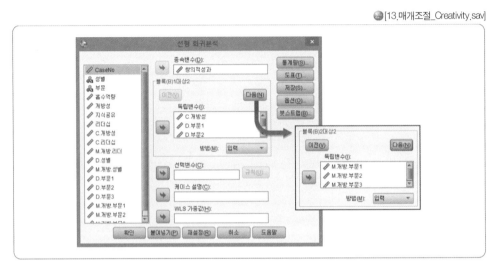

ㅇ그림 49-17 SPSS, 부문의 조절효과검정 (1)

계수ᵃ

모형		비표준화 계수		표준화 계수	t	유의확률
		B	표준오차	베타		
1	(상수)	3.431	.094		36.430	.000
	C.개방성	.192	.051	.267	3.792	.000
	D.부문1	-.076	.144	-.043	-.528	.598
	D.부문2	-.016	.149	-.009	-.105	.916
	D.부문3	-.051	.143	-.029	-.358	.721
2	(상수)	3.441	.092		37.232	.000
	C.개방성	.092	.091	.129	1.020	.309
	D.부문1	-.079	.141	-.045	-.564	.574
	D.부문2	-.058	.146	-.031	-.396	.693
	D.부문3	-.083	.141	-.047	-.588	.557
	M.개방.부문1	.271	.134	.187	2.018	.045
	M.개방.부문2	-.064	.127	-.050	-.502	.616
	M.개방.부문3	.362	.159	.190	2.273	.024

a. 종속변수: 창의적 성과

ㅇ그림 49-18 SPSS, 부문의 조절효과검정 (2)

계수ᵃ

모형		비표준화 계수		표준화 계수	t	유의확률
		B	표준오차	베타		
1	(상수)	3.411	.060		56.765	.000
	C.개방성	.191	.050	.267	3.830	.000
	D.부문1	-.056	.123	-.031	-.450	.653
2	(상수)	3.412	.060		57.208	.000
	C.개방성	.135	.057	.189	2.368	.019
	D.부문1	-.050	.123	-.028	-.406	.685
	M.개방·부문1	.228	.115	.158	1.981	.049

a. 종속변수: 창의적 성과

계수ᵃ

모형		비표준화 계수		표준화 계수	t	유의확률
		B	표준오차	베타		
1	(상수)	3.403	.060		56.604	.000
	C.개방성	.192	.050	.268	3.843	.000
	D.부문3	-.023	.124	-.013	-.190	.850
2	(상수)	3.402	.060		57.112	.000
	C.개방성	.149	.053	.208	2.792	.006
	D.부문3	-.044	.123	-.025	-.358	.721
	M.개방·부문3	.305	.143	.160	2.141	.034

a. 종속변수: 창의적 성과

↻그림 49-19 SPSS, 부문의 조절효과검정 (3)

50
매개효과 및
조절효과의 확장

매개효과와 조절효과를 응용하면 보다 다양한 연구모형을 검정할 수 있다. 조절변수나 매개변수를 복수로 설정할 수도 있으며 복합적으로 사용하여 매개된 조절효과mediated moderation와 조절된 매개효과moderated mediation라는 개념도 등장하였다. 전자는 조절효과가 매개되는 경우이며, 후자는 매개효과가 조절되는 경우이다. 근래에는 이를 통합하여 조절된 매개효과로 해석하는 다양한 분석기법이 개발되었다. 연구모형이 아무리 복잡하더라도 근본적인 해석은 회귀분석에 기초한다.

조절효과를 검정하는 방법을 응용하면 복잡다단한 현실을 반영하여 다양한 연구모형에 적용할 수 있다. 가령 그림 50-1과 같이 다수의 조절변수를 포함한 연구도 가능하다. 이 연구모형으로 표 50-1과 같은 보고서를 작성할 수 있다. 조절효과를 검정하는 상호작용항이 두 개라는 점만 다르다. 49장의 내용을 응용하여 '개방성'과 '성별', '개방성'과 '리더십' 각각의 상호작용항을 위계적 회귀분석으로 분석하면 된다.

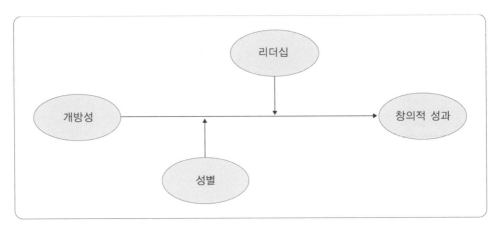

○그림 50-1 성별, 리더십의 조절효과 경로도

	모형1	모형2	모형3	모형4
절편	3.421**	3.433**	3.440**	3.446**
개방성	.193**	.152**	.077	.072
리더십	.041	.043	.049	.049
성별(남성=1)[1]	−.048	−.039	−.050	−.042
개방성 X 리더십		.126**		.108*
개방성 X 성별			.215*	.161
R^2	.075	.108	.097	.120
F(df1,df2)	5.157(3,190)**	5.748(4,189)**	5.073(4,189)**	5.123(5,188)**
ΔR^2		.033	.022	.045
ΔF(df1,df2)		7.031(1,189)**	4.533(1,189)*	4.766(2,188)*

* p < .05, ** p < .01 비표준화회귀계수를 제시함
1) 여성을 기준값으로 부호화한 더미변수

    조절효과검정의 또 다른 응용은 그림 50-2와 같은 연구모형이다. 일반적인 조절변수는 종속변수에 대한 독립변수의 영향을 조절한다. 하지만 이 모형의 조절변수 '성별'은 '리더십'의 조절효과를 다시 조절하는 역할이다. 수리적으로는 3차 상호작용항, '개방성×리더십×성별'을 투입하면 된다.

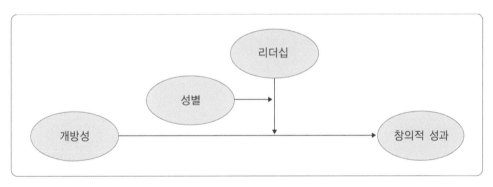

◐그림 50-2 조절효과의 조절

    한편 3차 상호작용항을 포함된 모형은 3개의 2차 상호작용항이 필요하다. 즉 '개방성×리더십', '개방성×성별', '리더십×성별'의 변수가 추가되어야 한다. 2개의 상호작

용항은 이미 생성되어 있으므로 2차 상호작용항 '리더십×성별'과 3차 상호작용항을 그림 50-3과 같이 생성한다. 평균중심화 처리한 'C.개방성', 'C.리더십'과 더미변수인 'D.성별'을 사용하여야 한다. 이와 같이 변수 'M.리더.성별'과 'M.개방.리더.성별'을 각각 T열과 U열에 생성하였다.

📝[13.매개조절.xlsm] 〈Sheet 1〉 참조

	I	J	K	L	M	T	U
	C.개방성	C.리더십	M.개방.리더	D.성별	M.개방성별	M.리더.성별	M.개방.리더.성별
2	-0.3454	0.2103	-0.0726	0.0	0.0000	0.0000	0.0000
3	-0.3755	-0.9897	0.3716	1.0	-0.3755	-0.9897	0.3716
4	1.6746	-0.6897	-1.1550	1.0	1.6746	-0.6897	-1.1550
5	0.7075	0.5103	0.3610	1.0	0.7075	0.5103	0.3610
6	-0.3119	0.8103	-0.2527	1.0	-0.3119	0.8103	-0.2527

U2 = I2*J2*L2

⊙그림 50-3 3차 상호작용항 생성

⊙표 50-2 개방성, 리더십, 성별의 3차 상호작용 분석　　　　🔵[13.매개조절_Creativity.sav]

	모형1	모형2	모형3
절편	3.421**	3.440**	3.440**
개방성	.193**	.068	.068
리더십	.041	-.033	-.034
성별(남성=1)[1]	-.048	-.038	-.039
개방성 X 리더십		.125*	.129
개방성 X 성별		.166	.167
리더십 X 성별		.145	.146
개방성 X 리더십 X 성별			-.006
R^2	.075	.129	.129
F(df1,df2)	5.157(3,190)**	4.597(6,187)**	3.920(7,186)**
ΔR^2		.053	.000
ΔF(df1,df2)		3.809(3,187)*	.003(1,186)

* $p < .05$, ** $p < .01$ 비표준화회귀계수를 제시함
1) 여성을 기준값으로 부호화한 더미변수

SPSS를 활용한 분석절차는 먼저 주효과, 다음으로 2차 상호작용항, 마지막으로 3차 상호작용항 'M.개방.리더.성별'을 투입하는 위계적 회귀분석을 실시한다. 그 결과로서 표 50-2와 같은 형태의 보고서를 작성할 수 있다. 모형3에서 ΔR^2이 미미하고 유의성도 확인할 수 없다(ΔF=.003, p>.05). 즉 '개방성'에 대한 '리더십'의 조절효과가 '성별'에 따라 다르다고 주장할 수 없었다(B=-.006, p>.05). 모형2에서 '개방성×리더십'이 유의미하게 나타났다. 즉 '창의적 성과'에 '개방성'이 미치는 영향이 '리더십'에 의해서 조절된다(B=.125, p<.05)고 판단할 수 있다.

이와 같이 복수의 매개변수나 조절변수를 설정할 뿐만 아니라 그림 50-4와 같이 매개효과와 조절효과를 복합하면 다양한 사회현상을 연구할 수도 있다.

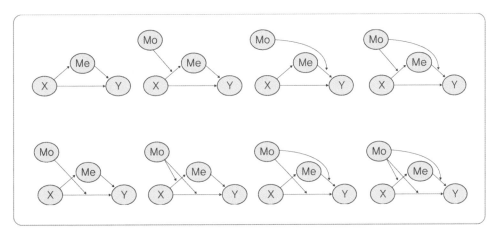

⋔그림 50-4 조절효과와 매개효과의 복합적인 적용(Edwards & Lambert, 2007; Hayes, 2017)

🔍 더 알아보기 ┃ 조절효과의 해석[14]

[13.매개조절.xlsm] 〈Slope_Analysis 1〉 참조

Cohen, Cohen, West & Aiken(2003)은 조절효과의 방향과 크기를 반영하여 세 가지 구분을 하고 있다. 예제자료는 그림 49-3의 연구모형의 단순기울기분석 결과이다. 먼저 ②번 스크롤바로 조절변수(리더십)의 회귀계수를 조정해 보자. 3개의 회귀선이 간격만 멀어질 뿐 기울기의 변화는 없다는 것을 확인할 수 있다. 기울기(독립변수가 종속변수에 미치는 영향)에 변화가 없다는 것은 조절효과를 해석하는 데 중요하게 고려하지 않아도 된다는 의미이다.

Regression Equation			
	Beta	t	p
constant	3.41	###	###
개방성	0.16 ⓐ	###	###
리더십	0.04 ⓑ	###	###
개방성+리더십	0.13 ⓒ	###	###

결론적으로 조절효과의 변화는 ①번과 ③번 스크롤바, 즉 독립변수와 상호작용항의 회귀계수(ⓐ와 ⓒ)에 의해 이루어진다는 점을 염두에 두자.

- 상승enhancing/synergistic조절효과는 조절변수가 증가할수록 종속변인에 대한 독립변수의 영향이 증가하는 경우이다. 독립변수가 음의 영향이라면 음의 방향으로, 독립변수가 양의 영향이라면 양의 방향으로 더 강화하는 조절효과이다. 독립변수와 상호작용항의 회귀계수(ⓐ와 ⓒ)의 부호가 동일한 경우이다.

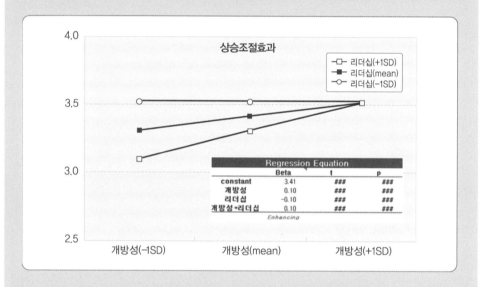

다음의 완충효과와 대립효과는 ⓐ와 ⓒ의 부호가 다른 경우에 해당한다.

- 완충buffering/dampering조절효과는 조절변수가 증가할수록 종속변인에 대한 독립변수의 영향을 감소시키는 또는 약하게 하는 경우이다. (ⓐ+ⓒ)의 부호와 ⓐ의 부호가 같은 경우이다.

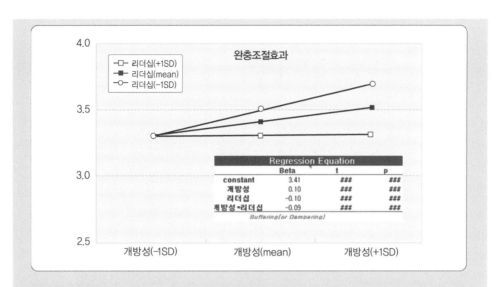

• 대립interference/antagonistic조절효과는 조절변수가 증가할수록 종속변인에 대한 독립변수의 영향이 역전reverse되는 경우이다. 조절변수의 영향으로 독립변수의 영향력(기울기)이 역전되는 경우가 발생하게 된다. (ⓐ+ⓒ)의 부호와 ⓒ의 부호가 같은 경우이다.

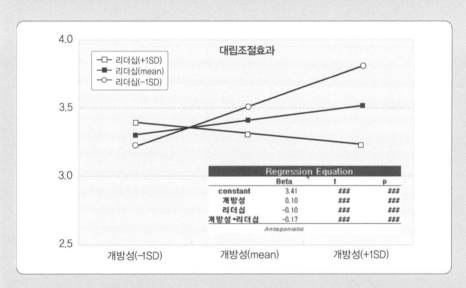

완충효과와 대립효과를 시각적으로 쉽게 구현하면 다음과 같다. 먼저 ⓐ와 ⓒ의 값을 부호는 다르지만, 절댓값을 같게 설정한다. 그리고 3번 스크롤바를 이용하여 수치를 좌우로 조정해 보자. (ⓐ+ⓒ)의 부호에 따라 회귀선의 변화를 관찰할 수 있다.

어느 통계학자의 굴욕과 인내

근대통계학을 형성하는 확률분포, 귀무가설, p-값 등의 개념은 19세기 중후반에 집중되어 영국에서 완성되었다. 이 기간에 활동한 출중한 통계학자들이 많지만 피어슨Karl Pearson(1857~1936)과 피셔Ronald A. Fisher(1890~1962)를 빼고 근대통계학을 논할 수는 없다. 전자는 기술통계를, 피셔는 추론통계의 기반을 구축했다고 평가되지만, 동시대에 살았던 두 학자는 사이가 좋지 않았다. 피어슨은 생물학자 갤턴Francis Galton과 함께, 다윈Charles R. Darwin(갤턴의 이종사촌)의 진화론을 통계적 방법으로 증명하는 연구를 시작하게 된다. 피어슨은 부유했던 갤턴의 재정적 지원으로 방대한 연구자료를 수집할 수 있었다. 그가 제안한 자료를 정리, 표현하는 기법은 현대 기술통계의 토대가 되었다. 또한 그는 수집된 자료를 바탕으로 다양한 확률분포와 함수표를 개발하였다. 피어슨은 갤턴의 후계자로서 갤턴연구소Galton Laboratory를 운영하고 당시에 첨단 학회지인 〈바이오메트리카Biometrica〉의 편집장으로 활동하였다. 피어슨은 갤턴이 개발한 상관분석을 일반화하여 다중상관분석을 고안하였고, 적합도검정이나 독립성검정에 활용되는 χ^2검정을 개발하였다. 우리에게 익숙한 정규분포라는 이름도 피어슨이 작명한 것이다.

한편, 유전학과 농학 분야에서 주로 활동한 피셔는 자유도, 귀무가설, 분산분석, 공분산분석, 최우추정법, p-값을 활용한 검정법을 개발하였다. 좋은 통계량의 특성인 일치성, 효율성 등의 개념도 피셔가 제안한 것이다. 피셔의 가장 중요한 업적은 고셋William S. Gosset의 소표본이론을 일반적인 연구에도 적용가능한 실험계획이론으로 발전시킨 것이다. 피셔는 22살 학부생일 때 천문학 문제를 풀다가 고셋이 이미 개발한 t-분포를 다른 관점에서 발견하게 된다. 다차원 기하학으로 t-분포를 증명한 이 논문은 고셋에게 전해졌고, 친절한 고셋이 지적한 오류를 보완하게 된다. 고셋은 피어슨에게 이 내용을 짧은 논문으로 게재할 것을 추천하여, 바이오메트리카에 실리게 된다. 이와 같이 피어슨과 피셔의 첫 만남의 중심에는 고셋, t-분포, 바이오메트리카가 있다. 그 이후, 피셔의 수리적 능력을 간파한 피어슨은 피셔에게 상관계수의 분포를 파악해 볼 것을 제안하는데 이 일은 두 학자의 적대적인 관계의 발단이 된다. 피셔는 피어슨이 맡긴 이 분포문제를 기하학적 방법으로 일주일 만에 풀었고 그 결과를 바이오메트리카에 게재하기를 원했다. 피어슨은 그의 연구진들에게 피셔의 공식을 여러 경우에 대입하여 검증하도록 시켰고, 피셔의 해법이 옳다는 것을 알고 있었다. 하지만 논문 게재를 허락하지 않았으며 피셔에게 이런저런 보완을 요구하며 1년 이상 지연시켰다. 사실인즉, 피어슨은 피셔가 적용한 기하학을 이해할 수 없었다. 게다가 이 연구결과를 발표하는 방식도 악의적인데, 피어슨은 자신과 조교의 명의로 논문을 게재하면서 피셔의 이 연구결과를 주석으로 끼워 넣어 피셔의 성과를 묻어버렸다.

이후 피어슨으로부터 갤턴연구소의 연구원 자리를 제안받지만 피셔는 로담스테드 실험연구소 Rothamsted Experimental Station를 선택하여 피어슨과 결별하고 농업실험에 매진하게 된다. 마음의 상처가 깊었는지 피셔는 피어슨과 그의 제자들의 오류를 꼬집는 일이 많았고, 당연히 이러한 이견은 바이오메트리카를 피해 농업, 심리학, 생물학 관련 학회지에 밝혀야 했다. 반대로 피어슨의 진영에서도 피셔에 대한 비판을 멈추지 않았다.

이러한 갑론을박이 통계학의 발전에 얼마나 긍정적으로 기여했는지는 알 수 없다. 하지만 1947년 BBC 라디오 방송에서 피셔의 연설 내용은 과학자로서 인내와 고심이 묻어난다. 그는 과학의 본질과 과학탐구에 대해 다음과 같이 언급했다.

> 과학자로서의 삶이란 참 특이합니다. 과학자는 자연에 대한 지식을 증진하는 데 존재의미가 있습니다. 실제로도 과학자들에 의해 지식은 증진되어 왔습니다. 하지만 그 과정은 생각보다 순탄하지 않아서 때로는 감정이 상하기도 합니다. 자신이 지금까지 옳다고 생각했던 관점이 틀렸다고 또는 진부하다고 비판 당하는 뼈아픈 경험을 과학자라면 누구나 갖고 있습니다. 이것을 피할 수는 없습니다. 그래서 대부분의 과학자들은 이런 불편한 상황을 긍정적으로 이해하려고 노력합니다. 심지어 10여 년 동안 가르쳐 온 내용을 수정하는 일도 감내합니다. 하지만 어떤 연구자들은 자부심에 상처를 받고 자신만의 영역이 침범당한 것처럼 비판을 거부합니다. 마치 봄이 되면 영토싸움을 벌이는 울새와 되새처럼 분개하고 맹렬하게 반발하는 연구자들도 있습니다.
>
> 저는 이러한 일들이 발생하는 것이 당연하다고 생각합니다. 과학자라는 직업이 원래 지니고 있는 본질이라고 생각합니다. 특히 과학자들은, 인류번영에 기여할 만한 보석을 제시하더라도 누군가가 짓밟고 매도할 것이라는 점을 유념해야 합니다.

부록

| 부록 A | 엑셀의 산술식 표현

[91.부록.xlsm] 〈Expression〉 참조

다음과 같은 수학식을 엑셀에서 표현하는 방법을 익혀두면 효율적인 작업을 할 수 있다. 이 표현들에서 5^3은 POWER(5, 3), $\sqrt{7}$은 SQRT(7) 등의 엑셀함수도 사용할 수 있다. 하지만 익숙해져야 할 엑셀함수의 양을 줄이면서 수학적 표현에 충실하게 입력하는 방식이 보다 편리하다.

식을 입력하고자 하는 특정 셀을 선택한 후에, 세 가지 중 하나의 방법으로 입력한다.

- '수식입력줄'에 입력
- 'F2'를 누른 후에 입력
- 특정 셀을 마우스로 더블클릭한 후에 입력

단, 엑셀을 처음 사용하는 초보자라면 입력식이 항상 등호(=)로 시작되어야 한다는 점에 유의하자.

수학식	엑셀 입력 식	결과
$\dfrac{6 \cdot (5+3)}{2}$	=6*(5+3)/2	24.0
5^3	=5^3	125.0
$\sqrt{64} = 64^{0.5} = 64^{\frac{1}{2}}$	=64^0.5 또는 =64^(1/2)	8.0
$\sqrt[3]{5^2} = 5^{\frac{2}{3}}$	=5^(2/3)	2.9240
$\dfrac{1}{5} = 5^{-1}$	=5^−1	0.2
e^3	=EXP(3)	20.0855
$\log_2 16$	=LOG(16, 2)	4.0
$\ln 20 = \log_e 20$	=LN(20) 또는 =LOG(20, EXP(1))	2.9957

| 부록 B | 엑셀함수 요약

엑셀 2010부터 통계와 관련된 엑셀함수가 큰 폭으로 개편되었다. 예를 들어, 이전 버전에서 표준편차는 표본에 대한 STDEV( )와 모집단에 대한 STDEV.P( )가 있었는데, STDEV.S( )와 STDEV.P( )의 형식으로 변경되었다. 함수 말미의 '.S'와 '.P'는 각각 표본과 모집단을 구분하여 더욱 체계적인 함수명을 제공하고 있다. 이 책에서 다루고 있는 엑셀함수는 다음 표와 같고, 엑셀 2013을 중심으로 집필되었다. 마이크로소프트사는 사용자 혼란을 피하고자 구버전의 함수들을 엑셀 2013에서 동시에 지원하고 있으나 장기적으로는 사라질 것으로 예상된다. 이 책에서 다루고 있는 엑셀 2013 이후 버전의 함수에 익숙해지기를 권한다.

기술통계	기능	페이지
ABS( )	절댓값	259, 329
AVERAGE( )	산술평균	66, 71, 124
CONFIDENCE.NORM( )	정규분포를 적용한 신뢰구간	186
CONFIDENCE.T( )	t분포를 적용한 신뢰구간	187, 190
CORREL( )	상관계수	259, 327
COUNT( )	수치가 입력된 셀의 수(자료크기 산출에 활용)	190, 226
COUNTA( )	비어있지 않은 셀의 수	–
COUNTBLANK( )	비어있는 셀의 수(자료크기 산출에 활용)	–
COUNTIF( )	조건에 부합하는 셀의 수	–
COVARIANCE.P( )	모집단의 공분산	–
COVARIANCE.S( )	표본의 공분산	243, 259
DEVSQ( )	(편차)제곱합	84, 227
FREQUENCY( )	빈도수(도수분포표 작성에 활용)	25, 30
GEOMEAN( )	기하평균	65
HARMEAN( )	조화평균	65
IF( )	조건에 따른 값 설정	152, 370
INTERCEPT( )	회귀선의 상수항	321, 327
KURT( )	첨도	98
LINEST( )	다중회귀분석	358, 361
MAX( )	최댓값	32, 79
MEDIAN( )	중위수	65, 67
MIN( )	최솟값	32, 79
MODE( )	최빈수	65, 69
PERCENTILE.EXC( )	k(경계값 제외)번째 백분위수	79, 80
PERCENTILE.INC( )	k(경계값 포함)번째 백분위수	80
PERCENTRANK.EXC( )	경계값 제외한 백분율 순위	–
PERCENTRANK.INC( )	경계값 포함한 백분율 순위	–
RAND( )	0~1의 난수 발생	87, 246
RANDBETWEEN( )	원하는 범위에서 정수인 난수 발생	440
RANK.AVG( )	순위(동일 순위에 평균 순위로 처리)	264
RANK.EQ( )	순위(동일 순위에 같은 순위로 처리)	264
ROUND( )	반올림	88
RSQ( )	결정계수 R^2	–
SKEW( )	왜도	97
SLOPE( )	회귀선의 기울기	321, 327
STANDARDIZE( )	표준화점수	126, 326
STDEV.P( )	모집단의 표준편차	87, 114
STDEV.S( )	표본의 표준편차	87, 114
SUM( )	총합	32, 270
SUMPRODUCT( )	교차곱의 합	383
SUMSQ( )	제곱한 값의 총합	83, 317
TREND( )	회귀분석의 추정치	333, 341
VAR.P( )	모집단의 분산	87, 114
VAR.S( )	표본의 분산	87, 114

확률분포	기능	페이지
CHISQ.DIST( )	카이제곱분포의 확률[a]	155, 206
CHISQ.INV( )	카이제곱분포값	155
F.DIST( )	F분포의 확률[a]	155, 206
F.INV( )	F분포값	155
NORM.DIST( )	정규분포의 확률[a]	142, 171
NORM.INV( )	정규분포값	142, 171
NORM.S.DIST( )	표준정규분포의 확률[a]	147
NORM.S.INV( )	표준정규분포값	147
T.DIST( )	t분포의 확률[a]	155, 171
T.DIST.2T( )	t분포의 양쪽꼬리의 확률	172, 203
T.DIST.RT( )	t분포의 우측꼬리($+\infty$)부터의 누적확률	172
T.INV( )	t분포값	155, 171
T.INV.2T( )	양쪽꼬리의 t분포값	173, 186

a. 확률분포의 좌측꼬리($-\infty$)부터의 누적확률

엑셀함수는 함수명과 괄호, 괄호 안의 인수들로 구성된다. 인수argument, parameter 의 속성과 개수는 함수에 따라 다르게 적용되므로 주의해야 한다.

함수명(인수1, 인수2, …)

- 인수가 없는 함수: RAND( )
- 인수가 한 개인 함수: ABS(-2)
- 인수가 두 개인 함수: ROUND(3.12159, 2)
- 인수가 세 개인 함수: IF(A1=1, 5, 7)

더불어 엑셀함수는 다수의 입력과 결과를 동시에 수행하는 배열처리법을 통해 기능을 확장할 수 있다. 배열처리법은 함수를 사용할 때 'Enter'가 아니라 'Ctrl+Shift+Enter'를 입력하여 구현된다. 설명이 다소 복잡하므로 2장의 FREQUENCY( )와 42장의 TREND( )의 예를 통해 이해하기 바란다.

| 부록 C | 예제자료와 설문지

[91.부록.xlsm] 〈Survey_S〉, 〈Survey_L〉 참조

이 책에서 주로 활용된 예제파일 [12.다중회귀분석_JCT.sav]를 이용하여 설문지의 구성과 의미를 알아본다. 또한 〈부록 D〉에서 문항별 응답결과를 자료로 정리하는 방법을 설명하였다. [12.다중회귀분석_JCT.sav]의 자료는 두 가지의 설문으로 수집되었다.

조직구성원 개인이 본인의 업무를 직무특성이론[1]에서 주장하는 다섯 가지 핵심특성으로 평가하였다. 다섯 직무핵심특성은 기술다양성, 직무정체성, 직무중요성, 자율성, 피드백이다. 팀원용 설문지는 각 직무핵심특성을 4개 문항씩 질문한 총 20개 질문과 성별, 연령, 학력 등의 인구통계학적 질문 5개로 구성되어 있다. 또한 조직구성원 개인의 성과는 객관성을 확보하고자 스스로 평가하지 않고 7개의 문항으로 팀장용 설문지를 구성하여 해당자의 팀장에게 요청하였다. 이를 요약하면 다음과 같다.

요인	설문지 문항 번호	변수명
기술다양성(Skill Variety)	I −1 ∼ I −4	s_variety1 ∼ s_variety4
직무정체성(Job Identity)	I −5 ∼ I −8	identity1 ∼ identity4
직무중요성(Job Significance)	I −9 ∼ I −12	significance1 ∼ significance4
자율성(Autonomy)	I −13 ∼ I −16	autonomy1 ∼ autonomy4
피드백(Feedback)	I −17 ∼ I −20	feedback1 ∼ feedback4
성별	II−1	gender
연령	II−2	age
학력	II−3	school
직급	II−4	grade
직무	II−5	biz_unit
직무성과(Job Performance)	1∼7(팀장용 설문지)	perform1 ∼ perform7

직무특성이론에 의하면 다섯 가지 핵심특성이 잘 갖추어지면 조직구성원들의 내재적 동기, 직무만족, 업무성과가 높다고 알려져 있다. 그 자세한 과정을 살펴보면 자율성은 업무 및 그 결과에 대한 책임감을 갖도록 한다. 피드백은 자신의 업무가 운영되는 과정, 상태, 결과를 파악하도록 돕는다. 조직구성원들은 기술다양성, 직무정체성, 직무중요성이 충족되면 자신의 업무를 보다 의미있고 중요하다고 받아들인다.

---

1. Hackman, J. R. & Oldham, G. R.(1976). Motivation through the design of work: Test of a theory. *Organizational Behavior and Human Performance. 16*(2). 250-279.

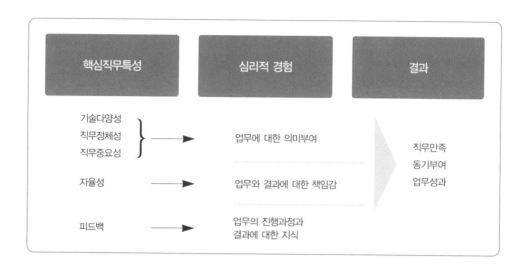

|부록 D| 설문자료의 부호화 방법

 엑셀이 보편화되면서 대부분의 부호화 작업이 엑셀로 이루어지고 있다. 하지만 일반적인 보고서와 통계분석을 위한 데이터베이스를 혼동하면서 시간을 허비하거나 연구결과가 왜곡되는 심각한 경우도 있다. 가장 자주 발생하는 잘못된 부호화를 다음과 같이 정리하였다.

	A	B	C	D	E	F	G	AC	AD	AE	AF
1	❶	❷	기술다양성				직무정체			개인자료	
2	CaseNo	s_variety1	s_variety2	s_variety3	s_variety4	identity1	identity2	gender	age	school_n_grade	biz_unit
3	1	2	2	2	2 ❸	4	5	남성	37	대졸/과장	생산
4	2	3	3	3	3	4	6	남성	33 ❹	대졸/사원	생산
5	3	4	4	4	5	6	5	남성	34	대졸/대리	생산
6	5	7	7	7	7	6	6	남성 ❻		대졸/과장	연구개발
7	6	5	5	5	❺	4	6	남성	32	대졸/대리	연구개발
8	7	4	4	4	4	6	6		37	대졸/부장	품질관리

❶ 부호화 이전에 수집된 설문지를 식별할 수 있는 번호를 부여하고, 그 번호를 입력한다. 예에서는 첫 번째 칸의 CaseNo에 해당한다. 결과적으로 3행의 자료는 '설문지 1번'의 결과이다. 설문을 다시 찾아서 확인할 일이 발생할 때 유용하게 사용할 수 있다.

❷ 시각적으로 정갈해 보이지만 엑셀의 '셀 병합'기능은 사용할 수 없다. 예에서 1행은 불필요한 형식이다. SPSS의 화면을 생각해 보면 궁극적으로 자료의 변수는 하나의 행만 차지한다.

❸ 대부분 통계소프트웨어가 변수 명칭에 제약이 많으므로 다음 원칙을 권장한다. 'Skill Variety', '# of ball'과 같이 공백이나 특수문자를 사용하지 않는다. 공백이 필요할 경우 _(under bar)를 사용하기 바란다. 또한 되도록 한글이 아닌 영어 알파벳을 사용해 8자리 이내로 작명하는 것이 바람직하다.

❹ 각 열에는 하나의 정보를 입력한다. "대졸/과장"과 같이 학력과 직급을 동시에 입력하면, 학력과 직급에 대한 별도의 분석이 불가능하다.

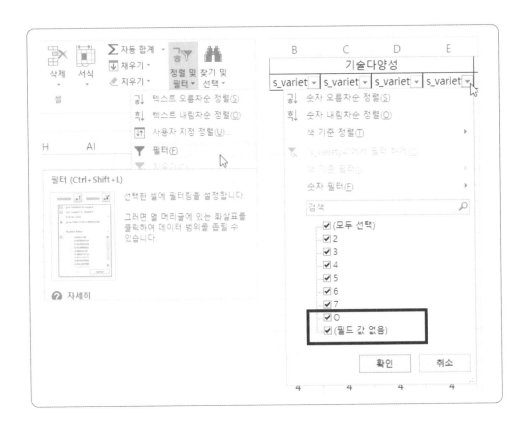

❺ 설문문항에 응답하지 않은 결측치missing value는 '0'으로 입력하지 않고 빈 셀로 처리해야 한다. 결측치는 엑셀의 필터기능을 활용하여 쉽게 관리할 수 있다. 다음 그림에서 '기술다양성'의 4번째 문항 's_variety4'는 1~7의 수치가 입력되어야 하지만, 'O'와 결측치('필드 값 없음')가 포함된 것을 확인할 수 있다. 단, 필터기능이 빈 셀과 공백이 포함된 셀을 구분하지 못하므로 주의해야 한다. 가장 확실하게 빈 셀을 만드는 방법은 해당 셀을 선택하고 〈DEL〉키를 누르는 것이다. 더불어 숫자 '0'과 알파벳 'O'를 혼동하지 않도록 주의한다.

[리본 메뉴] → [홈] → [편집] → [정렬 및 필터]

SPSS는 결측치 처리가 별도로 가능한데, 절대로 발생하지 않을 수(예를 들어, 999 등)를 입력하여 처리한다. 데이터 창에서 [변수 보기]의 〈결측값〉 열에서 설정할 수 있다. 예제파일 [12.다중회귀분석_JCT.sav]는 900 이상의 수치를 적용하고 있다. 그러나 이렇게 특정 수치를 결측치로 설정한 자료를 엑셀에서 분석할 때는 주의를 요한다.

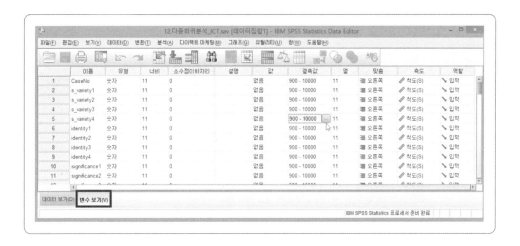

❻ '남성' 또는 '여성'과 같은 자연어가 아니라 되도록 수치로 입력한다. 예를 들면 남성은 '1', 여성은 '2'로 부호화한다. 자연어로 입력하는 과정에서 오타가 발생할 수도 있고, SPSS를 이용한 분산분석 등의 분석에서 실행이 되지 않고 오류가 발생하게 된다.

이 시트는 엑셀함수 IF( )와 RANDBETWEEN( )을 활용하여 주사위를 구현한 것이다. 재계산('Shift+F9')을 반복해서 입력하여, 셀 C1의 수치와 주사위 눈의 변화를 확인하자. 여기에 사용된 함수와 이에 대한 설명은 다음과 같다.

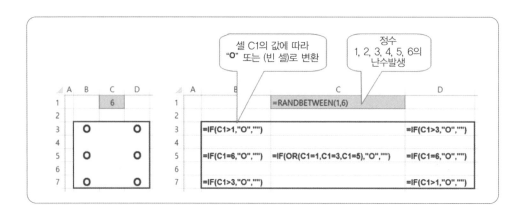

IF(조건식, 조건식이 참일 때 결과값, 조건이 거짓일 때 결과값)

함수 IF( )는 쉼표(,)로 구분되는 3개의 인수를 입력해야 한다. 첫 번째 인수는 조건식을 입력한다. 이 조건식이 충족되었을 때의 결과값이 두 번째 인수이고, 충족되지 않았을 때의 값이 세 번째 인수이다. 예를 들어 주사위의 셀 B3과 C5를 순서도로 묘사하면 다음과 같다. 함수 IF( )는 45장의 더미변수 생성에 유용하게 활용되었다.

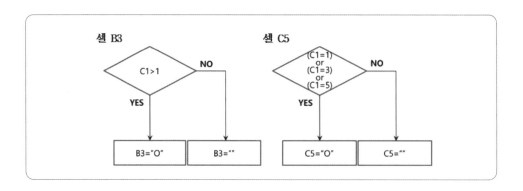

---

2. 엑셀 주사위는 Verschuuren, G. M.(2014). *Excel simulations*. Uniontown, OH: Holy Macro! Books를 참조하였다.

셀 B3, C5를 예로 설명하면 다음과 같다.

셀 B3	=IF(C1)1, "O", "")	셀 C1의 값이 1보다 크면 "O"를, 셀 C1의 값이 1과 같거나 작으면 ""(빈 셀)를 취한다.
셀 C5	=IF(OR(C1=1, C1=3, C1=5), "O", "")	셀 C1의 값이 1 또는 3 또는 5이면 "O"를, 그 외의 값일 때는 ""(빈 셀)를 취한다.

RANDBETWEEN(시작값, 끝값)

〈시작값〉과 〈끝값〉 사이의 정수를 무작위로 도출하는 함수이다. 주사위는 1~6의 눈을 가지므로 셀 C1에서 "=RANDBETWEEN(1,6)"을 사용하였다. 이와 비교하여 함수 RAND( )는 0과 1 사이의 실수를 무작위로 도출하는 함수이다. 따라서 셀 C1은 "=INT(RAND( )*6＋1)"로도 구현이 가능하다. 함수 INT( )는 하나의 인수를 가지며, 인수를 정수Integer로 전환해 준다.

주석

___

● PART 1 ●   **자료를 표현하고 요약하기, 기술통계**

1 A "living histogram" of 143 students at the University of Connecticut, with females in white and males in black. (Source: The Hartford Courant, "Reaching New Heights," November 23, 1996).

2 Sturges, H. A.(1926). The choice of a class interval. *Journal of the American Statistical Association. 21*(153). 65-66.

Scott, D. W.(1979). On optimal and data-based histograms. *Biometrika. 66*(3). 605-610. doi: 10.1093/biomet/66.3.605.

Kendall, M. G. & Yule, G. U.(1950). *An introduction to the theory of statistics.* Charles Griffin & Company.

3 '상한값'이라는 점에 주의하자. 도수분포표 작성 과정에서 확인되겠지만, 이 값보다 같거나 작은 자료 수를 구하게 된다는 의미이다.

4 그림 2-1과 같이 J2~J21까지 선택된 범위를 엑셀에서는 "J2:J21"형식으로 표기한다.

5 이와는 달리, 막대그래프(bar chart)는 가로축이 이산형 자료이므로 간격을 띄워야 한다.

6 복사된 K열의 수식을 확인해 보자. 모두 해당 계급의 도수와 이전의 누적도수를 더하고 있을 것이다. 이는 셀 K3에서 설정했던 상대적인 위치를 그대로 참조했기 때문이다. 즉 셀 K3과 같이 해당 셀의 좌측의 셀과 위의 셀을 더하고 있는 것이다. 이와 같이 수식에 대한 엑셀의 복사기능은 상대적인 위치를 참조하도록 처리되는 것이 디폴트이다. 이를 '상대참조'라고 한다.

7 전사자의 수를 면적으로 표현하였기 때문에, 부채꼴을 이루는 반지름의 제곱이 전사자에 비례하도록 작성되었다. 최근의 통계소프트웨어에서 지원하는 원그래프는 일반적으로 각도의 크기가 자료의 수에 비례하도록 작동된다.

그림 출처: https://powerofbi.org/2022/12/04/florence-nightingales-rose-diagram

8 GE사의 Dickie(1951)가 창안한 자재관리 기법이다. 관리대상 품목을 A, B, C 그룹으로 분류한 후, A그룹을 최우선 관리대상으로 선정하여 집중 관리함으로써 효율성을 제고하였다. 품목 수로는 10% 미만이지만 비용에서는 70% 이상을 차지하는 자재를 A그룹, 그 다음으로 품목 수 25%에 해당하고 25%의 비용을 차지하는 자재를 B그룹, 나머지는 C그룹으로 차별화하였다.

9 폭포수 차트도 엑셀에서 작성이 가능하지만 비효율적이라고 판단되어 설명은 생략한다. 상세한 작성법은 다음 인터넷 사이트를 참조하기 바란다.

http://chandoo.org/wp/2009/08/10/excel-waterfall-charts

10 Tukey(1977)가 *Exploratory Data Analysis*라는 책을 출간하면서 유래되었다고 한다.

11 인터넷상에 인포그래픽스를 무료로 지원하는 도구들이 많다. 예를 들어, 구글이 지원하는 https://developers.google.com/chart에서 손쉽게 작성할 수 있다.

12 엄밀히 평균(average)의 일종인 산술평균(mean)이다. 한국어로는 '평균'으로 동일하게 번역되는 average와 mean 때문에 혼란스러울 때가 있다. average는 산술평균이나 조화평균, 기하평균을 포함하는 포괄적인 개념이다. 때늦은 감이 있지만 이런 관점에서 엑셀함수 AVERAGE( )는 MEAN( )이란 명칭으로 개발되어야 합당했었다.

13 Σ는 그리스 문자로 '시그마'이며 로마자에서는 'S'에 해당한다. 영어로 덧셈이 summation이므로 Σ가 덧셈을 의미하는 기호로 사용되고 있다고 한다.

14 수율(yield, 收率)은 '총투입 대비 총산출의 비율'로서 광의의 '생산성'과 동일한 개념이다. 협의로는, 품질 검사에서 불량률의 상대적인 개념인 '양품률'을 의미하기도 한다.

15 양주동의 이 짧은 수필은 인터넷에서 쉽게 찾아 읽을 수 있다.

(예; http://egloos.zum.com/kiung58/v/10608904)

16 여기서 1과 2/3는 각각 '도'와 '솔'에 해당된다. '솔'은 '도'로부터 다섯 번째 위의 음이므로 5도라고 한다. 예컨대 '파'와 '도'는 4도이다. 두 음의 간격이 5도이면서, 그 사이에 온음 3개와 반음 1개를 포함하면 완전5도라고 부른다.

17 이런 경우 통계학에서 bimodal이라고 부른다. 3개 이상의 최빈수가 존재한다면 multimodal이라고 한다.

18 Pearson, K.(1895). Contributions to the mathematical theory of evolution, II: Skew variation in homogeneous material. *Philosophical Transactions of the Royal Society of London. 186.* 343-414.

19 Stuart, A. & Ord, J. K.(1994). *Kendall's advanced theory of statistics. Volume 1. Distribution Theory* (6th ed.). Euston Road, London: Wiley.

20 심리학자 스티븐스(Stevens)가 제안한 분류법(Stevens, S. S.(1946). On the theory of scales of measurement. *Science*. 103. 677-680.)으로, 공학통계에서는 다른 분류법을 사용하기도 한다.

21 품질공학 분야에서 불량/합격과 같이 두 개의 값만 갖는 '이진(binary)자료'를 별도로 다루기도 한다. 이진자료는 이항분포를 따르는 불량률(defective)과 포아송분포를 따르는 결점수(defect)로 다시 분류된다.

22 켈빈온도(Kelvin temperature)는 절대온도를 측정하기 때문에 절대영점이 존재한다. 0K는 열에너지가 전혀 없는 상태로서 기체의 부피가 0이 되는 온도라고 한다. 30K는 10K보다 3배 더운 온도이다.

23 ⓒ Stocks, Bonds, Bills and Inflation 1998 Yearbook™, Ibbotson Associates, Inc. Chicago (annually updates work by Roger G. Ibbotson and Rex A. Sinquefield)

24 사분위수는 백분위수의 일종이다. 'p분위수'는 이 값보다 같거나 작은 자료가 적어도 p%이고, 같거나 클 자료가 적어도 (100-p)%인 수이다. 일반적으로 '25분위수'라고 하면, 하위 25%의 데이터가 포함되는 값이라고 생각하면 된다. 결과적으로 사분위수는 25분위수, 50분위수, 75분위수를 의미한다. 단, 분위수를 계산하는 방법은 통계소프트웨어마다 다르기 때문에 주의가 필요하다.

25 제곱이 아니라 절댓값(absolute value)을 이용할 수도 있을 것이다. 그런데 연산을 통해 절댓값을 구현하자면 어차피 제곱해서 제곱근을 구하는 작업을 해야 한다. 이 작업은 기본적인 가감승제의 연산보다 더 복잡하다는 단점이 있다. 그리고 제곱처리를 해서 구하는 '제곱합'과 '분산'은 가법성(additivity)이라는 수리적인 장점이 있기 때문에 한결 유용하다.

26 확률론에서는 이러한 예측성을 강조해서 평균보다 기댓값(expected value)이라는 표현을 사용한다. 동일한 맥락에서 평균수익률은 '기대수익률'이라고 부른다.

27 엄밀히 따지자면, 샤프지수의 산출식에서 분자는 '무위험초과수익률'을 사용한다. 무위험초과수익률은 펀드의 평균수익률에서 무위험수익률을 차감한 것이므로 개념적으로는 평균수익률이라고 간주해도 된다. 무위험수익률은 주로 국공채수익률을 사용하는데, 이는 발행한 국가가 망하지 않는 이상 회수가 가능한 채권이므로 위험이 거의 없다고 보는 것이다. 무위험초과수익률을 분자에 사용하는 이유는 무위험자산에 투자해서 얻을 수 있는 안정적인 수익을 초과하는 펀드의 평균수익률을 평가하겠다는 의미이다.

28 오리너구리(platypus)와 캥거루로 첨도를 표현하는 아이디어는 자유도의 크기에 따라 변하는 t분포의 첨도를 설명하기 위하여 고셋(William S. Gosset)이 제안한 것이다.

29 Lepto는 '얇은(thin or slender)'이란 뜻이고, Platy는 '두터운(flat or broad)'이란 뜻이다. 하지만 최근 연구에 의하면, 첨도값은 예봉과 둔봉을 구분하는 데 한계가 있고 실제로는 자료의 이상치(outlier) 유무를 판단하는 데 적절하다는 주장이 수용되고 있다.

30 자료의 정규성 여부를 검정하는 방법의 하나인 Jarque-Bera 검정의 유의확률이 제시되어 있다. 통계적 검정은 향후에 설명될 내용이므로 여기서는 제시된 유의확률이 0.05보다 작으면 자료가 정규성을 따르지 않는 것으로만 이해하도록 하자. 따라서 X1의 자료는 정규성이 확보되었다고 판정할 수 있다.

• PART 2 • 설명과 예측을 위한 다리, 확률분포

1 대부분의 모집단은 그 대상이 무수히 많거나 추상적인 개념이다. 따라서 모집단의 모수를 산출하는 일이 실제로는 불가능한 경우가 더 일반적이다. 예에서 '한국 여성'이라는 모집단을 모두 측정하기 위해서는 구체적으로 규명해야 할 것이 많다. 먼저 '한국'의 경계를 정의해야 한다. 외국인 여성, 해외 거주 여성들에 대한 포함 여부가 결정되어야 한다. '여성'이라는 개념에서도 주민등록이 없는 신생아 또는 태아까지 포함할지도 결정해야 한다. 이처럼 실질적인 측정을 위해서 인위적인 정의가 필요한데, 이를 조작적 정의(operational definition)라고 한다.

2 추론통계에서 모수를 추정하는 데 통계량을 활용하기 때문에, 표본의 통계량을 추정량(estimator)이라고도 부른다. 예에서 모평균을 추정하는 데 사용된 값, 표본평균 159.8cm는 추정값(estimate)이라고 한다.

3 바람직한 추정량의 특성은 Fisher(1992)가 최초로 주장하였다. Fisher, R. A.(1922). On the mathematical foundations of theoretical statistics. *Philosophical Transactions of the Royal Society of London. Series A, Containing Papers of a Mathematical or Physical Character. 222.* 309-368.

4 http://hypertextbook.com/facts/2006/JenniferLeong.shtml 참조.

5 Tushman & O'Reilly(1996)는 성공신드롬(success syndrome)이라고 부른다. Tushman, M. L. & O'Reilly III, C. A.(1996). Ambidextrous organizations: Managing evolutionary and revolutionary change. *California Management Review. 38*(4). 8-30.

6 IQ 검사에 따라 표준편차는 다양하다. 하지만 최초로 개발된 스탠퍼드-비네(Stanford-Binet) 검사의 전통을 이어받아 대다수가 16을 따르고 있다. 이외에 웩슬러 검사(WAIS: Wechsler Adult Intelligence Scale)는 15, 레이븐 검사(RPM: Raven Progressive Matrice)는 24를 적용하기도 한다.

7 직무특성이론과 직무성과에 관한 설문지 중에서 변수 '직무중요성'의 자료이다. 이 설문지에 대한 정보는 〈부록 C〉를 참조하라.

8 https://www.ets.org/s/toeic/pdf/2012_ww_data_report_unlweb.pdf 참조.

9 추가적인 정보는 www.johndcook.com/blog/distribution_chart 참조.

10 Z-값은 정규분포를 가정하며, 수명은 와이블분포, 소득수준은 로그정규분포에 근사하는 것으로 알려져 있다.

11 이러한 성격 때문에 정규분포를 설명할 때, 일반적으로 모수의 표기법으로 μ, σ 를 사용한다.

12 TRUE이면 -∞에서 x까지의 누적확률을 구하게 된다. FALSE이면 x지점에서 해당 정규분포 곡선의 높이를 구한다. 따라서 일반적으로 FALSE는 정규분포 그래프를 제작할 때 외에는 잘 사용하지 않는다. 주의할 점은 정규분포 곡선의 높이 값에 관계없이 특정한 x가 발생할 확률이 0이라는 점이다. 연속형 확률분포에서 하나의 선(line)에 해당하는 면적은 0이기 때문이다. 이런 점에서 확률밀도함수(probability density function)와 확률질량함수(probability mass function)를 구분하기도 한다. 아쉽게도 엑셀은 이를 구분하지 않고 모두 확률질량함수로만 부르고 있다.

13 〈누적확률여부〉를 FALSE로 지정하면 x지점에서의 확률밀도함수의 결과값을 산출하는데, 이는 x지점에서 해당 정규분포 곡선의 높이에 해당된다.

14 엑셀함수 IF( )에 대한 설명은 〈부록E: 엑셀 주사위 만들기〉를 참고하라.

15 한국어로 sampling distribution과 sample distribution을 구분할 수 있는 적절한 용어가 없어서, 다수의 자료들이 '표본분포'로 구분하지 않고 해석하면서 혼란이 야기되고 있다. 통계학 관점에서 중요한 개념이라고 판단하여 표집분포와 표본분포로 각각 번역하였다.

16 A "living histogram" of 143 students at the University of Connecticut, with females in white and males in black. (Source: The Hartford Courant, "Reaching New Heights," November 23, 1996).

17 표집분포의 표준편차이므로 표준오차(standard error)이다.

18 모집단은 일반적으로 무수히 많은 개체로 이루어진 무한모집단을 가정한다. 그러나 만약 유한모집단을 가정하거나 모집단 크기(N)에 비해 표본 크기(n)가 크다면($n/N \geq 0.05$), 표준편차는 '유한모집단 수정계수'를 적용하여 $\sqrt{\dfrac{N-n}{N-1}} \cdot \dfrac{\sigma}{\sqrt{n}}$ 를 사용해야 한다.

19 http://www.daviddarling.info/encyclopedia/K/Kolmogorov.html 참조.

20 대부분 품질통계학에서는 이전 해의 표준편차로 모집단 표준편차(σ)를 대체하여 사용하고 있다. 일반적인 연구에서는 이전의 연구자료를 활용하는 방법, 예비조사를 실시한 결과를 활용하는 방법, 모집단의 범위를 4로 나누어 적용하는 방법 등이 거론되고 있다. 하지만 궁극적으로 모집단의 표준편차를 아는 경우는 드문 일이다.

21 고셋이 근무하던 시기에는 존재하지 않았지만 1955년에 처음 발간되어 현재도 세계의 진기한 기록들을 수록하고 있는 기네스북(Guinness World Records)은, 원래 기네스(Guinness)사의 판촉물이었다.

22 여기서 집중하여 다루지 않지만 이항분포는 이산형 확률분포이다. 이를 연속형 확률분포인 정규분포로 전환하는 작업을 '이항분포로의 정규근사(normal approximation to the binomial distribution)'라고 한다. 줄여서 정규근사(normal approximation)라고 한다. 이산형을 연속형으로 처리하면서 아무래도 계산상에 무리가 따른다. 따라서 정규근사를 사용할 때 몇 가지 제약조건을 제시하고 있다. 가장 대표적인 제약이 $np < 5$ 또는 $n(1-p) < 5$일 경우에 사용을 자제하라는 것이다.

23 이 표현에 대한 자세한 설명은 21장의 〈더 알아보기: 정규분포의 역함수〉를 참고하라.

24 $t_{(n-1,\alpha/2)}$를 쉽게 산출할 수 있도록 지원하는 별도의 엑셀함수가 T.INV.2T( )이다. $t_{(n-1,\alpha/2)}$의 값은 "=T.INV.2T(α, n-1)"로 구할 수 있다. 자세한 내용은 24장의 〈[엑셀, 제대로 활용하기]〉를 참고하라.

25 이러한 추정방법의 차이를 통계학에서는 점추정(point estimation)과 구간추정(interval estimation)이라고 구분하여 부른다.

26 모비율을 모르는 상황에서 보수적인 의사결정을 내릴 때는 π를 0.5로 사용하기도 한다([08.신뢰구간.xlsm] 〈extreme_sim〉 참조). 이 기사의 오차한계 ±3.1%p는 0.5를 적용하여 $1.96 \cdot \sqrt{0.5(1-0.5)/1000} \fallingdotseq 3.1$로 산출된 것이다.

27 비율검정에 대한 자세한 내용은 다음 자료를 참고하기 바란다.

Brown, L. D., Cai, T. T. & DasGupta, A.(2001). Interval estimation for a binomial proportion. *Statistical science.* 16(2). 101-133.

Newcombe, R. G.(1998). Two-sided confidence intervals for the single proportion: Comparison of seven methods. *Statistics in medicine.* 17(8). 857-872.

28 평균에 대한 표준오차를 $\sigma/\sqrt{n}$이 아니라 $s/\sqrt{n}$를 사용할 경우 정규분포 대신 t분포를 사용했던 것처럼, 비율에 대한 표준오차를 $\sqrt{\pi(1-\pi)/n}$이 아니라 $\sqrt{p(1-p)/n}$을 사용할 경우에도 t분포를 적용해야 옳다는 소수 의견이 있다. 하

지만 표본이 충분히 큰 경우가 많아서 모두 정규분포를 적용하는 것이 일반적이다. 또한 모비율을 모를 때 보수적인 의사결정을 위해서 모비율(π)을 0.5로 적용하는 경우도 흔하다.

29 두 집단의 평균차이검정에 신뢰구간을 적용하여 통계적 개념을 설명하기 위한 접근이다. 엄밀한 통계검정은 두 집단의 합동된(pooled) 신뢰구간을 구해야 한다. 이에 대한 상세한 논의는 Why Overlapping Confidence Intervals mean Nothing about Statistical Significance(https://bit.ly/49GwczK)를 참고하라.

30 여기서 μ^*는 귀무가설에서 설정한 모평균을 의미하는데, 연구자가 검정하려는 수치이므로 검정값(test value)이라고도 부른다. 귀무가설은 30장에서 살펴본다.

31 수식에 표현된 표본평균 3.45와 표준편차 1.004는 반올림된 값이다. 실제 계산은 더욱 정밀한 값을 적용하였으므로 결과값에 미미한 차이가 발생할 수 있다.

32 함수 T.DIST.2T( )는 음수의 t-값을 수용하지 않기 때문에 절댓값으로 전환해 주는 함수 ABS( )를 사용하였다. t분포와 관련된 함수들의 기능은 24장을 참고하라.

33 검정통계량과 유의확률을 활용한 통계적 검정이 완벽하다는 뜻이 아니다. 이 방법 또한 단점이 있으며 지나치게 남용된다는 비판적 주장도 많다. 이에 대한 논의는 Bettis(2012)의 논문을 참조하기 바란다. Bettis, R. A.(2012). The search for asterisks: Compromised statistical tests and flawed theories. *Strategic Management Journal, 33*(1), 108-113.

34 왜도의 유의확률은 "=NORM.DIST(-1.742, 0, 1, TRUE)*2", 첨도의 유의확률은 "=NORM.DIST(-2.052, 0, 1, TRUE)*2"을 사용하여 엑셀에서 산출하였다. 하지만 일반적인 판정법은 굳이 유의확률을 산출하지 않는다. 왜도와 첨도의 검정통계량은 표준정규분포를 따르므로, 임계값 1.96이나 2.58과 직접 비교하여 판정하고 있다.

• PART 3 • **산포의 분해를 활용한, 가설검정**

1 검정(testing)과 검증(verification)을 구분하여 번역하였다. 검증은 옳고 그름을 확인하는 포괄적인 행위이고, 검정은 '통계적 가설검정(testing of statistical hypothesis)'의 약자로 보면 된다. 이를 구분하지 않고 모두 '검증'으로 번역하는 학자들도 있다.

2 부등호($\leq$, $\geq$)가 들어간 경우를 단측검정(one-tailed test, directional test)이라고 부른다. 이 책에서는 되도록 단측검정을 다루지 않는다. 통계적 개념을 전달하는 데 혼란이 가중되고 실무적으로도 유용하지 않기 때문이다. 연구가설이 방향성이 있

다면, 양측검정(two-tailed test, non-directional test)의 결과로 도출된 유의확률을 반(1/2)으로 보고하는 것이 가장 간결한 실무적 해결법이다.

3 품질통계에서는 1종 오류를 '생산자 위험', 2종 오류를 '소비자 위험'이라고 부르기도 한다. 양품을 불량품으로 판정하는 위험과 불량품을 양품으로 알고 구매하는 위험을 각각 의미하기 때문이다.

4 이에 대한 자세한 논의는 Cho, H. C. & Abe, S.(2013). Is two-tailed testing for directional research hypotheses tests legitimate? *Journal of Business Research*. 66(9). 1261-1266.에서 자세히 다루고 있으니 참고하기 바란다.

5 최근에는 유의확률보다 효과크기(effect size)의 중요성을 강조하거나 베이지안 분석(bayesian analysis)이 더 강건한 결과를 도출한다고 주장하는 학자들도 있다.

6 전통적으로 두 집단의 평균비교는 이표본 t검정을, 세 집단 이상의 평균비교는 분산분석을 사용하여야 한다. 이 책은 이표본 t검정 역시 분산분석과 동일한 결과를 도출할 수 있음을 확인함으로써 '산포의 분해'를 강조한다. 이표본 t검정에서 두 집단의 분포를 혼합해서 하나의 표준오차로 통합하고, 검정통계량을 산출하는 수리적인 방법은 대다수 통계책에서 충분히 다루고 있으므로 이 책에서는 생략한다.

7 이표본 t검정의 귀무가설은 '두 집단의 평균이 차이가 없다'이다. 분산분석의 귀무가설도 동일하다. 이 귀무가설을 수식으로 표현하면, $\mu_{공법1} = \mu_{공법2}$이다.

8 집단 간 제곱합의 자료는 4.733과 6.844로서 두 개이고 이들 평균이 6.000이 되어야 한다. 따라서 자유도는 1이다. 집단 내 제곱합의 자유도는 '공법1'과 '공법2'의 자유도 5와 8을 더한 13이다. '공법1'의 자료는 6개이며 이들은 평균 4.733을 구성해야 되므로 자유도가 5이다. '공법2'의 자료는 9개이며 이들은 평균 6.844를 구성해야 되므로 자유도는 8이다.

9 ①의 경우 합동표준편차(pooled standard deviation)를 생성한다. ②의 경우 Satterthwaite의 계산법으로 자연수가 아닌 자유도가 도출될 수 있으며, 합동표준편차를 사용하지 않는 Behrens-Fisher의 검정통계량을 사용한다.

10 전체 자료의 산포를 고려하여 분해하였기 때문에 통계학자들은 SST=SSW+SSB를 산포의 분해(decomposition of variation)라고 부른다. 이 개념은 회귀분석까지 연계되어 있으며 많은 통계분석 도구의 이론적 기반이 된다.

11 F분포는 지금처럼 서로 다른 분산을 비율로서 비교할 때 사용한다. 분산은 χ^2분포를 따르는데, F분포는 두 개의 χ^2분포의 비율로 생성된 것이다. 이러한 F분포의 특성을 이해하면 2개의 자유도를 갖는 이유도 설명이 된다.

12 일반적으로 좌측의 그래프 형태를 점도표(dot plot)라고 하며, 우측의 그래프는 점들이 흩뿌려졌다(scatter)는 의미를 반영하여 산점도(scatter plot)라고 부른다.

13 상관분석은 두 변수의 관련성을 파악하므로 엄밀하게 X(독립변수)와 Y(종속변수)를 구별하지 않는다.

14 모집단의 공분산에 대한 산출식은 (n-1)이 아닌, n으로 나누어준다는 점만 다르다. 엑셀의 경우 COVARIANCE.P( )를 활용하면 구할 수 있다. 하지만 대부분의 연구는 표본을 분석 대상으로 하기 때문에 자주 사용되지 않는다.

15 엄밀히 $\left(X_i - \overline{X} \right) \cdot \left(Y_i - \overline{Y} \right)$는 확률변수 X, Y 간의 관계를 나타내는 결합확률분포(joint probability distribution)를 나타낸다. 이 책은 확률론은 생략하였기 때문에, 두 변수의 평균 $\overline{X}$, $\overline{Y}$를 기준으로 산점도를 사분면으로 나누어 설명하고 있다. 통계학에서 Ⅰ사분면과 Ⅲ사분면의 자료를 부합자료(concordant data)라고 하고, Ⅱ사분면과 Ⅳ사분면의 자료를 비부합자료(disconcordant data)라고 부르기도 한다.

16 단축키 'Ctrl + Shift + U'는 극적인 사례를 생성하기 위해 엑셀의 내장기능인 VBA로 제작하였다. VBA는 유용한 기능이지만 이에 대한 설명은 본서의 범위를 벗어나므로 전문서적의 몫으로 남긴다.

17 Guilford, J. P.(1956). *Fundamental Statistics in Psychology and Education* (3rd ed.). New York: McGraw-Hill.

Cohen, J.(1988). *Statistical power analysis for the behavioural sciences* (2nd ed.). Hillsdale, NJ: Lawrence Erlbaum Associates.

18 분산투자와 다각화는 모두 영어 단어로는 diversification이라는 공통점이 있다.

19 Hersey & Blanchard의 상황대응이론(situational leadership theory)에서 분류하는 네 가지 리더십 유형이다.

20 '~에 따라 …가 변화되는 비율'을 통계학에서는 조건부 확률(conditional probability)이라고 부른다.

21 독립변수와 종속변수를 구분하지 않을 경우에는 위에서 아래로 백분율을 계산한다. 반올림의 결과로, 전체합계(grand total)가 99.9% 또는 100.1% 등으로 나타나는 경우가 발생할 수 있다. 이런 경우는 표의 주석에서 추가로 설명하면 된다.

22 명칭이 ~.DIST( )와 ~.DIST.RT( )인 엑셀함수는 해당 확률분포의 확률을 산출하며, 각각 좌측과 우측의 확률을 도출하므로 그 합은 1이 된다. ~.DIST.LT( )라는 함수명은 없다.

23 SPSS의 [교차분석: 통계량] 창에서 자료의 유형에 따라 χ^2검정을 대체할 수 있는 다양한 분석방법이 제시되어 있다. χ^2검정이 이산형 자료에 대한 일반적인 분석도구라면, 더욱 정밀한 분석도구들은 이산형을 세분화하여 명목척도와 서열척도

를 구별하여 제시하고 있다. 이에 대한 자세한 설명은 비모수검정에 관한 전문서적을 참고하라.

24 피어슨이 χ^2검정을 창안한 1900년을 현대통계학의 시작으로 간주(Efron, 2009)할 정도로 통계학사에서는 중요한 사건이다. 피어슨의 원래 이름은 Carl Pearson인데, 마르크스(Karl Marx)의 철학을 존경하면서 마르크스의 이름을 따라 개명하였다고 한다. 통계서적에서 두 이름이 혼용되고 있으나 피어슨은 한 사람이다.

25 기준값이 5인 이유는 확률분포에 대한 수리로 설명되어야 하기 때문에 자세한 언급은 생략한다. 다만, $np \geq 5$와 $n(1-p) \geq 5$이 동시에 만족해야 한다는 이항분포의 정규근사 조건을 상기해 보자. 이산형 자료로 구성된 분할표의 정보를 χ^2분포에 적용하는데, 이에 상응하는 유사한 조건이 필요할 수 있음을 직관적으로 이해하자.

26 요인분석(factor analysis)의 관점에서는 요인(factor)이며, 구조방정식모델(structural equation model)에서는 잠재변수(latent variable)라고도 부른다.

27 구성개념을 측정하는 문항을 명시변수(manifest variable), 관측변수(observable variable), 측정변수(measured variable), 지시변수(indicator) 등으로 부른다.

28 그림 36-2의 화살표 방향에 의문을 가질 수도 있다. 각 측정문항의 결과값은 '직무 중요성'에 대한 응답자의 인식 정도를 반영한, 또는 인식 정도에 영향을 받은 결과이다. 이러한 구성개념과 측정문항 간의 관계는 향후 요인분석과 구조방정식모델 등의 고급통계를 학습할 때 기본적으로 다루는 중요한 개념이다.

29 James, Demaree & Wolf(1993)는 일양분포의 분산을 무작위성 자료 또는 의견의 불일치로 해석하여, 수집된 자료의 분산과 비교하였다.

30 James, Demaree & Wolf(1984)의 논문, 89페이지 자료를 일부 수정하여 사용하였다.

31 r_{wg}의 장점이기도 하다. 분산분석을 기반으로 산출되는 η^2, ICC(1), ICC(2)는 분산분석이 가진 자료의 정규성을 전제하는 제약이 있으며, 다른 집단의 분산에 영향을 받는다는 단점이 있다.

32 ICC라는 용어의 직역이 집단 내 상관계수(Intraclass Correlation)이다.

33 세 가지 조건을 모두 충족하도록 설계된 실험을 진실험설계(true experimental design)라고 부른다. 흥미로운 허위적 상관관계는 www.tylervigen.com/spurious-correlations를 참조하라.

34 주로 실험설계나 분산분석에서는 '공변량(covariate)'이라고 부르기도 한다. 또한 경제학 등에서는 공변량을 독립변수와 동일하게 사용할 경우가 종종 있으니 주의할 필요가 있다. 공변량을 포함한 분산분석(ANOVA)을 공변량분석(ANCOVA: Analysis of Covariance)이라고 부르는데, 이때는 연속형 변수로 제한하기도 한다.

35 모집단에서 오차(ϵ), 표본에서는 잔차(e)로 엄밀히 구분하기도 한다. 이 구분이 명확할 필요가 없다면 이 책에서는 오차로 통일하여 서술하였다.

36 확률교란항(stochastic disturbance term), 확률오차항(stochastic error term)이라고도 한다. 엄밀히 표본에서는 잔차항(residual term)이라고 하며 e_i로 표기한다. 모집단에서는 오차항(error term)이라고 부르며 ϵ_i로 표기한다.

37 기하학적 의미로 보면, 편차에 대한 총합이 0이라는 것은 자료의 중앙에 위치한다는 의미이다. 이것은 단순히 순서상의 중위수와는 달리, 각 자료의 값을 고려한 중심위치이다. 편차에 대한 제곱합이 최소화되는 위치란, 각각의 자료로부터 전체적으로 가장 짧은 거리에 있다는 의미이다.

38 전통적인 통계학에서 모수와 통계량을 구별하는 표기법에 따라 모회귀계수는 β, 표본회귀계수는 b를 사용한다. 이와 달리, SPSS 결과에서 표준화 여부에 따라 비표준화회귀계수는 B, 표준화회귀계수는 β로 표기하면서 혼란이 있다. 다수의 응용과학저널들이 후자의 표기법을 그대로 보고서에 적용하고 있으니 해석에 주의해야 한다.

39 중심극한정리는 통계량 중에 평균을 대상으로, 그 표집분포의 특징을 밝힌 것이다. 여기서는 절편과 기울기도 평균과 동일하게 표본에서 도출한 통계량의 일종으로 간주하자. 이런 관점에서 각각의 표집분포도 상정할 수 있다. 이에 대한 상세한 논의는 22, 23장을 참조하라.

40 자유도 (n-2)도 직관적으로 이해해 보자. 중학교 수학에서 학습한 내용 가운데 하나의 직선이 정의되기 위해 필요한 점(자료)의 수를 기억하는가? 직선을 정의하기 위해서 필요한 점은 두 개이다. 이를 역으로 생각해 보면 회귀선이 주어졌다면 전체 자료 수에서 2개는 구속된다. 이는 β_0과 β_1을 추정하는데, 각각 자유도를 하나씩 잃는 것으로 해석할 수도 있으며 분산분석표의 SSE의 자유도와 같다. 자유도에 대한 추가 논의는 카페 자료(https://cafe.daum.net/booklike/aoWy/13)를 참고하기 바란다.

41 예제파일 [09.연관성분석.xlsm]의 〈r_value〉 시트를 활용하여, 상관계수가 0이 되도록 차트를 조정해 보자.

42 회귀식이 전제되어야 SSR, SSE를 산출할 수 있다. 따라서 회귀분석에서 분산분석표의 유의확률에 대한 대립가설은 '도출된 회귀식(분산분석표를 구성하는 데 사용한 회귀식)이 적합하다 또는 유의미하다'이다. 이를 수식으로 표현하는 방법은 여러 주장이 있다. 하지만 결정계수에 대한 유의미성을 F-값에 대한 유의확률로 판정하는 경우가 많으므로, 이 책에서는 결정계수를 중심으로 가설을 표현하였다.

43 오히려 partial correlation을 부분상관계수로, semi-partial correlation을 준부분상관계수로 번역하기도 한다. partial과 part를 구분할 수 있는 적절한 한국어의 부재에서 오는 혼란스러운 문제이다. partial과 semi-partial을 각각 번역한 편상관계수와 준편상관계수가 비교적 이러한 혼란을 줄일 수 있다고 판단하였다. 단, SPSS에서는 부분상관계수(part correlation)라는 용어를 사용하고 있다.

• PART 4 • 핵심원인을 찾아라, 회귀분석의 진화

1 각 회귀계수의 유의확률은 자유도 224인 t분포에서 산출할 수 있다. 자유도 224는 분산분석표에서 오차의 제곱합(SSE)의 자유도와 같으며, 자세한 내용은 그림 43-6의 설명에서 다루었다.

2 독립변수들 간의 상관성이 회귀계수와 결정계수에 미치는 영향은 47장에서 상세히 다루었다.

3 궁극적으로 고유값(eigen value)과 상태지수(condition index)는 같은 개념이다. 상태지수는 $\sqrt{\dfrac{\text{최대고유값}}{\text{해당고유값}}}$ 으로 정규화한 것이다.

4 만약 더미변수를 k개 범주의 수만큼 잘못 생성한다면 다중공선성의 문제를 초래하게 된다.

5 효과부호화는 전체평균(grand mean)을 비교기준으로 사용하고, 대비부호화는 특정 집단을 비교기준으로 사용하는 차이가 있다. 이에 대한 자세한 설명은 다음 자료를 참고하기 바란다.

Davis, M. J.(2010). Contrast coding in multiple regression analysis: Strengths, weaknesses, and utility of popular coding structures. *Journal of Data Science.* 8(1). 61-73.

Hardy, M.(1993). *Regression with dummy variables.* Newbury Park, CA: Sage.

6 이론에 근거한 구성개념 간의 관계가 예상한 대로 나타나는지 평가함으로써 측정의 타당도를 파악하는 방법이다.

7 그리스 문자 Δ(delta)는 수학에서 변수나 함수의 변화량 또는 차이를 의미하는 기호이다.

8 엄밀하게 (총효과=직접효과+간접효과+의사효과+미분석효과)이지만 대부분 의사효과(spurious effect)와 미분석효과(unanalyzed effect)는 미미하기 때문에 여기서는 생략하였다.

9 희귀한 경우지만 $a \cdot b$와 c'의 부호가 반대인 경우가 발생할 수도 있다. 이때는 억압효과(suppression effect)라고 해석한다.

10 예제파일 〈Sobel〉 제작에 참조했던 인터넷 사이트를 통해서도 계산이 가능하다. 이 사이트에서는 보수적이고 안정적인 유의확률을 제시하는 Aroian검정을 사용할 것을 제안하고 있다. http://quantpsy.org/sobel/sobel.htm

11 조절효과와 달리, 매개효과는 매개변수 자체의 변화에 독립변수가 미치는 영향을 포함한다. 따라서 특수한 경우가 아니라면 변화가능성이 없는 특성이나 환경적 요소는 매개변수보다 조절변수일 가능성이 높다. 예를 들어, 사회과학영역에서 기질적 특성인 인간의 성별(gender)을 변화시킬 독립변수는 거의 없다. 따라서 성별과 같이 변화가 어려운 요소를 매개변수로 설정하는 것은 부적절하다. 하지만 통계가 이런 부적절한 논리를 바로잡아 주지 않기 때문에 연구모형에 대한 철저한 사전검토는 연구자의 몫이다.

12 이에 대한 더욱 다양한 정보와 그래프 작성법은 Dawson의 블로그를 참조하라 (www.jeremydawson.co.uk/slopes.htm).

13 만약 조절변수가 연속형이었다면, 결과해석에 '성별의 값이 증가할수록'이라는 표현을 사용했을 것이다.

14 Cohen 등(2003)이 제안한 이 구별법은 아직도 합의를 이루지 못하고 있다. 또한 그들은 독립변수와 조절변수가 연속형인 경우에 이 분류법을 적용하였다. 여기서는 조절효과에 대한 이해의 폭을 넓히는 목적으로, 그들이 주장했던 개념을 충실히 적용하여 해석하였다.

참고문헌

CHAPTER 11

Howell, D.(2013). *Fundamental statistics for the behavioral sciences*. Belmont, CA: Cengage Learning.

Stevens, S. S.(1946). On the theory of scales of measurement. *Science. 103.* 677-680.

CHAPTER 15

George, D. & Mallery, P.(2012). *IBM SPSS statistics 21 step by step: A simple guide and reference* (13th ed.). New York, NY: Pearson.

West, S. G., Finch, J. F. & Curran, P. J.(1995). Structural equation models with non-normal variables: Problems and remedies. In R. H. Hoyle(Ed.). *Structural equation modeling: Concepts, issues, and applications*(pp. 56-75). Thousand Oaks, CA: Sage.

CHAPTER 17

Kleiner, K.(2004). What we gave up for colour vision. *New Scientist. 181*(2431). 12-12.

Wyszecki, G.(2006). *Color*. Chicago: World Book, Inc.

CHAPTER 19

Leemis, L. M. & McQueston, J. T.(2008). Univariate distribution relationships. *American Statistician. 62*(1). 45-53.

Song, W. T.(2005). Relationships among some univariate distributions. *IIE Transactions. 37*(7). 651-656.

CHAPTER 28

Brown, L. D., Cai, T. T., & DasGupta, A.(2001). Interval estimation for a binomial proportion. *Statistical science. 16*(2). 101-133.

Newcombe, R. G.(1998). Two-sided confidence intervals for the single proportion: Comparison of seven methods. *Statistics in medicine. 17*(8). 857-872.

CHAPTER 29

Bettis, R. A.(2012). The search for asterisks: Compromised statistical tests and flawed theories. *Strategic Management Journal. 33*(1). 108-113.

Jarque, C. M. & Bera, A. K.(1987). A test for normality of observations and regression residuals. *International Statistical Review. 55*(2). 163-172.

Snedecor, G. W. & Cochran, W. G.(1989). *Statistical methods* (8th ed.). Ames, Iowa: The Iowa State University Press.

CHAPTER 30

Bulajic, A., Stamatovic, M., & Cvetanovic, S.(2012). The importance of defining the hypothesis in scientific research. *International Journal of Education Administration and Policy Studies. 4*(8). 170-176.

Cho, H. C. & Abe, S.(2013). Is two-tailed testing for directional research hypotheses tests legitimate? *Journal of Business Research. 66*(9). 1261-1266.

Kerlinger, F. N. & Lee, H. B.(2000). *Foundations of behavioral research* (4th ed.). Fort Worth, TX: Harcourt College Publishers.

Nickerson, R. S.(2000). Null hypothesis significance testing: A review of an old and continuing controversy. *Psychological Methods. 5*(2). 241-301.

CHAPTER 31

Molenaar, I. W.(1979). Simple approximations to the behrens-fisher distribution. *Journal of Statistical Computation and Simulation. 9*(4). 283-288.

Ray, W. D. & Pitman, A. E. N. T.(1961). An exact distribution of the Fisher-Behrens-Welch statistic for testing the difference between the means of two normal populations with unknown variance. *Journal of the Royal Statistical Society. Series B(Methodological). 23*(2). 377-384.

Welch, B. L.(1947). The generalization of 'student's' problem when several different population variances are involved. *Biometrika. 34*(1/2). 28-35.

CHAPTER 35

Cochran, W. G.(1954). Some methods for strengthening the common χ^2 tests. *Biometrics. 10*(4). 417-451.

CHAPTER 36

Blunch, N.(2013). *Introduction to structural equation modeling using IBM SPSS statistics and AMOS.* Thousand Oaks, CA: SAGE Publications.

Fabrigar, L. R., Wegener, D. T., MacCallum, R. C. & Strahan, E. J.(1999). Evaluating the use of exploratory factor analysis in psychological research. *Psychological methods. 4*(3). 272-299.

Trochim, W., Donnelly, J. & Arora, K.(2015). *Research methods: The essential knowledge base.* Boston, MA: Cengage Learning.

CHAPTER 37

Churchill, G. A. & Peter, J. P.(1984). Research design effects on the reliability of rating scales: A meta-analysis. *Journal of marketing research. 21*(November). 360-375.

Cortina, J. M.(1993). What is coefficient alpha? An examination of theory and applications. *Journal of applied psychology. 78*(1). 98-104.

Shevlin, M., Miles, J. N. V., Davies, M. N. O. & Walker, S.(2000). Coefficient alpha: A useful indicator of reliability? *Personality and Individual Differences. 28*(2). 229-237.

CHAPTER 38

Bliese, P. D.(2000). Within-group agreement, non-independence, and reliability: Implications for data aggregation and analysis. In K. J. Klein & S. W. J. Kozlowski(Eds.). *Multilevel theory, research, and methods in organizations*(pp.349-381). San Francisco, CA: Jossey-Bass.

Cohen, J.(1988). *Statistical power analysis for the behavioral sciences.* Hillsdale, New Jersey: Lawrence Erlbaum Associates.

Glick, W. H.(1985). Conceptualizing and measuring organizational and psychological climate: Pitfalls in multilevel research. *Academy of Management Review. 10.* 601-616.

James, L. R., Demaree, R. G. & Wolf, G.(1984). Estimating within-group interrater reliability with and without response bias. *Journal of Applied Psychology. 69*(1). 85-98.

James, L. R., Demaree, R. G. & Wolf, G.(1993). r_{wg}: An assessment of within-group interrater agreement. *Journal of Applied Psychology. 78*(2). 306-309.

Klein, K. J. Dansereau, F. & Hall, R. J.(1994). Levels issues in theory development, data collection, and analysis. *Academy of Management Review. 19*(2). 195-229.

Klein, K. J. & Kozlowski, S. W. J.(2000). From micro to meso: Critical steps in conceptualizing and conducting multilevel research. *Organizational Research Methods. 3*(3). 211-236.

CHAPTER 39

Babbie, E. R.(2015). *The practice of social research* (14th ed.). Belmont, CA: Cengage Learning.

CHAPTER 40

Galton, F.(1886). Anthropological miscellanea: Regression towards mediocrity in hereditary stature. *Journal of the Anthropological Institute of Great Britain and Ireland. 15.* 246-263.

CHAPTER 42

Yule, G. U.(1897). On the theory of correlation. *Journal of the Royal Statistical Society.* *60.* 812-854.

CHAPTER 44

Bowerman, B. L., & O'Connell, R. T.(2000). *Linear Statistical Models: An Applied Approach* (2nd ed.). Belmont, CA: Duxbury.

Kalnins A.(2018). Multicollinearity: How common factors cause Type 1 errors in multivariate regression. *Strategic Management Journal.* *39*(8). 2362-2385.

CHAPTER 45

Davis, M. J.(2010). Contrast coding in multiple regression analysis: Strengths, weaknesses, and utility of popular coding structures. *Journal of Data Science.* *8*(1). 61-73.

Hardy, M.(1993). *Regression with dummy variables.* Newbury Park, CA: Sage.

CHAPTER 48

Baron, R. M. & Kenny, D. A.(1986). The moderator-mediator variable distinction in social psychological research: Conceptual, strategic, and statistical considerations. *Journal of Personality and Social Psychology.* *51*(6). 1173-1182.

Frazier, P. A., Tix, A. P. & Barron, K. E.(2004). Testing moderator and mediator effects in counseling psychology research. *Journal of Counseling Psychology.* *51*(1). 115-134.

Keith, T. Z.(2006). *Multiple regression and beyond.* Boston, MA: Allyn & Bacon.

MacKinnon, D. P.(2008). *Introduction to statistical mediation analysis.* New York, NY: Lawrence Erlbaum Assocites.

Zhao, X., Lynch, J. G. & Chen, Q.(2010). Reconsidering Baron and Kenny: Myths and truths about mediation analysis. *Journal of Consumer Research.* *37*(2). 197-206.

CHAPTER 49

Aiken, L. S. & West, S. G.(1991). *Multiple regression: Testing and interpreting interactions.* Thousand Oaks, CA: Sage.

Baron, R. M. & Kenny, D. A.(1986). The moderator-mediator variable distinction in social psychological research: Conceptual, strategic, and statistical considerations. *Journal of Personality and Social Psychology.* *51*(6). 1173-1182.

Echambadi, R. & Hess, J. D.(2007). Mean-centering does not alleviate collinearity problems in moderated multiple regression models. *Marketing Science.* *26*(3). 438-445.

Jose, P. E.(2013). Doing statistical mediation & moderation. New York, NY: Guilford Press.

Rogosa, D.(1981). On the relationship between the Johnson-Neyman region of significance and statistical tests of parallel within-group regressions. *Educational and Psychological Measurement. 41*(1). 73-84.

Sharma, S., Durand, R. M. & Gur-Arie, O.(1981). Identification and analysis of moderator variables. *Journal of Marketing Research. 18*(3). 291-300.

CHAPTER 50

Cohen, J., Cohen, P., West, S. G. & Aiken, L. S.(2003). *Applied multiple regression/correlation analysis for the behavioral sciences* (3rd ed.). Mahwah, New Jersey: Lawrence Erlbaum Associates.

Edwards, J. R. & Lambert, L. S.(2007). Methods for integrating moderation and mediation: A general analytical framework using moderated path analysis. *Psychological Methods. 12*(1). 1-22.

Hayes, A. F.(2017). *Introduction to mediation, moderation, and conditional process analysis: A regression-based approach*. New York, NY: Guilford publications.

저자약력

우형록 e-mail: hrwoo@mokpo.ac.kr

고려대학교에서 심리학과 경영학을 수학하고 한양대학교에서 경영전략 박사학위를 취득하였다.
학문적 이론을 기업 현장에 접목시키고 데이터와 실증 분석을 토대로 이론을 확장하는 작업을 지속하고 있다.
PSI컨설팅, PwC컨설팅, IBM, Nemo파트너스에서 경영컨설턴트로서 국내 굴지의 기업과 정부기관을 대상으로
인사조직, PI/ERP, 6시그마를 넘나들며 전략경영, 조직설계 및 변화관리, 경영혁신, 표준역량평가모델 구축,
성과평가제도 설계, 조직진단, 선발/채용도구 개발 등의 프로젝트를 수행하였다. 현재 국립목포대학교
경영학과 교수로서 후학들과 경영컨설팅에서 축적했던 경험과 교훈을 공유, 발전시키는 데 힘쓰고 있다.
쓴 책으로는 『인적자원개발론』이 있으며 글로벌이코노믹의 <변화를 넘어 미래로>, 경기일보의 <세계는 지금>
등에 조직개발 및 경영전략에 대한 통찰력 있는 칼럼을 게재하고 있다.

데이터의 비밀을 풀어내는 통계해례

2024년 7월 5일 초판 1쇄 인쇄
2024년 7월 10일 초판 1쇄 발행

지은이 우형록
펴낸이 진욱상
펴낸곳 (주)백산출판사
교 정 성인숙
본문디자인 오행복
표지디자인 오정은

저자와의
합의하에
인지첩부
생략

등 록 2017년 5월 29일 제406-2017-000058호
주 소 경기도 파주시 회동길 370(백산빌딩 3층)
전 화 02-914-1621(代)
팩 스 031-955-9911
이메일 edit@ibaeksan.kr
홈페이지 www.ibaeksan.kr

ISBN 979-11-6567-871-5 93310
값 29,000원